1988—2017

浙江省自然科学基金三十年

THIRTY YEARS' DEVELOPMENT OF ZHEJIANG PROVINCIAL NATURAL SCIENCE FOUNDATION

浙江省自然科学基金委员会　编著

ZHEJIANG UNIVERSITY PRESS
浙江大学出版社

图书在版编目（CIP）数据

浙江省自然科学基金三十年 / 浙江省自然科学基金委员会编著. — 杭州：浙江大学出版社，2018. 10
ISBN 978-7-308-18714-5

Ⅰ. ①浙… Ⅱ. ①浙… Ⅲ. ①自然科学基金—概况—浙江 Ⅳ. ①G322. 235. 5

中国版本图书馆CIP数据核字（2018）第234835号

浙江省自然科学基金三十年

浙江省自然科学基金委员会　编著

责任编辑　许佳颖　金佩雯
文字编辑　梁　容
责任校对　侯鉴峰
封面设计　谢正洁
排　　版　杭州兴邦电子印务有限公司
出版发行　浙江大学出版社
（杭州市天目山路148号　邮政编码310007）
（网址：http://www.zjupress.com）
印　　刷　浙江省邮电印刷股份有限公司
开　　本　889mm×1194mm　1/16
印　　张　26. 25
插　　页　6
字　　数　700千
版 印 次　2018年10月第1版　2018年10月第1次印刷
书　　号　ISBN 978-7-308-18714-5
定　　价　100. 00元

浙江大学出版社市场运营中心联系方式：0571-88925591；http://zjdxcbs.tmall.com

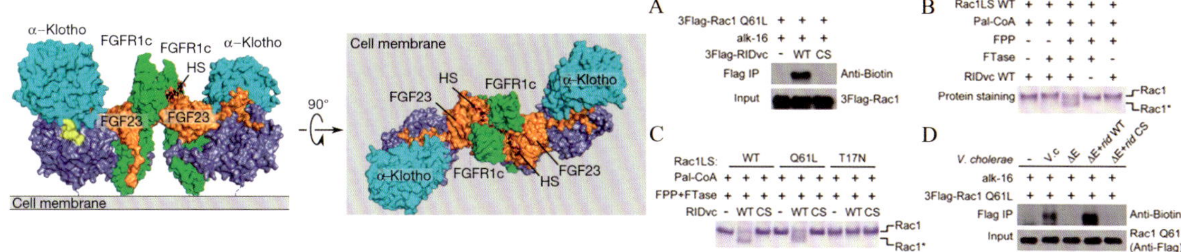

2018年1月，2009年浙江省杰出青年科学基金项目获得者、温州医科大学李校堃教授团队的研究成果发表在 *Nature* 上，率先解析了"抗衰老蛋白α-Klotho-成纤维细胞生长因子受体1c(FGFR1c)-成纤维细胞生长因子23(FGF23)"三元复合物晶体结构。

2017年10月，2013年浙江省杰出青年科学基金项目获得者、浙江大学朱永群教授及其团队的研究成果发表在 *Science* 上，报道了病原细菌MARTX毒素的保守效应因子RID通过对Rho家族小G蛋白赖氨酸长链脂肪的酰化修饰，调节宿主肌动蛋白细胞骨架信号通路的分子机制。

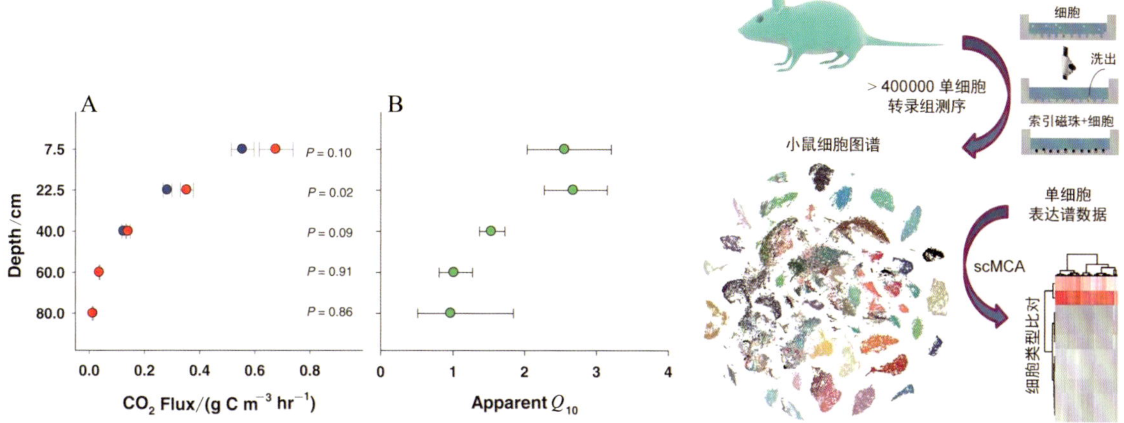

2018年2月，2014年浙江省杰出青年科学基金项目获得者、浙江大学程磊教授实验室研究成果发表在 *Science* 上，提出了深层土壤对气候变化响应的滞后效应，并通过广义线性模型计算并分析深层土壤CO_2产生的温度敏感性；解决了由实验观测数据变异所导致的温度敏感性计算大幅偏离理论值的困扰。

2018年2月，2017年浙江省杰出青年科学基金项目获得者、浙江大学郭国骥教授及其团队的研究成果发表在 *Cell* 上。该课题组自主开发了一套完全国产化的Microwell-seq高通量单细胞测序平台，绘制出了世界上第一张哺乳动物细胞图谱。

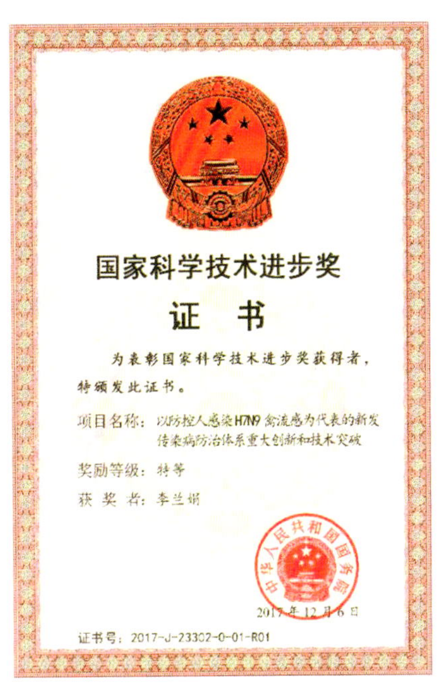

国家科学技术进步奖

证　书

为表彰国家科学技术进步奖获得者，
特颁发此证书。

项目名称：以防控人感染H7N9禽流感为代表的新发传染病防治体系重大创新和技术突破

奖励等级：特等

获 奖 者：李兰娟

中华人民共和国国务院

2017年12月6日

证书号：2017-J-23302-0-01-R01

浙江大学李兰娟院士主持的“以防控人感染H7N9禽流感为代表的新发传染病防治体系重大创新和技术突破”项目获2017年国家科学技术进步奖特等奖。

国家技术发明奖

证　书

为表彰国家技术发明奖获得者，
特颁发此证书。

项目名称：燃煤机组超低排放关键技术研发及应用

奖励等级：一等

获 奖 者：高翔（浙江大学）

中华人民共和国国务院

2017年12月6日

证书号：2017-F-30802-1-01-R01

浙江大学高翔教授主持的“燃煤机组超低排放关键技术研发及应用”项目获2017年国家技术发明奖一等奖。

国家科学技术进步奖

证　书

为表彰国家科学技术进步奖获得者，
特颁发此证书。

获 奖 者：浙江大学能源清洁利用创新团队

中华人民共和国国务院

2016年12月21日

证书号：2016-J-207-1-02

“浙江大学能源清洁利用创新团队”获2016年国家科学技术进步奖一等奖，完成人：倪明江、严建华、骆仲泱、樊建人、高翔、周俊虎、周昊、周劲松、池涌、王智化、王树荣、黄群星、薄拯、张彦威、岑可法。

国家科学技术进步奖

证　书

为表彰国家科学技术进步奖获得者，
特颁发此证书。

项目名称：极端条件下重要压力容器的设计、制造与维护

奖励等级：一等

获 奖 者：浙江工业大学

中华人民共和国国务院

2014年12月12日

证书号：2014-J-216-1-01-D07

浙江工业大学高增梁教授主持的“极端条件下重要压力容器的设计、制造与维护”项目获2014年国家科学技术进步奖一等奖。

国家自然科学奖

证 书

为表彰国家自然科学奖获得者，特颁发此证书。

项目名称：荧光传感金属-有机框架材料结构设计及功能构筑

奖励等级：二等

获 奖 者：钱国栋（浙江大学）

中华人民共和国国务院

2016年12月21日

证书号：2016-Z-108-2-05-R01

浙江大学钱国栋教授主持的“荧光传感金属-有机框架材料结构设计及功能构筑”项目获2016年国家自然科学奖二等奖。

国家自然科学奖

证 书

为表彰国家自然科学奖获得者，特颁发此证书。

项目名称：高增益电力变换调控机理与拓扑构造理论

奖励等级：二等

获 奖 者：何湘宁（浙江大学）

中华人民共和国国务院

2016年12月21日

证书号：2016-Z-109-2-03-R01

浙江大学何湘宁教授主持的“高增益电力变换调控机理与拓扑构造理论”项目获2016年国家自然科学奖二等奖。

国家自然科学奖

证 书

为表彰国家自然科学奖获得者，特颁发此证书。

项目名称：双生病毒种类鉴定、分子变异及致病机理研究

奖励等级：二等

获 奖 者：周雪平（浙江大学）

中华人民共和国国务院

2014年12月12日

证书号：2014-Z-105-2-03-R01

浙江大学周雪平教授主持的“双生病毒种类鉴定、分子变异及致病机理研究”项目获2014年国家自然科学奖二等奖。

国家自然科学奖

证 书

为表彰国家自然科学奖获得者，特颁发此证书。

项目名称：混凝土结构裂缝扩展过程双K断裂理论及控裂性能提升基础研究

奖励等级：二等

获 奖 者：徐世烺（浙江大学）

中华人民共和国国务院

2015年12月16日

证书号：2015-Z-109-2-03-R01

浙江大学徐世烺教授主持的“混凝土结构裂缝扩展过程双K断裂理论及控裂性能提升基础研究”项目获2015年国家自然科学奖二等奖。

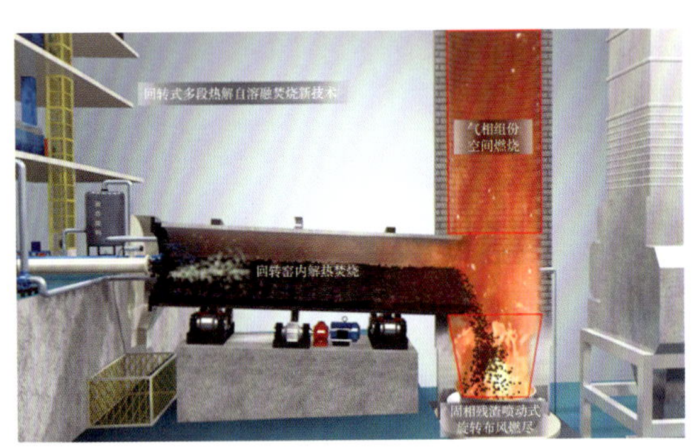

浙江大学严建华教授主持的“危险废物回转式多段热解焚烧及污染物协同控制关键技术”项目获2017年国家科学技术进步奖二等奖。

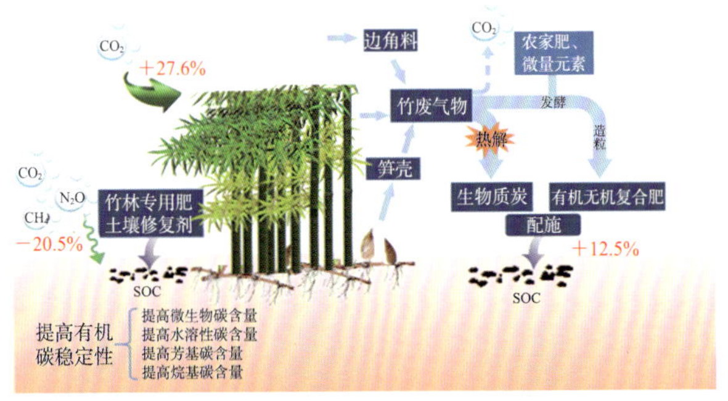

浙江农林大学周国模教授主持的“竹林生态系统碳汇监测与增汇减排关键技术及应用”项目获2017年国家科学技术进步奖二等奖。

浙江省农业科学院部海燕研究员主持的“干坚果贮藏与加工保质关键技术及产业化”项目获2017年国家科学技术进步奖二等奖。

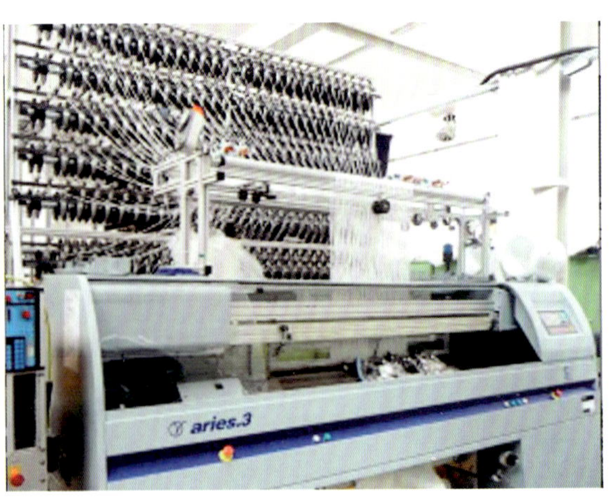

浙江师范大学朱信忠教授主持的“支持工业互联网的全自动电脑针织横机装备关键技术及产业化”项目获2016年国家科学技术进步奖二等奖。

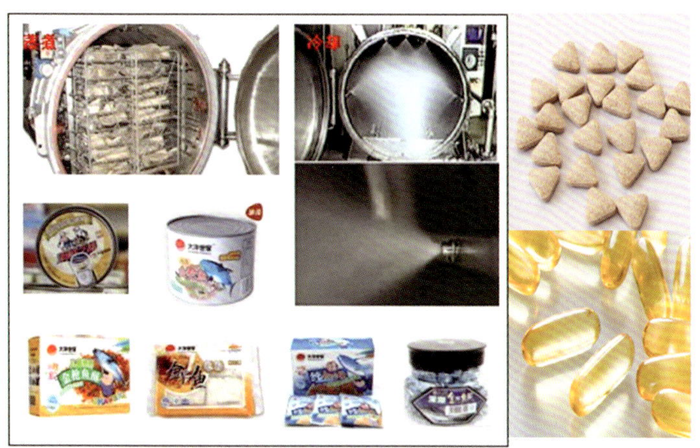

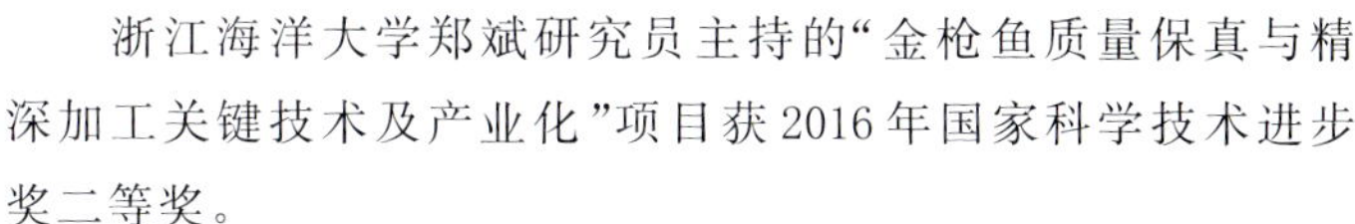

浙江海洋大学郑斌研究员主持的“金枪鱼质量保真与精深加工关键技术及产业化”项目获2016年国家科学技术进步奖二等奖。

浙江理工大学陈文兴教授主持的“管外降膜式液相增黏反应器创制及熔体直纺涤纶工业丝新技术”项目获2016年国家技术发明奖二等奖。

国家海洋局第二海洋研究所李家彪院士主持的“中国海大陆架划界关键技术研究及应用”项目获2015年国家科学技术进步奖二等奖，图为该成果的主体部分“中华人民共和国东海部分海域二百海里以外大陆架外部界限划界案”。

宁波大学聂秋华教授主持的“新型红外硫系玻璃制备关键技术及应用”项目获2014年国家技术发明奖二等奖。

中国水稻研究所朱德峰研究员主持完成的“超级稻高产栽培关键技术及区域化集成应用”项目获2014年国家科学技术进步奖二等奖。

中国计量大学张在宣、金尚忠教授主持完成的“基于拉曼散射的新型分布式光纤温度传感技术与工程安全监测应用”项目获2012年国家技术发明奖二等奖。

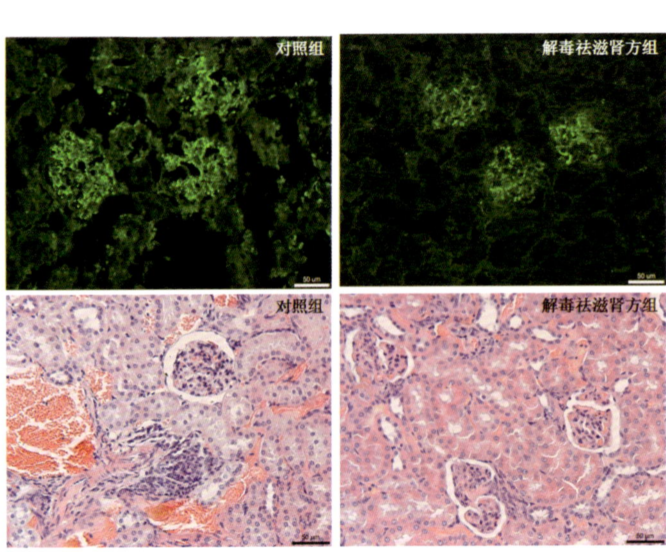

浙江中医药大学范永升教授主持的“从毒瘀虚论治系统性红斑狼疮的增效减毒方案构建与应用”项目获2011年国家科学技术进步奖二等奖。

中国农业科学院茶叶研究所俞永明研究员主持的“茶树优质资源的系统鉴定与综合评价”项目获1996年国家科学技术进步奖二等奖。

2015年3月9日，浙江省人民政府、国家自然科学基金委员会“两化”融合联合基金签约仪式举行。中共浙江省委副书记、省长李强与国家自然科学基金委员会主任杨卫共同签署协议。

2017年2月，第七届浙江省自然科学基金委员会第二次全体会议召开，浙江省科学技术厅（科技厅）厅长周国辉等委员出席会议，周厅长与浙江省药学会代表签订联合基金合作协议。

2018年5月，浙江省科技厅党组书记何杏仁陪同浙江省副省长王文序考察调研之江实验室。

2018年5月，浙江省科技厅厅长高鹰忠出席2018年度国家自然科学基金项目受理工作总结会议并致辞。

2018年1月，浙江省自然科学基金办公室党支部召开民主生活会，浙江省科技厅副厅长邱飞章、厅人事处处长叶翠萍等3位领导到会指导。

2016年3月，浙江省科技厅党组成员、省纪律检查委员会驻省科技厅纪检组组长郭丽华一行莅临省自然科学基金办调研和指导工作。

2016年1月，浙江省科技厅副巡视员周益民参加省自然科学基金办党支部学习活动。

2017年7月，浙江省自然科学基金办党支部召开专题学习会，深入学习中国共产党浙江省第十四次代表大会精神。

2017年11月，浙江省自然科学基金办党支部赴嘉兴开展“学习红船精神，服务基础研究”主题党建活动。

2017年度浙江省基础公益计划依托单位管理员培训班对年度先进单位和个人进行表彰。

2017年3月，“科学基金项目成果转化数据分析与政策研究”课题研讨与专家咨询会在浙江召开。

2016年6月，2017年度“两化”融合联合基金项目申报指南专家论证会在杭州召开。

2017年10月，浙江省自然科学基金办赴广东省科技厅和深圳市科技创新委员会开展调研工作。

2017年12月，浙江省自然科学基金办赴陕西省自然科学基金办开展调研工作。

2016年6月，河南省科技厅基础研究处一行4人来到浙江省自然科学基金办开展调研工作。

2017年3月，北京市自然科学基金办一行3人来到浙江省自然科学基金办开展调研工作。

序

基础研究是提升原创能力的源泉，是落实五大发展理念的支撑，是培养创新人才的摇篮，是促进科学文化发展的基石。党的十九大报告提出"加快建设创新型国家"，明确"创新是引领发展的第一动力，是建设现代化经济体系的战略支撑"，对前瞻性基础研究、引领性原创基础研究和应用基础研究都提出要进一步加强。习近平总书记多次提出，要高度重视原始性基础理论突破，加强科学基础设施建设，保证基础性、系统性、前沿性技术研究和技术研发持续推进，强化自主创新成果的源头供给。

浙江省委、省政府高度重视基础研究，于1988年批准设立浙江省自然科学基金，采用科学基金制实现对基础研究项目的遴选。于1997年颁布并于2002年和2011年两次修订的《浙江省科学技术进步条例》，明确了"省人民政府设立自然科学基金，重点支持基础研究和应用基础研究项目，培养科学技术人才"的目标，为全面推进我省基础研究工作提供了保障。当前，省委、省政府把加强基础研究作为增强创新主体实力、补齐科技创新短板的重要举措，提出要下大力气谋划实施一批重大科技项目，加快引进和建设一批国内顶尖、世界一流的大院名所和重大科学装置，全力推动之江实验室创建国家实验室，实现前瞻性基础研究、引领性原创成果重大突破。

30年来，浙江省自然科学基金工作紧紧围绕省委、省政府的要求，依照我省发展基础研究的方针政策和规划部署，有效运用科学基金制，探索创新，与时俱进，基金经费、资助项目数、资助科研人员数都大幅增长。1980—2017年，浙江省共有50位科学家当选为两院院士，其中现年60岁及以下的院士中，92%以上曾获得过科学基金资助。浙江大学入选国家一流学科建设的18个学科的24位负责人(核心成员)，均获得过省自然科学基金资助；宁波大学入选国家一流学科建设的力学学科，其31位成员中有24人获得过省自然科学基金资助。2003—2017年，浙江省330个一流学科的绝大多数核心成员承担过省自然科学基金项目。浙江省一些著名科技型企业领袖在学校从事基础研究工作时也获得过省自然科学基金的重点资助，如阿里巴巴集团技术委员会主席王坚曾获1997年浙江省青年科技人才培养项目资助，聚光科技创始人王健曾获2004年浙江省杰出青年团队项目资助等。至

2017年年底，浙江省已有142人获得国家杰出青年科学基金、135人获得国家优秀青年科学基金、689人获得浙江省杰出青年科学基金，青年研究人员的竞争力不断增强。

20世纪80年代，浙江科技人员在国际刊物上发表的科技论文数可谓寥若晨星。1996—2000年，标注浙江省自然科学基金资助并被SCI(《科学引文索引》)收录的论文也仅有275篇；而2009—2016年，浙江省自然科学基金资助项目发表的论文被收入Web of Science的达21530篇，其学科规范化引文影响力高于全球平均水平。

2010年以来，浙江省共获得国家自然科学基金项目近1.4万项，直接经费超70亿元，资助总额及立项率均位居全国前列。2017年共获得国家自然科学基金项目1938项，创历史新高，直接经费近10亿元。在省自然科学基金资助下，涌现了一大批成果优秀的项目，促进了浙江基础研究的繁荣发展，也有力地促进了经济和社会发展，基础研究力量和原创能力有了大幅提升。

科学基金制是我国学习发达国家支持基础研究的经验，是作为科技体制改革的重要措施。30年的实践表明，这是十分成功的改革，得到了社会各界的广泛认可。在今后的发展中，科学基金要深刻认识和把握我国基础研究正处于从量的扩张到质的提升的重要跃升期，引导科技人员围绕我省战略方向，聚焦重点，开展引领性、基础性、前瞻性的研究。省自然科学基金项目是重要抓手，要以重点领域突破和人才队伍培养为核心，实行顶层设计与自由探索相结合，遵循基础研究规律，注重青年人才培养，鼓励开放合作，在竞争择优的基础上实行稳定支持，形成以绩效和目标双重导向的资源配置体系，提升浙江原始创新能力，为科技创新颠覆式的进步打下良好的基础。

高鹰忠

2018年3月

目　录

▶绪　论

浙江省自然科学基金三十年回顾与展望

浙江省自然科学基金三十年回顾与展望

基础研究是提升原创能力的源泉，是落实五大发展理念的支撑，是培养创新人才的摇篮，是促进科学文化发展的基石。

习近平总书记在中国科学院第十七次院士大会、中国工程院第十二次院士大会上强调，要高度重视原始性专业基础理论突破，加强科学基础设施建设，保证基础性、系统性、前沿性技术研究和技术研发持续推进，强化自主创新成果的源头供给。习近平同志在浙期间也十分重视基础研究工作的开展。2004年7月，在树立科学发展观落实中央宏观调控政策座谈会上，要求进一步加强应用基础研究，加强共性技术、关键技术的自主研发、创新和推广，加强技术引进和消化吸收，努力在关键领域和若干科技前沿掌握一批核心技术，形成一批自主知识产权”；2006年3月在全省自主创新大会上，提出要“建设一批国家和省部级重点实验室和试验基地，不断集聚和增强科技创新力量。

浙江省委、省政府高度重视基础性研究，于1988年批准设立浙江省自然科学基金，对基础研究资助工作实行科学基金制。于1997年颁布并于2002年和2011年两次修订的《浙江省科学技术进步条例》，明确了“省人民政府设立自然科学基金，重点支持基础研究和应用基础研究项目，培养科学技术人才”，“县级以上人民政府及其有关部门应当对从事基础研究、应用基础研究、社会公益性技术研究、高新技术研究的科学技术研究开发机构、高等院校，在经费和科研条件等方面给予支持”的政策，为全面推进我省基础研究工作提供了保障。

30年来，省自然科学基金工作紧紧围绕省委、省政府的要求，按照我省发展基础研究的方针政策和规划部署，有效运用科学基金制，探索创新，与时俱进，基金经费从1988年的200万元增加到2018年的1.61亿元，累计经费超13亿元，资助项目超1.6万项，资助科研人员超9万人次，促进了我省基础研究的发展，使我省基础研究总体水平位居全国前列，推动了我省科技创新能力提升，有力服务了创新驱动发展。

一、浙江省自然科学基金三十年发展历程

(一)坚持以重大战略任务为引领，推动基础研究稳定、全面、快速发展

省自然科学基金设立初期，按照省政府“有限目标，有所为、有所不为”的要求，制定了向应用基础研究、农业科学和青年科技工作者倾斜及支持高新技术发展的“三倾斜一支持”的资助政策。《浙江省“十五”基础性研究发展计划》提出优化资助结构，突出重点，重视人才，强调联合，鼓励自主创新，支持对我省科技、经济和社会可持续发展有带动作用的基础性研究。同期，逐步明确了省自然科学基金“培育新思想、培养新人才”的定位，为争取国家自然科学基

金，衔接省科学技术厅（以下简称“科技厅”）科技计划奠定基础。《浙江省基础研究“十一五”发展规划》提出结合我省发展需求，关注科技发展前沿，以质量为核心，营造创新环境，培养创新人才，促进学科交叉，促进重点实验室和学科建设。《浙江省基础研究“十二五”发展规划》提出瞄准科技发展前沿，优化基础研究布局，培养并稳定支持一支高水平的基础研究队伍，造就一批具有全国影响力的杰出青年科学家和知识创新团队，显著提升我省基础研究总体水平与竞争力。《浙江省基础研究“十三五”发展规划》提出以坚持源头创新为核心任务，以优化资源配置为根本要求，以深化开放合作为重要途径，以服务创新发展为内生动力。

当前，省委、省政府把加强基础研究作为增强创新主体实力、补齐科技创新短板的重要举措，提出要下大力气谋划实施一批重大科技项目，加快引进和建设一批国内顶尖、世界一流的大院名所和重大科学装置，全力推动之江实验室创建国家实验室，实现前瞻性基础研究、引领性原创成果重大突破。省长袁家军明确提出要组织实施重大基础研究专项。根据这一部署，2017年7月浙江省科技厅印发了《浙江省“十三五”重大基础研究专项实施方案》，在网络空间安全、大数据计算、传感材料与器件、材料显微结构与性能表征、脑认知与脑机交互、干细胞与再生医学、作物品质形成与抗病毒等前沿领域，力争取得一批具有标志性的重大基础研究成果，抢占基础研究和前沿技术发展的制高点。

2015年3月，时任浙江省省长李强和国家自然科学基金委员会主任杨卫共同签署协议书，选择在工业化信息化深度融合（两化融合）领域共同资助基础研究。常务副省长冯飞非常重视联合基金工作，专门作出批示，“联合基金的方式很好，要坚持并不断完善提升”。两年多来，“两化融合”联合基金已在高端工业自动化、工业物理信息融合、智能制造、智慧城市、智慧海洋等领域支持62个项目，投入经费共计1.5亿元。联合基金吸引了来自清华大学、中国科学院沈阳自动化研究所、西安交通大学、西北核技术研究院、哈尔滨工业大学等一流高校院所的科学家与我省科学家合作，着力解决我省发展战略产业的关键科学问题。

经过30年的努力，我省基础研究力量和原创能力有了大幅提升。20世纪80年代，我省科技人员发表在国际刊物的科技论文可以说是寥寥无几。1996—2000年，标注浙江省自然科学基金资助并被SCI收录的论文有275篇，被EI（《工程索引》）收录的有148篇，被ISTP（《科技会议记录索引》）收录的有49篇。2009—2016年，省自然科学基金资助项目的发表论文被Web of Science收录的达21530篇，排地区科学基金资助发表论文数目的第2位，被引频次达200094次，学科规范化引文影响力高于全球平均水平；按ESI（基本科学指标数据库）的22个学科分类，省自然科学基金资助的论文数量在12个学科超全球平均水平，包括化学、材料科学、工程学、计算机科学、植物/动物科学、农业科学、临床医学、药学/毒理学、环境与生态学、社会科学、经济学与商业和多学科交叉领域等。

据2018年1月11日发布的ESI数据，浙江大学18个学科，浙江工业大学、浙江师范大学、宁波大学各4个，温州医科大学、浙江理工大学各3个，浙江农林大学、中国科学院宁波材料技术与工程研究所、浙江省农业科学院各2个，杭州电子科技大学、中国计量大学、浙江工商大学、浙江中医药大学、温州大学、浙江省肿瘤医院、浙江省人民医院各1个学科进入全球学科排名前1%。其中，浙江大学有8个学科进入全球前1‰，排全国第1，包括化学、材料科学、工程学、计算机科学、植物/动物科学、农业科学、临床医学、药学/毒理学。另值得一提的是，我省在化学、工程学、临床医学、材料科学4个学科上分别有9所、8所、7所、6所机构上榜（进入ESI排名）。

争取国家自然科学基金的能力也从一个方面反映出省(市)基础研究力量的强弱。"九五"期间,我省获国家自然科学基金项目862项,居全国第7位;获得资助经费1.43亿元,居全国第8位;项目数和经费数排名均比"八五"期间上升了1位。"十五"期间,我省获国家自然科学基金项目1601项,经费4.1亿元,经费数排名居全国第7位。2007—2016年,我省获国家自然科学基金项目达14572项,研究经费70.91亿元,项目数和经费数分列全国第6、第7位。立项率每年都高于全国平均水平,排全国第2至6位(除去有地区基金的省份)。

(二)坚持以培养优秀人才为目标,推动科技创新队伍建设

人才是创新的核心。基础研究最突出的作用是培养能解决复杂问题的创新人才。省自然科学基金设立初期,在认识到人才断层问题的严重性后,提出了向青年科技人员倾斜的资助政策。"十五"计划开始,每个五年规划都明确了培养和支持优秀人才的任务,特别关注35岁及以下具有博士学位的青年人、未得到过资助的新人和留学回国人员。2002年之前,在受自然科学基金资助的项目中,项目负责人年龄在35岁及以下的资助项目占25%左右,2003年升至33%,2006年之后达到50%左右。特别是自2003年以来,资助项目负责人中具有博士学位的占78%。

1996年,省自然科学基金单独设立"青年科技人才培养项目",以资助40周岁及以下,具有副高职称或博士学位,已取得突出创新成果的青年学者,以期培养科技领军人才。2000年,组织专家对1996年资助的第一批青年人才进行全面考核,遴选30%给予继续资助。杨华勇院士和朱利中院士都获得过1996年青年科技人才培养项目资助,陈剑平院士和陈云敏院士都获得过1999年青年科技人才培养项目资助,吴朝晖院士获得过2001年青年科技人才培养项目资助。2004年,该项目计划被改名为"杰出青年团队项目",并提出不仅希望培养学科带头人,更希望能培养关注浙江发展问题的战略科学家。2010年,该项目计划名称又改名为"杰出青年科学基金项目"(简称"杰青项目")。此外,2011年新设立"青年科学基金项目"(简称"青年项目")。至此,省自然科学基金拥有2个培养青年人才的项目计划。

在获得省自然科学基金资助的众多科研人员中,已有不少人成为我省乃至我国的科技领军人才。1980—2017年,我省共有50位科学家当选为两院院士。其中,现年60岁及以下的院士中,92%以上曾获得过科学基金资助。

截至2017年,我省累计已有142人获得国家杰出青年科学基金资助,其中106人曾获得省自然科学基金资助,人均获得资助2次,且59.3%的受资助项目为省杰出青年科学基金项目或重点项目;已有135人获得国家优秀青年科学基金资助,其中106人曾获省自然科学基金资助,71.9%的受资助项目为重大、重点、杰出青年科学基金资助项目。

浙江大学入选国家一流学科建设的18个学科的24位负责人(核心成员),均获得过科学基金项目资助,累计达222项;宁波大学入选国家一流学科建设的力学学科,其31位成员中有24人获得过60项科学基金项目资助。2003—2017年,我省330个一流学科的绝大多数核心成员承担过科学基金项目,项目总数约为8200项,资助经费约为8.8亿元。其中,98个A类学科的核心成员共获得资助的项目达4600余项,资助经费约为4.8亿元。

我省部分著名科技型企业领袖在学校从事基础研究工作时也得到了省自然科学基金的重点资助,如阿里巴巴集团技术委员会主席王坚曾获1997年省自然科学基金青年科技人才培养项目资助,聚光科技创始人王健曾获2004年杰出青年团队项目资助等。此外,有一大批受过省自然科学基金资助的科技人员依靠基础研究成果创办了科技型企业,或活跃在服务于我省企业的创新活动中。

(三)坚持以浙江需求和科学前沿为导向,推动经济、社会和科技发展

30年来,省自然科学基金针对我省战略需求和科学前沿问题,结合我省基础和优势进行重点部署。设立之初,倾斜资助了农业科学和高新技术领域的项目。"十五"计划提出坚持以高新技术领域应用基础研究为主的结构,优先发展领域包括:农业科学与生物技术、医药科学、材料科学、信息科学与自动化、资源与环境科学和具有一定优势的基础学科。"十一五"规划提出重点围绕先进制造、网络与通信、人口与健康、可持续农业、食品安全、生态环境、能源、土地资源和水资源等方面开展创新性、前瞻性的研究工作。"十二五"规划提出重点方向引领计划,包括绿色精密制造、微电子制造、高端装备、信息处理、网络与通信、能源高效利用、公共卫生与重要疾病防治、创新药物与药物资源、生命现象和生命活动规律、农业重要生物灾害、农产品全程安全生产、纳米技术和功能材料制备、绿色与可持续化学与化工、典型有毒有害物质控制和废弃物资源化利用、水资源和海洋资源及土地资源高效可持续利用、自然生态系统的环境响应、数学核心理论、物理基础研究和前沿技术等。"十三五"规划提出的重点领域包括智能制造装备、先进制造技术和关键基础件、信息物理融合系统、下一代信息技术、能源清洁高效利用和智慧环境、公共卫生与重要疾病防治、创新药物与药物资源、生命规律与农业生物、农业重要生物灾害、农产食品营养健康与安全调控、高性能结构和功能材料制备、化学与化工前沿、典型/新型有毒有害物质源汇机制及控制、地球圈层相互作用及资源环境效应、水资源和海洋资源及土地资源高效可持续利用、生态系统的环境响应、数理学科群的若干前沿基础。

在省自然科学基金资助下,一大批优秀成果涌现,有力地促进了我省经济和社会发展。据2009—2017年结题项目统计,资助项目成果获得国家科技进步奖20项、国家技术发明奖6项、省部级科技奖488项、发明专利6182件。由浙江大学杨华勇教授牵头的"盾构装备自主设计制造关键技术及产业化"项目获2012年度国家科技进步奖一等奖,杨教授曾先后4次获得省自然科学基金项目的前期资助。在浙江省杰出青年科学基金项目等资助下,浙江大学高超课题组研制出世界最轻的固态材料,每立方厘米质量仅为0.16毫克。2014年6月30日,在浙江省科技成果竞价(拍卖)会上,该课题组的纳米和石墨烯材料技术成果以1000万元成交,创造了当日最高成交价。浙江大学高翔教授领衔的"燃煤机组超低排放关键技术研发与应用"项目获得2017年度国家技术发明奖一等奖,其前期工作曾获省自然科学基金资助。

省自然科学基金也促进了我省在前沿科学领域取得显著进步。据2009—2017年结题项目统计,资助项目获得国家自然科学奖33项。许多获得国家自然科学奖二等奖的领衔人曾多次得到省自然科学基金资助,如2005年获奖的浙江大学樊建人、2005年和2013年两次获奖的浙江大学杨德仁、2006年获奖的浙江大学喻景权、2007年获奖的浙江大学叶志镇、2013年获奖的浙江大学朱利中和鲍虎军。此外,2012—2017年结题项目发表在TOP期刊(浙江大学目录)上的论文3203篇,高频次被引论文208篇。

(四)坚持按照基础研究规律做好管理工作,营造公开、公平、公正的创新环境

科学基金制是我国学习发达国家支持基础研究的经验,于20世纪80年代初引入,是作为科技体制改革的重要措施。其核心是竞争机制和同行评议机制。30年的实践表明,这是十分成功的改革,得到了各界的广泛认可。

省自然科学基金项目评审程序被称为“三审一决策”制度，即项目初审、同行专家评议、学科组评审和委员会决策，30年来一直得以坚持。1990年，因省内同行评议专家数量不足，曾尝试邀请省外专家参与。这一举措得到了科技界的认可，有利于公平公正原则的落实。逐渐地，同行评议均由省外专家承担。“九五”期间，同行评议开始采用“双盲法”(申请书不公开申请者姓名和所在单位)，目的是利于创新思想得到资助，而不是过多基于名望。2004年，明确了同行评议主要是评价申请项目的学术水平，而学科组评审着重评价项目的意义，形成评审工作的互补，同时评审意见全文反馈给申请者，让评审工作也起到学术交流的作用。2005年，推行了评审“复议”制度，一方面为了纠正错评，另一方面使“创新性强但缺乏前期积累”和“非共识”的项目有机会得到及时支持。

早在1990年，省自然科学基金办公室就开发了项目计算机管理系统。2002年，启动建设浙江省自然科学基金委员会(省自然科学基金委)网站，并建立了基于互联网的项目评审管理系统，实现了无纸化和移动办公。随后，省自然科学基金委员会努力将网站建成既是一个基金工作管理系统，也是一个基础研究学术交流的平台。将从1988年起的纸质资助项目总结录入系统，并鼓励项目负责人补充后期成果。这些信息均向我省基础研究人员公开，既增强了工作透明度，又促进了学术交流，避免重复研究，让后人能在前人工作的基础上深化研究。

2010年以来，对省自然科学基金信息系统进行了改版，实现项目申报、立项、进展以及验收的网络全过程管理。其中申报工作采取申请校验码和申报过程无纸化的设计思路被国家自然科学基金委信息系统所参考借鉴。验收环节采用绩效评价体系，根据结题项目的成果产出，自动计算项目完成绩效分，便于对每个资助项目进行定量分析。同时，验收工作也统一采用专家网络评审的机制。2016年开发了会议评审系统，用于杰青、重大等项目的会议答辩评审。不断完善专家库，可用专家已超过2.4万人次。2017年，信息系统实现省基金与公益计划的合并，作为省级单位前100项“最多跑一次”事项之一，并实现了省政府信息数据的共享对接，为信息“孤岛”向信息“环岛”的转变提供了支撑。此外，省自然科学基金信息系统还在微信移动服务和大数据分析等方面做了相关的探索。

“十五”期间，在强调用好财政经费的大背景下，强化了资助项目管理与绩效评估。要求项目负责人详细填写工作总结，做到能为后人的研究工作提供参考。尝试递交总结后第3年，补充填写项目成果，再申请结题，力图避免以已有成果来“交差”，形成实事求是的学术风气。2004年，制定了《浙江省自然科学基金资助绩效评估指标体系》，对基金资助情况进行整体评价。指标体系强调创新能力提升，鼓励踏实研究，克服简单追求成果数量风气。2013年，制定了《浙江省自然科学基金项目结题成果评分指标体系》，在国内首次采用可量化计算的评价体系，其后又不断对该指标体系进行改进和完善，提升项目绩效评估的科学性、公平性、公正性。

加强宣传工作，努力为发展基础研究创造良好的社会环境和科学文化氛围。2004年，成立了由各依托单位组成的通讯员队伍，重点宣传我省国家级基础研究项目情况、基础研究重大进展、典型创新人物及其事迹，撰写科普性文章。2010年，与浙江科技报社合力开展了“我与科学基金”征文活动，在《浙江科技报》(现更名为《科技金融时报》)开辟专栏。后又与《浙江在线》、浙江省科技信息研究院开展了宣传合作。在省自然科学基金网站创建了《基础研究动态》栏目，报道高水平的原始创新成果。2012年，创办了《浙江基础研究动态》双月刊，设立“要闻”“动态资讯”“学术交流”“基金工作”“我与科学基金”“专题专栏”等栏目。出台了《浙江省自然科学基金宣传工作考核与奖励办法(试行)》，组织各高校科研单位积极投稿，并及时向

《科技进步动态》《科技简报》等政府简报报送相关材料。

二、对浙江基础研究的思考

党的十九大报告提出，要瞄准世界科技前沿，强化基础研究，实现前瞻性基础研究、引领性原创成果重大突破。加强应用基础研究，拓展实施国家重大科技项目，突出关键共性技术、前沿引领技术、现代工程技术、颠覆性技术创新。国务院《关于全面加强基础科学研究的若干意见》明确了，一是要完善基础研究布局。强化基础研究的系统部署、优化国家科技计划基础研究支持体系和基础研究区域布局、推进国家重大科技基础设施建设。二是要建设高水平研究基地。布局建设国家实验室，加强基础研究创新基地建设。三是要壮大基础研究人才队伍。培养造就具有国际水平的战略科技人才和科技领军人才、加强中青年和后备科技人才培养、稳定高水平实验技术人才队伍、建设高水平创新团队。四是要提高基础研究国际化水平。组织实施国际大科学计划和大科学工程、深化基础研究国际合作。五是要优化基础研究发展机制和环境。加强基础研究顶层设计和统筹协调、建立基础研究多元化投入机制、推动基础研究与应用研究融通、促进科技资源开放共享、建立完善符合基础研究特点和规律的评价机制、加强科研诚信建设、推动科学普及和弘扬科学精神及创新文化。

省第十四次党代会提出今后要突出创新强省，增创发展动能新优势。要着眼于全面创新，紧紧抓住科技创新这个“牛鼻子”。突出开放强省，增创国际竞争新优势。要以国际化为导向，以“一带一路”统领新一轮对外开放。突出人才强省，增创战略资源新优势。紧紧抓住引进人才、培育人才、用好人才关键环节，舍得下本钱，放得开手脚，谋划实施一批最能补齐发展短板、最能激发潜在优势的重大人才举措。车俊书记带队调研沪苏皖时强调，要补强基础性、前瞻性、引领性的重大科研项目和平台设施的短板。袁家军省长批示：努力推动我省打通重点领域基础研究到应用产业化发展通道。冯飞副省长对省自然科学基金工作作出批示：望围绕我省战略方向，聚焦重点，在引领性、基础性、前瞻性项目引导上做文章。

对照党中央、国务院和省委、省政府的新时期新要求，我省基础研究和省自然科学基金工作要肩负起更大的责任和任务。总体上看，我省基础研究存在以下六方面的短板。

一是我省目前还没有建成大型科研平台或设施，不利于吸引全球顶尖基础研究人才和产出原创成果。

二是从基础研究到应用产业化发展通道不够通畅。当前，基础研究突破引发的产业变革正蓬勃兴起。近年来，我省基础研究成果对促进我省经济和社会发展起到了显著作用，但主要靠科技人员自身的努力，还没有形成一种从基础研究到应用产业化发展的融通协调机制和促进通道。

三是具有引领性、基础性、前瞻性的原创性基础研究成果缺乏。2009—2016年，省自然科学基金资助发表的21530篇被Web of Science收录的论文，篇均被引9.29次，学科规范化的引文影响力略高于全球平均水平（1.05倍），高被引论文208篇，占0.97%，热点论文百分比仅为0.03%。据2018年1月12日发布的数据，哈佛大学、牛津大学、麻省理工学院（MIT）、剑桥大学等在过去10年发表的被Web of Science收录的论文在7.5万篇以上，篇均被引在26次以上。另对比国家自然科学奖一等奖项目成果，2017年度得主李家洋在2008—2017年发表SCI论文64篇，其中高频次被引论文12篇，被引4700多次，学科规范化的引文影响力是全球平均水平的4.53倍。另一位得主唐本忠在2008—2017年发表SCI论文646篇，其中高频次被引论文49

篇，热点论文1篇，被引次数达3万多次，学科规范化的引文影响力是全球平均水平的2.77倍。

四是具有国内外广泛影响力的年轻科学家数目仍较少。国家自然科学基金委从2011年起已启动45个重大科研仪器项目，从2016年起已启动7个基础研究科学中心项目，并要求由60岁以下的国际知名科学家担任学术带头人。这两类项目中，我省仅有浙江大学张泽院士承担了“材料使役条件下性能与显微结构间关系的原位研究系统”重大科研仪器项目。这从一个方面说明我省基础研究还未达到“走在前列”的要求。

五是我省基础研究力量发展不平衡。长期以来，我省争取国家自然科学基金排名一直位于全国第6至7位，但近几年我省立项率全国排位整体呈下降趋势，说明竞争力略有下降。分析原因，主要是我省基础研究力量严重不平衡，浙江大学一枝独秀，省属高校和院所与其差距明显。在2017年公布的国家“双一流”建设名单中，除浙江大学入选一流大学建设高校A类，并有18个学科入选一流学科以外，浙江就只有中国美术学院和宁波大学各有一个学科入选，浙江在全国仅排名第12位。2017年，苏州大学获得国家自然科学基金项目333项，仅比浙江工业大学、温州医科大学、宁波大学3所高校总和少41项。

六是企业和社会力量投入基础研究的经费十分有限。近年来，省自然科学基金经费大幅增长，经费总量位于全国地方科学基金前茅。对比发达国家，我国企业和社会力量投入基础研究有相当大的差距。我省科技型大企业并不多，除阿里巴巴将建达摩院开展基础研究外，还没有其他企业明确表示支持或开展基础研究。

三、建议和措施

要深刻认识和把握我国基础研究正处于从量的扩张到质的提升的重要跃升期的判断，加强引导科技人员围绕我省战略方向，聚焦重点，开展引领性、基础性、前瞻性研究，构建从基础研究到应用产业化发展通道。省基础公益研究计划是重要抓手，要以重点领域突破和人才队伍培养为核心，实行顶层设计和自由探索相结合，遵循基础研究规律，注重青年人才，鼓励开放合作，在竞争择优的基础上实行稳定支持，形成以绩效和目标双重导向的资源配置体系，提升我省原始创新能力，推动我省基础研究服务经济社会发展能力和承担国家基础研究任务能力不断增强，在重点实验室和一流学科建设中发挥更大作用，在若干重大科学前沿和关键技术领域逐步实现并跑、领跑。

（一）下大力气推动引领性、基础性、前瞻性研究

明确省级层面基础研究工作的定位和作用，建立健全决策咨询制度，发挥省自然科学基金委员会的智囊决策作用，设立专家咨询小组，围绕我省战略方向，提出重大科学问题和挑战。加强宣传，大力引导我省基础研究人员，针对重大科学问题和挑战，开展前瞻性、引领性和基础性研究。完善资源分配方案、立项评审指标体系、评审专家遴选方式、结题考核指标体系，以有利于前瞻性、引领性和基础性研究得到支持，有利于自由探索解决问题的方法，有利于营造潜心研究的环境。

深化推进“两化融合”联合基金组织实施，将人工智能作为联合基金支持的重点方向，依托之江实验室、超重力试验装置等重大基础研究平台和设施，力争率先在信息科学、工程材料科学、医学科学等领域取得突破。争取通过提高支持强度，创新支持方式，吸引国内外顶尖科学家和团队。

推进落实《浙江省“十三五”重大基础研究专项实施方案》，围绕大数据、网络安全、材料显

微结构、传感材料和器件、脑机交互、干细胞、作物品质等领域，凝练重大科学问题，鼓励多学科交叉研究，编制项目指南，组织省自然科学基金重大项目。

（二）构建从基础研究到应用产业化发展通道

如何让基础研究进展和成果与应用产业化对基础研究需求的信息双向流通起来并形成对接是值得深入探讨的问题，特别是在当前基础研究成果跨界应用已成为新时代特征的大背景下。除了科学家、技术人员和企业自身努力外，应该形成一种融通协调机制，并有一些中介力量来促进信息流通和对接。我们将积极调研国内外成功经验和做法，尽快构建从基础研究到应用产业化发展的通道和机制，推动创新驱动发展。

（三）壮大人才队伍

充分发挥省杰出青年科学基金项目的作用，增加资助强度，完善立项评审和考核指标，挖掘和培养具有巨大潜力的优秀青年基础研究人才，支持他们争取国家优秀青年科学基金项目和国家杰出青年科学基金项目，努力成为具有国内外广泛影响力的科学领军人物。

扩大浙江省自然科学基金青年科学基金项目规模，加强青年基础研究人才队伍建设，倡导正确的价值追求，与项目依托单位共同努力，为青年科学家创造安心基础研究，直面经济和社会发展重大挑战，勇攀科学高峰的环境。

（四）促进我省基础研究的均衡发展

根据“干在实处、走在前列”的总体要求，会同我省相关部门和单位研究制定浙江省基础研究能力提升行动计划，明确工作任务和目标，提出实施方案和举措。

继续加强基础研究经费的投入力度，建立完善的机制，确保基础研究投入随着经济社会发展逐步提高。提高省重点研发计划中基础研究所占比重。多措并举，确保基础研究在浙江省研究与试验发展（R&D）投入中的比重稳步提高。

完善省自然科学基金资助政策，切实发挥“种子基金”作用，推进依托单位在经费配套和绩效考核上对基础研究的支持，共同努力提升我省基础研究能力。

加强与之江实验室等重大基础研究平台的互动，按照省委、省政府要求，配合做好相关工作。加强省基础公益研究计划与省重点研发计划等的对接，明确分工，形成合力，共同推进基础研究的健康快速发展；强化与依托单位的协同管理，形成共同促进创新能力提升的项目过程管理机制。

积极响应国家和省的部署，设立与“一带一路”相关国家和地区开展基础研究科技合作专项，拓展我省基础研究国际合作范围。

（五）推动企业和社会力量参与基础研究

引导和推动企业和社会力量参与基础研究，壮大基础研究规模，促进企业转型升级，促进相关成果有效转化。结合我省产业战略发展需求，研究与有条件的企业合作建立联合基金的可行性，吸引省内外科研力量，重点解决我省产业发展面临的前沿科学问题。鼓励省内有条件、有实力的企业积极参与高校和科研机构的基础研究，逐步鼓励重点企业研究院牵头申报省自然科学基金项目。探索与有关社会力量合作，鼓励自然人、法人或者其他组织捐资，共同资助热点问题的基础研究。

(六)重视管理队伍建设,服务创新发展

推动省自然科学基金管理工作从研发管理向创新服务转变,牢固树立服务创新的意识。加强自身队伍建设,加强对基金管理队伍的培训、考核和激励,建设一支热爱基础研究事业、精于科学基金管理的专业化人才队伍。加强科普与宣传,鼓励科技人员撰写科普文章,及时报道我省基础研究最新进展和成果,营造支持基础研究的良好社会氛围,传播科学文化,提升全社会科学素养。

▶ 第一部分

发展历程与管理改革

第一章 科学基金制的建立与发展

第一节 中国科学基金制的创立

科学基金制是由出资人设置基金，采取自主申请、专家评审、择优支持的机制，资助特定科学技术研究的制度。第二次世界大战末期，美国科学研究发展局向总统提交了科学报告《科学：无止境的前沿》，推动了国家科学基金会这一组织机构的建立和发展。随后，德国、瑞士、日本等科技发达国家均陆续建立了适合本国国情的国家级科学基金组织或者类似的科学管理机构。1981年5月，在中国科学院第四次学部委员大会期间，89位学部委员联名给中央领导同志写信，建议借鉴西方发达国家的经验，设立面向全国的科学基金，用于资助我国的基础研究工作。该项建议很快得到批准。经过迅速筹备，当年11月发布《中国科学院科学基金试行条例》，从1982年起设立中国科学院科学基金并成立科学基金委员会和各学部的科学基金组。中国科学院科学基金由国家财政拨款，面向全国，资助基础研究和应用研究中的基础性工作。此后，地震、教育、卫生和邮电等部门和地方也相继设立了学科或行业的科学基金。

1985年3月，《中共中央关于科技体制改革的决定》发布，明确提出“对基础研究和部分应用研究工作，逐步试行科学基金制……设立国家自然科学基金会和其他科学技术基金会”。为贯彻落实《决定》精神，1986年2月，国务院决定在中国科学院科学基金委员会的基础上成立国家自然科学基金委员会，这标志着全新科学支持机制——科学基金制在我国全面实施。

科学基金制是我国科技体制改革的一个重要内容，它的主要特点：一是按照分类管理的原则，为基础性研究设立稳定的专门经费渠道；二是在科研管理中引入竞争机制，按照择优支持的原则选择资助项目；三是按项目拨款代替按部门、按地区、按单位、按人头分配经费；四是建立科学、民主、公正的专家评审制度，以同行专家评审代替单纯行政办法审批项目；五是实行依托单位领导下的申请者负责制，充分发挥科研人员在选题、制定研究方案、物色合作人员、实施研究计划等过程中的主动性和创造性。这一划时代变革，是落实邓小平同志关于科学技术是第一生产力的科学论断、推动我国基础研究发展的重要战略举措①。

科学基金制实施后，取得了显著成绩，得到科技界广泛赞誉。2007年2月24日，时任国务院总理温家宝签署国务院第487号令，发布实施《国家自然科学基金管理条例》，自此科学基金制的成功实践经验以法律形式固定下来。

---

① 国家自然科学基金委员会政策局. 中国科学基金制：社会主义制度下的探索与实践. 中国科学基金，2017，31(2)：105-108.

第二节 浙江省自然科学基金制的建立与发展

一、建立浙江省自然科学基金制

(一)设立省自然科学基金

20世纪50年代到80年代，浙江省的基础研究工作分散在科技研究开发项目中进行。1987年，浙江省科学技术委员会(浙江省科学技术厅前身，以下简称省科委)根据中共中央关于科技体制改革的要求，向浙江省人民政府提出设立省自然科学基金的申请。1988年1月，省人民政府批复同意建立浙江省自然科学基金，并要求先试行1年，边试行，边总结。浙江省自然科学基金是我国最早设立的地方科学基金之一，1988年由省政财专项安排200万元。省自然科学基金的设立和实施，成为全省基础研究工作的一座里程碑。

省自然科学基金设立初期，按照“有限目标”和“有所为，有所不为”的要求，根据浙江的实际需求，提出了“三倾斜一支持”的资助政策，即向农业倾斜、向青年科研人才倾斜、向高新技术倾斜，以及有选择地优先支持生物技术、信息技术、自动化技术、新材料等领域中的基础研究项目，特别是新药研究项目。这一资助政策对我省基础研究的顺利开展起到了积极的扶持作用。在其后30年的发展历程中，省自然科学基金工作紧紧围绕省委、省政府的要求，依照浙江发展基础研究的方针政策和规划部署，不断探索创新，与时俱进。“十五”期间提出优化资助结构，突出重点，重视人才，强调联合，鼓励自主创新，支持对浙江科技、经济和社会可持续发展有带动作用的基础性研究。同时逐步明确了省自然科学基金“培育新思想、培养新人才”的定位，为争取国家自然科学基金，衔接省级其他科技计划奠定基础。“十一五”期间提出结合浙江发展需求，关注科技发展前沿，以质量为核心，营造创新环境，培养创新人才，促进学科交叉，促进重点实验室和学科建设。“十二五”期间提出瞄准科技发展前沿，优化基础研究布局，培养并稳定支持一支高水平的基础研究队伍，造就一批具有全国影响力的杰出青年科学家和知识创新团队，显著提升浙江基础研究总体水平与竞争力。“十三五”期间提出以坚持源头创新为核心任务，以优化资源配置为根本要求，以深化开放合作为重要途径，以服务创新发展为内生动力。

(二)成立省自然科学基金委员会和常设机构

根据省人民政府的批复和《浙江省自然科学基金委员会章程》《浙江省自然科学基金管理暂行办法》，省科委决定设立省自然科学基金委员会及其常设机构——浙江省自然科学基金委员会办公室(以下简称省基金办)，依法行使对省自然科学基金进行管理的职能。1988年12月30日，经反复征求意见并报经省人民政府同意，聘任周文等9名同志组成首届委员会，聘期为2年。省自然科学基金委员会下设生物、工程技术、数理化和信息与管理等4个学科组。为进一步规范自然科学基金委员会的管理协调工作，省科委于1989年7月20日出台《浙江省自然科学基金委员会工作的若干规定》，对省自然科学基金委员会性质、领导体制和工作内容进行了详细规定。

省自然科学基金委员会作为全省自然科学基金管理工作的决策机构，是一个具有学术和管理双重性质的事业单位，归口省科委管理，具有独立法人资格。按照2015年12月10日起施行的《浙江省自然科学基金委员会章程》，省自然科学基金委员会根据浙江省发展科学技术的方针、政策和规划，重点支持基础研究、应用基础研究和战略性前沿技术研究，同时注重自由探索与青年人才培养。主要职责包括：制定支持基础研究、应用基础研究、战略性前沿技术研究和科学技术人才培养的资助计划；制定发展基础研究的方针、政策和规划，对全省发展科学技术的重大问题提供咨询；衔接国家基础研究计划和省级科技计划，促进研究成果推广和应用；联合有关机构开展资助活动等。省自然科学基金委员会设主任委员1名，副主任委员若干名，由省人民政府任命；设委员25名，由省科学技术行政部门负责人和相关研究领域的科学家、工程技术专家、管理专家组成。对基金委员会委员实行任期制，其受聘时年龄不超过65周岁，每届任期5年，连续任期一般不超过2届，主任和副主任为当然委员，其他委员由主任提名，报省人民政府审批。基金委员会设秘书长1人，必要时可设副秘书长1人，秘书长和副秘书长报省科技厅批准。基金委员会每年举行1～2次全体委员会议，对省自然科学基金工作进行审议、监督和咨询。

省自然科学基金委员会下设省基金办，具体负责省自然科学基金的日常管理工作。根据省编办文件，省基金办为社会公益类纯公益性事业单位，机构规格相当于县处级，所需经费由省财政全额拨款。其主要职责：

1. 根据我省科技、经济和社会发展战略和发展规划，制定我省基础研究的发展计划、优先资助领域和项目指南；

2. 资助和协调全省基础研究工作；

3. 组织具有重大学术价值，特别具有重大应用前景的跨学科、跨部门的联合基础性研究项目，促进部门和单位之间的协作；

4. 促进优秀青年科学工作者的成长，发现和培养人才；

5. 促进重要基础研究成果向生产转移；

6. 开展国际合作研究和学术交流。

二、科学基金发展战略与规划

(一)浙江省相关法律法规及政策性文件

浙江省对自然科学基金工作高度重视，制定和颁布了一系列法规和政策文件，为自然科学基金工作的开展提供政策保证和法制保障(见表1-1)。其中《浙江省科学技术进步条例》《中共浙江省委、浙江省人民政府关于加快提高自主创新能力建设创新型省份和科技强省的若干意见》《浙江省国民经济和社会发展第十三个五年规划纲要》等成为近年来浙江推动自然科学基金工作的重要政策基础。

表 1-1 浙江省颁布的与自然科学基金工作相关法律法规及政策性文件

政策文件	主要内容	发布时间
《浙江省科学技术进步条例》	县级以上人民政府及其有关部门应当对从事基础研究、应用基础研究、社会公益性技术研究、高新技术研究的科学技术研究开发机构、高等院校，在经费和科研条件等方面给予支持； 省人民政府设立自然科学基金，重点支持基础研究和应用基础研究项目，培养科学技术人才	1997年颁布；2002年、2011年两次修订
《中共浙江省委、浙江省人民政府关于加快提高自主创新能力建设创新型省份和科技强省的若干意见》	省自然科学基金要加强对青年科技人才包括大学生、研究生开展创新活动的支持	2006年
《浙江省科技强省建设与“十一五”科学技术发展规划纲要》	实施基础研究创新工程。围绕我省应用技术和高新技术研究开发迫切需要解决的基础理论和前沿技术问题，在若干优势学科加强基础研究特别是应用基础研究，加强技术预见和前瞻性研究，培养中青年科技人才，壮大基础研究队伍，增强我省源头创新的能力和技术储备。加强自然科学基金工作，加大政府资金支持力度，争取承担更多的国家自然科学基金项目和“973计划”项目。鼓励自由探索，支持“小人物”和非共识项目，营造良好的科学研究氛围	2006年
《浙江省国民经济和社会发展第十三个五年规划纲要》	实施重大科技基础研究专项——网络空间安全主动防御、大数据计算、传感材料与器材、材料显微结构与性能表征研究、脑认知与脑机交互研究、干细胞与再生医学、作物品质形成与抗病毒研究等项目	2016年

(二)省科技厅、省自然科学基金委员会发布的主要发展规划和计划

围绕浙江发展科学技术的方针、政策和规划，省科技厅、省自然科学基金委员会一直以前瞻的思维，积极谋划全省基础研究未来发展。自“十五”以来，已先后制定和发布了若干个基础研究发展规划和计划，明确各阶段的总体思路、发展目标、战略重点与主要任务等(见表 1-2)。

表 1-2 浙江省基础研究发展规划和主要计划

政策文件	主要内容	发布时间
《浙江省“十五”基础性研究发展计划》	总体目标：全面提高以应用基础研究为主体的基础性研究水平，增强持续创新能力，提高解决国民经济和社会发展深层次重大科学问题的能力；促成我省基础性研究的骨干力量的联合，并加强与国内外的知名实验室合作，紧紧围绕我省社会经济可持续发展中重要科学问题，开展多学科研究；继续培养和吸引50名适应21世纪发展需要的、富有创新精神的、在国内有相当影响的优秀中青年学科带头人，在此基础上造就10名得到国内公认的顶尖人才，并形成一个基础性研究人才群体； 优先发展领域：6个重点研究领域的20个发展方向	2001年11月

续表

政策文件	主要内容	发布时间
《浙江省基础研究与原始创新能力提升五年行动计划》	发展目标:力争通过5年的努力,使我省获国家科技奖励数、国际科学论文被引用数、发明专利申请量和授权量以及我省科学家主持的国家重大科学研究计划项目数居全国前列; 四项原则:一是坚持服务政府目标与鼓励自由探索相结合,二是坚持基础研究与人才培养相结合,三是坚持基础研究与重点学科建设相结合,四是坚持增强原始创新能力与体制机制创新相结合; 五大任务:一是加强数理化等基础科学研究,提高科技创新的理论指导和能力支持水平;二是加强应用基础研究,提升原创性科技成果的针对性和应用前景;三是加强竞争前技术研究,力争取得一批具有自主知识产权的核心基础研究成果;四是加强人才培养,努力为科技创新造就一支结构合理、规模宏大的高素质创新型人才队伍;五是加强重点学科建设,增强高校和科研院所创新能力	2008年5月
《浙江省基础研究"十二五"发展规划》	总体思路:突出导向,均衡发展,完善机制,激励创新; 发展目标:瞄准科学技术发展前沿,加大自然科学研究投入,优化基础研究布局,培养并稳定支持一支高水平的基础研究队伍,造就一批具有全国影响力的杰出青年科学家和知识创新团队,显著提升我省基础研究总体水平与竞争力。争取到2015年,我省获国家科技奖励数、国际科学论文总量与被引用数、优势学科总体规模、我省科学家主持的国家重点重大基础研究计划项目数居全国前列; 战略重点:推进优势学科发展、加强基础研究前瞻部署、全面参与国家基础研究计划、大力培育基础研究青年人才和鼓励合作交流与跨学科研究; 主要任务:实施5项计划,分别是原始创新提升计划、杰出青年培育计划、合作研究促进计划、卓越管理推进计划和重点方向引领计划	2011年12月
《浙江省基础研究"十三五"发展规划》	发展目标:大幅改善基础研究的条件和环境,明显提高全省基础研究支出占研究和试验发展(research and development,R&D)经费比例,培养并稳定支持一批杰出青年科学家和知识创新团队,形成一批国际领先的优势学科,攻克一批制约浙江发展的关键科学问题,实现若干个重要科学前沿的原始创新,原始创新能力大幅提升; 重点任务:实施前沿基础科学研究、布局重点基础领域研究、提升人才培养支持力度、注重民生领域基础研究、促进科研资源融合集聚等5项; 重点领域:15个	2016年10月
《浙江省"十三五"重大基础研究专项实施方案》	在网络空间安全主动防御、大数据计算、传感材料与器件、材料显微结构与性能表征、脑认知与脑机交互、干细胞与再生医学、作物品质形成与抗病毒等前沿领域,力争取得一批具有标志性的重大基础研究成果,抢占基础研究和前沿技术发展的制高点	2017年7月

第二章 浙江省自然科学基金管理探索

第一节 政策规范

为了有效运用科学基金资助手段，加强对基础性研究工作的支持，省自然科学基金委员会及其办公室依据国家和浙江省科技法规政策，制定了一系列规章制度，并根据实施形势和条件变化不断加以修订、改进和完善，形成了地方基础研究管理制度体系。

一、基金章程和基金管理办法

（一）基金章程

为了规范省自然科学基金的资金来源、组织机构及其活动，1987年5月，省科委草拟了《浙江省自然科学基金委员会章程》，并于1988年1月得到省人民政府正式批准。1989年9月，省自然科学基金委员会对基金章程进行了第一次修订，修订后的章程将基金委员会委员聘任期确定为2年。

为了更好地贯彻落实《中华人民共和国行政许可法》，2005年又一次修订了《浙江省自然科学基金委员会章程》（浙科发计〔2005〕223号）。与1989年的章程相比，主要有以下几点变化：一是章程规范更加全面，涉及领导体制、管理机构、资助管理、财务与资产管理、人员管理、监督等各个方面；二是省自然科学基金委员会的职责有所调整，表述更务实；三是提出了省自然科学基金委员会“注重创新，注重人才，引领发展”的工作方针，倡导“正直、务实、服务、质量”的价值追求；四是强调了省自然科学基金资助要体现“六个有利于”。

随着国家一系列加强基础研究的法规和政策的出台，2005年发布的章程已难以适应新形势要求，为在新形势下进一步推动浙江自然科学基金事业健康发展，2015年再次对章程进行了全面修订。修订后的《浙江省自然科学基金委员会章程》（浙科发基〔2015〕164号）分为总则、组织结构、资助管理、财务与资产管理、人员管理、监督及附则等7个章节。该次修订除了进一步明确省自然科学基金的定位和新时期省自然科学基金委的工作职责，完善了全体委员会议的议事方式和项目公示与信息公开制度外，还依据《国家自然科学基金条例》《中华人民共和国科学技术进步法》《浙江省科学技术进步条例》等法律法规作出了相应的修订，主要体现在：一是调整了省自然科学基金委员会的年龄要求，新增“受聘时年龄不超过65周岁，每届任期5年，连续任期一般不超过2届”的条款，使浙江相关领域的年轻专家有更多机会进入到委员会。二是调整了省自然科学基金资助对象和资助范围，将省自然科学基金的资助对象修改为“省内高等学校、科学研究机构和其他具有独立法人资格、开展基础研究的公益性机构的科学技术人员”；将科学基金资助范围修改为“基础研究、应用基础研究和科学前沿探索”。三是更加注重杰出青年人才的培育，新增“设立省杰出青年科学基金项目，专项用于资助优秀青年科学技术人员的科学研究”。

（二）基金管理办法

1988年1月，浙江省人民政府批复了《浙江省自然科学基金管理暂行办法》（浙科计字〔87〕206号），浙江自然科学基金管理进入制度化探索阶段。此后10余年里，省自然科学基金委及其办公室，依据国家和浙江省科技法规政策及基金章程与基金管理办法，陆续制定了一系列规章制度，为规范和加强省自然科学基金的使用和管理提供了可遵循的制度依据。随着《浙江省自然科学基金委员会章程》（浙科发计〔2005〕223号）的修订出台，省自然科学基金委员会对试行管理规定作出调整，制定了《浙江省自然科学基金管理规定》（浙科金发〔2006〕004号）。该规定自2007年1月1日起实行。2014年，省自然科学基金委员会根据《浙江省科学技术进步条例》，对2006年制定的自然科学基金管理规定进行修订。修订后的《浙江省自然科学基金管理办法》（浙科金发〔2014〕1号）共57条，分总则、规划与组织、申请与评审、资助与实施、监督与管理、附则等6章。办法规定：省自然科学基金主要资助自然科学、工程科学和管理科学等领域中的基础研究、应用基础研究、战略性前沿技术研究以及学术交流等基础性工作；项目类型包括一般项目、青年科学基金项目、重点项目、学术交流项目等。

二、项目和资金管理规定

（一）项目管理规定

为了规范和加强省自然科学基金项目管理，省自然科学基金委及其办公室分别就一般项目、重点项目和重大项目、杰出青年科学基金项目、青年科学基金项目、学术交流项目等各类型基金资助项目制定出台了相关管理实施细则。在各实施细则中，明确了各自的支持方向、申请和受理的条件、评审和批准的标准、实施和管理要求等内容。各类型项目的管理实施细则制修订情况见表2-1。

表2-1 浙江省自然科学基金项目管理实施细则一览

项目类别	文件名	制修订情况
一般项目	《浙江省自然科学基金一般项目管理实施细则（试行）》（浙科金发〔2003〕014号）	2004年1月1日印发
	《浙江省自然科学基金一般项目管理实施细则》（浙科金办发〔2007〕006号）	2009年3月1日起施行
	《浙江省自然科学基金一般项目管理实施细则》（浙科金办发〔2014〕17号）	2014年6月30日印发； 2014年8月1日起施行； 2015年6月18日修改

续表

项目类别	文件名	制修订情况
重点项目和重大项目	《浙江省自然科学基金重点项目和重大项目管理实施细则(试行)》(浙科金发〔2003〕014号)	2004年1月1日印发
	《浙江省自然科学基金重点项目和重大项目管理实施细则》(浙科金办发〔2007〕006号)	2009年3月1日起施行
	《浙江省自然科学基金重点项目管理实施细则》(浙科金办发〔2014〕17号)	2014年6月30日印发; 2014年8月1日起施行; 2015年6月18日修改
杰出青年科学基金项目	《浙江省自然科学基金杰出青年团队项目管理实施细则》	2007年2月27日印发
	《浙江省杰出青年科学基金项目管理实施细则》(浙科金发〔2010〕2号)	2010年3月2日起施行
	《浙江省杰出青年科学基金项目管理实施细则》(浙科金发〔2014〕4号)	2014年4月21日印发 2014年7月1日起施行; 2015年6月16日修改
青年科学基金项目	《浙江省自然科学基金青年科技人才培养项目管理实施细则(试行)》(浙科金发〔2003〕014号)	2004年1月1日印发
	《浙江省自然科学基金青年科学基金项目管理实施细则》(浙科金发〔2011〕1号)	2011年7月26日起施行
	《浙江省自然科学基金青年科学基金项目管理实施细则》(浙科金发〔2014〕4号)	2014年4月21日印发; 2014年7月1日起施行; 2015年6月16日修改
学术交流项目	《浙江省自然科学基金学术交流项目管理实施细则》	2010年3月2日印发; 2015年6月18日修改

(二)资金管理规定

2015年1月,为推进科技资金管理改革,进一步提高省自然科学基金使用绩效,省财政厅、省科技厅、省自然科学基金委员会联合印发《浙江省自然科学基金竞争性分配管理办法》(浙财教〔2015〕6号),对省自然科学基金管理中的支持范围和补助方式、项目申报与评审程序、项目经费使用与监督管理、责任追究与处罚措施等方面作出了明确规定。办法规定:省自然科学基金由省财政厅会同省科技厅、省自然科学基金委员会按照职责分工共同管理。省财政厅负责省自然科学基金的预算管理和资金拨付,会同省科技厅审定省自然科学基金委员会提出的专项资金分配方案,并组织对省自然科学基金使用和管理情况等开展绩效评价和监督检查。省科技厅会同省财政厅开展自然科学基金管理工作,共同审定省自然科学基金委员会提出的专项资金分配方案,对专项资金执行情况进行跟踪服务和监督检查。省自然科学基金委员会负责审议自然科学基金资助项目,提出年度资金分配初步方案,会同省财政厅、省科技厅开展自然科学基金管理工作。

三、其他管理办法

(一)联合资助工作管理办法

为了加强联合资助项目管理,省基金办于2004年制定了《浙江省自然科学基金委员会联合资助工作管理办法(试行)》(浙科金发〔2004〕14号),对联合资助的相关情况作出规定。办法提出:联合资助方应为具有独立法人资格,并能保证按照联合资助协议的约定提供研究经费的单位,联合资助项目是省自然科学基金与联合资助方共同资助的某个具体研究项目,联合资助协议的中止不影响已批准资助和正在执行的研究项目的执行。联合资助项目的实施管理由省基金办与联合资助方共同负责,与省自然科学基金其他资助项目同等对待,并执行省自然科学基金有关资助项目管理的规定。该办法自2004年10月1日起执行。

(二)依托单位及管理员管理办法

为了规范和加强省自然科学基金依托单位注册管理工作,充分发挥依托单位的作用,保障科学基金使用效益,省基金办于2009年制定了《浙江省自然科学基金依托单位及管理员管理暂行办法》(浙科金〔2009〕1号)。办法明确了省自然科学基金委员会在依托单位注册管理中的职责,对依托单位及管理员注册、变更和注销等有关的活动进行了规范。

(三)宣传工作考核与奖励办法

为进一步加强基础研究和科学基金宣传工作,激励各依托单位宣传工作积极性,争取社会各界对基础研究和科学基金工作的关注和支持,省基金办于2012年制定了《浙江省自然科学基金宣传工作考核与奖励办法(试行)》(浙科金办发〔2012〕20号)。试行办法规范了基金宣传工作的考核内容和评分标准、考核程序、奖励措施等,并明确了稿件采用的评分标准。此后,据此办法对各依托单位及通讯员年度完成宣传工作情况进行考核,每年评选出省自然科学基金宣传工作先进单位10个,省自然科学基金优秀通讯员10名。

第二节 资助和评审机制

浙江省自然科学基金以科学基金制为核心,坚持自由探索与服务地方需求相结合的资助方向,注重基础研究与青年人才培养,确立了“依靠专家、发扬民主、公平公正”的评审原则,形成了“宏观引导、自主申报、同行评议、平等竞争、择优支持”的运行机制,建立了申报、评审、决策、执行、监督、咨询相互协调的科学基金管理体系,从而形成了较为完善的资助机制。

一、建立多元化支持机制,完善基金资助格局

浙江省自然科学基金设立以来,始终定位于基础性研究。通过对基础性研究持之以恒的资助,稳定和壮大科研队伍,促进我省科技工作的可持续发展。省自然科学基金委员会根据基础研究的特点和科学发展的需要,结合浙江经济、科技、社会发展特色,探索建立与基金制相适应的基础研究资助方式,并以基础研究与青年人才为导向,逐步建立起多元化的基金支持机制,形成由“研究、人才、环境”三大类项目构成的资助格局。

（一）设立重点、重大项目，集中有限资源

根据浙江省自然科学基金委员会章程及浙江省自然科学基金管理试行办法，于1988年启动了浙江自然科学基金申报工作。通过逐层评审，评出首批资助项目216项，这些项目均为具有重大前景、基础好，专家评价高，对我省经济建设能起重要作用的应用基础研究项目。为了在有限资源下抓住重点，早出成果，1992年，浙江省自然科学基金委员会首次推出了重点资助项目计划，对有较大应用前景和科学意义的项目进行重点支持。从制度上正式确定重点项目资助计划是在1999年，主要资助对学科发展具有重要引领作用的前瞻性、战略性基础研究，支持新兴学科、交叉学科的系统性、创新性研究。为了规范和加强项目管理，省基金办于2007年3月修订出台《浙江省自然科学基金重点项目和重大项目管理实施细则》（浙科金办发〔2007〕006号），明确重点项目和重大项目要体现紧密围绕"浙江目标"的原则，重视学科交叉与渗透，主要资助围绕浙江经济和社会可持续发展需求，对开拓发展高技术产业或提升特色优势产业有重要影响的基础研究，以及对提高人口素质和人们生活质量有重要作用的基础研究。2014年起施行的《浙江省自然科学基金重点项目管理实施细则》，对于重点项目的支持方向又作出新规定：主要支持科技人员针对已有较好基础的研究方向和优势学科开展深入、系统的创新性研究，促进学科发展，推动若干科学前沿或者符合我省战略需求的重要领域取得突破。结合我省基础研究发展形势，省基金办在部分年度将重大项目从重点项目中单列出来，如在2003年度、2004年度、2008年度、2018年度分别资助了5项、3项、13项、8项重大项目。

（二）设立青年基金项目，培养年轻科研人才

人才是创新的核心。基础研究最凸显的作用是培养能解决复杂问题的创新人才。多年来，省自然科学基金以"培育新思想、新人才"为根本宗旨，始终关注着对青年人才的培养。设立初期，省自然科学基金认识到人才断层问题严重，提出了向青年科技人员倾斜的资助政策。"十五"计划开始，每个五年规划都明确培养和支持优秀人才的任务，特别关注35岁以下具有博士学位的青年人、未得到过资助的新人和留学回国人员。1996年决定在省自然科学基金内设立专项资金用于培养高层次青年科技人才。为了促进优秀青年科技人员脱颖而出和吸引优秀青年科技人才来浙工作，扶持青年科技工作者形成基础研究团队，2003年，省自然科学基金青年科技人才培养项目开始资助以研究人员命名的研究小组。2007年，"青年科技人才培养项目"更名为"浙江省杰出青年团队项目"。2010年，"浙江省杰出青年团队项目"更名为"浙江省杰出青年科学基金项目"。设立省杰出青年科学基金项目，旨在支持在基础研究方面已取得突出成绩的浙江青年学者自主选择研究方向开展创新研究，促进青年科学技术人才的成长，吸引国内外优秀青年人才到浙江工作，培养造就一批进入国内外科技前沿的优秀学术带头人。

2011年，为支持青年科技人员在浙江省自然科学基金资助范围内自主选题，开展基础研究工作，培养青年科学技术人员独立主持科研项目、进行创新研究的能力，省自然科学基金委员会设立了青年科学基金项目。申请人除了应符合浙江省自然科学基金相关管理规定的要求外，还应具备从事基础研究的经历、具有博士学位或者中级以上专业技术职务（职称）、未主持过国家自然科学基金或者浙江省自然科学基金项目等条件。同时，浙江省自然科学基金参照国家自然科学基金的有关规定，将女性科研人员申报年限放宽到38岁（男性年龄为不得超过33岁），以此保证对女性科研人员的培养。

至此，省自然科学基金有了2个培养青年人才的项目计划。

(三)设立学术交流项目，加强国内外合作

2010年，省自然科学基金增加了学术交流项目。学术交流项目的设立是用以资助有条件承担基金项目的单位或个人，组织高水平的学术交流，其目的是促进我省科学家更加广泛地开展基础研究国内外合作与交流，提高全省自然科学基金资助项目的研究水平。对申请人(单位)的基本要求是：必须是具有独立的科研工作条件并且有能力、有条件举办学术交流的单位或者个人；学术水平高，有国内外知名科学家参与项目；学术交流主题属于基础研究范畴，对我省基础研究相应学科的发展具有重要意义。2012年起鼓励依托单位邀请国家自然科学基金委的专家来浙进行学术交流，支持依托单位承办之江科学论坛。之江科学论坛是由省自然科学基金委主办，以培养我省基础研究青年人才、凝练符合我省战略需求的科学问题为宗旨的高端学术论坛。2015年起正式设立之江科学论坛交流项目，与一般性学术交流项目一并列入受理范围。两类项目各有侧重，一般性学术交流项目主要支持举办对我省基础研究发展具有重要意义的学术研讨会，省自然科学基金原则上只提供部分资助；对于之江科学论坛交流项目，申请名额不占单位限额指标，会议主题可自由申请。

(四)设立"两化"融合联合基金，服务地方战略需求

联合基金是国家自然科学基金委与有关部门、地方政府或企业共同投入经费设立的一种基金资助方式，目的是更好地发挥自然科学基金的引导作用，吸引全国范围内的科研人员，围绕若干特色领域和研究方向开展基础研究与应用基础研究。设立国家自然科学基金委员会-浙江省人民政府"两化"融合联合基金(简称NSFC-浙江两化融合联合基金)是《浙江省基础研究"十二五"发展规划》确立的重要工作目标。此项工作得到了省领导的高度重视，时任浙江省省长李强、副省长毛光烈对此先后作出重要批示。2015年3月，省政府与国家自然科学基金委员会签署了NSFC-浙江两化融合联合基金协议书，从2015年到2019年共安排项目资助经费2.5亿元，在高端工业自动化、物联网、云计算与大数据、智慧城市、智慧海洋、智能设计与制造、工业机器人、电子商务等领域开展基础研究，借助国家平台，结合浙江需求，吸引、培养和集聚国内优秀科技人才，培育标志性的原创成果。该联合基金是目前国家自然科学基金委与地方政府设立的唯一一个专注于工业化、信息化"两化"深度融合领域的联合基金，也是国家自然科学基金委在华东地区布局的第一个联合基金。2017年，冯飞副省长批示指出："联合基金的方式很好，要坚持并不断完善提升。"

(五)设立联合基金专项，吸引社会资金投入

社会投入是加大基础研究投入的重要途径。省基金办发挥省自然科学基金创新服务作用，积极引导和支持社会力量加强基础研究。2017年初与青山湖科技城管委会、浙江省药学会达成合作意向，决定设立"浙江省自然科学基金-青山湖科技城联合基金"(以下简称"青山湖联合基金")和"浙江省自然科学基金-浙江省药学会联合基金"(以下简称"药学会联合基金")，并在2月召开的第七届浙江省自然科学基金委员会第二次全体会议上成功签约。这两个联合基金的设立，旨在推动省基金管理工作从研发管理向创新服务转变，发挥财政资金引导作用，集聚科技资源，加大对基础研究的投入力度，构建从基础研究到应用基础研究的创新链，培养青年科研人才，加快科技成果转化。青山湖联合基金首期合作3年，资助总规模900万元，双方每年各出资150万元，主要支持青山湖科技城范围内高校、科研院所和企业研究院

遇到的前沿技术问题开展基础研究。药学会联合基金首期合作5年，资助总规模500万元～1000万元，每年由浙江省药学会出资50万元～100万元，省自然科学基金按照相同额度出资，主要支持青年药师开展药学技术、药事管理和临床用药研究相关的基础研究和转化工作。今后联合基金规模还将继续稳步扩大。

二、探索资助管理方式，提高资助工作绩效

（一）实施联合资助，引导社会科技资源投入

2001年，为解决有限的财政拨款与迅速增长的基础研究经费需求之间的矛盾，引导社会科技资源的投入，省基金办提出“联合资助”的构想，并于当年付诸实施。对于一些水平较高，但囿于资助数量限制而不能满足全额资助的项目，通过省自然科学基金立项，由省自然科学基金委员会与联合资助方共同提供经费。联合资助项目不单独受理申请和进行评审，而是依据“择优”和“双赢”的原则，由省基金办负责从省自然科学基金申请项目中选择。省基金办与联合资助方就具体的资助项目及资助额度进行协商，提出联合资助项目计划，报省自然科学基金委批准。联合资助项目的实施管理由省基金办与联合资助方共同负责。在财务管理上，省基金资助的经费按计划经项目依托单位拨付至联合资助方，而联合资助方应在上述款项到账后1个月内按计划将承诺资助经费拨至项目组，同时联合资助项目的经费使用须按双方各自有关财务管理规定执行。

多年来，省自然科学基金一直与依托单位开展联合资助工作，根据择优与自愿原则，对一定比例的项目共同提供经费。2012年度申请中统一了联合资助的配套方式，一般项目联合资助强度为8万元，其中省自然科学基金资助5万元，依托单位资助3万元。重点与杰青项目联合资助强度为30万元，其中省自然科学基金资助20万元，依托单位资助10万元。非财政拨款单位（主要限于宁波市）按以上资助强度，全额配套资助经费。为贯彻落实省政府关于支持重点高校建设和一流学科建设的要求，省基金办和相关依托单位从2016年开始以联合资助方式对省一流学科或省级重点实验室所属科研人员申请的项目予以倾斜支持，2016年合计有320个项目参加联合资助，吸引资金1364万元。

（二）实行限项申报，有效配置科技资源

为解决申请项目数量和基金经费规模的矛盾，提高评审效率，保证课题负责人高质量地完成课题，1989年省自然科学基金颁布了《浙江省自然科学基金管理暂行办法》，提出实行限项申报制度，即每位申请者最多只能申请2项课题，已经列入国家自然科学基金资助的课题，省自然科学基金不再重复资助。为提高申请项目质量，省自然科学基金从1990年开始对各依托单位实行限项申报，即根据上年依托单位实际得到资助的项目数量计算当年限项数量。限项申报制度的实施，充分调动了各依托单位的积极性。在依托单位学术委员会把关下，申请项目质量有所提高。其后的30年间，省自然科学基金不断调整限项申报政策，主要调整内容见表2-2。

表2-2 浙江省自然科学基金限项申报政策调整情况

调整时间	调整内容	调整目的
1995年	对申请总量进行适度控制：以各依托单位取前3年获得省自然科学基金资助项目数的平均值作为基数，计算当年各单位的限项申报数量	提高申请项目质量，避免各依托单位申报数和资助数产生剧烈波动，有效控制申报规模
1996年	采取对大单位限额申报，小单位自由申报的政策	支持规模较小的依托单位，尤其是处于基础研究起步阶段的规模较小依托单位
2003年	取消“单位限项申报制度”	保障申报工作公平有序
2005年	已获国家和省部人才培养计划资助，或正在主持国家（省部）科研课题，且资助经费达到一定金额的科技人员，不再予以资助	将资助目标更多地集中在对“小人物”“新人才”的培养上，为年轻的科技工作者提供起步阶段的支持
2012年	对申请总量进行适度控制： (1)年度受理申请总量为6000项； (2)各依托单位年度申请项目额度为各单位前3年获得省自然科学基金资助项目数（不含学术交流项目数）的平均值乘以系数5.5。对于丽水、衢州、舟山3个欠发达地区的各依托单位，年度申请项目额度为各单位前3年获得省自然科学基金资助项目数（不含学术交流项目数）的平均值乘以系数6.0； (3)前3年未获得资助的依托单位（包括新注册依托单位），按每单位4项的额度申请	进一步提高申请质量，促进公平有序竞争，保障科学基金工作的可持续发展
2013年	调整各依托单位年度申请项目额度，将系数由5.5调整为5.0，最高申报数以1000项为限。对于丽水、衢州、舟山3个欠发达地区的各依托单位，年度申请项目额度的系数由6.0调整为5.5	
2014年	(1)不再设定年度受理申请6000件的总量限制； (2)调整丽水、衢州、舟山3个欠发达地区的年度申请项目额度，将系数由5.5调整为6.0	
2017年	省内联合基金项目的申请名额不占本单位申请项目额度	

（三）建立以依托单位为主的多层次管理体系，加强管理队伍建设

从2003年开始，鉴于项目申请数量不断增加和省基金办难以对申请者进行有效管理的现实，省基金办不再接受个人申报，所有申请者均需通过依托单位提交项目申请。当年下发了《关于规范依托单位及管理员的通知》，指出“为进一步规范管理，加强省自然科学基金管理队伍的建设，保证我省自然科学基金事业稳步、快速发展，决定进一步规范省自然科学基金依托单位及管理员的管理，并将这项工作制度化”。这项制度出台标志着浙江自然科学基金多层管理体系的形成。

依托单位在基金资助管理工作中承担的法人责任和职责包括：组织本单位科学技术人员申请自然科学基金资助；审核申请人或者项目负责人所提交材料的真实性；提供省自然科学基金资助项目实施的条件，保障项目负责人和参与人实施省自然科学基金资助项目的时间；

跟踪省自然科学基金资助项目的实施，监督基金资助经费的使用；配合省基金办对省自然科学基金资助项目的实施进行监督、检查。省基金办则对依托单位的基金资助管理工作进行指导、监督。

目前，省基金办已经建立了700余家依托单位档案。

三、建立"三审一决策"评审程序，确保科学民主决策

浙江省自然科学基金的管理始终遵循"依靠专家、发扬民主、择优支持、公正合理"的16字方针，"公平、公开、公正"的评审原则，以及"以指南为引导，以专家为主体，以竞争为动力，以公正为准则"的指导思想开展评审工作。在省自然科学基金设立之初即确立了省基金办初审、省外同行专家评议、省内专家评审组评审、省自然科学基金委员会审批的评审程序(见图2-1)。资助项目遴选工作把申请项目的科学性、先进性和创新性，以及研究工作能否促进浙江省实现可持续发展和提升科技水平作为主要标准，同时注重申请者(项目组)的创新能力和科学、人文素质，以及研究条件。

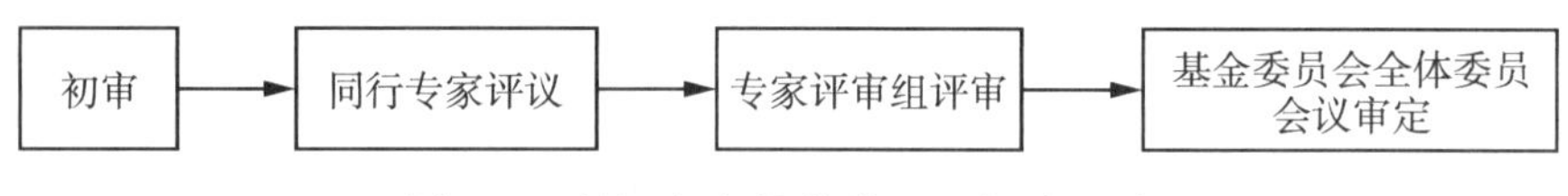

图2-1　浙江省自然科学基金评审程序

(一)初审

申请材料的初审工作由省基金办负责。早期，初审仅对申请书进行形式审查。2003年起，省基金办将初审改为形式审查和内容审查同步进行，每个项目主管负责组织相关专家对各自负责的学科领域内项目进行初审。主要是对申请人及项目组主要人员是否符合申请通告规定条件、申请材料是否符合年度申请通告和项目指南要求、申请人及项目组主要人员申请省基金资助项目是否超过规定数量等进行审核。符合受理条件的，予以受理。

2007年1月1日施行的《浙江省自然科学基金管理规定》中加强了初审中对学术不端行为的审查，并规定有申请者不具备规定的申请资格、申请项目主体内容不符合资助范围、申请项目属低水平重复研究、申请经费超出基金资助能力、申请材料撰写不符合要求、申请材料含有虚假信息、申请经费预算不符合相关的经费管理规定、申请者有违背科学道德的行为和执行省自然科学基金资助项目质量低下的记录等8种情形之一的，不予继续评审。

随着申请工作的不断规范以及申请量的不断增加，2014年修订的《浙江省自然科学基金管理办法》对初审条件进行了概括与凝练，规定项目申请如有以下3种情形之一的，不予受理：

1. 申请人及项目组主要人员不符合办法条件的；

2. 申请材料不符合年度申请通告和项目指南要求的；

3. 申请人及其项目组主要人员申请省基金资助项目超过规定数量的。

以上省基金办决定不予受理的，通过依托单位告知申请人，并说明理由。

(二)同行专家评议

通过初审的项目按项目类型和学科代码分组后，从省外评审专家库中随机抽选对应的同行评审专家进行评审。同行专家评议是科学基金工作的核心，其主要功能在于对申请项目的科学价值提供客观的评估意见，并为稀缺科学资源的分配提供依据。

1990年，因省内同行评议专家数量不足，省基金办尝试邀请省外专家参与。这一举措得到了科技界的认可，有利于公平公正原则的落实。逐渐地，同行评议均由省外专家承担。“九五”期间，同行评议开始采用“双盲法”，即申请书不公开申请者姓名和所在单位，其目的是利于创新思想得到资助，而不是过重基于名望。2004年，明确了同行评议主要评价申请项目的学术水平，而专家评审组评审着重评价项目的意义，形成评审工作的互补，同时评审意见全文反馈给申请者，让评审工作也起到了学术交流的作用。

同行评议专家由省基金办负责选择，对初审通过的申请项目进行评议。为保证项目评审的客观公正，2006年发布的《浙江省自然科学基金管理规定》中明确每年应有1/3以上的同行评议专家与上年不同。为了规范同行专家评审工作，自2010年以来省基金办专门拟订了评审说明，要求同行专家按评审说明的要求对申请项目进行评价，并将综合评价等级分为A、B、C、D 4档，即A—优（计5分）、B—良（计4.3分）、C—中（计2.5分）、D—差（计1.5分）。现阶段，优和良的比例视各学科申请情况控制在40％～50％。自然科学基金重点、重大和杰青项目，按不高于拟立项数的1.6倍划定进入省内评审组分数线；其他项目按不高于拟立项数的2.0倍划定进入省内评审组分数线；参加联合资助的省一流学科、省重点实验室所属人员申报的项目，通过分数线下浮一档。

省基金办依据同行专家评议意见，择优选择申请项目送专家评审组评审。

（三）专家评审组评审

专家评审组由省基金办负责组建。评审组专家对项目的研究基础、研究条件等指标进行评价。专家评审组评审在早期采用会议评审的方法，由省内专家组成的评审组对进入会议评审的申请书认真审读和全面评议，在充分讨论基础上，根据立项限额，以无记名投票方式确定拟立项课题。拟立项课题需要获学科评审组参评成员2/3以上的票数支持。最终的小组评审结果由学科评审组长签署推荐意见后，提交省自然科学基金委员会讨论。此后，按学科分类进行专家评审组评审的方式沿用至今。目前，进入省内专家评审的项目按项目类型和学科代码分组后，从省内评审组专家库中随机抽选对应的评审专家进行评审。杰青和重大等大额资金资助项目采取会评答辩评审方式，其他项目采取网络评审方式。会评答辩评审以评审组专家投票方式推荐资助项目，推荐时重点考虑项目创新性与浙江需求的相关性、申请人创新能力与发展潜力、申请人创新条件与依托单位对申请人的支持条件等方面的因素。拟立项目原则上应有半数以上省内评审专家推荐。青山湖科技城联合基金项目、省药学会联合基金项目省内评审则按协议约定另行执行。

（四）基金委决策

省基金办汇总同行专家和评审组专家的评审意见后，择优选择申请项目并提出资助项目建议，报省自然科学基金委员会审议。省自然科学基金委根据相关管理规定，对省基金资助项目建议进行审议，确定拟资助项目名单。对决定不予资助的项目申请，省基金办负责将专家评审意见反馈给项目申请人。基金管理机构不得以与评审专家有不同的学术观点为由否定专家的评审结果。实践证明，严格执行“三审一决策”的评审程序，可以达到公开、公平、公正、择优支持的效果，受到全省广大科技人员的欢迎。

四、完善专家评审制度，保证评审工作科学公正

（一）专家资格审查制度

浙江省自然科学基金评审专家主要通过与省外专家库交换、依托单位和科研人员推荐等方式产生。为加强对专家的管理，浙江建立了科学基金评议（评审）专家资格审查制度，对评议（评审）专家应具备的条件作出规范。一是应有较高的专业知识水平、敏锐的洞察力和较强的判断能力；二是了解评价项目相关研究领域的国内外发展状况；三是具有良好的资信和品德，热心科学基金事业，敢于承担责任。省基金办负责对评议、评审专家进行考评。

目前，省自然科学基金评议（评审）专家的来源主要包括：

1. 省外同行评议专家。主要是从事基础科学研究且有较大学术影响力的省外专家，特别是近年来主持国家自然科学基金或"973计划"等科技部重大基础研究项目的省外专家，以及近3年回国的高水平省外专家以及在境外工作的高水平华人科学家。

2. 省内评审专家。主要是省内主持过国家基础研究项目、具有较高学术水平的科学家和刚从海外回浙江工作的高水平科学家。

（二）专家意见反馈制度

很多年轻科研人员由于自身研究水平有限或经验不足等，往往难以获得项目，却又不知如何改进。为此，2004年以来，省基金办试行了评审专家意见反馈制度，在项目评审结束后，把评审意见通过网络反馈给申报者，以便申报者开拓思路，改进研究方法。此办法不断改进，延续至今。

（三）专家回避制度

为贯彻公正合理、择优支持的原则，省基金办采取了专家回避制度。在资助项目评审工作中，凡申请省自然科学基金项目的专家，不论其学术造诣和社会地位如何，本人一律回避，不参加、不干预任何阶段的评审工作。同时回避专家所在单位及其直系亲属申请项目的评议、评审。2014年修订出台的《浙江省自然科学基金管理办法》对专家回避情形作出了更为严格的限制，若评审专家是项目申请人或者参与人的近亲，或者与其有其他关系、可能影响公正评审的，都应当回避。除项目申请人之外，项目参与人也不得作为评审专家参加当年的项目评审。申请人可以向省基金办提供包含2名以内不适宜评审其申请的评审专家的名单，省基金办在选择评审专家时酌情予以考虑。这项制度的严格执行，进一步提高了评审工作的公平性。

（四）双盲法评审制度

在众多项目中通过公开、公平、公正的评审程序择优选取资助项目是省自然科学基金重要的管理活动。尽管省基金办明确提出项目评审要公开、公正、公平，但在推荐、评审过程中，评议、评审专家往往会受到各种因素影响，从而影响推荐、评审工作的公正性。为此，省基金办从"十五"期间开始，逐步在省外同行专家评议阶段及省内评审环节采用"双盲法"评审。"双盲法"评审是指在项目评审过程中，将项目的负责人、工作单位等有关个人信息和评审专家信息略去，采取匿名方式进行项目评审。采用"双盲法"评审，能够有效地减少双方间的干扰，在评审过程中排除不必要的感情因素，有利于客观、公正、公平地进行评价，有利于唯才是举，让有真才实学者脱颖而出，更好地保证了项目评审的公正性。

(五)专家信誉评价机制

为加强对在库专家的监督和管理,保障项目评审质量,省基金办建立了专家信誉评价机制,按照浙江省科技专家管理的相关规定,对专家的评议、评审工作,以及对保密和知识产权规定的遵守情况等进行考评。对于存在未能客观公正、科学合理履行专家职责的,擅自泄漏评估的内容、过程和结果等重要信息的,应主动申请回避而不申请回避的,在参加专家活动过程中,存在徇私舞弊,接受或索取相关单位(个人)的馈赠、宴请或不正当利益的,触犯法律、法规而被追究法律责任的,存在伪造、篡改和剽窃等学术不端行为的,发生科研实践和结果背离科研事实等科研道德和伦理责任问题等行为的,取消专家资格。

第三节 项目管理

一、项目流程管理

(一)申请与评审管理

浙江自然科学基金的申请,采取指南引导、自由申请的办法。省自然科学基金委员会根据浙江省经济、社会和科技发展规划和发展目标,制定基础研究发展计划、优先资助领域、项目指南等,公开向全省发布,引导省自然科学基金的申请。1989年省自然科学基金委员会首次编制年度项目指南,该项目指南对基金项目的申请和评审起到了积极的指导作用,但在实践中也发现该指南存在鼓励研究领域过于宽泛等不足。为使基金资助更有针对性,目的性更强,更好地促进全省科技、经济和社会发展,1992年初,省基金办对1989年的项目指南进行了修改,调整和缩小了鼓励资助领域。此后,随着国家和我省经济、社会和科技发展形势的不断变化,省自然科学基金申报的项目指南又作了多次修订。从2010年以来,省基金办每年召开申报工作座谈,征求对申报工作的意见,并以此为基础修订年度项目申报通告。

基金项目每年集中受理1次,本省具备一定条件的高校院所、科研机构的科技工作者可按规定申请资助。根据2014年制定的《浙江省自然科学基金管理办法》(浙科金发〔2014〕1号),满足以下三个条件的可以申请自然科学基金资助:一是具有承担基础研究课题或者其他从事基础研究的经历;二是具有中级专业技术职务(职称)或者具有博士学位;三是正式受聘于依托单位的在编且在岗科学技术人员,且在项目执行期间每年在依托单位工作时间应不少于6个月。项目组主要成员应为依托单位正式在编或者聘用人员,且每年在浙江工作时间6个月以上,其他科学技术人员可作为项目组非主要成员参与基金项目的申请。

评审工作一般按照省基金办初审、省外同行专家评审、省内专家评审组评审、省自然科学基金委审议的程序进行。省基金办对已受理的基金项目申请,从同行专家库中随机选择3名以上专家进行评议,再依据同行专家评议结果择优选择申请项目,从评审组专家库随机选择3名以上专家进行评审。

为提高申报质量、加强评审管理,省基金办不断对申报政策和评审规则作出适应性调整。如在2014年度申报工作中,参考国家自然科学基金委的有关规定,对于连续2年申报项目未获得资助的申请人,限制申报1年;强调申请人不得以与已获得资助的省部级以上科研项目相同或基本相同的研究内容,再次申请省自然科学基金项目;对紧密结合浙江省重点支持的战略性新兴产业开展关键科学问题与战略性前沿技术研究的重点项目，在同等条件下优先予以资助。在2015年度项目申报中，调整了省杰出青年科学基金项目申请年龄条件，完善了申请总量适度控制政策，细化了评审规则。

(二)资助与实施管理

省自然科学基金采取分级管理方式。省基金办负责资助项目的管理，包括审核研究计划与经费预算，检查研究工作进展与经费使用情况，审查结题报告，组织专家验收，核准结题等。依托单位对依托于本单位的资助项目负有组织、管理、监督和检查的责任，包括组织本单位科学技术人员申请自然科学基金资助，审核申请人或者项目负责人所提交材料的真实性，监督基金资助经费的使用，配合省基金办对省自然科学基金资助项目的实施进行监督、检查等。项目负责人全面负责资助项目的实施，包括制定研究计划和经费预算，报告研究工作的进展情况，对研究工作作全面的总结和对经费的使用情况进行决算。凡涉及研究目标等重要变动，须及时向依托单位汇报，并上报省基金办核准。

在项目实施过程中，项目负责人需按照资助项目研究计划组织开展研究工作，并通过依托单位向省基金办提交项目年度进展报告。依托单位应对年度进展报告进行审核后向省基金办提交依托单位年度管理报告。

为加强对基金资助项目研究成果的规范管理，凡发表、介绍省基金资助项目取得的论文、专著、专利、转入项目以及奖励等成果，必须按要求进行标注。中文标注内容为“本研究得到浙江省自然科学基金资助，项目编号为×××××××××”；英文标注内容为“This research was supported by Zhejiang Provincial Natural Science Foundation of China under Grant No. ×××××××××”。未正确标注省基金资助、论文作者中无项目负责人姓名，或与资助项目研究内容无关，以及尚未正式发表的论文，均不作为该项目研究成果。

(三)结题与验收管理

项目负责人需按要求在规定时间期限内提出验收申请。预计项目在执行期内不能完成研究任务需要延长实施期限的，可申请延期，每个项目可延期2次，每次不超过12个月，延期申请经依托单位签署意见后，报省基金办批准。项目结题验收采用专家会议验收和网络评审相结合的方式。重点项目和杰出青年科学基金项目采用专家会议验收方式，青年项目和一般项目采用网络评审方式，这不仅提升了结题验收工作规范化水平，也提高了验收工作效率。同时，建立了财务专家库，将财务专家引入项目结题评审中，进一步加强了项目经费监管力度。在结题材料的形式上也作了更为规范的要求，对项目负责人上报的材料内容、规格制定了统一的标准。自2013年开始，项目结题验收环节引入专家网络评审与绩效量化机制。验收专家需根据省基金办制定的绩效评价体系，从“项目计划执行情况与预期成果完成情况”“学术创新与人才培养情况”“项目绩效情况”“经费使用情况”4个方面进行定性评估。按绩效评分指标体系得分未达到及格分或半数以上专家意见为不合格的，则不能通过验收。2016年起在结题验收环节增加报告相似度审查以及科技报告审核环节，若研究报告内容相似度较高，则视情况予以延期或终止处理。

(四)公示与复审

1. 反馈与公示制度

根据省自然科学基金相关管理规定，对省自然科学基金申请项目与资助项目实行公示制度。项目申报通知发布阶段，在省科技厅、省自然科学基金委员会网站公布评审程序、规则及刚性的遴选标准。之后，分阶段公布申报项目、评审通过项目和拟资助项目的基本情况，反馈初审、专家评审以及省自然科学基金委审议等结果。项目申请截止之日起30日内公示全部申请项目；初审及同行专家评审结束后，申请人可通过省自然科学基金网络信息系统查询评审结果；拟资助项目确定后，省基金办公布确定的拟资助项目名称、申请人姓名、依托单位名称等基本情况，接受社会监督，公示期为7日，从而实现申请、评审、立项等各个环节的全程信息公开与反馈，将自身裁量权降至最低程度。2016年进一步完善了信息公开制度，在公示申请项目时，同时公开项目组成员、主要成员介绍、申请人曾主持和正在主持的国家和省部级项目等简表内容；公示拟资助项目时，同时公开申请书摘要内容；验收通过后公开申请书正文、结题验收材料等内容。

2.复议制度

建立适当的复议制度，完善评审程序，是科学性和公正性的具体体现。建立科学合理的书面复议制度，给省自然科学基金项目申请人提供申诉和解释的机会，会在一定程度上减少不公正因素的影响和评审专家可能出现的失误。

省自然科学基金于2005年开始推行评审复议制度，一方面为了纠正错评，另一方面使“创新性强但缺乏前期积累”和“非共识”等项目有机会得到及时支持。2007年在《浙江省自然科学基金一般项目管理实施细则》中明确了复议制度。省自然科学基金项目申请人对不予资助的决定不服的，可以自拟资助项目公示之日起7日内，通过其所在单位向省基金办提出书面复审请求。对评审专家的学术判断有不同意见，不得作为提出复审请求的理由。省基金办对申请人提出的复审请求须自收到之日起30日内完成审查。认为原决定符合本办法的，予以维持，并书面通知申请人和依托单位；认为评审工作中存在程序性错误且影响评审结果的，重新组织专家进行评审，报省自然科学基金委主任审批后重新作出是否予以资助的决定，并书面通知申请人和依托单位。

2013年修订的《浙江省自然科学基金管理办法》对复审程序作出进一步规范，省基金办按复审程序组织专家进行评审时，可以只进行通讯评审或者会议评审，并公布复审后确定的拟资助项目名称、申请人姓名、依托单位名称等基本情况，接受社会监督，公示期为15日。

二、管理改革与创新

“十二五”以来，省自然科学基金委员会不断完善浙江特色科技基金制，在资助格局、项目评审、信息化建设、科研诚信建设、绩效评估等方面进行探索与实践，推进科学基金管理改革，取得了明显成效。

(一)持续优化资助格局

“十二五”以来，省自然科学基金委员会根据国内外自然科学基金发展态势与自身定位，在已有项目基础上，适时新增项目类型，设立联合基金，启动省自然科学基金联合基金，为推动全省基础研究能力的提升提供了有力支撑。2011年设立青年科学基金项目，进一步完善了科学基金创新人才资助体系，同时将女性科研人员申报年龄放宽到38岁，体现了基金资助工作中的人文关怀。2015年设立“NSFC-浙江两化融合联合基金”，重点资助高端工业自动化、物联网、云计算与大数据、智慧城市、智慧海洋、智能设计与制造、工业机器人、电子商务等领域的基础研究。2017年启动省自然科学基金联合基金，引导和支持社会力量加强基础研究，首批启动"青山湖联合基金"和"药学会联合基金"2个联合基金专项。2018年度将继续稳步扩大联合基金规模，计划启动实施浙江省数理医学学会联合基金、中国电建集团华东勘测设计研究院联合基金。

(二)不断完善评审机制

省自然科学基金一直高度重视评审的公平性和公正性，积极探索新举措、新方式，加强对项目申请和评审环节的规范与管理，营造良好的项目评审环境。

完善项目评审方式。自2013年开始，在省基金项目结题验收环节引入专家网络评审机制。省基金办拟定项目结题验收评分指南及说明，验收专家以此为依据对项目进行全面评价，作出是否通过验收的结论，验收情况记入科研人员的学术档案。开发了会议评审信息系统，2016年对省杰出青年科学基金申请项目首次组织了会议评审，以全面评估申请人的科研能力和综合素质。2016年起在立项评审和结题评审环节增加报告相似度审查，在结题验收的初审环节之前增加科技报告审核环节。

加强专家库建设。专家库建设是省自然科学基金管理工作的核心之一，一直以来省基金办非常重视评审专家库建设，2011年开发了面向项目评审的专家选派信息系统，实现了评审专家随机智能选派，提高了评审效率。积极完善评审专家组建机制，通过专家库扩容和规范化建设，为科学合理选择评审专家提供有力支撑。通过与兄弟省(市)的合作和各依托单位的推荐，至2017年底，省自然科学基金可用专家已超过2.4万人次，覆盖数理、化学、生命、地球、工程与材料、信息、管理、医学八大科学领域的3436个研究方向。

(三)深入推进信息化建设

早在1990年，省基金办就开发了项目计算机管理系统。2002年，启动建设浙江省自然科学基金委员会网站，并建立了基于互联网的项目评审管理系统，实现了无纸化和移动办公。随后，省基金办努力将网站建成既是一个基金工作管理系统，也是一个基础研究学术交流的平台。将1988年起的纸质资助项目总结录入系统，并鼓励项目负责人补充后期成果。这些信息均向全省基础研究人员公开，既增强了工作透明度，又促进了学术交流，避免重复研究，让后人能在前人工作的基础上深化研究。

2010年以来，对省自然科学基金信息系统进行了改版，实现项目申报、立项、进展及验收的网络全过程管理。其中申报工作采取申请校验码和申报过程无纸化的设计思路被国家自然科学基金委信息系统所参考借鉴。验收环节采用绩效评价体系，根据结题项目的成果产出，自动计算项目完成绩效分，便于对每个资助项目的定量分析。同时，验收工作也统一采用专家网络评审的机制。2016年开发了会议评审系统，用于杰青、重大等项目的会议答辩评审。2017年，信息系统实现省基金与公益计划的合并，作为省级单位前100项"最多跑一次"事项之一，并实现了省政府信息数据的共享对接，为信息"孤岛"向信息"环岛"的转变提供了支撑。此外，省自然科学基金信息系统还在微信移动服务和大数据分析等方面做了相关的探索。

(四)不断完善绩效评价体系

开展绩效评价是地方科学基金加强监督、提升研究水平的重要环节。省自然科学基金委非常重视绩效评价工作，省基金办早在2004年12月就出台了《浙江省自然科学基金资助绩效评估指标体系(初步)》。2013年，为更加科学地评价省自然科学基金项目产出绩效，省基金办制定了《浙江省自然科学基金项目结题成果评分指标体系》，在国内首次采用与地方基础研究相适应的可量化计算的评价体系，实现结题项目初审的定量分数线划定和优秀项目的快捷筛选。该指标体系与项目负责人的动态学术档案和网络信息系统紧密融合，对浙江省自然科学基金项目相关的各类论文、专著、专利、科技奖励、转入的国家级项目以及项目取得的经济社会效益按类别设定分值。结题验收时，网络信息系统根据项目负责人上传的研究成果信息，自动计算结题项目的绩效分值，实现资助项目绩效的定性与定量相结合的科学评估机制。2016年，省基金办针对实践中发现的问题，对该指标体系进行了改进：一是制定了自然科学基金成果分级方案。针对论文等成果分级不系统，难以对SCI、国内核心期刊等跨度大的成果赋予分值的问题，对论著、发明专利等结题项目成果进行精细化分级，将项目成果分为8个等级，是国内第一个对自然科学基金项目成果进行全面系统分级的方案。二是突出高层次成果，大幅增加高水平基础研究成果的分值。

（五）全面规范制度建设

为适应浙江深化科技体制改革、深入实施创新驱动发展战略和转变管理方式的新形势，进一步加强科学基金管理，2013年以来，省自然科学基金委及其办公室根据浙江省科学基金管理工作实际并参考国家自然科学基金委及兄弟省（市）的管理经验，对省自然科学基金相关管理规定进行了全面梳理与修订，相继印发了修订后的《浙江省自然科学基金管理办法》《浙江省杰出青年科学基金项目管理实施细则》《浙江省自然科学基金青年科学基金项目管理实施细则》《浙江省自然科学基金重点项目管理实施细则》《浙江省自然科学基金面上项目管理实施细则》。为更好贯彻落实创新驱动发展战略，推进科技资金管理改革，进一步提高省自然科学基金使用绩效，与省财政厅、省科技厅联合印发了《浙江省自然科学基金竞争性分配管理办法》（浙财教〔2015〕6号）。通过一系列规范性文件的制定与实施，完善了基金管理规章体系，优化了制度环境。

（六）持续加强科研诚信建设

省自然科学基金始终将科研诚信建设作为重要工作来抓，积极营造良好的创新环境。

强化科研诚信意识。在省自然科学基金网站上发布《浙江省自然科学基金项目申请科研诚信须知》，针对申请书撰写过程中常见的一些基本信息错误和科研不端行为，提出12项须知，要求申请人、参与者、依托单位作出承诺。申请人及参与者存在科研不端行为，情节严重的，5年内不得申请或者参与申请省自然科学基金资助项目。依托单位未履行管理职责，疏于管理，未对申请人或者项目负责人提交的材料或者报告的真实性进行审查，情节严重的，暂停其申报省自然科学基金项目的资格，并记入依托单位诚信档案。同时开展科研诚信工作研讨，2017年在温州召开了“浙江省基础研究科研诚信工作研讨会”，会上邀请国家基金委科研诚信建设办公室负责人介绍了国家自然科学基金科研诚信建设情况，探讨交流了基础研究科研诚信工作做法与经验，增强了广大科研工作者的科研诚信意识。

加强预防和惩戒。2016年开始探索利用科技报告资源，进行项目立项阶段和结题验收阶段的报告内容相似性分析，防范学术造假行为，净化科研诚信环境。2016—2017年共对7488份省基础公益项目的可行性报告、1305份结题报告进行了内容相似性分析，有17个项目因研究报告内容相似度较高而予以延期或终止处理，提高了项目完成质量，对规范科研人员科研诚信起到了警示作用。

（七）着重加强基金宣传和交流

省基金办多年来一直积极开展多层次、多形式、全方位的宣传活动，努力为发展基础研究创造良好的社会环境和传播科学文化。依托2004年成立的由各依托单位组成的通讯员队伍，重点宣传我省国家级基础研究项目情况、基础研究重大进展、典型创新人物及其事迹等；与浙江科技报社开展的“我与科学基金”征文活动，至今已持续开展了17年，报道了一大批高水平的原始创新成果；2012年创办了《浙江基础研究动态》双月刊，设立“要闻”“动态资讯”“学术交流”“基金工作”“我与科学基金”“专题专栏”等栏目。出台《浙江省自然科学基金宣传工作考核与奖励办法（试行）》，组织各高校科研单位积极投稿，并及时向《科技进步动态》《科技简报》等政府简报报送相关材料；组织高水平国内外学术交流活动，其中于2012年起主办的高端学术论坛——之江科学论坛，至今已举办了数十场主题学术交流活动，对促进浙江基础研究领域的学术交流，发挥了很好的作用。

第二部分

自然科学基金与浙江发展

第三章　总体发展状况

作为最早设立的地方科学基金之一，浙江省自然科学基金自1988年创立以来，注重基础研究与青年人才培养，坚持积极探索创新，不断完善管理，在提升地方基础研究整体水平、争取国家基础研究资源、协调基础研究和应用基础研究均衡发展、培养优秀特别是青年科技人才等方面发挥了决定性作用，年财政投入从最初的200万元增加到2017年度的1.3亿元，其间累计资助项目数超1.6万项，累计资助金额近12亿元，争取国家基金超过85亿元，成为我省资助基础性研究的主要渠道之一。经过30年的发展，全省基础研究繁荣发展，原始创新能力显著提高，总体水平位居全国前列，服务创新驱动能力不断提升。

第一节　资助体系逐步完善

浙江省自然科学基金自设立以来，始终注重基础研究、自由探索、青年人才、合作交流的战略导向，主要资助自然科学、工程科学和管理科学等领域中的基础研究、应用基础研究和战略性前沿技术研究。随着经费投入的不断增长，浙江省自然科学基金的资助体系也不断完善（见图3-1）。

浙江省自然科学基金于1988年正式启动申报工作，广大科技工作者积极响应和踊跃申请。1992年，浙江省自然科学基金委首次推出重点资助项目计划，主要资助对学科发展具有重要引领作用的前瞻性、战略性基础研究，支持新兴学科、交叉学科的系统性、创新性研究。1996年8月，省科委决定在省自然科学基金内设立专项资金用于培养高层次青年科技人才，并发布《浙江省自然科学基金青年科技人才培养专项资金管理办法》，同年产生了第一批青年科技人才培养项目。2003年，省基金青年科技人才培养项目开始资助以研究人员命名的研究小组。2007年，该培养项目更名为“浙江省杰出青年团队项目”。2010年，经第六届浙江省自然科学基金委员会全体委员会议审议，将“浙江省杰出青年团队项目”更名为“浙江省杰出青年科学基金项目”。同年，省自然科学基金还新设学术交流项目，其目的是为促进我省科学家更加广泛地开展基础研究方面的国内外合作交流，提高我省自然科学基金项目的研究水平。2011年，省自然科学基金委员会设立青年科学基金项目并出台相关管理细则，主要资助35周岁以下从事基础研究的青年科研人员。2015年，浙江省人民政府与国家自然科学基金委员会在北京签约，设立NSFC-浙江两化融合联合基金，双方计划5年内共安排项目资助经费2.5亿元，主要选择高端工业自动化、物联网、云计算与大数据、智慧城市、智慧海洋、智能设计与制造、工业机器人、电子商务等“两化”深度融合领域中具有共性的重大科学问题和关键技术问题开展基础研究。2017年，根据《关于印发深化省级财政科技计划（专项、基金）管理改革方案的通知》，整合省自然科学基金和省公益技术研究计划，实施省基础公益研究计划，进一步统筹科技资源，支持基础研究和公益技术研究。同时设立自然科学基金重大项目，支持科技人员主要围绕省基础研究重大专项等方向开展深入、系统的创新性研究，充分发挥中青年学术骨干的作用，促进学科发展，推动若干科学前沿或符合我省战略需求的重要领域取得突破。同年，省自然科学基金办与青山湖科技城管委会、浙江省药学会达成合作意向，设立“浙江省自然科学基金-青山湖科技城联合基金”和“浙江省自然科学基金-浙江省药学会联合基金”（见图3-1）。

图3-1 浙江省自然科学基金的资助体系不断完善

经过30年的发展，省自然科学基金逐步形成由研究类项目、人才类项目和环境类项目三大系列组成的资助体系（见图3-2）。资助项目主要包括以下7类：省杰出青年科学基金项目、重大项目、重点项目、一般项目、青年科学基金项目、联合基金项目和学术交流项目。

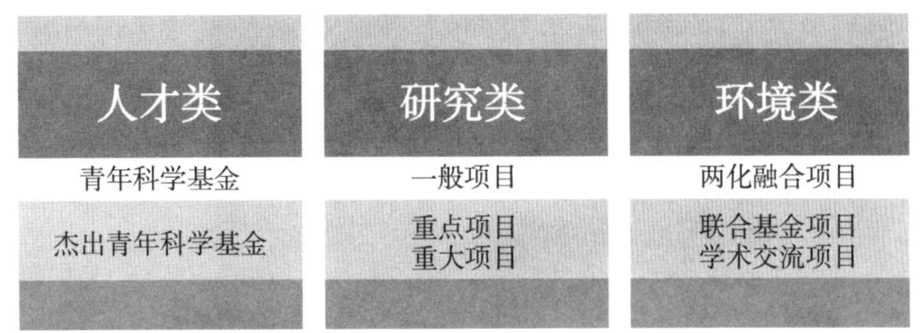

图3-2　浙江省自然科学基金资助体系组成

第二节　投入持续稳定增长

自1988年创立以来，在浙江省科技厅、财政厅的大力支持下，省自然科学基金的财政经费投入逐年增加，由最初的200万元发展到2017年的1.30亿元规模，年均增长率为14.93%；资助项目由最初的216项上升到2017年的1236项，累计资助项目总数超过1.6万项，为我省基础研究能力的提升提供了有力保障。其中“十二五”期间，省自然科学基金共运用财政投入资金5.15亿元，资助项目5863项，分别是“十一五”总量的2.06和1.82倍。“十二五”以来，省自然科学基金共资助项目8481项，累计投入财政资金7.7亿元(见图3-3)。

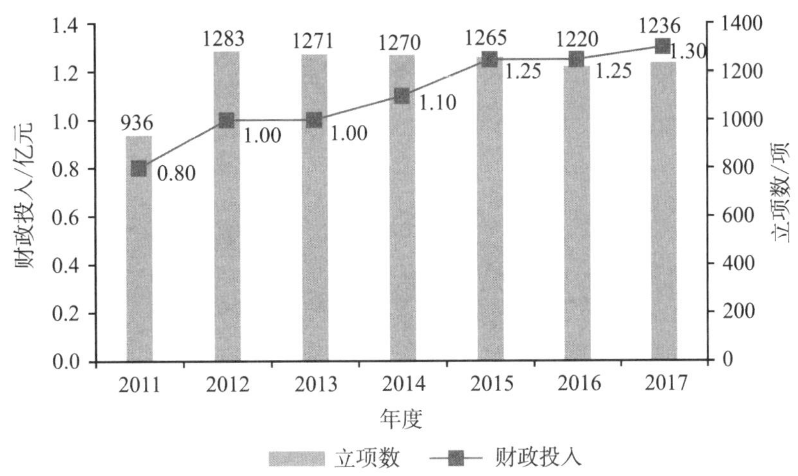

图3-3　2011—2017年度省自然科学基金立项数及财政投入情况

国家自然科学基金是支持我国基础研究的主要力量，通过积极争取国家项目，进一步促进了我省基础研究水平的提高和创新能力的增强。2010年以来，我省共争取到国家自然科学基金项目近1.4万项，直接经费超70亿元(见图3-4)。

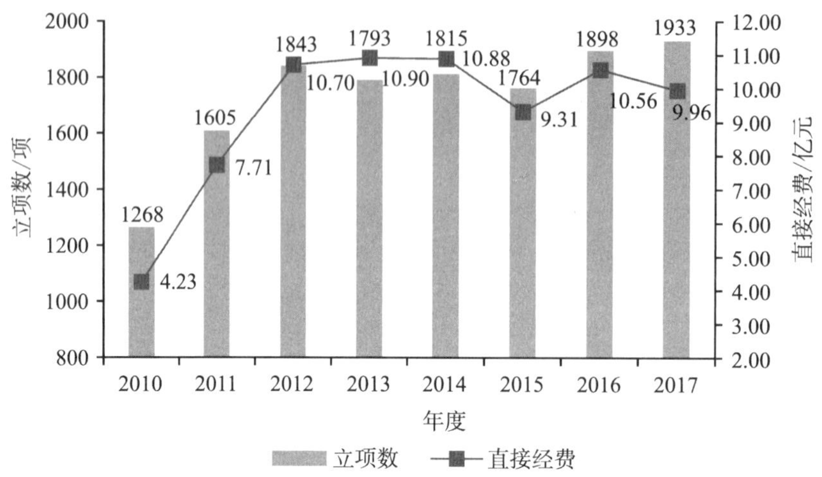

图3-4　2010—2017年度浙江获得的国家自然科学基金项目立项数及直接经费情况

2013—2017年度，浙江省获得国家自然科学基金面上项目、青年科学基金项目、重点项目、杰出青年科学基金项目、优秀青年科学基金项目资助总额基本稳定在全国第6位，排在前5位的分别是北京、上海、江苏、广东和湖北（见表3-1）。这5年来，北京获得的经费总额超185亿元，尽管经费支持额度呈现下降趋势，但其总额仍远高于其他省（市）。上海、江苏两省（市）获资助总额相差不大，均超85亿元。广东获资助总额超60亿元，湖北超50亿元，浙江为42亿元左右。虽然浙江历年来获资助金额在全国排名第6位，但与前5位的省（市）相比差距明显。

表3-1　2013—2017年度主要省(市)获国家自然科学基金项目经费总额情况

单位：万元

年度	北京	上海	江苏	广东	湖北	浙江
2013	381090.89	188435.50	170767.05	118603.90	108028.96	89113.30
2014	419322.40	198315.70	180024.90	121405.50	111146.70	92033.50
2015	351903.85	174088.95	170698.90	105356.90	103191.50	78824.47
2016	344759.20	176430.50	162272.10	116973.50	97164.50	80918.30
2017	352975.10	198982.80	184545.90	143144.20	115452.10	86630.80
合计	1850051.44	936253.45	868308.85	605484.00	534983.76	426386.37

从立项率上看，北京一枝独秀，稳居全国龙头地位（见表3-2）。浙江省立项率每年都高于全国平均水平，排全国第2至5位（除去有地区基金的省份）。上海、江苏两省（市）与我省相差不大。值得注意的是，广东省发展迅速，2015年已赶超我省。

表3-2 2007—2016年度获国家自然科学基金资助立项率排名前10的省(市)统计

2007年度			2008年度			2009年度			2010年度			2011年度		
地区	**立项率**	**排名**	**地区**	**立项率**	**排名**	**地区**	**立项率**	**排名**	**地区**	**立项率**	**排名**	**地区**	**立项率**	**排名**
北京	26.80%	1	北京	26.46%	1	北京	26.19%	1	北京	29.40%	1	北京	29.19%	1
上海	20.89%	2	上海	21.16%	3	上海	20.01%	4	上海	23.18%	3	上海	24.23%	2
江苏	20.23%	4	江苏	20.95%	5	江苏	20.02%	3	江苏	22.21%	5	江苏	23.11%	4
广东	17.16%	9	广东	19.29%	7	湖北	19.35%	5	广东	21.55%	6	广东	22.25%	6
湖北	18.18%	5	湖北	19.27%	8	广东	18.10%	8	湖北	21.12%	7	湖北	21.65%	7
浙江	**20.78%**	**3**	陕西	21.11%	4	陕西	18.35%	7	**浙江**	**23.22%**	**2**	陕西	22.67%	5
陕西	17.62%	8	**浙江**	**22.88%**	**2**	**浙江**	**20.09%**	**2**	陕西	20.94%	8	**浙江**	**23.39%**	**3**
山东	16.96%	10	辽宁	17.99%	9	山东	16.71%	9	山东	18.86%	10	辽宁	19.57%	10
辽宁	18.14%	6	山东	17.74%	10	辽宁	16.54%	10	辽宁	19.31%	9	山东	20.21%	8
四川	17.73%	7	四川	19.95%	6	四川	18.50%	6	安徽	22.95%	4	四川	19.69%	9
2012年度			**2013年度**			**2014年度**			**2015年度**			**2016年度**		
地区	**立项率**	**排名**	**地区**	**立项率**	**排名**	**地区**	**立项率**	**排名**	**地区**	**立项率**	**排名**	**地区**	**立项率**	**排名**
北京	27.78%	1	北京	30.11%	1	北京	31.61%	1	北京	28.87%	1	北京	28.07%	1
上海	23.67%	3	上海	26.32%	2	上海	26.66%	3	上海	25.19%	3	上海	24.79%	2
江苏	22.44%	4	江苏	25.77%	5	江苏	26.50%	4	江苏	24.60%	4	江苏	23.21%	5
广东	22.22%	5	广东	23.82%	7	广东	26.02%	5	广东	25.23%	2	广东	24.19%	3
湖北	21.69%	6	湖北	23.76%	8	湖北	23.68%	7	湖北	24.13%	6	湖北	23.07%	6
浙江	**23.72%**	**2**	**浙江**	**25.85%**	**4**	**浙江**	**27.14%**	**2**	**浙江**	**24.57%**	**5**	**浙江**	**23.60%**	**4**
陕西	20.18%	7	陕西	23.84%	6	陕西	25.87%	6	陕西	22.95%	7	陕西	22.98%	7
山东	19.29%	8	山东	21.00%	10	山东	22.02%	9	山东	21.46%	9	辽宁	21.00%	8
辽宁	17.80%	10	辽宁	21.03%	9	辽宁	21.10%	10	辽宁	21.57%	8	山东	19.79%	10
四川	19.11%	9	安徽	25.93%	3	四川	23.00%	8	四川	20.72%	10	四川	20.51%	9

与浙江省自然科学基金的财政投入相比，浙江每年获得的国家自然科学基金项目经费总额更为可观。虽然“十二五”以来，省自然科学基金的经费投入每年都在增加，但与同期争取到的国家自然科学基金经费相比，省自然科学基金的经费总额仍明显偏低(见图3-5)。这说明一方面，我省基础研究能力不断提升，争取国家自然科学基金项目及经费的竞争力逐步提高；另一方面，我省自然科学基金的经费投入力度仍有提升的空间。

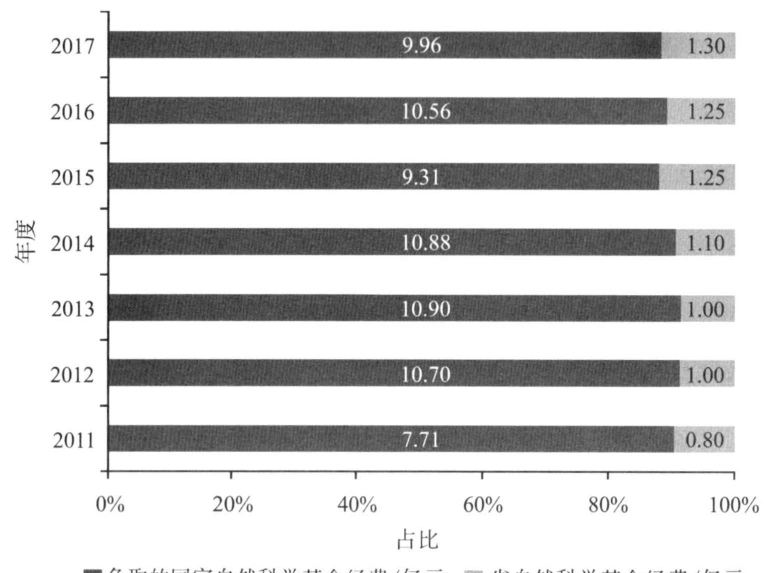

图3-5　2011—2017年度浙江省争取国家自然科学基金与省自然科学基金经费对比情况

为解决有限的财政拨款与迅速增长的基础研究经费需求之间的矛盾，引导社会科技资源投入，省基金办于2001年开始实施联合资助，即由浙江省自然科学基金委员会与联合资助方共同提供经费。10余年来，省自然科学基金通过联合资助的方式资助了一大批基础研究项目。2016年，总计320个项目得到了联合资助，吸引资金1364万元。同时，为加大对基础研究的投入力度，增强经济社会发展核心竞争力，省自然科学基金对实施省一流学科建设工程和省级重点实验室的依托单位给予倾斜支持，共同资助省自然科学基金项目，2017年度联合资助项目申请人须为省一流学科(包括A类支持与B类支持)或省级重点实验室队伍成员且所在单位参加了联合资助工作。

此外，浙江省自然科学基金还深入开展联合基金工作。2015年3月，时任浙江省省长李强代表省政府与国家自然科学基金委在京签署协议，设立NSFC-浙江两化融合联合基金。协议规定双方从2015年至2019年，每年投入5000万元，总计2.5亿元，用于资助对浙江省两化融合有贡献的基础科研项目。2015—2016年度，联合基金支持项目41项，直接经费共计8400万元。

2017年，为引导社会资本对基础研究的资助，省自然科学基金办学习借鉴国家基金委、北京市自然科学基金联合基金的经验和做法，与青山湖科技城管委会、浙江省药学会签约，共同设立“浙江省自然科学基金-青山湖科技城联合基金”(“青山湖联合基金”)和“浙江省自然科学基金-浙江省药学会联合基金”(“药学会联合基金”)。青山湖联合基金资助总规模为首期3年900万元，药学会联合基金为首期5年500万元～1000万元。

第三节 布局日益完善优化

自然科学基金是全面覆盖自然科学、工程科学和管理科学所有学科的基础研究的重要资助渠道。30年来，省自然科学基金结合浙江省基础研究优势学科及特色对接国家规划，引导我省科研人员紧紧围绕科学前沿和创新发展，深入凝练深层次科学问题，开展稳定持续的探索创新。

一、研究类项目：提升原始创新能力

（一）一般项目：全面均衡布局

一般项目是省自然科学基金系列研究项目中的主体部分，主要支持从事基础研究的科技人员自由选题，开展创新性的科学研究，聚焦有限的基础科学问题，开展阶段性研究工作。资助对象要求具有博士学位或中级以上专业技术职称，资助期限一般为3年。1990—2017年度，一般项目共立项近1.2万项，累计资助金额达6.64亿元。其中，2017年度共资助一般项目807项，资助金额6010万元，分别为1990年度的4.46和22.18倍（见图3-6）。

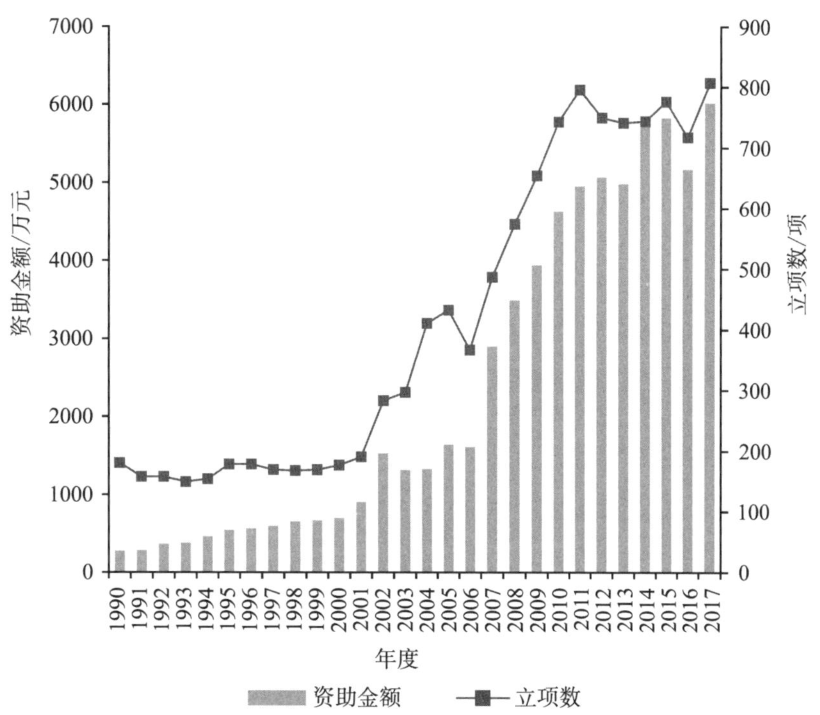

图3-6 1990—2017年度省自然科学基金项目中的一般项目立项资助情况

（二）重点项目：着眼优先领域

“十二五”以来，省自然科学基金重点项目着眼优先领域，凝聚中坚人才，孕育重点突破，引导科研工作者结合国家和我省经济社会发展需求，开展关键科学问题与战略性前沿技术研究（见表3-3）。

表3-3　浙江省基础研究"十二五""十三五"规划中的重点领域

序号	"十二五"	"十三五"
1	绿色、精密制造技术、微电子制造和高端装备的基础研究和前沿技术研究	智能制造装备、先进制造技术和关键基础件的基础研究和前沿技术研究
2	信息处理、网络与通信关键技术的基础研究和前沿技术研究	信息物理融合系统的关键理论和技术研究
3	能源高效利用和可持续发展的基础研究和前沿技术研究	下一代信息技术的前沿基础研究
4	公共卫生与重要疾病防治的创新性研究	能源清洁高效利用和智慧环境的基础研究和前沿技术研究
5	创新药物与药物资源学研究	公共卫生与重要疾病防治的创新性研究
6	生命现象和生命活动规律的基础科学研究	创新药物与药物资源学研究
7	农业重要生物灾害发生机理及控制原理研究	生命规律与农业生物的基础科学研究
8	农产品全程安全生产与调控研究	农业重要生物灾害发生机理及控制研究
9	纳米技术和功能材料制备的基础研究和前沿技术研究	农产食品营养健康与安全调控的基础研究
10	绿色与可持续化学与化工基础研究和前沿技术研究	高性能结构和功能材料制备与应用基础研究
11	典型有毒有害物质控制和废弃物资源化利用的基础研究和前沿技术研究	化学与化工前沿基础和可持续发展研究
12	水资源、海洋资源及土地资源高效可持续利用和自然生态系统的环境响应机制研究	典型/新型有毒、有害物质源汇机制、环境风险及控制新技术原理研究
13	数学核心理论的若干前沿基础研究	地球圈层相互作用及资源环境效应的基础研究和前沿技术研究
14	物理学科的若干基础研究和前沿技术研究	水资源、海洋资源及土地资源高效可持续利用和生态系统的环境响应机制研究
15	管理工程、工商管理与宏观管理科学研究	数理学科群的若干前沿基础研究

重点项目主要支持科技人员面向已有较好基础的研究方向和优势学科开展深入、系统的创新性研究。资助对象要求具有高级专业技术职称，资助期限一般为4年。自1999年正式确定重点项目资助计划以来，共资助项目668项，累计资助金额约1.8亿元(图3-7)。

(三)重大项目:聚焦关键科学问题

2017年，浙江省自然科学基金委根据"十三五"规划和省政府关于补短板的意见，在原有重点项目的基础上，加大项目支持强度，聚焦关键领域，在网络空间安全主动防御、大数据计算、传感材料与器件、材料显微结构与性能表征研究、脑认知与脑机交互研究、干细胞与再生医学研究、作物品质形成和抗病毒研究等领域安排一批重大基础研究项目，力争突破一批关键科学问题，培养一批创新科研团队，取得一批重大原始创新成果。2018年度，共有8个项目获资助(见表3-4)，平均资助金额为90.38万元，分布在工程与材料科学、医学科学、数理科学和信息科学4个领域。

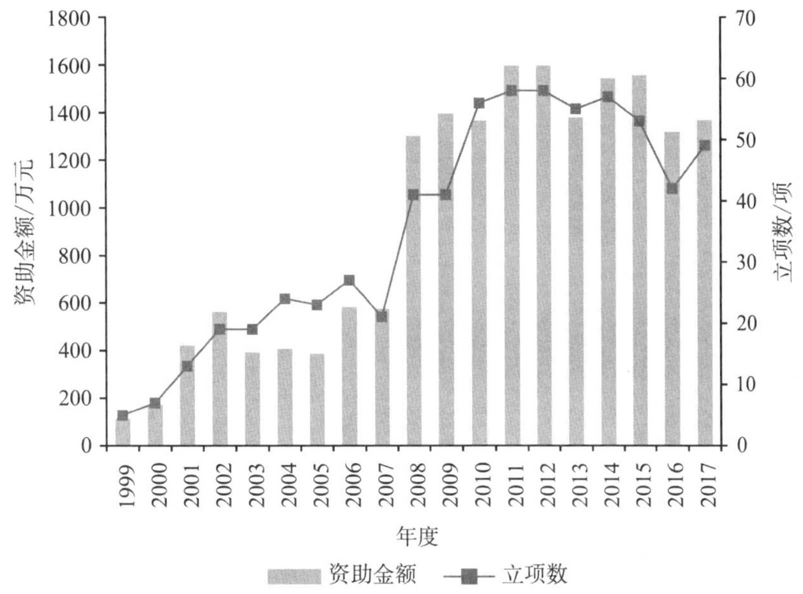

图3-7　1999—2017年度省自然科学基金项目中的重点项目立项资助情况

表3-4　2018年度省自然科学基金重大项目立项清单

序号	项目名称	依托单位	负责人	学科领域
1	固态动力锂离子电池材料设计与电池制造关键技术研究	中国科学院宁波材料技术与工程研究所	许晓雄	工程与材料科学
2	基于微结构调控与负热猝灭效应的纳米荧光温度探针材料	中国计量大学	徐时清	信息科学
3	碳基复合材料的显微结构与储能性能表征研究	浙江工业大学	陶新永	工程与材料科学
4	金属-有机框架材料的微纳结构设计与功能构筑	浙江大学	彭新生	工程与材料科学
5	光量子器件结构设计与性能研究	浙江大学	王立刚	数理科学
6	成体c- kit＋干/祖细胞在自然病理生理因素刺激下参与血管损伤及病理性重构的作用和机制研究	浙江大学	张力	医学科学
7	多金属化合物半导体纳米结构异质结及其光分解水性能研究	浙江大学	朱丽萍	工程与材料科学
8	诱导多能干细胞移植重建视网膜结构与功能研究	温州医科大学	金子兵	医学科学

二、人才类项目：培养基础科研队伍

（一）青年科学基金：着眼培养后继人才

青年科学基金项目支持青年科学技术人员在浙江省自然科学基金资助范围内自主选题，开展基础研究工作，培养青年科学技术人员独立主持科研项目、进行创新研究的能力。青年科学基金自2012年设立以来，共资助青年科研人员2144人，累计财政资助金额约1.07亿元（见图3-8）。

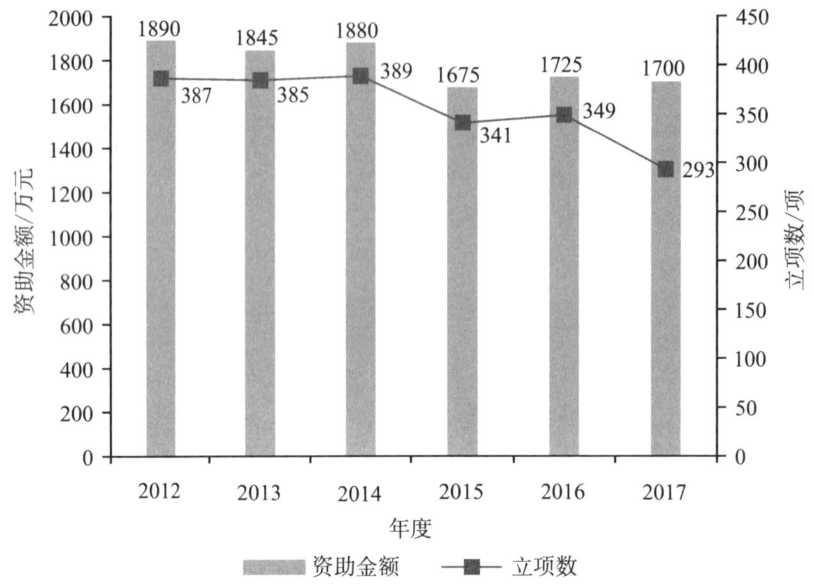

图3-8　浙江省自然科学基金青年科学基金历年资助情况

(二)杰出青年科学基金:造就优秀学术带头人

杰出青年科学基金支持在基础研究方面已取得突出成绩的我省青年学者自主选择研究方向开展创新研究,促进青年科学技术人才的成长,吸引国内外优秀青年人才到我省工作,培养造就一批进入国内外科技前沿的优秀学术带头人。1996—2017年度,省杰出青年科学基金共资助青年科学家688人,累计资助金额近2亿元(见图3-9)。

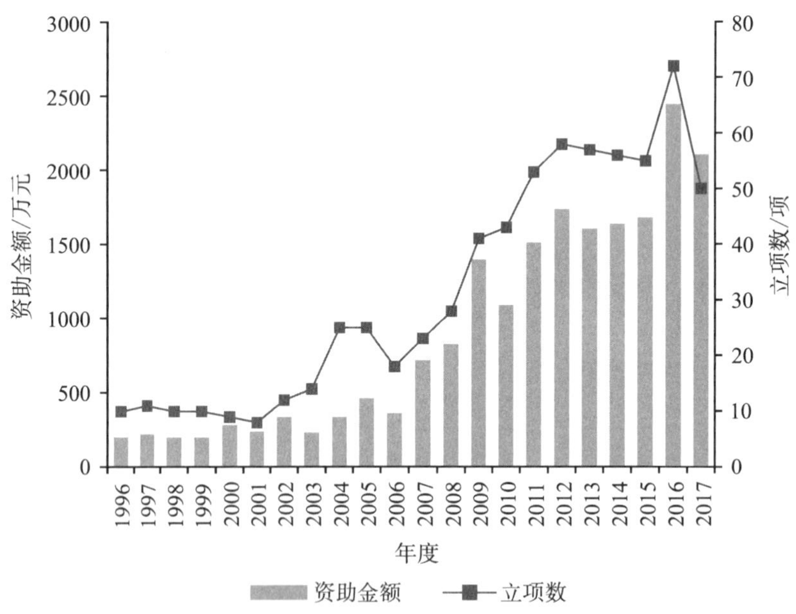

图3-9　浙江省自然科学基金杰出青年科学基金项目历年资助情况

三、环境类项目：推动国际国内合作交流

（一）两化融合项目：服务地方战略需求

国家自然科学基金委与浙江省人民政府自2015年至2019年共同设立两化融合联合基金，旨在吸引和凝聚全国各地优秀科学家，结合国家战略发展需求，重点解决浙江两化深度融合国家示范区及周边区域经济、社会、科技未来发展在工业化与信息化深度融合领域中具有共性的重大科学问题和关键技术问题，促进区域的科技发展和人才队伍建设。

从2015年到2019年共安排经费2.5亿元，在高端工业自动化、物联网、云计算与大数据、智慧城市、智能设计与制造、工业机器人、电子商务、智慧海洋等领域开展基础研究，借助国家平台，结合浙江需求，吸引、培养和集聚国内优秀科技人才，培育标志性的原创成果。2015—2017年度共资助62个项目，其中以浙江省为主持单位的有48项，省外承担单位包括了清华大学、上海交通大学、中国科学院等国内知名高校院所，90%以上的项目采取省内外合作的方式，近1/3的项目有企业参与合作研究和成果转化。

（二）联合基金项目：吸引多元投入

为推动省基金管理工作从研发管理向创新服务转变，发挥财政资金引导作用，集聚科技资源，加大对基础研究的投入力度，构建从基础研究到应用基础研究的创新链，培养青年科研人才，加快科技成果转化，2017年省自然科学基金和青山湖科技城联合基金、浙江省药学会联合基金正式启动。2017年度，共收到青山湖联合基金项目申请55份，药学会联合基金项目申请71份，经专家网评和立项评审，分别确定28项和16项立项项目。2018年度将继续稳步扩大联合基金规模，启动实施浙江省数理医学学会联合基金、中国电建集团华东勘测设计研究院联合基金。

（三）学术交流项目：搭建交流合作平台

学术交流项目主要资助有条件承担基金项目的单位或个人组织高水平的学术交流，促进我省科学家更加广泛地开展基础研究，促进国内外合作与交流，提高省自然科学基金资助项目的研究水平。2012年起正式设立之江科学论坛交流项目，与一般性学术交流项目一并列入受理范围。2010年至今，省自然科学基金共资助251项学术交流项目，营造了良好的学术交流氛围。

第四节　队伍结构不断优化

目前，省自然科学基金依托单位已发展到600余家，每年受理的申请量稳步上升，其中2017年度共集中受理159家依托单位提出的各类申请5629项，受理量为2000年度的5.53倍。30年来，累计资助项目1.6万余项，支持科研人员逾9万人次，逐步形成了覆盖青年学者起步、领军人才培养的人才资助体系，培育了一支以优秀中青年学术带头人领衔，职称、学历、年龄梯度合理，适应学科发展趋势与特点的基础研究队伍。

一、人才队伍结构日趋优化

浙江省自然科学基金设立之初，资助项目获得者一般都具有高级职称，因而年龄也相对偏大。为了促进青年科技人才的成长，加速培养造就一批高层次的科技专家，使我省基础研究队伍有一个合理的年龄结构，尽快改变项目负责人年龄普遍在45岁左右(形成一个单峰)的状况，浙江省自然科学基金从1995年开始加大对青年人才的培养资助力度，在老一代科研工作者的大力支持下，特别关注35岁以下有博士学位的年轻人、未得到过省自然科学基金资助的新人以及留学回国的科技人员，实行了向青年科学工作者倾斜的政策。1996年开始，省自然科学基金设立了"浙江省青年科技人才培养专项基金"，并于2010年正式更名为"浙江省杰出青年科学基金项目"("杰青项目")。2011年又增设了"青年科学基金项目"("青年项目")，受到了青年科研人员的普遍欢迎。

中青年逐渐成为研究主力。2003—2017年度，浙江省自然科学基金重点项目负责人平均年龄在42.54～47.39周岁，最年轻的重点项目负责人为30周岁；一般项目负责人平均年龄在36.22～40.56周岁，最年轻的一般项目负责人为24周岁；杰青项目负责人平均年龄在36.98～41.59周岁，最年轻的杰青项目负责人为29周岁；青年项目负责人平均年龄为32周岁左右，最年轻的青年项目负责人为26周岁(见图3-10、表3-5)。

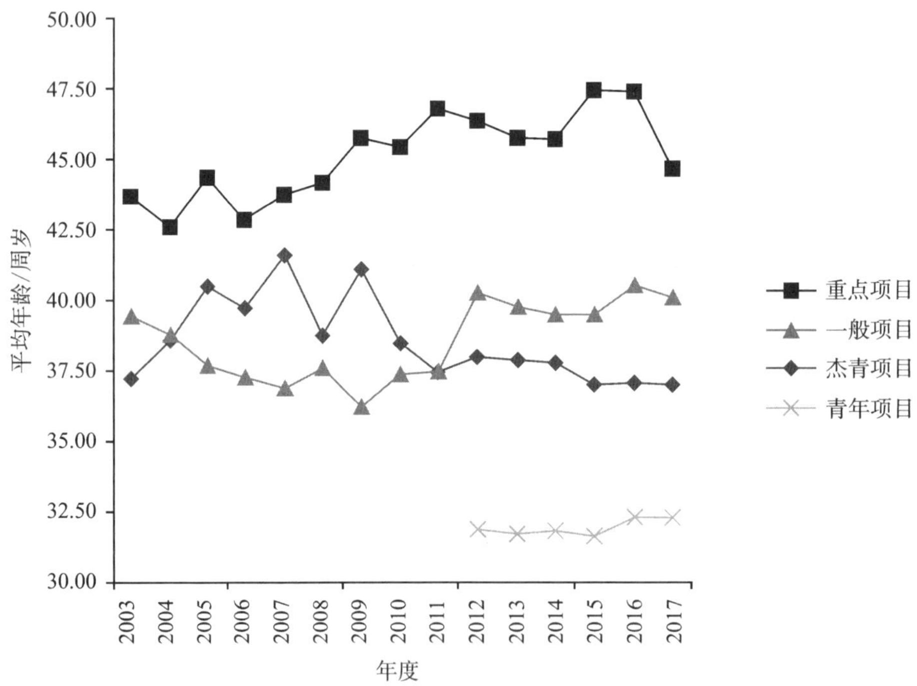

图3-10 2003—2017年度浙江省自然科学基金项目负责人平均年龄

表3-5　2003—2017年度浙江省自然科学基金项目负责人年龄情况

单位：周岁

年度	重点项目			一般项目			杰青项目			青年项目		
	最大	最小	平均	最大	最小	平均	最大	最小	平均	最大	最小	平均
2003	55	36	43.63	71	25	39.47	40	32	37.21	—	—	—
2004	58	29	42.54	63	27	38.77	45	32	38.56	—	—	—
2005	62	35	44.30	62	24	37.69	45	29	40.48	—	—	—
2006	61	30	42.81	61	25	37.26	45	31	39.72	—	—	—
2007	62	30	43.71	60	26	36.91	45	34	41.59	—	—	—
2008	57	32	44.12	70	26	37.61	45	29	38.71	—	—	—
2009	59	35	45.70	59	26	36.22	45	34	41.07	—	—	—
2010	65	32	45.36	67	25	37.36	43	31	38.44	—	—	—
2011	67	34	46.74	75	25	37.48	43	29	37.43	—	—	—
2012	64	33	46.29	62	25	40.26	43	31	37.98	38	27	31.88
2013	57	31	45.69	65	26	39.76	43	32	37.86	38	27	31.71
2014	58	31	45.63	59	26	39.51	43	32	37.79	38	27	31.84
2015	58	32	47.39	60	27	39.50	40	32	36.98	38	26	31.66
2016	64	34	47.37	62	27	40.56	40	31	37.04	38	27	32.29
2017	52	35	44.60	61	29	40.12	40	31	36.98	38	27	32.32

注："—"表示2003—2011年间未设立"青年项目"，故无此数据，后同。

博士比例不断提高。2003—2017年度，618位杰青项目获得者中，99％拥有博士学位，仅6位为拥有硕士学位。一般项目、重点项目负责人中，拥有博士学位人数占比不断上升。2017年度，一般项目中81.29％的负责人具有博士学位，而重点项目除1人外都具有博士学位（见表3-6）。

表3-6　2003—2017年度浙江省自然科学基金项目负责人学位情况

单位：人

年度	杰青项目		青年项目			一般项目				重点项目			
	博士	硕士	博士	硕士	学士	博士	硕士	学士	其他	博士	硕士	学士	其他
2003	13	1	—	—	—	103	132	50	12	13	4	1	1
2004	25	0	—	—	—	173	163	60	15	20	3	1	0
2005	24	1	—	—	—	223	139	56	15	17	6	0	0
2006	18	0	—	—	—	206	118	38	5	22	3	2	0
2007	22	1	—	—	—	312	144	28	3	17	4	0	0
2008	28	0	—	—	—	338	182	47	7	34	2	4	1
2009	39	2	—	—	—	453	163	31	6	36	3	2	0
2010	43	0	—	—	—	466	227	42	8	48	5	3	0
2011	53	0	—	—	—	519	218	51	7	51	7	0	0
2012	58	0	330	56	1	474	221	50	5	49	4	3	2

续表

年度	杰青项目		青年项目			一般项目				重点项目			
	博士	硕士	博士	硕士	学士	博士	硕士	学士	其他	博士	硕士	学士	其他
2013	57	0	333	52	0	489	205	41	6	50	5	0	0
2014	55	1	336	49	4	535	173	36	0	50	7	0	0
2015	55	0	268	71	2	587	157	30	2	43	8	2	0
2016	72	0	284	65	0	545	146	23	3	40	2	0	0
2017	50	0	232	59	2	656	130	19	2	48	0	1	0

女性科研人员数占比加大。2011年增设的青年科学基金参照国家自然科学基金的有关规定，将女性科研人员申报年龄放宽到38岁(男性年龄为不得超过33岁)，以此保证对女性科研人员的培养。2012年以来，省自然科学基金项目负责人中女性比例逐渐加大，尤其是在青年基金项目中，女性负责人比例由2012年的43.41%提高到2017年的54.95%，女性科研人员创新能力不断提升(见表3-7)。

表3-7　2003—2017年度浙江省自然科学基金项目负责人性别情况

单位：人

年度	杰青项目		青年项目		一般项目		重点项目		合计	
	男	女	男	女	男	女	男	女	男	女
2003	14	0	—	—	229	68	18	1	261	69
2004	22	3	—	—	287	124	20	4	329	131
2005	23	2	—	—	314	119	21	2	358	123
2006	16	2	—	—	259	108	22	5	297	115
2007	19	4	—	—	356	131	18	3	393	138
2008	25	3	—	—	430	144	41	0	496	147
2009	38	3	—	—	475	179	35	6	548	188
2010	36	7	—	—	502	241	52	4	590	252
2011	47	6	—	—	542	253	49	9	638	268
2012	50	8	219	168	538	212	51	7	858	395
2013	48	9	193	192	529	212	48	7	818	420
2014	48	8	186	203	528	216	46	11	808	438
2015	51	4	175	166	555	221	43	10	824	401
2016	59	13	170	179	522	195	38	4	789	391
2017	45	5	132	161	559	248	41	8	777	422

30年来，浙江省自然科学基金始终把培养科技人才置于重要战略地位，通过优化人才资助结构和布局，对科技人才成长的各个阶段进行支持，扶持女性科研工作者成长，逐步形成了老、中、青相结合的浙江省基础研究人才队伍。年轻一代在老专家的指导下，独立开展研究工作，对培养高级科技人才产生了重要作用。

二、杰出和优秀青年人才不断涌现

人才是基础研究能力提升的根本，青年人才则是未来基础研究能力提升的主力军。杰出青年科学基金着眼于造就拔尖人才，延揽海外人才，发挥示范作用，推动学科发展。青年科学基金项目定位于稳定青年科研队伍，培育后继人才，扶持独立科研，激励创新思维，不断增强青年人才勇于创新的能力。

近5年来，省自然科学基金逐步提高省杰出青年和青年科学基金的投入规模，增强支持力度，在我省优势、特色基础研究领域选择有较大发展潜力的青年科学家或团队，支持其潜心开展探索性、原创性研究（见表3-8）。2018年1月，我省提出实施基础研究能力提升行动计划，指出在壮大人才队伍方面，将坚持省自然科学基金面向青年科研人才的定位和目标，提出2019年度我省对于45岁以下的中青年科研人员立项率将达到85%以上，杰出青年科学基金项目支持强度将提升至70万元。

表3-8　2013—2017年度浙江省杰出青年科学基金和青年科学基金平均资助强度

年度	平均资助强度/万元	
	青年科学基金	杰出青年科学基金
2013	4.79	28.12
2014	4.83	29.18
2015	4.91	30.51
2016	4.94	33.92
2017	5.80	42.10

通过梯度培育机制，浙江省已涌现出一批具备严谨科学态度和创新探索思维的青年科研领军人才，成为浙江省基础研究事业的新生力量和后备军团。2012—2017年度，我省共135人获国家优秀青年科学基金资助，其中工程与材料科学领域32人，生命科学领域27人，信息科学领域19人，化学科学和医学科学领域各18人，数理科学领域11人，地球科学领域9人，管理科学领域1人。在所有的国家优青获得者中，有99人曾先后受省自然科学基金项目资助，约占总数的73.33%。

1994年至今，浙江省已有142人获得国家杰出青年科学基金资助。其中2010年以来获国家杰出青年科学基金资助的67人中，有50人前期曾获省自然科学基金项目资助，其中80%以上为省杰出青年科学基金获得者。

第五节　学术交流品牌逐渐树立

一、学术交流项目

2010年，浙江省自然科学基金增设学术交流项目，以支持全省科技人员开展高水平的学术交流活动。学术交流项目成为浙江省基础研究的外延式补充，不仅提高了省内科研人员与国内外高水平科研机构和专家开展学术交流的积极性，同时还搭建了与之开展广泛合作的平台，营造了良好的学术交流氛围。

学术交流项目在浙江省自然科学基金所有立项类别中比重最小，经过8年的发展，立项数趋向稳定（见表3-9）。虽然立项数量较少，但整体资助率较高，已成为省自然科学基金的重要组成部分。

表3-9 2010—2017年度浙江省自然科学基金学术交流项目立项情况

年度	省基金资助项目总数/项	学术交流项目数/项	学术交流项目占比/%
2010	861	13	1.51
2011	936	33	3.53
2012	1283	31	2.42
2013	1271	33	2.60
2014	1270	24	1.89
2015	1265	40	3.16
2016	1220	40	3.28
2017	1236	37	2.99

数据来源：浙江省自然科学基金网站资料。

二、重要学术会议

（一）西湖科学论坛

2006年，浙江省自然科学基金举办西湖科学论坛。一方面组织邀请专家学者开展高端学术讲座，另一方面鼓励地方高校和科研院所承担起基础研究优秀成果交流的重任，举办各类高层次学术会议。2006年至2008年，浙江省共开展西湖科学论坛学术交流会议31场（见表3-10）。其中浙江省自然科学基金委员会承办3场，浙江大学承办14场，浙江工业大学、杭州电子科技大学、杭州师范大学、中国水稻研究所各承办2场；宁波大学、浙江理工大学、中国计量学院（今中国计量大学，后同）、浙江农林大学、温州医科大学和浙江省中医院各承办1场。

表3-10 浙江省自然科学基金西湖科学论坛开展情况一览

序号	承办单位	会议名称	时间
1	浙江省自然科学基金委员会	西湖科学论坛2006年第一次学术交流会	2006年
2	浙江工业大学	纳米技术和功能材料研究与发展学术交流会	2006年
3	宁波大学	生物多样性与生态系统服务功能学术交流会	2006年
4	浙江大学	信息、网络与通信关键技术发展方向学术交流会	2006年
5	浙江大学	浙江省自然科学基金西湖科学论坛农业生物重要灾害的发生机理与控制方法（虫、草害部分）学术交流会	2006年
6	杭州师范大学	纳米技术和功能材料制备新原理学术交流会	2006年
7	浙江大学	农产品全程安全生产与调控的机理学术交流会	2006年
8	浙江大学	水资源、土地资源高效可持续利用学术交流会	2006年
9	浙江省自然科学基金委员会	西湖科学论坛学术交流总结交流会	2007年

续表

序号	承办单位	会议名称	时间
10	温州医科大学	公共卫生与重要疾病防治的关键科学问题(视觉科学)学术交流会	2007年
11	杭州电子科技大学	光电与通讯技术的科学问题学术交流会	2007年
12	浙江大学	RFID及其相关技术的科学问题学术交流会	2007年
13	浙江大学	浙江省绿色、精密制造技术发展战略研讨会	2007年
14	中国水稻研究所	水稻遗传与分子设计育种研究学术交流会	2007年
15	浙江省自然科学基金委员会	西湖科学论坛学术交流工作会议	2007年
16	中国水稻研究所	作物分子育种及其相关研究学术交流会	2007年
17	杭州电子科技大学	多源信息处理技术及其相关研究学术交流会	2007年
18	浙江省中医院	浙江省中药与天然药物研究发展战略研讨会	2007年
19	浙江农林大学	Biotechnology of Floral Gene Regulation and Mechanism学术交流会	2007年
20	浙江工业大学	2007纳米技术与功能材料研究发展战略学术交流会	2007年
21	中国计量学院	2007新型光电子材料与器件研究发展战略学术交流会	2007年
22	杭州师范大学	2007半导体材料研究发展战略学术交流会	2007年
23	浙江大学	2007浙江省再生医学发展思路学术交流会	2007年
24	浙江大学	生物安全的分子生物学研究学术交流会	2007年
25	浙江大学	农业生物重要灾害的发生机理与控制方法(虫、草害部分)学术交流会	2007年
26	浙江大学	蛋白质质量控制与癌症国际学术交流会	2007年
27	浙江大学	2007神经科学研究最新进展及浙江省研究发展战略学术交流会	2007年
28	浙江大学	作物种质创新与分子育种学术交流会	2007年
29	浙江大学	植物遗传多样性与分子系统学学术交流会	2008年
30	浙江大学	农产品全程安全生产与调控学术交流会	2008年
31	浙江理工大学	精密测量与微纳驱动技术学术交流会	2008年

(二)之江科学论坛

2012年，浙江省自然科学基金委员会开始举办之江科学论坛，之江科学论坛以培养我省基础研究青年人才、凝练符合我省战略需求的科学问题为宗旨，注重科学前沿与地方需求、老中青科学家、产学研用的结合。论坛按照不同学科，邀请院士，国家杰出青年科学基金项目、“973计划”项目等国家重点重大基础研究项目获得者，国家自然科学基金委相关专家以及省内外著名学者介绍学科前沿与最新成果、凝练学科重点发展方向、分享科研工作经验及项目申请体会，鼓励我省杰出青年基金获得者及青年科研人员参与交流。自2012年以来，浙江省自然科学基金委结合科技与基础研究发展规划，精选论坛主题，已陆续举办了14届之江科学论坛。

2012年12月1日，由宁波大学承办的首届之江科学论坛——高信息密度低功耗集成电路学术交流会议邀请了国家杰出青年科学基金项目和自然科学基金重点项目获得者作当前信息科学领域前沿研究专题学术报告。中科院西安光机所OPTIMAL中心主任、国家杰青项目获得者李学龙研究员作了《光学影像分析与学习》的报告；中科院福建物质结构研究所国家杰青项目获得者黄丰员作了《纳米材料热力学研究及其在半导体材料生长中应用》的报告；浙江工业大学国家杰青项目获得者俞立教授作了《网络化系统控制方法》的报告；复旦大学国家杰青项目获得者曾晓洋教授作了《无线通信集成电路若干关键技术研究》的报告。部分专家还参与了浙江省信息科学领域前沿研究的学术沙龙。中国工程院孙优贤院士、浙江省科技厅王宏理副厅长、国家自然科学基金委及省自然科学基金委相关领导出席了报告会。来自浙江大学、浙江工业大学、浙江师范大学、浙江理工大学、中国计量学院、复旦大学以及上海交通大学等省内外有关单位信息科学研究人员近200人参加了此次研讨会。

2013年11月8日，由浙江省医学科学院承办的第二届之江科学论坛——浙江省生物医药发展学术研讨会邀请了国内外生物医药领域著名的专家学者，其中包括7位国家杰出青年科学基金项目获得者（当中5位兼为长江学者特聘专家、1位兼为“973计划”项目首席科学家）。在研讨会上，国家自然科学基金委医学科学部常务副主任董尔丹作《转化医学与医学实践》的主题报告，复旦大学药学院院长朱依谆、南京医科大学副校长胡刚、浙江省医科院陈国神研究员等专家就当前生物医学领域前沿研究问题作了精彩的专题学术报告。来自省内高校、科研院所、医院及医药企业科研人员等200余人参加了此次会议。

2013年12月19日，由浙江万里学院承办的第三届之江科学论坛——海洋与水产生物资源发掘与利用学术研讨会邀请了从事水产种质相关研究的11位国内外知名专家作了精彩的专题学术报告，其中包括2名中国工程院院士、多位国家“973计划”和“863计划”项目首席科学家、国家杰出青年科学基金项目获得者等。会议总结交流了国内外水产种质资源发掘及良种培育新理论与新方法的研究现状及发展趋势，共同探讨我国乃至全球的水产种质资源发展前景。来自省内高校、科研院所从事相关领域研究的科研人员等170余人参加了此次研讨会。

2013年12月21日，由浙江师范大学承办的第四届之江科学论坛——无机功能材料前沿学术研讨会邀请了中国科学院院士、中科院福建物质结构研究所所长洪茂椿，国家自然科学基金委员会化学科学部处长陈荣以及相关领域多位国家杰青项目获得者。研讨会上，国家自然科学基金委员会化学科学部陈荣处长向与会人员介绍了近年来申请国家自然科学基金化学科学类项目的情况；中国科学院洪茂椿院士作了《无机光电功能材料研究前沿》的报告；多位长江学者、国家杰青项目获得者和省杰青项目获得者作了精彩的专题学术报告。来自省内高校、科研院所从事相关领域研究的科研人员等150余人参加了此次研讨会。

2014年10月29日，浙江大学承办的第七届之江科学论坛——国际生物医用材料研讨会在杭州举行。论坛邀请了诺贝尔化学奖获得者Jean-Marie Lehn教授、5位国内院士、4位国外院士（含诺贝尔奖得主）和20多位长江学者和国家杰青项目获得者，从纳米结构与胶体材料的制备与分析、药物传递材料及系统、检测与诊断用生物材料、组织工程与再生医学材料、生物材料的表面与界面、生物医用产品和生物安全性6个方面介绍了生物医用材料领域的前沿进展。来自国内外相关领域的200多位学者和专家参加了此次论坛。

2015年5月14日，由浙江省自然科学基金委员会办公室主办，省科技人才交流中心和浙江农林大学承办的第八届之江科学论坛——“十三五”国家基础研究发展战略报告会在临安举行。国家自然科学基金委政策局发展战略处处长吴善超、浙江省科技厅副巡视员周益民、浙江省科技厅计财处处长赵新龙等作专题报告。国家自然科学基金委政策局发展战略处处长吴善超作了《国家自然科学基金“十三五”发展规划》的主题报告；省科技厅副巡视员周益民对“十二五”以来的省自然科学基金工作作了回顾，提了我省“十三五”基础研究发展规划的若干设想；省科技厅计财处处长赵新龙作了《浙江省科技计划改革初步思考》的报告。来自全省180多家省自然科学基金依托单位的240多名科研管理部门负责人、管理员等参加了此次会议。

2015年9月11日，由中国科学院宁波材料技术与工程研究所承办的第九届之江科学论坛——3D打印和机器人及智能制造技术高峰论坛在宁波举行。多位国家杰出青年科学基金项目获得者、长江学者特聘教授、“973专家”“863计划”专家院士就当前智能制造领域前沿研究、3D打印及机器人与智能制造技术的关键科学问题及国内外最新研究进展作了专题学术报告。中科院宁波材料技术与工程研究所薛群基院士、所长崔平，浙江省自然科学基金委、宁波市科技局的相关领导出席了报告会，来自省内外高校、科研院所、企业从事相关领域研究的科研人员等200余人参加了此次论坛。

2016年11月19日，由浙江工业大学承办的2016年之江科学论坛——机器人与装备自动化高峰论坛在杭州举行。中国工程院院士孙优贤、浙江省科学技术厅副厅长洪积庆、浙江工业大学副校长陈建孟出席开幕式。北京理工大学自动化学院院长夏元清、华中科技大学教授曾志刚、吉林大学教授高炳钊、江南大学教授王艳、中国科学院自动化研究所研究员侯增广、上海大学教授罗均、杰克缝纫机股份有限公司研发总监韩安太以及浙江省高校中青年学术带头人南余荣等就云计算、忆阻系统、康复机器人系统等前沿技术作了相关主题报告。来自省内外高校、科研院所等相关领域的近百人聆听了行业最前沿报告。

2017年11月25日，由温州大学承办的先进材料与绿色化学瓯江高端学术论坛暨第十四届之江科学论坛在温州举行。温州大学校长李校堃、加拿大皇家科学院院士陈忠伟分别作了题为《生物医药临床转化及产学研模式思考》《先进电化学储能材料与系统》的学术报告，探讨生物医药、新能源及新材料的最新进展。专家学者围绕纳米材料与化学前沿技术，产业—技术—资本对接，汇聚化学、材料、制药、化工及相关领域开展研讨，共同推进新材料、新能源、纳米生物医学科研成果对产业的引领与支撑作用。

第四章　学科篇

学科是科学研究和人才培养的重要依托，学科均衡持续发展是实现科学技术重点突破与跨越发展的重要基础，是推动以科学为基础的技术创新与经济增长的重要保障。"十二五"以来，浙江省自然科学基金以自然科学、工程科学和管理科学为基本框架，对数学、物理学、化学、力学、纳米科学、生物学、医学、农业科学、脑科学与认知科学、地球科学、空间科学、环境科学、海洋科学、材料科学、工程科学、信息科学、能源科学、管理科学等学科进行重点扶持。同时促进多学科交叉、融合和联合攻关，催化科学和工程学新范式或新领域诞生。支持浙江大学及其部分优势学科进入世界一流行列，支持省重点建设高校形成一批国内位居领先位置并具有一定国际竞争力的一流学科。

第一节　促进学科全面合理布局

一、学科领域不断优化，各领域资助与学科发展水平相得益彰

30年来，浙江省自然科学基金根据我省基础研究队伍发展状况，通过对学科领域分类的适时调整完善，不断夯实基础研究健康发展的学科基础，加强对基础学科、优势学科、特色学科的支持，着力发展新兴学科和学科成长点。

1988年首次设立省自然科学基金时，研究项目划分为数理化、生命、技术工程、信息与管理四大学科领域。1989年到2003年，研究项目划分为数理科学、化学科学、生命科学、地球科学、材料与工程科学、信息科学和管理科学七大科学领域，主要向生命科学、材料科学和信息科学领域倾斜。从2004年起，对学科领域分类划分进一步作了调整，将原先的七大学科领域重新组合，划分为信息与工程科学、医药科学、农业科学与生物技术、材料与化学科学、资源与环境科学、数学物理与管理科学六大学科领域。从2010年开始，省自然科学基金全面采用了国家自然基金学科分类代码。

1989—2003年，生命科学领域的项目一直在省自然科学基金中占据较大比例，约占41%，材料与工程科学、信息科学、化学科学和数理科学领域的项目比例在10%以上，而地球科学和管理科学领域的项目相对较少。2004—2007年，浙江省自然科学基金项目的学科分布相对均衡，医药科学、信息与工程科学比重相对较大，农业科学及生物技术、材料与化学科学其次，数学物理与管理科学和资源与环境科学比重略低。2008年以来，医学科学领域的立项比例呈现大幅提升，其中2016年度医学科学领域的比重超过35%。2012年以后，生命科学、信息科学、化学科学、数理科学领域的项目比重出现小幅下滑。2017年度，除学术交流项目外，在其他所

有类型的资助项目中，数理科学领域72项，占6.01%；化学科学领域91项，占7.59%；生命科学领域168项，占14.01%；地球科学领域38项，占3.17%；工程与材料科学领域180项，占15.01%；信息科学领域138项，占11.51%；管理科学领域99项，占8.26%；医学科学领域413项，占34.45%(见图4-1)。

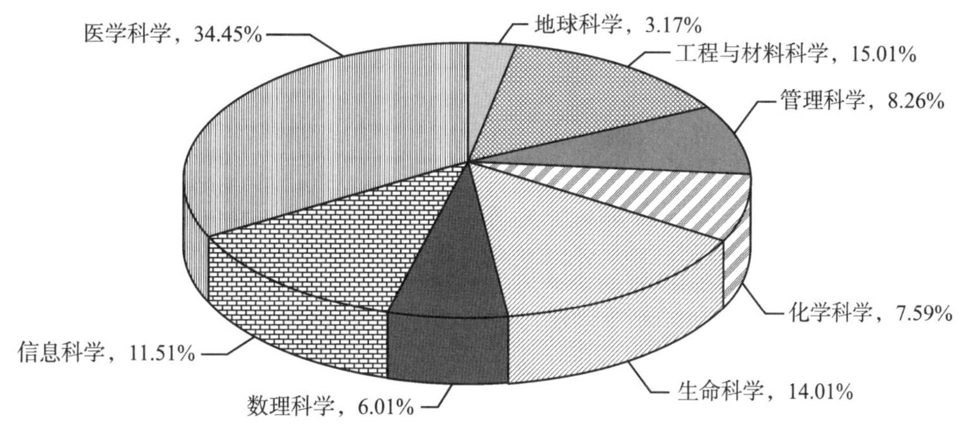

图4-1 2017年度省自然科学基金项目学科分布情况

从2011—2017年度浙江省自然科学基金各领域资助情况可以看出，省自然科学基金项目资助主要集中在医学科学、生命科学、工程与材料科学、信息科学等领域，表明我省在上述领域的基础研究有着较好的研究基础，部分成果在全国甚至国际上获得了较高的知名度和影响力(见图4-2、图4-3)。但在地球科学、数理科学等领域的研究力量相对薄弱，获得的项目支持较少。这种项目分布状况与我省从事基础研究科研人员的队伍情况直接关联，也受全球和我国科学发展的前沿趋势的影响。

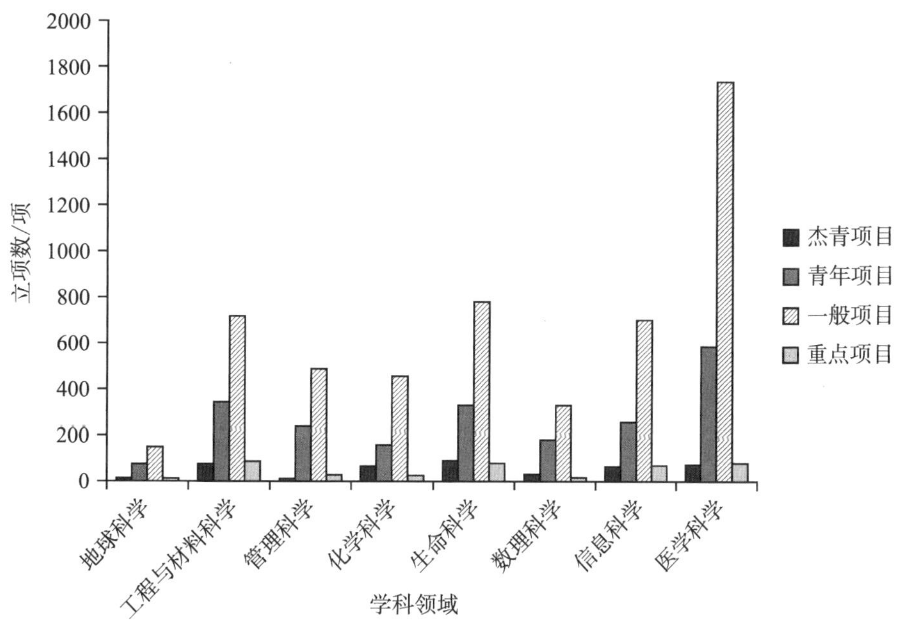

图4-2 浙江省自然科学基金各学科领域累计立项情况(2011—2017年度)

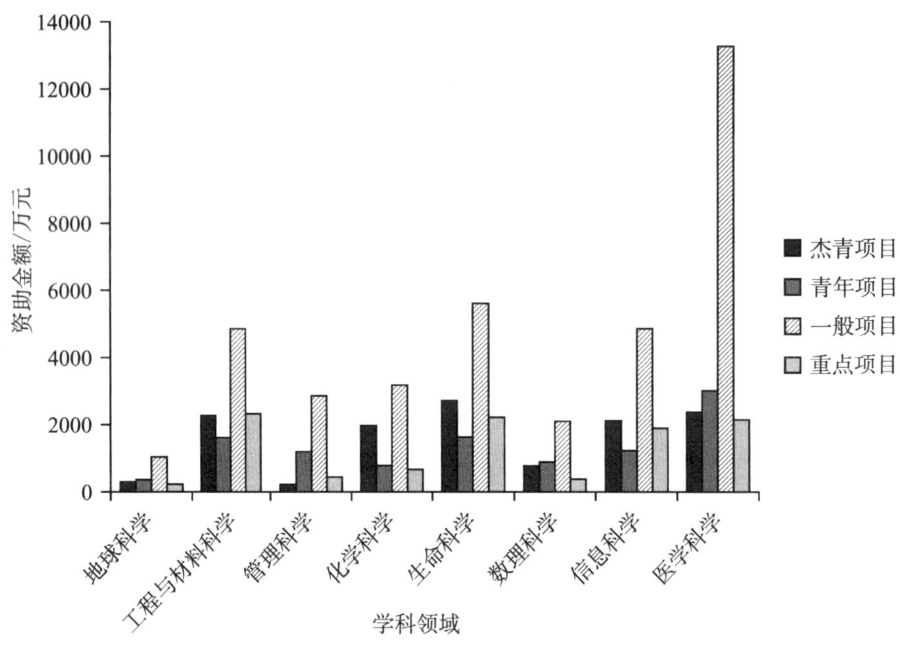

图 4-3　浙江省自然科学基金各学科领域累计资助经费情况（2011—2017 年度）

二、浙江大学综合实力雄厚，省属高校优势领域发展迅猛

从浙江省自然科学基金各学科领域项目的承担单位来看，浙江大学作为浙江高校的领头羊，综合实力雄厚，在生命科学、工程与材料科学、医学科学领域占据绝对优势。近年来，随着我省基础研究整体水平的提高以及省自然科学基金联合资助等政策的实施，省属高校在其优势领域的发展势头十分迅猛。比如浙江工业大学在化学科学、工程与材料科学，杭州电子科技大学在信息科学，浙江工商大学、浙江财经大学在管理科学等领域的立项总数名列前茅。老牌科研院所如浙江省农业科学院、国家海洋局第二海洋研究所等在生命科学、地球科学领域也有不俗的表现。综合来看，浙江大学在前沿领域研究、拔尖人才储备方面独占鳌头，省属高校则在青年人才储备方面非常突出（见表 4-1 至表 4-8）。

表 4-1　数理科学领域各依托单位（排名前 20）累计承担项目情况（2011—2017 年度）

序号	依托单位	重点项目	杰青项目	一般项目	青年项目	合计
1	浙江大学	6	12	34	7	59
2	杭州师范大学	3	3	29	15	50
3	浙江工业大学	0	0	19	28	47
4	中国计量大学	0	4	26	13	43
5	浙江师范大学	2	3	28	7	40
6	杭州电子科技大学	1	1	23	15	40
7	宁波大学	0	2	22	9	33
8	浙江理工大学	2	0	13	11	26
9	温州大学	0	0	21	4	25
10	绍兴文理学院	0	0	10	10	20

续表

序号	依托单位	重点项目	杰青项目	一般项目	青年项目	合计
11	嘉兴学院	0	0	11	9	20
12	浙江工商大学	0	0	14	5	19
13	湖州师范学院	1	1	13	3	18
14	浙江海洋大学	0	0	10	6	16
15	浙江科技学院	0	0	9	5	14
16	浙江财经大学	0	0	6	4	10
17	浙江大学宁波理工学院	0	0	7	2	9
18	浙江农林大学	0	0	5	4	9
19	丽水学院	0	0	5	2	7
20	台州学院	0	0	5	1	6

表 4-2　化学科学领域各依托单位(排名前20)累计承担项目情况(2011—2017年度)

序号	依托单位	重点项目	杰青项目	一般项目	青年项目	合计
1	浙江工业大学	2	9	94	27	132
2	浙江大学	12	29	55	7	103
3	浙江师范大学	0	8	35	9	52
4	温州大学	1	4	35	3	43
5	杭州师范大学	3	2	28	6	39
6	浙江理工大学	1	1	28	6	36
7	温州医科大学	1	0	19	6	26
8	宁波大学	0	0	16	8	24
9	台州学院	0	0	11	12	23
10	中国科学院宁波材料技术与工程研究所	0	6	13	1	20
11	嘉兴学院	0	0	7	13	20
12	杭州电子科技大学	1	1	5	9	16
13	浙江工商大学	0	0	14	1	15
14	绍兴文理学院	0	0	11	4	15
15	中国计量大学	1	1	8	4	14
16	宁波工程学院	0	0	9	5	14
17	浙江农林大学	0	0	7	5	12
18	浙江大学宁波理工学院	1	0	8	1	10
19	浙江科技学院	0	0	6	4	10
20	浙江省农业科学院	0	0	4	4	8

表 4-3 生命科学领域各依托单位(排名前 20)累计承担项目情况(2011—2017 年度)

序号	依托单位	重点项目	杰青项目	一般项目	青年项目	合计
1	浙江大学	36	58	107	18	219
2	浙江农林大学	16	7	91	42	156
3	浙江省农业科学院	6	3	64	41	114
4	杭州师范大学	5	1	42	25	73
5	温州医科大学	3	0	45	19	67
6	宁波大学	3	3	37	17	60
7	中国水稻研究所	1	2	28	19	50
8	浙江海洋大学	0	1	34	13	48
9	浙江师范大学	2	1	28	14	45
10	浙江理工大学	0	0	31	10	41
11	浙江工业大学	0	1	23	14	38
12	中国计量大学	1	3	23	9	36
13	浙江工商大学	2	1	28	4	35
14	浙江万里学院	1	0	15	6	22
15	中国农业科学院茶叶研究所	0	1	12	9	22
16	湖州师范学院	0	0	14	5	19
17	浙江科技学院	0	0	12	5	17
18	丽水学院	0	0	10	5	15
19	浙江中医药大学	0	0	10	5	15
20	中国林业科学研究院亚热带林业研究所	1	0	11	1	13

表 4-4 地球科学领域各依托单位(排名前 10)累计承担项目情况(2011—2017 年度)

序号	依托单位	重点项目	杰青项目	一般项目	青年项目	合计
1	浙江大学	2	5	26	7	40
2	国家海洋局第二海洋研究所	1	4	20	14	39
3	宁波大学	1	0	13	7	21
4	浙江农林大学	1	0	10	7	18
5	浙江海洋大学	1	0	8	6	15
6	杭州师范大学	0	0	9	2	11
7	浙江省农业科学院	0	0	6	5	11
8	浙江工业大学	0	0	9	0	9
9	浙江工商大学	0	0	4	2	6
10	浙江省气象科学研究所	0	0	4	2	6

表 4-5 工程与材料科学领域各依托单位（排名前 20）累计承担项目情况（2011—2017 年度）

序号	依托单位	重点项目	杰青项目	一般项目	青年项目	合计
1	浙江大学	37	46	132	17	232
2	浙江工业大学	12	7	125	44	188
3	浙江理工大学	10	3	58	23	94
4	中国计量大学	0	3	44	24	71
5	杭州电子科技大学	4	1	34	27	66
6	宁波大学	3	1	32	24	60
7	温州大学	4	2	28	17	51
8	中国科学院宁波材料技术与工程研究所	1	7	22	19	49
9	浙江师范大学	0	0	24	19	43
10	浙江大学宁波理工学院	0	0	26	9	35
11	宁波工程学院	0	0	22	12	34
12	浙江海洋大学	2	1	20	9	32
13	嘉兴学院	1	0	16	12	29
14	台州学院	0	0	17	6	23
15	浙江科技学院	2	0	11	7	20
16	杭州师范大学	0	0	14	4	18
17	浙江大学城市学院	2	0	5	9	16
18	衢州学院	0	0	5	10	15
19	绍兴文理学院	0	0	5	8	13
20	浙江工商大学	0	0	9	4	13

表 4-6 信息科学领域各依托单位（排名前 20）累计承担项目情况（2011—2017 年度）

序号	依托单位	重点项目	杰青项目	一般项目	青年项目	合计
1	杭州电子科技大学	16	10	100	60	186
2	浙江大学	23	31	85	19	158
3	浙江工业大学	6	7	100	28	141
4	中国计量大学	2	2	45	16	65
5	浙江工商大学	4	4	43	12	63
6	温州大学	3	2	36	18	59
7	宁波大学	2	1	35	20	58
8	浙江理工大学	4	1	36	13	54
9	浙江师范大学	0	0	31	7	38
10	宁波工程学院	0	0	17	7	24
11	杭州师范大学	3	1	10	7	21
12	浙江大学宁波理工学院	1	0	14	4	19
13	浙江大学城市学院	0	0	15	3	18

续表

序号	依托单位	重点项目	杰青项目	一般项目	青年项目	合计
14	嘉兴学院	0	0	13	4	17
15	浙江万里学院	0	0	14	1	15
16	浙江科技学院	1	0	9	4	14
17	浙江农林大学	0	0	9	5	14
18	湖州师范学院	0	0	12	1	13
19	浙江财经大学	0	0	5	7	12
20	中国科学院宁波材料技术与工程研究所	0	5	5	0	10

表4-7　管理科学领域各依托单位（排名前20）累计承担项目情况（2011—2017年度）

序号	依托单位	重点项目	杰青项目	一般项目	青年项目	合计
1	浙江工商大学	5	1	83	33	122
2	浙江财经大学	3	1	57	28	89
3	浙江大学	9	6	33	20	68
4	浙江工业大学	0	1	42	18	61
5	浙江理工大学	1	0	25	21	47
6	宁波大学	1	0	29	16	46
7	杭州电子科技大学	0	0	25	14	39
8	中国计量大学	0	0	17	12	29
9	杭州师范大学	0	0	17	11	28
10	浙江农林大学	0	0	18	9	27
11	浙江师范大学	2	1	18	4	25
12	浙江万里学院	0	0	13	8	21
13	温州大学	0	0	11	8	19
14	嘉兴学院	0	0	12	4	16
15	浙江科技学院	0	0	9	2	11
16	浙江大学宁波理工学院	0	0	8	2	10
17	宁波工程学院	0	0	8	1	9
18	温州医科大学	0	0	5	4	9
19	浙江大学城市学院	0	0	8	0	8
20	湖州师范学院	0	0	5	1	6

表4-8　医学科学领域各依托单位（排名前10）累计承担项目情况（2011—2017年度）

序号	依托单位	重点项目	杰青项目	一般项目	青年项目	合计
1	浙江大学	40	51	591	212	894
2	温州医科大学	11	9	388	114	522
3	浙江中医药大学	8	6	222	65	301
4	杭州医学院	2	2	69	30	103

续表

序号	依托单位	重点项目	杰青项目	一般项目	青年项目	合计
5	浙江省肿瘤医院	2	0	58	16	76
6	宁波大学	1	1	54	11	67
7	杭州师范大学	3	2	33	20	58
8	杭州市第一人民医院	2	0	28	13	43
9	浙江省医学科学院	2	0	27	13	42
10	浙江医院	0	0	22	10	32

三、学科人才平均年龄更趋合理，性别差异不断缩小

从各领域资助项目负责人的平均年龄来看，医学科学领域的相对年长，承担省自然科学基金项目的负责人平均年龄超过39周岁，而地球科学领域的相对年轻，负责人平均年龄仅为35.74周岁（见表4-9）。

表4-9　各领域资助项目负责人平均年龄（2011—2017年度）

单位：周岁

平均年龄	数理科学	化学科学	生命科学	地球科学	工程与材料科学	信息科学	管理科学	医学科学
男性负责人	37.86	37.55	37.06	36.13	37.51	37.30	38.62	39.40
女性负责人	35.81	37.28	35.81	34.97	36.45	36.50	37.02	38.43
负责人平均年龄	37.32	37.47	37.06	35.74	37.23	37.11	38.02	39.02

2011年浙江省自然科学基金参照国家自然科学基金的有关规定，将女性科研人员申报青年科学基金项目的年龄放宽到38岁（男性年龄为不得超过33岁），以此保证女性科研人员的培养。2011—2017年度，省自然科学基金项目中大约有1/3的项目由女性科研工作者担任项目负责人，而2011年之前女性负责人比例仅为1/4。其中医学科学、生命科学和管理科学领域女性负责人比例较高，接近2/5的项目负责人为女性，信息科学领域比例相对较低，尚不足1/4（见表4-10）。

表4-10　各领域资助项目负责人性别占比情况（2011—2017年度）

单位：%

占比	数理科学	化学科学	生命科学	地球科学	工程与材料科学	信息科学	管理科学	医学科学
男性负责人	73.58	68.49	62.34	66.52	74.21	76.06	62.68	60.81
女性负责人	26.42	31.51	37.66	33.48	25.79	23.94	37.32	39.19

在自然科学基金资助的八大领域中，女性负责人的平均年龄普遍低于男性，尤其在数理科学领域，尽管女性科研工作者承担的项目数较少，但其平均年龄比男性要低2周岁左右。此外，在生命科学、地球科学、工程与材料科学、管理科学和医学科学领域，女性负责人的平均年龄均明显低于男性。这一方面是由于女性负责人中硕士比例相对较高，博士后经历相对较少，独立承担科研任务的时间较早，另一方面也说明女性科研工作者在上述领域的创新能力较强（见表4-11）。

表 4-11　各领域项目负责人学位情况（2011—2017 年度）

学科领域	男性					女性				
	博士	博士（博士后经历）	硕士	学士	其他	博士	博士（博士后经历）	硕士	学士	其他
地球科学	105	27	22	1	0	54	6	18	0	0
工程与材料科学	646	142	99	8	0	198	33	70	10	0
管理科学	332	52	83	5	0	187	16	68	8	2
化学科学	349	79	41	5	2	154	22	37	5	1
生命科学	556	98	108	23	3	318	54	92	10	2
数理科学	294	79	21	4	3	112	12	19	0	1
信息科学	622	90	108	6	0	180	18	61	0	1
医学科学	804	124	448	115	8	498	58	341	65	4

第二节　提升基础学科领域整体水平

一、优势学科承接国家项目继续保持领先

国家自然科学基金是我国支持科技源头创新的主渠道，随着我国和各省份对基础研究与原始创新的日益重视，获得国家自然科学基金项目的能力已成为衡量区域基础研究能力的重要指标。2013—2017 年度，浙江省所获得国家自然科学基金资助项目覆盖了所有学科领域，其中数理科学领域 885 项，化学科学领域 894 项，生命科学领域 1600 项，地球科学领域 550 项，工程与材料科领域 1519 项，信息科学领域 1121 项，管理科学领域 471 项，医学科学领域 2233 项。除数理科学和化学科学领域外，其余各学科领域立项数目总体呈现稳中有升的趋势（见图 4-4），其中地球科学、工程与材料科学、医学科学领域增长幅度相对较大。

就国家自然科学基金资助项目排名来看，浙江的优势学科主要集中在生命科学、信息科学、管理科学领域，上述领域获国家自然科学基金资助项目排名居全国前列（见表 4-12）。值得注意的是，工程与材料科学领域的重点项目数及排名在 2017 年度出现下滑，化学科学领域的青年及杰青项目也有类似情况。

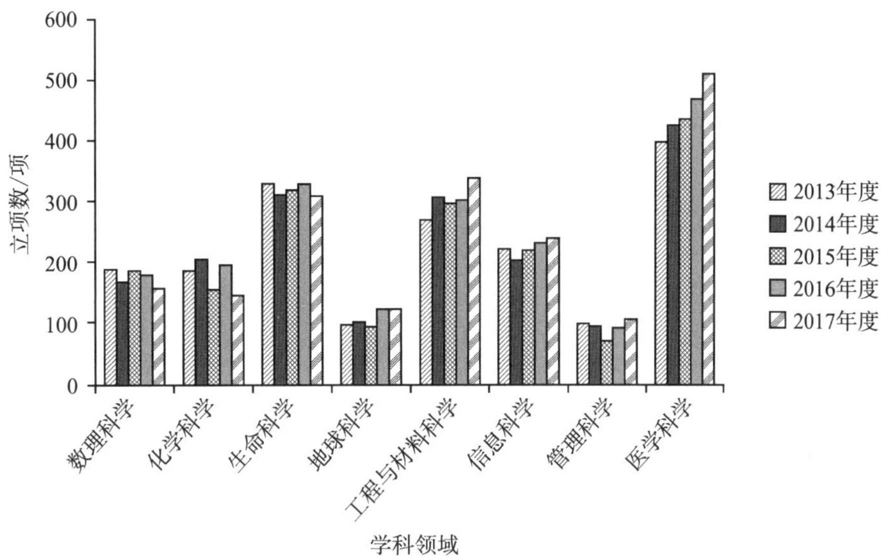

图 4-4　2013—2017 年度浙江承担国家自然科学基金项目情况(各学科领域立项情况)

表 4-12　2013—2017 年度浙江承担国家自然科学基金项目情况

学科	项目	2013年度			2014年度			2015年度			2016年度			2017年度		
		项数/项	金额/万元	全国排名	项数/项	金额/万元	全国排名	项数/项	金额/万元	全国排名	项数/项	金额/万元	全国排名	项数/项	金额/万元	全国排名
数理科学	面上项目	78	5748.0	5	58	4729.0	8	72	4326.0	7	65	3839.0	6	68	3783.0	9
	重点项目	0	0.0	0	5	1750.0	3	4	980.0	6	3	840.0	7	1	250.0	13
	青年项目	74	1783.0	8	69	1656.0	10	67	1288.0	11	60	1242.0	11	72	1654.0	11
	杰青项目	0	0.0	0	0	0.0	0	1	350.0	5	0	0.0	0	2	700.0	3
化学科学	面上项目	86	6908.0	5	100	8486.0	4	81	5165.0	7	89	5604.0	5	82	5279.0	7
	重点项目	1	310.0	11	4	1430.0	3	3	898.0	7	1	294.0	11	2	600.0	8
	青年项目	88	2199.0	4	75	1868.0	7	54	1132.0	12	73	1466.0	7	55	1333.0	13
	杰青项目	1	200.0	7	1	400.0	6	3	1050.0	2	3	1050.0	2	1	350.0	7
生命科学	面上项目	165	12530.0	6	144	11869.0	5	161	10007.0	6	174	10632.0	6	155	9095.0	6
	重点项目	5	1488.0	4	5	1634.0	5	4	1112.0	4	7	1920.0	3	6	1816.0	6
	青年项目	130	2974.0	6	145	3500.0	6	126	2524.0	7	117	2343.0	7	123	2928.0	7
	杰青项目	2	400.0	4	0	0.0	0	2	700.0	3	0	0.0	0	1	350.0	6
地球科学	面上项目	50	3930.0	10	41	3729.0	10	39	2696.0	12	44	2958.0	11	47	3139.0	12
	重点项目	1	310.0	12	0	0.0	0	1	290.0	14	2	592.0	12	3	959.0	9
	青年项目	41	1008.0	10	52	1289.0	9	51	1050.0	8	59	1148.0	7	67	1610.0	8
	杰青项目	0	0.0	0	0	0.0	0	0	0.0	0	0	0.0	0	0	0.0	0

续表

学科	项目	2013年度			2014年度			2015年度			2016年度			2017年度		
		项数/项	金额/万元	全国排名	项数/项	金额/万元	全国排名	项数/项	金额/万元	全国排名	项数/项	金额/万元	全国排名	项数/项	金额/万元	全国排名
工程与材料科学	面上项目	135	10759.0	8	119	9896.0	9	138	8792.0	8	130	8058.0	9	159	9525.0	7
	重点项目	8	2411.0	3	0	0.0	0	4	1150.0	10	4	1165.0	10	1	300.0	17
	青年项目	108	2692.0	10	169	4193.0	6	124	2514.5	9	125	2501.0	9	152	3673.0	8
	杰青项目	1	200.0	9	0	0.0	0	2	700.0	7	2	700.0	6	2	700.0	4
信息科学	面上项目	113	8679.0	4	91	7335.0	5	98	6023.0	6	100	5833.0	6	109	6498.0	6
	重点项目	4	1170.0	7	5	1716.0	4	2	580.0	10	3	785.0	9	6	1720.0	5
	青年项目	86	2124.0	9	88	2184.0	7	92	1868.0	8	102	2036.0	7	107	2654.0	6
	杰青项目	1	200.0	7	1	400.0	6	2	700.0	3	2	700.0	2	2	700.0	5
管理科学	面上项目	44	2440.5	5	38	2307.5	6	40	1933.7	6	45	2167.0	6	50	2406.2	6
	重点项目	1	220.0	7	0	0.0	0	0	0.0	0	1	230.0	5	2	485.0	5
	青年项目	39	796.8	6	50	1045.0	4	27	470.2	10	40	679.5	6	51	921.8	6
	杰青项目	0	0.0	0	0	0.0	0	1	245.0	2	0	0.0	0	0	0.0	0
医学科学	面上项目	203	12833.0	6	192	13744.0	6	215	12085.0	6	215	11996.0	5	228	12226.0	6
	重点项目	3	870.0	8	3	980.0	9	4	1093.0	9	7	1945.0	5	6	1748.0	6
	青年项目	171	3930.0	6	204	4693.0	6	192	3438.1	6	220	3834.8	5	258	5137.8	6
	杰青项目	0	0.0	0	1	400.0	5	1	350.0	7	3	1050.0	3	1	350.0	4

就浙江省所获国家自然科学基金项目的学科领域结构而言，2013—2017年度，医学科学、生命科学、工程与材料科学领域获得的资助项目数是浙江省获得国家基金资助项目的主体，分别占总数的24.26％、17.39％和16.33％，其次是信息科学、化学科学和数理科学领域，分别占总数的11.97％、9.62％和9.40％，地球科学和管理科学领域所占比重较小，分别为5.93％和5.10％（见图4-5）。

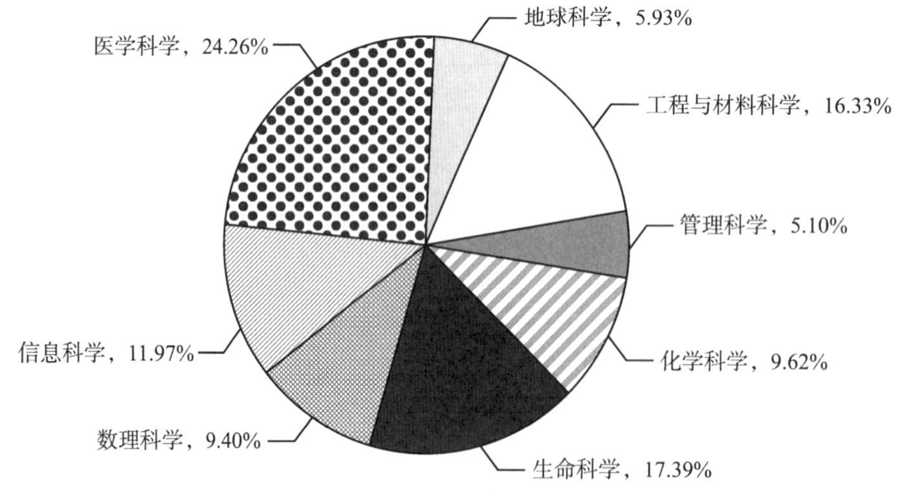

图4-5　浙江省2013—2017年度各学科领域获得国家自然科学基金项目数占比情况

二、浙江大学势头强劲，省属高校实现突破

浙江大学作为浙江省内唯一一所“985工程”重点建设院校，在国家自然科学基金项目申请资助中起着主力军的作用。2013—2017年度，浙江大学获得的各领域国家基金项目数在省内同类领域占比情况为：数理科学为27.05%，化学科学为37.29%，地球科学为33.88%，工程与材料科学为38.52%，信息科学为33.03%，管理科学为34.54%，生命科学为44.25%，医学科学为54.41%。且在各领域获得的经费占比均明显高于项目数占比，尤其是在医学科学、数理科学和化学科学领域，说明浙江大学在争取国家基金项目上依旧在省内独占鳌头（见表4-13）。

表4-13 浙江大学在各领域中累计承担国家基金项目数量及经费在省内同类领域中占比情况（2013—2017年度）

单位：%

占比	数理科学	化学科学	生命科学	地球科学	工程与材料科学	信息科学	管理科学	医学科学
项目数	27.05	37.29	44.25	33.88	38.52	33.03	34.54	54.41
经费	50.38	54.04	57.48	39.67	52.45	45.76	42.47	62.29

除浙江大学继续保持优势地位外，近年来省属高校在获得国家自然科学基金资助上也再次实现突破。2013年，宁波大学在数理科学领域获得1项国家自然科学基金重大项目资助，成为继浙江大学、杭州电子科技大学、浙江农林大学后，省内第四所获得国家自然科学基金重大项目（含课题）资助的高校。这标志着部分省属高校在某些学科领域已具有一定的研究优势，能够围绕国家可持续发展的战略目标以及国家经济发展亟待解决的重大科学问题开拓创新，重点突破，不断提高前沿基础科学研究的综合实力。

三、研究产出数量攀升，高质量研究成果显著增长

通过对基础研究的持续支持，我省学科布局得到进一步发展和优化，化学、工程学、临床医学、材料学、物理学、生物学与生物化学等领域的省基金资助SCI论文产出数量、引用量表现突出，在2011—2016年间取得了长足进步（见图4-6、图4-7）。

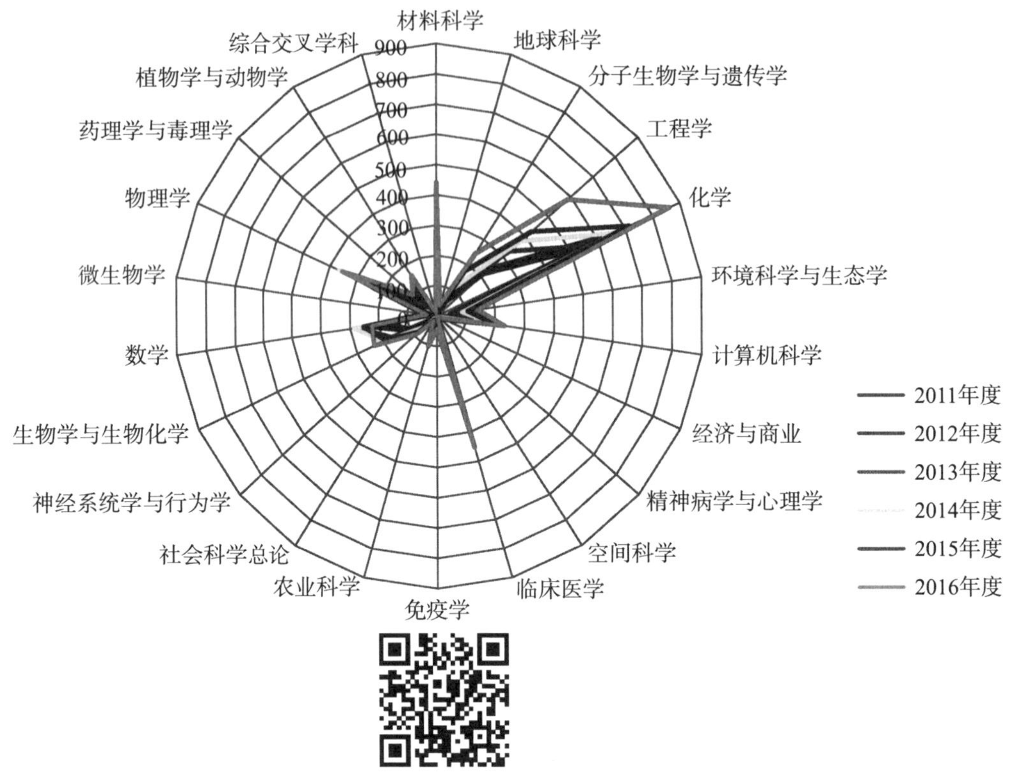

（扫描二维码可见彩图4-6）

图4-6　2011—2016年度各学科领域的浙江省自然科学基金资助产出SCI论文数量

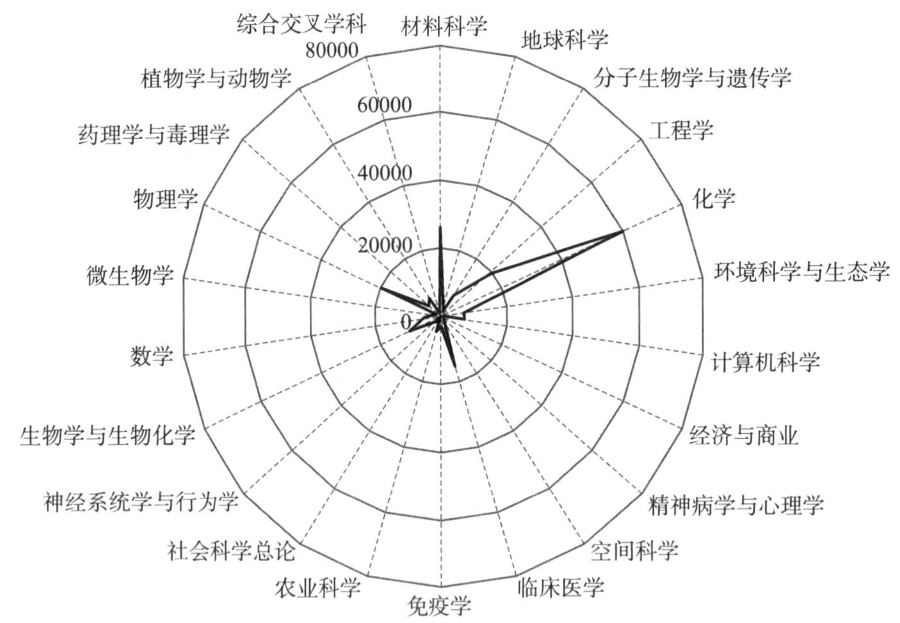

图4-7　2011—2016年度各学科领域的浙江省自然科学基金资助SCI论文被引次数

根据科睿唯安2017年11月10日发布的最新ESI数据(数据更新节点为2017年11月9日，数据覆盖时间为2007年1月1日—8月31日)显示，省内共有12所高校的43个学科进入全球学术机构前1%，39篇论文入选热点论文，1022篇论文入选高被引论文(见表4-14)。其中浙江大学有7个学科进入ESI前100位，居内地高校第2位，8个学科排名进入全球前1‰，5个学科进入ESI排名前50，均居内地高校首位。此外省属高校表现不俗，共有11所高校的25个学科进入全球学术机构前1%，其中浙江工业大学、浙江师范大学、宁波大学各有4个学科上榜。我省在化学、工程学、临床医学、材料科学4个学科分别有8所、7所、5所、5所高校上榜（进入ESI排名）。

表4-14　浙江省内高校进入ESI的学科排名情况

高校名称	学科	国内机构排名	ESI国际机构排名	热点论文数	高被引论文数
浙江大学	农业科学	2	24	2	38
	生物学与生物化学	3	164	1	19
	化学	2	15	2	206
	临床医学	6	381	3	57
	计算机科学	2	30	1	35
	工程学	4	16	3	109
	环境科学与生态学	4	140	1	35
	地球科学	19	485	0	6
	免疫学	2	329	1	8
	材料科学	4	22	5	96
	数学	10	103	1	13
	微生物学	1	218	2	8
浙江大学	分子生物学与遗传学	5	294	3	24
	神经系统学与行为学	10	484	0	9
	药理学与毒理学	3	77	0	13
	物理学	5	153	2	90
	植物学与动物学	3	100	1	46
	社会科学总论	6	565	1	9
浙江工业大学	化学	46	437	2	19
	工程学	57	521	1	13
	环境科学与生态学	28	727	0	0
	材料科学	71	899	1	7
浙江师范大学	化学	62	634	0	20
	工程学	85	952	0	5
	材料科学	64	524	0	9
	数学	26	946	1	13
宁波大学	化学	112	1087	1	2
	临床医学	59	2398	0	9
	工程学	81	912	0	7
	材料科学	90	727	0	5

续表

高校名称	学科	国内机构排名	ESI国际机构排名	热点论文数	高被引论文数
温州医科大学	化学	115	1111	0	3
	临床医学	28	906	1	6
	药理学与毒理学	33	588	1	7
浙江理工大学	化学	77	744	0	15
	工程学	108	1201	1	7
	材料科学	60	505	0	9
杭州师范大学	化学	84	809	0	14
	临床医学	81	3859	0	1
杭州电子科技大学	工程学	66	642	1	15
浙江工商大学	农业科学	34	629	0	3
浙江中医药大学	临床医学	69	3375	0	0
中国计量大学	工程学	94	1042	0	3
温州大学	化学	68	695	0	9

第三节　推动一流学科建设不断发展

一、浙江省重点学科发展历程

学科是大学发展的基础，承载着人才培养、科学研究、社会服务和文化传承创新的重要功能。高校学科建设的内容主要包括：学科方向选择、学术队伍建设、学科平台建设、政策环境与制度建设等。

从20世纪80年代开始，浙江省人民政府为扶持本省基础研究，开展省级重点学科的建设。从1984年至今，浙江省重点学科建设大致可分为以下7个阶段（见表4-15）。

表4-15　浙江省重点学科建设发展历程

阶段	内容
第一阶段（1984—1988年）	确定了38个重点学科
第二阶段（1989—1993年）	确定了25个重点学科，其中应用学科15个、基础学科10个
第三阶段（1994—1998年）	确定了100个重点学科和重点扶持学科，其中省级重点学科24个，省级重点扶持学科A类27个、B类45个，共建学科4个
第四阶段（1999—2005年）	确定了200个重点学科和重点扶持学科

续表

阶段	内容
第五阶段 （2005—2012年）	在每年投入2000万元建设200个省重点学科的基础上，省政府每年投入1个亿元重点建设20个重中之重学科
第六阶段 （2012—2015年）	分两批确立了338个“十二五”高校重点学科，14个“十二五”高校重中之重学科
第七阶段 （2016年至今）	确定了98个A类省一流学科，232个B类省一流学科

第一、二阶段属于学科建设起步阶段，从第三阶段开始，浙江省重点学科建设进入了飞速发展时期。

二、浙江省一流学科布局

浙江省“十三五”省一流学科建设工程是在国家“双一流”重大战略决策背景下启动实施，其建设的总体目标是：到2020年，力争全省高校有40个以上的一级学科进入全国前10％、100个以上的一级学科进入全国前30％；有50个学科进入全球ESI排名前1％，有部分学科进入全球ESI绝对排名前500名，并力争省属高校在全球ESI排名前1‰取得突破。2016年1月，浙江省教育厅公布“十三五”省一流学科建设名单，将浙江大学生态学等98个一级学科列入一流学科（A类），浙江大学哲学等232个学科列入省一流学科（B类）建设名单（见表4-16）。

表4-16　浙江省一流学科分布情况

序号	学校	A类学科数	B类学科数
1	浙江大学	20	30
2	浙江工业大学	11	7
3	浙江师范大学	11	7
4	杭州师范大学	8	6
5	宁波大学	7	6
6	浙江理工大学	6	7
7	浙江工商大学	6	7
8	杭州电子科技大学	4	7
9	浙江农林大学	3	7
10	温州医科大学	3	7
11	中国计量大学	3	6
12	浙江中医药大学	3	6
13	中国美术学院	3	1
14	温州大学	2	7
15	浙江海洋大学	2	6
16	浙江财经大学	2	4
17	浙江万里学院	1	4
18	浙江传媒学院	1	2

续表

序号	学校	A类学科数	B类学科数
19	浙江音乐学院	1	2
20	中共浙江省委党校	1	2
21	浙江科技学院	0	6
22	嘉兴学院	0	6
23	绍兴文理学院	0	6
24	湖州师范学院	0	6
25	宁波工程学院	0	6
26	浙江水利水电学院	0	6
27	浙江外国语学院	0	5
28	浙江树人大学	0	5
29	浙江警察学院	0	5
30	丽水学院	0	5
31	台州学院	0	4
32	衢州学院	0	4
33	宁波大红鹰学院	0	4
34	杭州医学院	0	4
35	浙江大学城市学院	0	3
36	浙江大学宁波理工学院	0	3
37	宁波诺丁汉大学	0	2
38	公安海警学院	0	2
39	同济大学浙江学院	0	2
40	浙江师范大学行知学院	0	2
41	浙江农林大学暨阳学院	0	2
42	浙江理工大学科技与艺术学院	0	2
43	湖州师范学院求真学院	0	2
44	杭州师范大学钱江学院	0	2
45	杭州电子科技大学信息工程学院	0	2
46	浙江工业大学之江学院	0	1
47	中国计量大学现代科技学院	0	1
48	浙江海洋大学东海科学技术学院	0	1
49	浙江越秀外国语学院	0	1
50	温州肯恩大学	0	1
合计		98	232

在我省330个一流学科中，工程与材料科学领域的一流学科数最多，达到61个，约占一流学科总数的18.48%；其次是管理科学、信息科学和生命科学领域，一流学科占比均在10%以上；数理科学、化学科学和地球科学领域的一流学科数较少，其中地球科学领域的比例最低，仅占2.42%（见图4-8）。总体来看，省基金资助领域覆盖了80%的省一流学科。

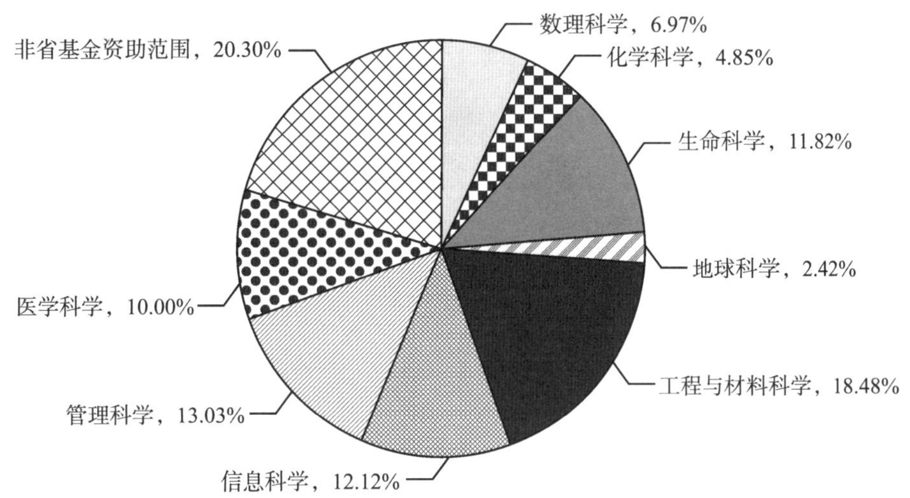

图4-8　浙江省一流学科对应自然科学基金学科领域分布情况

三、基金资助一流学科成效显著

1. 一流学科成为浙江自然科学研究主力军

为贯彻落实省政府关于支持重点高校建设和一流学科建设的要求，省自然科学基金和相关依托单位从2016年开始以联合资助方式对省一流学科或省级重点实验室所属科研人员申请的项目予以倾斜支持。

2003—2017年度，浙江省一流学科（A类）领域高校共获省自然科学基金项目4386项，累计财政资助金额达40736.6万元。其中浙江大学、温州医科大学、浙江工业大学的省一流学科（A类）立项数、财政资助金额居全省高校前列，占省一流学科（A类）获省自然科学基金项目总数、资助总额的60％以上（见表4-17）。

表4-17　浙江省一流学科（A类）各高校（排名前10）获浙江省自然科学基金资助情况（2003—2017年度）

序号	高校名称	立项数/项	财政资助金额/万元
1	浙江大学	1648	19538.0
2	温州医科大学	565	4044.0
3	浙江工业大学	559	4464.3
4	浙江中医药大学	306	2166.8
5	杭州电子科技大学	238	2227.5
6	浙江师范大学	223	1774.5
7	杭州师范大学	186	1392.5
8	浙江理工大学	154	1339.5
9	浙江工商大学	127	843.0
10	宁波大学	113	954.0

2003—2017年度，浙江省一流学科（B类）共获省自然科学基金项目2727项，累计财政资助金额24333万元（见表4-18）。其中浙江大学一流学科（B类）共获省自然科学基金项目872项，累计财政资助11647.5万元，分别占全省一流学科（B类）获省基金资助项目总数、财政资助总额的31.98％和47.87％。

表4-18 浙江省一流学科(B类)各高校(排名前10)获浙江省自然科学基金资助情况(2003—2017年度)

序号	高校名称	立项数/项	财政资助金额/万元
1	浙江大学	872	11647.5
2	温州医科大学	220	1691.0
3	中国计量大学	176	1354.5
4	杭州电子科技大学	150	1006.0
5	浙江理工大学	134	935.0
6	浙江工商大学	121	1052.5
7	杭州医学院	120	884.0
8	浙江中医药大学	103	718.5
9	宁波大学	98	667.0
10	嘉兴学院	83	492.5

一方面，浙江省自然科学基金及其他科研计划的持续不断支持，为培育我省一流学科的发展作出了贡献，使一流学科日益成为集聚良好基础研究条件的平台。据统计，浙江省一流学科集中了80%以上的省级重点实验室。重点实验室成为组织高水平基础研究和应用基础研究、聚集和培养优秀科学家、开展高层次学术交流的重要基地。另一方面，一流学科的建设发展，又催生了一大批优秀基础研究人才，成为基础研究的主力军。

通过分析近5年省自然科学基金资助情况可以看出，省一流学科承担了半数以上的工程与材料科学、化学科学、生命科学、数理科学、信息科学、医学科学6个领域基金项目(见表4-19)。尤其是医学科学领域，一流学科承担的项目比重近3/4，其中过半的项目由A类一流学科承担，此外化学科学、信息科学领域超过1/3的项目由A类一流学科承担，一流学科成为浙江自然科学研究的主力军。

表4-19 浙江省一流学科累计承担省自然科学基金项目情况(2013—2017年度)

单位：%

学科领域	统计指标	一流学科A类	一流学科B类	合计
地球科学	项目数占比	7.34	5.08	12.43
	财政资助占比	6.63	4.33	10.97
工程与材料科学	项目数占比	27.47	22.81	50.28
	财政资助占比	38.90	17.23	56.13
管理科学	项目数占比	14.71	18.01	32.72
	财政资助占比	15.85	18.41	34.26
化学科学	项目数占比	36.64	17.00	53.64
	财政资助占比	41.29	21.02	62.31
生命科学	项目数占比	26.61	32.96	59.58
	财政资助占比	31.32	39.02	70.34
数理科学	项目数占比	25.79	27.89	53.68
	财政资助占比	23.33	33.33	56.67

续表

学科领域	统计指标	一流学科A类	一流学科B类	合计
信息科学	项目数占比	35.30	18.49	53.79
	财政资助占比	43.52	18.02	61.53
医学科学	项目数占比	54.88	18.91	73.80
	财政资助占比	55.83	19.70	75.52

2.省属高校学科建设百花齐放

2014年11月,浙江省正式启动“省重点高校建设计划”,在全省范围内遴选高水平大学,共有12所高校分两批入选,形成了良好的高水平大学建设梯队。近年来,在大量的资源投入和地域优势下,浙江省高校开始展现蓬勃的发展势头,除了浙江大学发展迅猛外,省属高校在科学研究和学科建设方面也呈现出了良好的发展态势。

2017年9月21日,教育部、财政部、国家发展改革委印发《关于公布世界一流大学和一流学科建设高校及建设学科名单的通知》,公布世界一流大学和一流学科(简称“双一流”)建设高校及建设学科名单。其中一流大学建设高校42所(A类36所、B类6所),一流学科建设高校95所。浙江大学入选世界一流大学建设高校(A类)行列,入选双一流建设学科18个,入选数位居全国第3。此外,中国美术学院和宁波大学各有1个学科入选一流学科建设名单。此前,中国美术学院、宁波大学均入选浙江省首批5所重点建设高校。特别值得一提的是,宁波大学力学学科历经30年发展,科研实力雄厚,在结构冲击动力学与材料动态力学响应、压电声波器件与智能材料多场耦合力学、材料与结构耐久性等方面形成了稳定的研究方向。2010年至2015年共承担28项国家自然科学基金,包括主持重点项目1项,作为主要成员主持国家自然科学基金重大项目1项,参加重点项目3项。2012年度该学科王礼立教授团队凭借“非线性应力波传播理论进展及应用”项目获得国家自然科学奖二等奖1项,实现了省属高校该奖项的突破。

2017年12月28日,教育部学位与研究生教育发展中心公布全国第四轮学科评估结果,共有460所高校(不含科研院所)的5112个学科获得分档排名(位列前70%)。浙江大学A+学科共有11个,位居全国第3;A类学科11个,位居全国高校第1;A-学科共有17个,位居全国高校第1。浙江大学A类学科总数和全部上榜数均位居全国高校第1。除了“双一流”高校外,还有38所非“双一流”高校也获得49个A类学科。其中浙江工业大学的化学工程与技术、浙江工商大学的统计学获得A-,学科排名位于全国同专业前5%~10%。浙江工业大学的化学工程与技术是我省一流学科建设的A类学科,是浙江省属高校中唯一集能源材料及应用国家国际科技合作基地、国家重点实验室(培育)、国家重点学科(培育)、一级学科博士点和博士后流动站于一体的科研、社会服务和化工高等人才培养的学科高地,在氨合成催化技术、绿色合成技术、催化加氢技术、精细有机材料催化合成及改性技术、能源材料与有机电化学合成技术、气液传质分离技术、超重力场分离技术、生物质能源开发技术、煤间接液化催化技术、染料及功能有机色素材料合成和石油化工技术等领域科研成绩突出。曾获国家发明奖二等奖和国家科技进步奖二等奖等国家级大奖10项,世界知识产权组织和国家知识产权局联合授予的中国专利金奖2项,省部级一、二等科技奖励23项,出版学术专著30余部,年发表SCI、EI收录论文100余篇,获美国、欧洲、中国发明专利200余项,年承担各类科研项目总经费3000万元。

浙江工商大学统计学也是我省一流学科建设的A类学科。该学科2007年被评为国家特色专业，2010年获国家级教学团队称号，2011年获统计学一级学科博士授予权。至2016年末，该学科共承担国家自然科学基金项目35项，省自然科学基金项目31项，在中国科学评价研究中心给出的2015—2016年中国研究生教育统计学一级学科排名中名列全国第一。

浙江省属高校近年来在科研上也屡获突破，仅2016、2017两年，省属高校已承担国家重点研发项目14项，累计获得中央财政经费达15716万元。近5年来，省属高校共承担国家自然科学基金各类项目4552项，累计金额199420.84万元；获国家科学技术奖9项，教育部科技奖25项，中国专利奖7项。

综合来看，浙江省高校学科建设除了一枝独秀的浙江大学外，省属高校近年来发展迅猛，已然形成了百花齐放的态势。

第五章　基地篇

《国家中长期科学和技术发展规划纲要（2006—2020年）》提出要"加强科技基础条件平台建设"，创新基地建设是科技基础条件平台建设的重点之一。我国从1984年开始组织实施国家重点实验室建设计划，这也是改革开放后我国第一个基地建设计划。我省科技管理部门也充分结合项目、人才、基地优势，建设省级重点实验室、工程技术研究中心等地方科研平台，这是我省科技创新体系建设的重要组成部分，也是全面实施创新驱动发展战略、加强供给侧结构性改革、加快建设创新型省份的重要核心载体。经过多年建设，各类基地在研究成果、条件建设、人才培养等方面取得了显著成效。

第一节　重点实验室

重点实验室是科技创新体系的重要组成部分，是组织高水平基础研究和应用基础研究、集聚和培养优秀科技人才、开展高水平学术交流、积聚先进科研装备的重要基地，其主要任务是针对学科发展前沿、国民经济和社会发展等重要科技领域和方向开展创新性研究。

一、国家重点实验室

（一）国家重点实验室建设历程[①]

第一阶段：奠基阶段（1984—1990年）

1984年，国家投资6100万，同时核拨1660万美元外汇额度用于购置新建仪器，批准建设首批10个国家重点实验室。1984—1990年间，共在国家教育委员会、中国科学院、农业部和卫生部等高等院校和研究所建设70个实验室，重点布局在基础理论研究方面。

第二阶段：框架建成（1991—1997年）

国家利用世界银行贷款8633.4万美元和1.78亿元，批准建设79个国家重点实验室，重点在应用基础研究领域布局，多数建在与国民经济和社会发展需求密切相关的工程技术领域。这批国家重点实验室的建成，标志着我国国家重点实验室基本框架形成。

第三阶段：发展阶段（1998—2007年）

1998年国务院机构改革后，由科技部管理国家重点实验室的建设和运行。科技部结合国家科技发展新形势，提出国家重点实验室整体发展的建议和意见。1998—2007年间，国家共立项建设了88个国家重点实验室，同时强化了"优胜劣汰"的竞争机制，先后淘汰撤销了约20

① 根据《浙江省基础研究二十五年》《国家重点实验室建设的回顾与思考：1984—2008》整理。

个国家重点实验室。2000年,我国启动试点国家实验室建设。

第四阶段:提高阶段(2008—2016年)

2008年3月3日,科技部、财政部宣布设立国家重点实验室专项经费。从开放运行、自主选题研究和科研仪器设备更新3方面加大了国家重点实验室稳定支持的力度。专项经费的主要支持原则是突出投入重点、稳定长效支持,创新支持方式、理顺经费渠道,科学精细管理、注重绩效考评。在统筹部署、适度新建、定期评估、择优支持、动态管理等创新制度的推动下,国家重点实验室成为组织开展高水平基础研究和前沿技术研究、聚集和培养优秀科学家、开展学术交流的重要基地,国家实验室建设翻开了新篇章。"十一五"期间,国家重点实验室共新建156个。"十二五"期间,新建国家重点实验室162个,并启动青岛海洋科学与技术试点国家实验室建设,至此已有国家重点实验室481个、试点国家实验室7个,覆盖基础学科80%以上。

第五阶段:优化整合阶段(2017年至今)

2017年10月24日,为落实《国家创新驱动发展战略纲要》《国民经济和社会发展第十三个五年规划纲要》《关于深化中央财政科技计划(专项、基金等)管理改革的方案》和《"十三五"国家科技创新规划》的部署要求,依据《国家科技创新基地优化整合方案》,科技部、国家发展改革委、财政部制定《"十三五"国家科技创新基地与条件保障能力建设专项规划》(以下简称《规划》)。《规划》指出,要优化国家重点实验室布局。面向世界科技前沿、面向经济主战场、面向国家重大需求,构建定位清晰、任务明确、布局合理、开放协同、分类管理、投入多元的国家重点实验室建设发展体系,实现布局结构优化、领域优化和区域优化。适应大科学时代基础研究特点,在现有试点国家实验室和已形成优势学科群基础上,组建(地名加学科名)国家研究中心,统筹学科、省部共建、企业、军民共建和港澳伙伴国家重点实验室等建设发展。2017年11月21日,科技部印发《关于批准组建北京分子科学等6个国家研究中心的通知》,除青岛海洋科学与技术试点国家实验室外的6个国家试点试验室均转为国家研究中心。

(二)在浙运行的国家重点实验室

国家重点实验室在科学前沿探索和解决国家重大需求方面一直发挥着重要的作用,成为孕育我国科技将帅的摇篮。目前,我省正在运行的国家重点实验室共15个,其中依托院校建设的国家重点实验室11个,依托企业建设的国家重点实验室2个,省部共建国家重点实验室2个(见表5-1)。

表5-1 在浙江运行的国家重点实验室

序号	名称	依托单位	批准时间
1	硅材料科学国家重点实验室	浙江大学	1985年
2	化学工程联合国家重点实验室	浙江大学	1987年
3	计算机辅助设计与图形学国家重点实验室	浙江大学	1989年
4	流体传动及机电系统国家重点实验室	浙江大学	1989年
5	工业控制技术国家重点实验室	浙江大学	1989年
6	现代光学仪器国家重点实验室	浙江大学	1989年
7	植物生理学与生物化学国家重点实验室	浙江大学、中国农业大学	2002年
8	水稻生物学国家重点实验室	中国水稻研究所、浙江大学	2003年

续表

序号	名称	依托单位	批准时间
9	卫星海洋学与海洋环境动力过程国家重点实验室	国家海洋局第二海洋研究所	2005年
10	能源清洁利用国家重点实验室	浙江大学	2005年
11	传染病诊治国家重点实验室	浙江大学医学院附属第一医院	2007年
12	风力发电技术国家重点实验室	浙江运达风电股份有限公司	2009年
13	含氟温室气体替代及控制处理国家重点实验室	浙江省化工研究院有限公司	2015年
14	省部共建眼视光学和视觉科学国家重点实验室	温州医科大学	2017年
15	省部共建亚热带森林培育国家重点实验室	浙江农林大学	2017年

从领域分布看，15个国家重点实验室分布在8个学科领域①，其中工程科学领域的最多，共4个，占实验室总数的26.67％；生物科学3个，占实验室总数的20.00％；化学科学和医学科学领域各2个，占实验室总数的13.33％；数理科学、材料科学、地球科学、信息科学领域相对较少，各有1个（见表5-2）。

表5-2　在浙江运行的国家重点实验室学科领域分布情况

学科领域	国家重点实验室个数/个	各领域实验室占比/％
数理科学	1	6.67
化学科学	2	13.33
生物科学	3	20.00
材料科学	1	6.67
工程科学	4	26.67
地球科学	1	6.67
医学科学	2	13.33
信息科学	1	6.67

二、省级重点实验室

自1991年开始，浙江省科委、计划经济委员会、财政厅联合启动实施了重点实验室建设计划。其目的是更好地围绕我省经济、社会发展中的重大科技问题和关键技术、共性技术开展基础研究、应用基础研究和应用研究，培养和造就高水平的科技人才队伍，吸引国内外优秀科技人才，促进高层次、高水平的科技合作和交流的开展，提高高等院校、科研院所、企业等机构的自我发展能力，形成自主知识产权，推动科技成果的转化和发展高新技术产业。截至2017年12月，我省共有243家省级重点实验室，涉及学科广泛，为基础研究的开展提供了基本的平台。

243家省级重点实验室在全省11个设区市均有布局建设，其中杭州174家，宁波18家，温州16个，基本反映了我省基础研究力量的地域分布（见图5-1）。

① 学科领域分类标准参照《2015年国家重点实验室年度报告》。

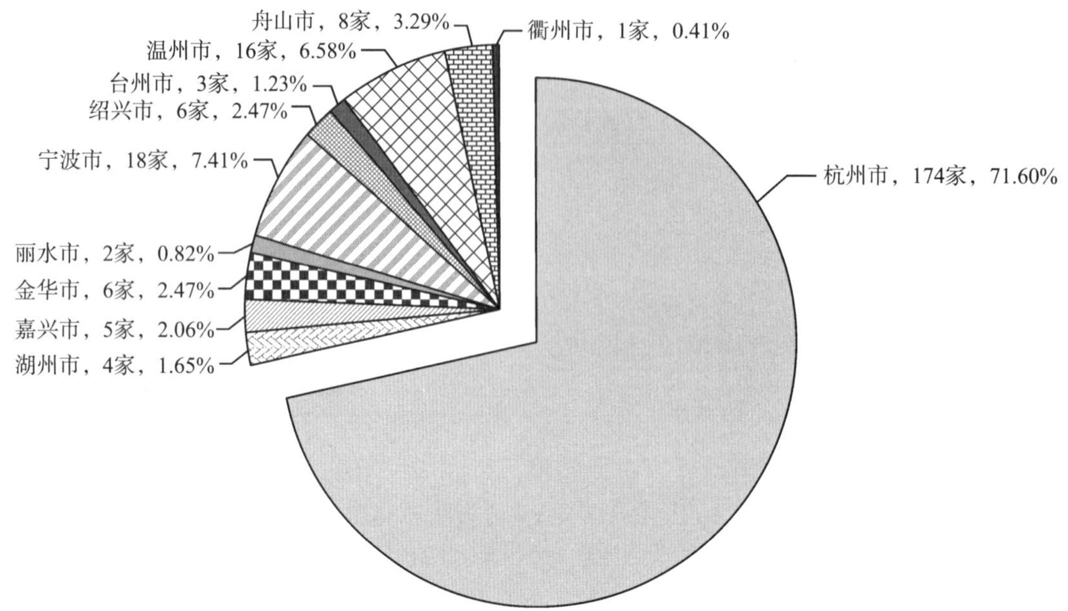

图5-1　省级重点实验室地域分布情况

从领域分布看，243家省级重点实验室分布于19个行业领域，其中医药卫生领域分布最多，共70家，约占实验室总数的28.81%；机电领域24家，约占实验室总数的9.88%；电子信息、资源与环境领域各22家，约占实验室总数的9.05%；服务业和交通领域的省级重点实验室较少，仅1家（见图5-2）。

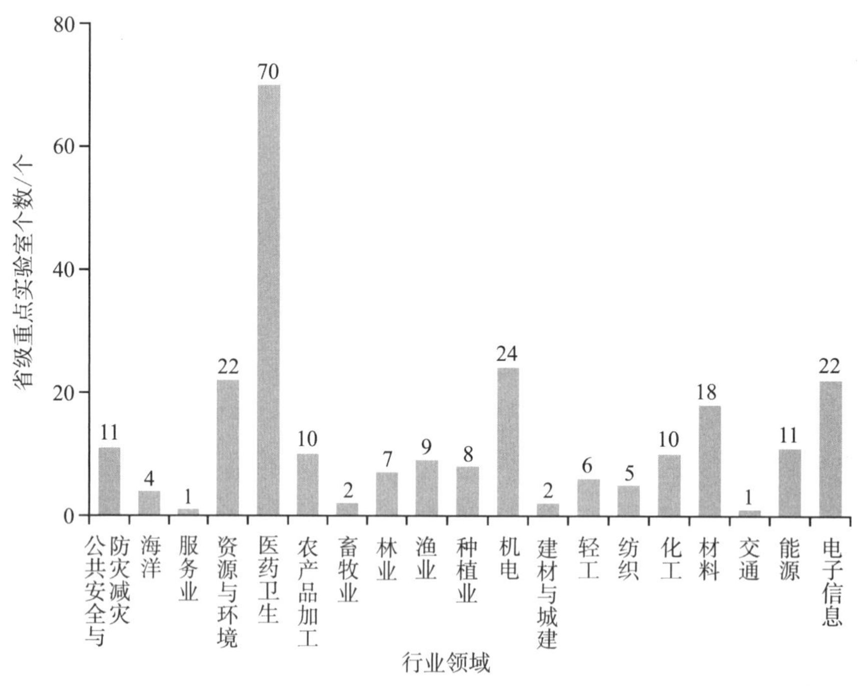

图5-2　省级重点实验室领域分布情况

从人员结构看，省级重点实验室拥有研究人员12129人，其中博士学历6446人，约占人员总数的53.15%（见图5-3）；高级职称7294人，约占人员总数的60.14%（见图5-4）。队伍结构体呈现出以高学历、高专业技术职务研究人员为主的结构特点。

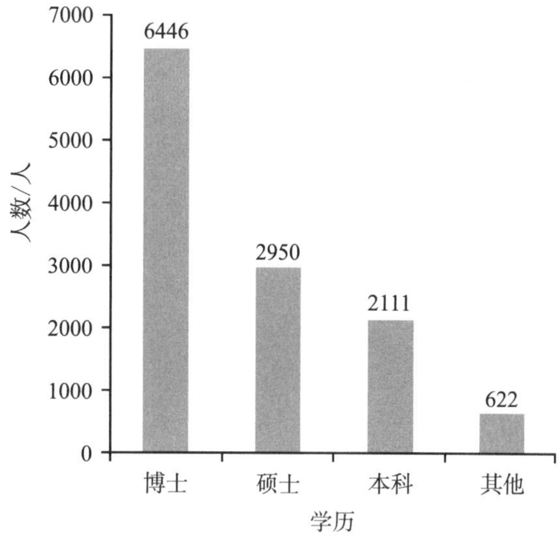

图5-3　省级重点实验室研究人员学历情况

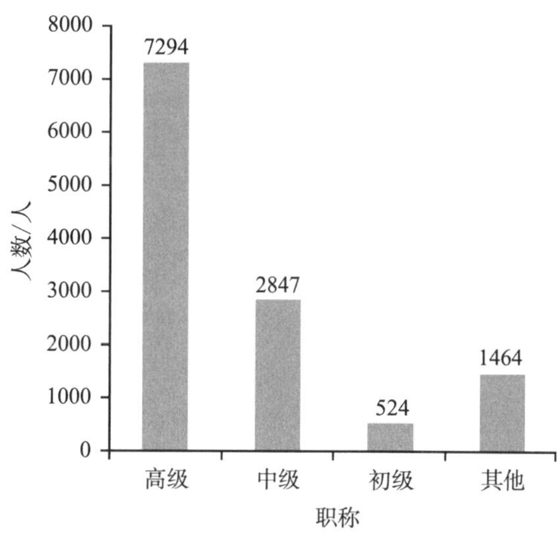

图5-4　省级重点实验室研究人员职称情况

三、建设成效

2017年6月，浙江省科技厅委托浙江省科技开发中心对226家省级重点实验室开展绩效评价工作，评价期为2014年1月1日至2016年6月30日。根据绩效评价结果显示，经过多年建设，省级重点实验室的特色和优势得到了充分发挥，取得了一批高水平的科研成果，培养和造就了一批优秀科技人才和团队，为提高自主创新能力奠定了坚实基础，为经济社会转型发展提供了战略性、基础性、前瞻性的知识储备和科技支撑。

产生了一批高水平科技论文。省级重点实验室共计发表在*Nature*、*Science*、*Cell*三大顶级期刊上的论文15篇，国际权威期刊论文716篇，SCI/SSCI、EI论文5612篇，国家核心期刊论文2993篇，出版专著180部。重点实验室以基础研究和应用基础研究为主的特点凸显。

获得了一批重大科技成果奖励。省级重点实验室获国家科技奖励35项，其中一等奖8项、二等奖27项；省部级科技奖励516项，其中一等奖152项、二等奖194项、三等奖170项。

承接了一批国家和区域重大项目。省级重点实验室共承担国家级课题1955项，其中国家自然科学基金1674项，省部级课题1746项。

知识产权成果大幅增长。省级重点实验室共获得知识产权4976项。其中临床新药批文14项，农业新品种审定53项，发明专利授权4475项，计算机软件著作权434项。

行业话语权逐步把握。省级重点实验室共计主持制定各级标准239项，其中主持国际标准6项、主持国家标准55项、主持行业标准178项。

【典型案例1】

工业控制技术国家重点实验室创建于1989年，2012年被评为优秀类国家重点实验室。实验室孙优贤院士课题研究团队在国家自然科学基金项目“基于可靠性实时预测的复杂控制系统失效预测方法”“超临界流体模拟移动床色谱手性分离技术的研究”“一种内部热耦合空分高效节能系统的非线性动态建模方法和非线性控制策略研究”“基于模型预测控制理论的供应链操作滚动优化决策方法”“可有效降低大型生产过程能耗的控制理论与方法”，省自然科学基金项目“新型溶剂梯度模拟移动床色谱高效分离纯化中药有效成分的研究”“化工过程鲁棒自适应控制变量参数化动态优化研究”等项目的支持下，通过团队协作与努力获得系列理论方法与技术创新，于2013年凭借“高端控制装备及系统的设计开发平台研究与应用”这一项目成果获得国家科技进步奖一等奖。

【典型案例2】

浙江省心血管病诊治重点实验室依托浙江大学，在成功建立食蟹猴心肌梗死模型的基础上完成缺氧预处理骨髓间充质干细胞治疗心肌梗死的一系列大动物实验研究，研究成果论文作为国际权威学术期刊*Circulation Research*封面文章发表。完成缺氧预处理骨髓干细胞治疗急性心肌梗死安全性和有效性的临床前期研究（CHINA-AMI），研究成果在国际知名学术期刊*International Journal of Cardiology*上发表，实验室主任王建安博士受邀在2014年度美国心脏协会（AHA）年会上作专题发言。实验室主任王建安博士30余年致力于心血管复杂疑难疾病的诊治，在经导管心脏瓣膜病介入治疗、冠心病介入治疗和干细胞治疗心力衰竭等领域取得创新性研究成果，荣获2015年浙江省科学技术重大贡献奖。

【典型案例3】

浙江省中医风湿免疫病重点实验室依托浙江中医药大学中医临床基础国家重点学科，以中医风湿免疫病的治法及其疗效机理研究、中医风湿免疫病证候的现代研究、中医风湿免疫病的新药开发研究等三大研究为主要方向。其中针对解毒祛瘀滋肾法治疗系统性红斑狼疮的有效机制的研究，实验室申获国家自然科学基金项目6项、浙江省自热科学基金项目1项。在基金的支持下，发表SCI论文10篇，申获国家发明专利4项，其中美国国家专利1项；2015年获浙江省科学技术进步奖一等奖1项。

【典型案例4】

浙江省先进制造技术重点实验室依托浙江大学，开展飞机数字化装配关键技术研究，为我国具有自主知识产权的飞机数字化装配生产线奠定了坚实基础，建立飞机数字化装配生产线，支撑7个国家重点型号飞机（运-20、歼-20、运-9运输机、歼轰-7等）的研制。成果授权发明专利60多项，打破了发达国家对飞机数字化装配技术的封锁和装备的垄断，使我国成为继美、德之后第三个独立掌握飞机数字化装配技术、装备和系统的国家，成果应用于中航工业西安飞机、成都飞机、陕西飞机、中国商飞等飞机制造龙头企业，引领了我国飞机装配技术的发展，获得国防科学技术进步奖二等奖。

【典型案例5】

浙江省现代纺织装备技术重点实验室依托浙江理工大学，开展纺织装备设计、纺织装备控制技术和纺织装备检测技术3方面的研究。关注全省纺织工业的战略调整，将实验室发展与浙江省产业结构调整相结合，2014—2016年主持国家自然科学基金项目4项、国家科技支撑计划项目1项、省部级课题6项，为我省的企业解决技术难题19个，有2个科技成果转化得到推广，共计实现利润达4070万元，经济效益明显，助推纺织产业转型升级。

第二节　工程技术研究中心

工程技术研究中心与试验基地是科技创新体系的重要组成部分，是提高区域创新能力和企业核心竞争力的重要支撑。截至2017年12月，在浙江的国家工程技术研究中心共14家，省级工程技术研究中心共83家。

一、国家工程技术研究中心

国家工程技术研究中心是国家科技发展计划的重要组成部分，中心主要依托于行业、领域科技实力雄厚的重点科研机构、科技型企业或高校，拥有国内一流的工程技术研究开发、设计和试验的专业人才队伍，具有较完备的工程技术综合配套试验条件，能够提供多种综合性服务，与相关企业紧密联系，同时具有自我良性循环发展机制的科研开发实体。经过20年的建设与发展，国家工程中心总数达到346个，包含分中心在内达到359个，分布在全国30个省(市、自治区)。工程中心涵盖了农业、电子与信息通信、制造业、材料、节能与新能源、现代交通、生物与医药、资源开发、环境保护、海洋、社会事业等领域。

目前，在浙江的国家工程技术研究中心共14家，其中依托高等院校的有7家；依托科研院所的有3家，分别为依托浙江省化工研究院有限公司的国家ODS替代品工程技术中心、依托杭州市化工研究院的国家造纸化学品工程技术研究中心、依托中国农业科学院茶叶研究所的国家茶产业工程技术研究中心；依托企业的有4家，分别为依托杭州水处理技术研究开发中心有限公司的国家液体分离膜工程技术研究中心、依托巨化集团公司的国家氟材料工程技术研究中心、依托杭州宏华数码科技股份有限公司的国家数码喷印工程技术研究中心、依托中国黄酒集团有限公司的中国黄酒国家工程技术研究中心(见表5-3)。

从行业领域分布看，在浙的14家国家工程技术研究中心中，制造业有5家，约占总数的35.71%，材料领域有3家，林业和医药领域各2家，养殖业和光学领域各1家。

表5-3 浙江省国家工程技术研究中心

序号	名称	依托单位	领域分类
1	国家ODS替代品工程技术中心	浙江省化工研究院有限公司	材料
2	国家造纸化学品工程技术研究中心	杭州市化工研究院	材料
3	国家氟材料工程技术研究中心	巨化集团公司	材料
4	国家光学仪器工程技术研究中心	浙江大学	光学
5	国家木质资源综合利用工程技术研究中心	浙江农林大学	林业
6	国家茶产业工程技术研究中心	中国农业科学院茶叶研究所	林业
7	国家海洋设施养殖工程技术研究中心	浙江海洋大学	养殖业
8	国家眼视光工程技术研究中心	温州医科大学	医药
9	国家化学原料药合成工程技术研究中心	浙江工业大学	医药
10	国家电液技术工程研究中心	浙江大学	制造业
11	国家液体分离膜工程技术研究中心	杭州水处理技术研究开发中心有限公司	制造业
12	国家数码喷印工程技术研究中心	杭州宏华数码科技股份有限公司	制造业
13	国家列车智能化工程技术研究中心	浙江大学、浙江浙大网新集团有限公司	制造业
14	中国黄酒国家工程技术研究中心	中国黄酒集团有限公司	制造业

数据来源：浙江省科技厅网站。

二、省级工程技术研究中心

工程技术研究中心与试验基地是科技创新体系的重要组成部分，是提高区域创新能力和企业核心竞争力的重要支撑。

截至2017年12月，我省共有省级工程技术研究中心83家，在全省11个设区市均有布局建设，其中杭州39家，约占总数的47%(见图5-5)。

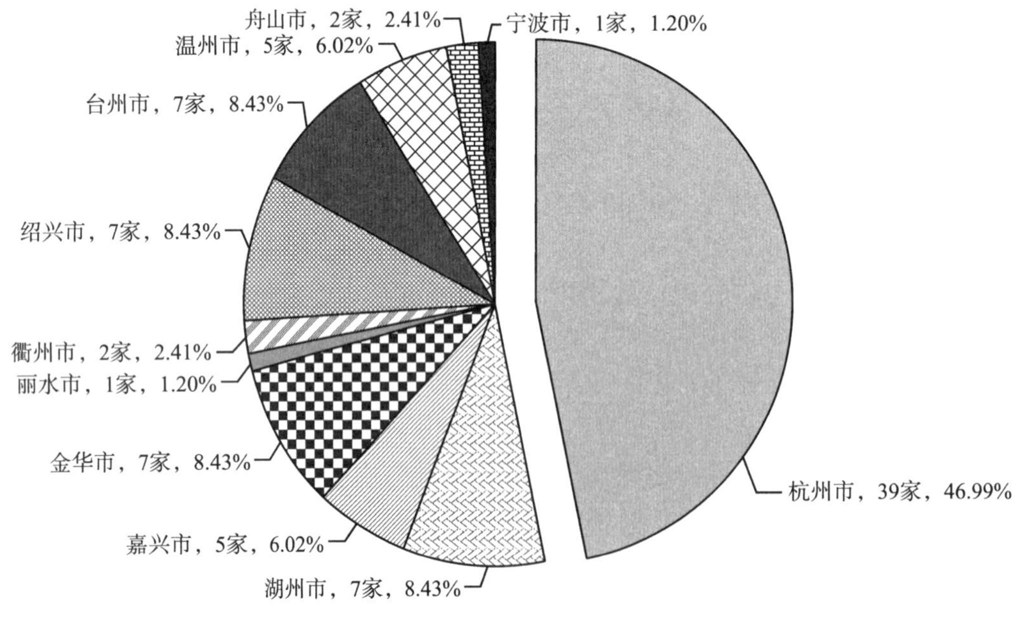

图5-5 省级工程技术研究中心地域分布情况

从领域分布看，83家省级工程技术中心分布于14个领域，其中电子信息、医药卫生和材料领域最多，分别为13、12和11家；畜牧业和林业领域相对较少，各有1家省级工程技术中心（见图5-6）。

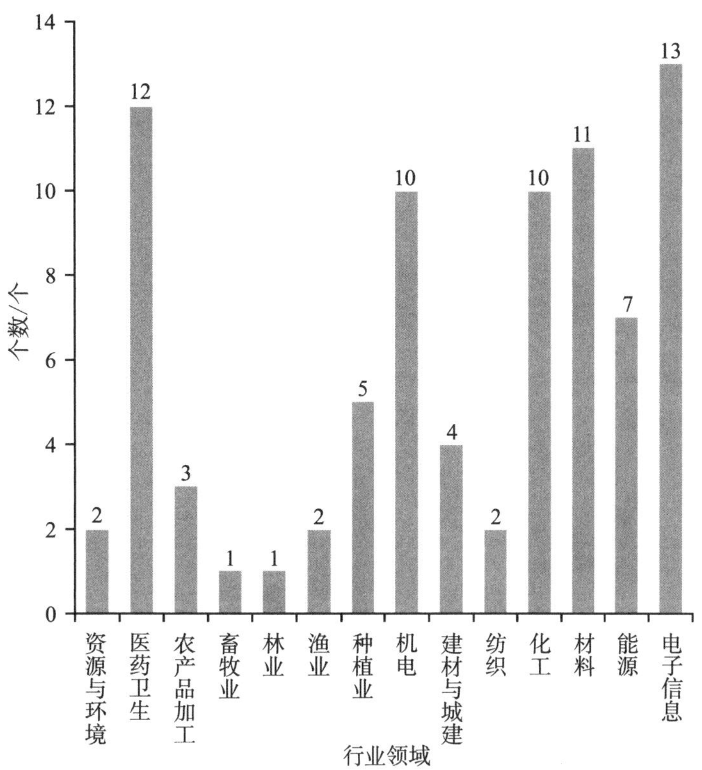

图5-6 省级工程技术研究中心领域分布情况

从人员结构看，省级工程技术研究中心拥有研究人员4868人，以本科学历为主，共2122人，占人员总数的43.60%；博士学历885人，约占人员总数的18.18%（见图5-7）。高级职称1561人，约占人员总数的32.07%（见图5-8）。

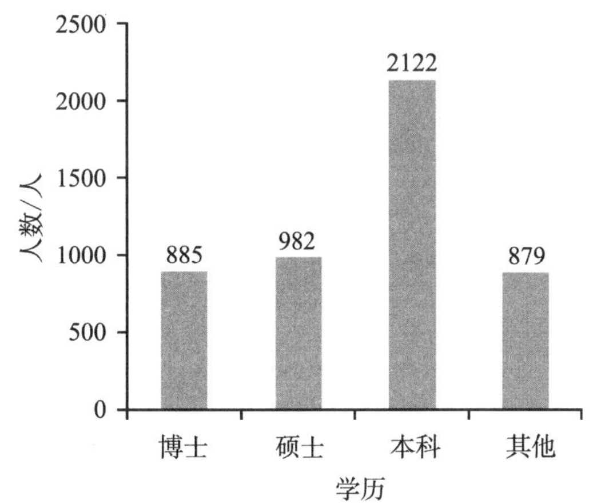

图5-7 省级工程技术研究中心研究人员学历分布情况

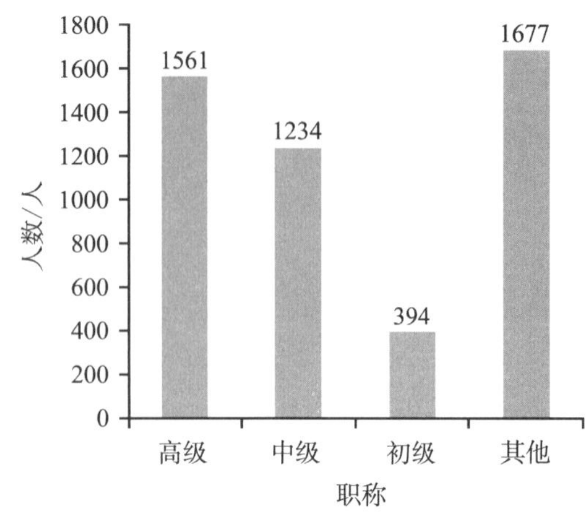

图5-8 省级工程技术研究中心研究人员职称分布情况

三、建设成效

工程技术研究中心是国家和地方科技发展计划的重要组成部分，是研究开发条件能力建设的重要内容，作为基础研究的平台之一，为浙江省基础研究顺利开展、研究资源的有效利用等发挥了不可替代作用。2017年6月，浙江省科技厅委托浙江省科技开发中心对81家省级重点实验室开展绩效评价工作，评价期为2014年1月1日至2016年6月30日。根据绩效评价结果显示，省级工程技术研究中心在评价期内共计发表SCI/SSCI、EI论文71篇，国家核心期刊论文58篇，出版专著3部；获国家科技奖励二等奖9项，省部级科技奖励110项；承担国家级课题115项，其中国家自然科学基金项目86项，省部级课题275项；共获知识产权1263项，其中临床新药批文34项，农业新品种审定76项，发明专利授权903项，计算机软件著作权250项；共计主持制定各级标准91项，其中主持国际标准3项、主持国家标准28项、主持行业标准60项。

【典型案例1】

国家海洋设施养殖工程中心开发了典型头足类新型放流标志技术，构建了受精卵与幼体增殖放流技术体系，探索了产卵场修复技术，促进了自然资源的迅速恢复；建立了典型头足类种苗繁育和增养殖产业基地，有效促进了头足类增养殖产业链的形成，保障了种质资源的可持续利用。

【典型案例2】

国家黄酒工程中心完成麦曲机械化自动化制备技术与装备在黄酒生产中的应用，通过对麦曲微生物生长的各种微环境因素进行分析，得到糖化菌最佳生长曲线，改进了麦曲制备装备，将传统制曲麦曲粉碎、加水、接种、入培养器、控温、通风、控湿度等生产全过程实行自动化控制，较传统的麦曲生产制备节约能源消耗50%以上，工人作业环境得到较大改善，劳动强度大幅降低，生产效率显著提高。技术和装备已在绍兴古越龙山酒厂机械化黄酒车间得到应用。

【典型案例3】

国家液体分离膜工程中心完成国家科技支撑计划项目“日产10万吨级膜法海水淡化国产化关键技术开发与示范”，以舟山六横海水淡化示范工程为依托，突破了大型反渗透海水淡化关键装备开发及系统集成关键技术，自主开发了1.25万吨/日反渗透海水淡化单机设计和10万吨/日工程总成技术，研制出海水预处理卧式滤器、反渗透海水膜元件、海水高压泵和能量回收装备等国产化核心装备，建立国内首套1.25万吨/日反渗透海水淡化单机示范装置并稳定运行，淡化后产品水质符合国家生活饮用水卫生标准。项目的实施为解决我国水资源短缺问题、促进海水淡化产业规模化发展提供了重要支撑。

【典型案例4】

国家茶产业工程中心研发“扁形名优绿茶连续化自动化加工技术与成套装备”，探明龙井茶加工工艺参数和品质形成机理，集成创新出一套扁形名优绿茶机械加工新工艺。研发数控炒茶机、连续作业扁形茶机和连续理条机等4台套关键设备，成功解决了扁形茶压扁和理条工序不能连续的技术难题。研制国内首条扁形名优绿茶连续化自动化生产线，构建了配套的标准加工工艺参数，实现了扁形名优绿茶加工的全程自动控制。项目成果已在浙江、江苏、贵州、湖北、山东等5个主要产茶省进行了转让和示范推广，取得了显著经济效益和社会效益。

【典型案例5】

浙江省监控图像处理工程技术研究中心依托杭州海康威视数字技术股份有限公司，在云分析、视频结构化、高精度人员定位跟踪技术等创新技术上取得了巨大突破，评价期转化数十项，取得利润超过2.6亿元。研发产品成功应用于“9•3”大阅兵、2015世界田径锦标赛等重大项目中，“萤石云”直播的台风和钱塘江大潮被包括央视在内的广大媒体采集和报道，获得用户和观众的一致好评，社会效益显著。

【典型案例6】

浙江省畜禽遗传育种工程技术研究中心，在猪、禽的选育上取得了显著进展，选育了10个畜禽新品种/品系/种群，面向全省和全国推广，提升了我省畜禽种业的市场竞争力，经济和社会效益明显。推广种猪4万余头，可影响1000万余头商品猪的生产，对保障浙江省猪肉市场的供应起到巨大作用。肉鸽成果获地理标志1个、颁布地方标准1项，在示范推广过程中，新增销售种鸽83.85万只、肉鸽1050.74万只，新增产值3.43亿元、利润1.12亿元。推广优质獭兔种兔5.71万只，新增经济效益383万元，社会效益达5530万元。蛋鸭脂质调控相关技术在蛋鸭主产区示范应用2045万只，新增产值6.05亿元、效益1.21亿元。湖羊肉用新品系的推广后年增加羊肉供应840吨，年增加产值3850万元，年节约饲料成本1377万元。育成了三系配套“国绍Ⅰ号”青壳蛋鸭新品种，通过国家新品种审定，属国内首创，已累计推广父母代种鸭292.72万只、商品蛋鸭758.70万只。

第三节 其他重要创新基地

一、之江实验室

2017年8月，浙江省人民政府发布《浙江省人民政府关于成立之江实验室的通知》，为认真贯彻落实习近平总书记科技创新思想，深入实施创新驱动发展战略，以科技创新为核心带动全面创新，加快推进网络信息国家实验室创建工作，积极探索一条从人才强、科技强到产业强、经济强、国家强的发展新路径，决定成立之江实验室。2017年9月6日，之江实验室在杭州余杭区未来科技城“人工智能小镇”正式挂牌成立。

总体目标：之江实验室以国家目标和战略需求为导向，打造一批世界一流的基础学科群，整合一批重大科学基础设施，汇聚一批全球顶尖的研发团队，取得一批具有影响力的重大共性技术成果，支撑引领具有国际竞争力的创新型产业集群发展，积极争创网络信息国家实验室。

组织架构：实验室按照“一体、双核、多点”架构组建。一体：具有独立法人资格、实体化运行的混合所有制事业单位，初期注册资金1亿元，由省政府、浙江大学、阿里巴巴集团按照5.0∶2.5∶2.5的比例出资。双核：依托浙江大学、阿里巴巴集团，聚焦人工智能和网络信息领域，开展重大前沿基础研究和关键技术攻关。多点：吸纳国内外在人工智能和网络信息领域具有优势的科研力量。

管理体制：之江实验室实行理事会领导下的主任负责制。理事会是之江实验室的宏观管理和领导机构，负责决策发展战略、发展领域、资金投向、重大项目、科研人员管理等重大问题。学术咨询委员会在理事会管理下，负责向理事会提供有关创新研究方向、重点发展领域、重大研究任务和目标等学术问题的咨询意见和建议。实验室主任在理事会领导和学术咨询委员会指导下，统筹实验室人、财、物等资源，具体组织科学研究、运营维护科研条件平台、提供服务保障等。根据成熟一个启动一个的原则，组建专业研究模块（研究领域），以重大科研任务为纽带进行联合攻关。之江实验室第一届理事会由浙江省省长袁家军担任理事长，副理事长分别为浙江省常务副省长冯飞、杭州市市长徐立毅、浙江大学校长吴朝晖和阿里巴巴集团首席执行官张勇。此外，理事会还包括25位理事，浙江省科技厅党组书记、厅长周国辉兼任秘书长。

研究领域：之江实验室聚焦网络信息、人工智能领域，围绕构建信息、物理和社会三元空间无缝融合所面临的网络化、实时化、智能化、安全性等重大科学和技术问题，以大数据和云计算为基础，以泛智能、强实时、高安全为抓手，布局网络计算系统、泛化人工智能、泛在信息安全、无障感知互联、智能制造与机器人五大方向，谋划建设智能云、工业物联网、大脑观测及脑机融合、量子计算四大科学装置。

二、国家重大科技基础设施

国家重大科技基础设施是提升人类探索未知世界、发现自然规律、实现科技变革能力的大型复杂科学研究装置或系统，它面向国际科技发展前沿，聚焦我国经济社会发展和国家安全战略性、瓶颈性科技难题。2006年，国家发布《科技规划纲要》，2007年2月，国家发改委发布《国家自主创新基础能力建设“十一五”规划（2006—2010年）》，将国家重大科技基础设施的工作放到了重要位置，明确了国家重大科技基础设施发展的五年规划，部署启动一批重大科技基础设施建设。2013年2月国务院印发《国家重大科技基础设施建设中长期规划（2012—2030年）》，明确基础设施未来20年的发展方向和路径，提出重点发展能源、地球系统与环境、空间和天文等7个科学领域。2014年11月，国家发展改革委、财政部、科学技术部、国家自然科学基金委员会印发《国家重大科技基础设施管理办法》，建立起一套行之有效的组织管理体制，形成了“需求共提、项目共建、设施共享”的多部门良性互动机制，有效避免设施的重复分散建设和封闭低效运行。2016年12月，国家发改委、科技部、财政部等多部委联合印发《国家重大科技基础设施建设“十三五”规划》，提出加快在能源、地球系统与环境、空间和天文等科学领域和部分多学科交叉领域建设国家重大科技基础设施。目前我国在建和投入运行的重大科技基础设施总量已接近50个，总体水平基本进入国际先进行列，基础设施建设所取得的成果在保障国计民生和国家安全中发挥着不可替代的作用。

2018年1月15日，国家发改委正式批复由浙江大学牵头建设的超重力离心模拟与实验装置骨架重大科技基础设施CHIEF项目（见图5-9），总投资20.3434亿元，建设周期5年。这是在浙江省建设的首个国家重大科技基础设施项目。

图5-9　CHIEF项目效果

地球上的万物都受到重力的作用，物体在地球上所受的重力场为常重力场，重力加速度约为9.8米每二次方秒，超过这个数值称之为超重力场。例如，木星超重力场是地球常重力场的2.33倍。超重力具有时空压缩、能量强化和加速相分离3种基本科学效应，可以带给人们更多观察世界、理解世界的视角和方法。人们可以采用多种途径营造超重力场，例如，过山车的加速度达2倍重力加速度，航天器发射时加速度可达8倍重力加速度。1869年，法国科学家E. Philips最早提出了用离心惯性力来模拟超重力的构想：通过转臂高速旋转在实验舱内产生超重力场。目前，世界上容量最大的美国陆军工程师兵团离心机的容量已达1200重力加速度•吨。

此次浙江大学牵头建设的超重力离心模拟与实验装置，是综合集成超重力离心机与力学激励、高压、高温等机载装置，将超重力场与极端环境叠加一体的大型复杂科学实验设施。主要建设两台超重力离心机主机，最大离心加速度为1500倍重力加速度、最大负载超过30吨、最大容量超过1500重力加速度•吨；以及边坡与高坝、岩土地震工程、深海工程、深地工程与环境、地质过程、材料制备共6座超重力实验舱。该设施建成后，将成为世界领先、应用范围最广的超重力多学科综合实验平台。设施选址在杭州未来科技城，与浙江大学紫金港校区直线距离8千米。合作单位包括中国科学院物理研究所、中国工程物理研究院总体工程研究所等。项目建成后将秉持“开放合作、资源共享”的原则，面向全世界多用户多领域开放，开展科学研究和国内外交流。

第六章　人才篇

人才是基础研究工作的决定性因素之一，杰出的学术带头人对于科学研究群体的整体发展至关重要。浙江省在基础研究领域的领军人物主要出自两个方面：一是两院院士。截至2017年底，全省拥有两院院士30人，并以柔性流动方式聘任多名院士来浙工作。二是国家杰出青年科学基金、优秀青年科学基金获得者、教育部长江学者等。至2017年底，我省已有142人获得国家杰出青年科学基金、135人获国家优秀青年科学基金，166名长江学者。在浙从事基础研究的两院院士、国家杰出青年科学基金获得者和教育部"长江学者"等高层次人才的显著增加和质量的迅速提升，在浙江实施人才引领创新、创新驱动发展过程中发挥了积极作用。

第一节　基础研究人才队伍概况

随着省委、省政府《关于加快提高自主创新能力建设创新型省份和科技强省的若干意见》的深化实施，特别是近年来通过实施省重大专项、省杰出青年科学基金项目和省基金重点、重大项目，培养和锻炼了一批优秀的创新人才；通过建设创新平台和引进大院名校共建创新载体，集聚了一批创新人才；通过推动技术要素参与收益分配，激励创新人才，使科研人才队伍，特别是高层次人才队伍质量得到迅猛发展。2016年，全省研究与试验发展（R&D）人员全时当量[①]为37.66万人年，约为2000年的13.16倍，年均增长16.37%（见表6-1）。

表6-1　研究与试验发展人员投入情况（2000—2016年）

单位：万人年

年份	研究与试验发展人员	按执行部门分			
		研究机构	高等院校	工业企业	其他部门
2000	2.86	0.29	0.53	1.62	0.43
2001	3.92	0.27	0.57	2.43	0.65
2002	4.46	0.28	0.77	2.66	0.74
2003	4.96	0.29	0.82	3.13	0.72
2004	5.85	0.28	1.03	3.98	0.56
2005	8.01	0.32	1.06	6.11	0.52

① R&D人员全时当量：指R&D全时人员（全年从事R&D活动累积工作时间占全部工作时间的90%及以上人员）工作量与非全时人员按实际工作时间折算的工作量之和。

续表

年份	研究与试验发展人员	按执行部门分			
		研究机构	高等院校	工业企业	其他部门
2006	10.81	0.34	1.05	8.80	0.63
2007	13.05	0.45	1.08	10.55	0.96
2008	16.03	0.41	1.13	13.03	1.46
2009	18.51	0.40	1.20	15.09	1.81
2010	22.35	0.42	1.30	18.57	2.05
2011	26.29	0.46	1.29	21.71	2.82
2012	27.81	0.54	1.34	22.86	3.07
2013	31.10	0.51	1.42	26.35	2.82
2014	33.84	0.56	1.41	29.03	2.84
2015	36.47	0.71	1.61	31.67	2.48
2016	37.66	0.71	1.77	32.18	2.99

根据2000年进行的全国性R&D资源清查普查结果显示，浙江省从事基础研究的科学家和工程师折合全时人数为2201人年，其中高等院校1738人年，研究机构270人年，企业24人年，其他169人年。到2006年，浙江省R&D人员折合全时人员数达到102761人年，在全国排名第4。但从事基础研究的折合全时人员数不多，只有3598人年，在全国排名第10位。2012年浙江省R&D人员折合全时当量达到278109.5人年，在全国排名第3，其中从事基础研究的折合全时人员数量较2006年有较大幅度提升，达到了6648人年，但该项排名仅处于全国第13位的水平。现据《中国科技统计年鉴(2017)》数据显示，2016年浙江省R&D人员全时当量达到376553人年，居全国第3位，其中从事基础研究人员全时当量为8897人年，依然仅处于全国第13位(见表6-2)。

表6-2　2016年全国主要省(市)基础研究与试验发展(R&D)人员全时当量

单位:人年

地区	R&D人员	基础研究人员
北京	253337	46337
广东	515649	20424
江苏	543438	16818
浙江	376553	8897
山东	301480	16260
上海	183932	20680
辽宁	87839	10589
四川	124614	10862
湖北	136608	9476
陕西	94755	9114

资料来源:《中国科技统计年鉴(2017)》。

应该说，通过最近10余年浙江省在人才政策和项目资助体系的持续刺激和大力支持，浙江科研人员中从事基础研究的比例有了较大幅度的提升。但我们仍应清醒地认识到浙江的研发活动仍以应用研究、试验发展等为主，基础研究的整体水平尚未进入全国的第一梯队，仍有较大的提升空间。

从表6-3的数据可以看出，浙江省的科技活动力量主要分布在高等院校。高等院校的专业研究人员是基础研究的中坚力量，博士、硕士研究生是基础研究的生力军。在基础研究领域中，科研院所科技活动人员所占的比例较小，主要是由于在浙中国科学院下属研究机构稀少，其他部委所属的科研院所也较少等。

表6-3　1988—2016年浙江省高等院校及县级以上政府部门所属研究与开发机构科技活动情况

年份	高等院校		政府所属	
	科技活动机构数/个	科技活动人员数/人	科技活动机构数/个	科技活动人员数/人
1988	45	19874	156	—
1989	44	20166	161	—
1990	45	20267	163	—
1991	43	20251	164	—
1992	58	20597	165	—
1993	234	20940	162	—
1994	262	20933	161	—
1995	259	21098	161	—
1996	259	22111	161	—
1997	295	22247	162	—
1998	433	23092	164	—
1999	365	23869	160	—
2000	430	28555	146	—
2001	534	34716	127	—
2002	405	19659	110	5470
2003	421	21763	104	5095
2004	203	29031	92	4792
2005	191	25077	99	5798
2006	160	25436	99	6178
2007	161	26496	100	6677
2008	169	28594	98	7123
2009	575	53160	97	7517
2010	471	56822	95	7771
2011	494	60216	94	8247
2012	524	62209	97	8971
2013	595	64507	97	9255
2014	601	65855	97	9199

续表

年份	高等院校		政府所属	
	科技活动机构数/个	科技活动人员数/人	科技活动机构数/个	科技活动人员数/人
2015	634	74942	96	9603
2016	717	87309	96	9629

注:“—”表示数据不存在。

数据来源:《浙江省统计年鉴(2017)》。

第二节　两院院士

一、基本概况

“两院院士”是从事基础研究的领军人物。作为国家高层次人才,他们每一位都是科学成就卓越、在国内外极负盛名和威望的杰出研究人员。院士们不仅学术造诣极高,更具有高瞻远瞩的战略眼光,善于识别与培养创新人才,善于正确把握科学的发展阶段和发展方向,从而做出正确的重大决策,引导研究群体内的科研人员进入学科的最前沿。由院士领衔的研究团队能迅速有效地形成学术优势,依托优质的转化平台,将基础研究成果高效地转化为现实生产力。

据不完全统计,有近70%的院士承担了国家重大科技项目、重要基金项目,在国家基础研究中发挥了重要作用。两院院士在培养创新人才、建设优秀科研团队、获得创新性成果及高质量科研成果、提升科研能力等方面也发挥了突出的作用,赢得了社会的广泛认同和良好声誉。实践证明,领军人物是带动并影响基础研究队伍整体实力的重要因素,其本身的学术水平决定了研究群体在国内外科技竞争中所处的位置,更重要的是由他们领衔指导所形成的学术传统、学术影响力等,能在未来很长一段时间的杰出科研人才培养工作中发挥至关重要的作用,从而形成以领军人物为中心的科学家人才链。

浙江历来重视两院院士在全省基础研究和产学研协同创新方面的重要作用,除了本土培育,还凭借良好的政策机制和雄厚的经济实力、优越的创新研究环境,以柔性流动的方式引进了多名院士来浙工作。在众多院士的引领和指导下,目前浙江省已形成一批在国内外颇具影响力的研究团队,不仅提升了研究机构的学术水平,更成为浙江基础研究的新名片。“两院院士”及共享院士在浙江省的基础研究和科技创新中所发挥的巨大作用有目共睹。1980—2017年,我省共有50位科学家当选为两院院士,其中现年60岁及以下的院士中,92%以上曾获得省自然科学基金资助。陈剑平院士和陈云敏院士都获得过1999年省基金青年科技人才培养项目(现称“省杰出青年科学基金项目”)资助,杨华勇院士和朱利中院士都获得过1996年省基金青年科技人才培养项目资助,吴朝晖院士获得过2001年省基金青年科技人才培养项目资助。

二、历任浙江省自然科学基金委员会委员院士选介

(一)毛江森:1991年当选中国科学院院士

毛江森,浙江省江山市人,中国科学院院士,医学病毒学家,浙江省医学科学院名誉院长,从事医学病毒学研究50余年。1951年毕业于浙江省杭州高级中学,1956年毕业于上海第一医学院医疗系,1956—1970年在中国医学科学院病毒学系工作。先后在中国协和医科大学、北京师范大学进修生物化学及物理化学。1970—1977年在甘肃工作。1978年调至浙江省医学科学院工作。1983—1984年在美国国立卫生研究院(访问科学家)从事研究工作。曾任浙江省医学科学院副院长、院长。1991年当选为中国科学院院士(学部委员)。先后荣获国家级有突出贡献中青年专家、劳动模范,全国先进工作者等荣誉称号。

毛江森同志早期主要从事病毒用细胞培养的研究,与他人合作建立了可用于肠道病毒、麻疹病毒和甲型肝炎(甲肝)病毒(HAV)等研究的人胚肾传代细胞(MERN株)。在脊髓灰质炎减毒活疫苗的研发中,负责活疫苗免疫反应和病毒在肠道内繁殖的研究,1960年建立了乙型脑炎病毒——鸡胚细胞干扰素的产生和鉴定系统,研究了高滴度干扰产生的条件,开拓了中国干扰素的研究工作。尔后,他进行了麻疹疫苗、抗流感药物金刚烷胺及乙型脑炎病毒的研究。他发现重水能明显增加病毒的热稳定性,并阐明其机理,建立了在生物大分子中测定氘含量的简便方法。1964年著文论述遗传信息逆转录问题,是国际上认识到信息有可能逆转录的少数科学家之一。1978年开始从事甲肝病毒(HAV)及疫苗的研制。分离出HAV,发现短尾猴对HAV易感,成功地对HAV进行了减毒,使其适应于二倍体细胞,由此培育出减毒活疫苗减毒株(H2株),并研制出甲肝活疫苗,1992年卫生部批准批量生产和大规模使用,为控制当时在中国流行严重的甲肝作出了贡献。2003年初SARS流行期间,在病原未确定之前,毛院士提出SARS很可能是新的病毒病,病原有可能来自野生动物,要特别防范SARS病毒由实验室泄漏传播,提出SARS的生态性预防与控制的理念。

2000年,卫生部部长钱信忠同志为毛院士题词:“千岩竞秀,万壑争流。”2014年,中国科学院白春礼院长给毛院士发来80岁寿辰贺词,指出毛江森院士“率先在我国开展干扰素研究,提出病毒感染时‘信息有可能从RNA传给DNA’,是当时国际上认识到遗传信息有可能逆转录的极少数科学家之一”,“培养出甲肝减毒活疫苗毒种并制成安全有效的活疫苗,对于控制甲肝流行具有重大突破性意义”,“您严肃认真的科学态度,孜孜不倦的工作精神,是广大科教工作者学习的榜样”。

(二)苏纪兰:1991年当选为中国科学院院士

苏纪兰,1935年出生,湖南攸县人,物理海洋学家。1957年毕业于台湾大学。1967年获美国加州大学伯克利分校博士学位。1991年当选为中国科学院院士(学部委员)。1994年当选为第三世界科学院院士。1999年当选为俄罗斯自然科学院外籍院士。现为国家海洋局第二海洋研究所名誉所长、国家海洋局海洋动力过程与卫星海洋学开放实验室主任。曾任联合国政府间海洋学委员会(IOC)主席、国际海洋研究委员会(SCOR)执行委员、全球海洋观测系统(GOOS)科学指导委员会委员、"863计划"海洋领域820主题专家组组长。

苏纪兰院士自1980年起主要研究我国近海环流动力海洋学,并系统研究了黑潮对中国近海环流的影响。作为中方首席科学家主持中日黑潮合作调查研究(1986—1992年),并于20世纪90年代与我国台湾海洋学者一起对南海多次进行海盆尺度的同步合作调查。1991年起与渔业海洋学家共同推动我国海洋生态动力学的发展,并共同主持国家自然科学重大项目"渤海生态系统动力学与生物资源的持续作用",并担任"973计划"项目"东、黄海生态系统动力学与生物资源可持续作用""我国典型赤潮高发区赤潮生消的关键物理过程"及"我国近海生态系统食物产出的关键过程及其可持续机理"等的科学顾问。多次获得省部级以上的科技进步奖,发表论文100余篇。

(三)阙端麟:1991年当选中国科学院院士

阙端麟,1928年5月出生于福建福州,半导体材料专家。1951年毕业于厦门大学。1991当选为中国科学院院士(学部委员)。2014年12月17日逝世。

阙端麟院士毕生从事半导体硅材料研究。1964年在国内首先用硅烷法制成纯硅及高纯硅烷,负责并领导了极高阻硅单晶的研制,并成功地研制出探测器级硅单晶。在硅单晶电学测试方面,进行了新的测试方法和理论研究,提出了双频动态电导法和间歇加热法测试硅材料导电型号,发展了单色红外光电导衰减寿命的测试技术和理论,研制生产了仪器,使硅单晶工业产品寿命测试仪全部国产化。20世纪80年代,发明了用氮作为保护气生长直拉硅单晶系列技术,生产出优质低成本直拉硅单晶,并领导开辟了微氮直拉硅单晶基础研究工作新局面。

(四)高从堦:1995年当选中国工程院院士

高从堦,1942年11月生于山东即墨,化工分离专家。1965年毕业于山东海洋学院(今中国海洋大学)海洋化学系,1967年参加全国海水淡化会战,先后在国家海洋局第一、第二海洋研究所和杭州水处理技术研究开发中心工作;1982—1984年赴加拿大滑铁卢大学进修,1993

年获国家有突出贡献的中青年专家称号，1995年当选为中国工程院院士。任中国海水淡化和水再利用学会、浙江省膜学会和中国膜工业协会名誉理事长，国际膜科学杂志顾问。2013年起任浙江工业大学海洋学院院长。

高从堦院士长期从事功能膜及工程技术的研究和开发。先后参加、组织、承担并完成了国家、浙江省和国家海洋局重点研发项目10多项，研究成功CTA中空纤维反渗透膜和组器并实现产业化，效益显著；研制成功芳香族聚酰胺复合反渗透膜、荷电膜及多元合金膜等数种孔径和亲水性各异的新膜品种并推广应用；主持了国家自然科学基金关于TMC的合成和多胺在复合膜中功能两个项目的研究，促进了国内功能膜用新单体和新功能开发；在国内最早开展多元合金膜和纳滤的研究和开发，开发了数种荷电膜和纳滤膜，并成功地将其应用于某些工业的新工艺中。合作完成的一项关于有机物/有机物分离膜研究的国家自然科学重点基金项目，为渗透汽化膜分离有机物/有机物起了开创性作用；合作完成的一项关于双极膜的国家自然科学基金重点项目，促进了该类膜的发展。主持和参加国家“973计划”和“863计划”中多项相关课题的研究开发工作。近年来，参加和主持多项膜与水资源（含海水淡化）、环境和健康等有关的咨询活动，开展反渗透，正渗透，电渗析，促进传递，膜与吸附、催化，膜与水资源，传统产业改造，环境生态和可持续发展的综合研究。多次获得国家及省部级奖励，“国产反渗透装置及工程技术开发”项目获1992年国家科技进步奖一等奖。发表学术论文和报告近400余篇，合编专业书刊5册，培养博士、硕士100余名。

（五）孙优贤：1995年当选中国工程院院士

孙优贤，1964年毕业于浙江大学化学工程系，毕业后留校任教。1982年晋升副教授；1984—1987年获德国洪堡研究奖学金，赴德国斯图加特大学进修；1988年晋升为教授；1991年晋升为博士生导师；1995年当选为中国工程院院士。现任浙江大学工业控制研究所所长、工业自动化国家工程研究中心主任、工业控制系统安全技术国家工程实验室主任。曾任国际自动控制联合会（IFAC）制浆造纸委员会副主席、民盟中央常委、全国政协常委、浙江省人大常委会副主任、浙江省民盟主委。

长期从事复杂工业过程建模、控制及优化，工厂综合自动化系统，重大工程自动化控制系统，鲁棒控制理论及应用、工业控制系统安全等领域的研究；先后承担或主持了国家重大科技项目、国家高技术产业化重大专项、国家自然科学基金重大项目、国家自然科学基金重点项目、

“863计划”、国家科技攻关计划、省部级重大科技项目及企业重大自动化工程等50余项科研项目;开办了我国第一个国家工程研究中心。率先建立了现代控制工程应用理论体系,创造性地解决了工业过程控制中的一系列关键问题,取得诸如容错控制技术、故障诊断技术、多系统同时镇定技术、全集成新一代主控系统、高端控制装备及系统的设计开发平台、高安全成套专用控制装置及系统等一系列技术发明和技术创新。研究成果与实际应用紧密结合,并实现了产业化,达到了相当生产规模,取得了重大的经济效益和社会效益。

1995年当选院士以来,获得国家科技进步奖一等奖1项、二等奖3项、三等奖1项,国家优秀教学成果奖2项,出版专著、编著18部,被SCI、EI收录论文500余篇,获授权专利20余项。并先后获得浙江省科学技术重大贡献奖、浙江省杰出创新人才奖、何利何梁科技进步奖以及全国教育系统劳动模范、人民教师奖章、全国首届优秀科技工作者、全国有突出贡献中青年专家等荣誉称号。

(六)郑树森:2001年当选中国工程院院士

郑树森,1950年出生,浙江龙游人。1989年毕业于华西医科大学,获博士学位。曾任浙江大学医学院附属第一医院院长、中华医学会器官移植学分会主任委员。

郑树森院士长期致力于肝移植治疗的基础和临床应用研究。建立肝癌肝移植受体选择的国际标准——杭州标准(Hangzhou Criteria),安全有效地拓展了国际原有标准“米兰标准”,在达到与米兰标准媲美的肝移植术后生存率的前提下,增加了57.0%的移植受者,标志着肝癌肝移植选择标准的重要分水岭,代表着肝癌肝移植标准发展的最前沿方向;创建活体肝移植技术创新体系并推广到海内外,通过构建活体供肝的选择标准与评估体系,采用活体肝移植血管重建技术,建立不含肝中静脉的右半肝移植方法等活体肝移植技术体系创新,大幅提高了活体肝移植受者的存活率。将中国最高端的活体肝移植技术推广至印度尼西亚,开辟了印尼成人间活体肝移植和儿童活体肝移植的先河。国际上首创肝移植术后乙肝及肝癌复发的防治体系,创新性地提出了小剂量HBIG联合核苷类似物预防新方案,国际同行高度评价这项研究为肝移植围手术期乙肝复发的防治开辟了新思路。建立免疫抑制剂个体化用药方案,采用无激素方案为核心的个体化免疫抑制方案,显著降低肝移植术后感染、糖尿病、乙肝、肿瘤复发等并发症发生率。作为首席科学家承担“973计划”项目2项,传染病重大专项2项,2011年主持国家自然科学基金创新研究群体项目,并于2014年和2017年分别获得连续支持。此外,先后承担了国家自然科学基金重点项目、重大研究计划、面上项目,浙江省重大研究专项,浙江省一带一路科技计划项目等,在*Nature*、*Gut*、*Cancer Research*等国际知名学术期刊上发表SCI论文480多篇,出版专著5部;获授权专利25项,其中发明专利12项。获得国家科技进步奖创新团队奖1项,国家科学进步奖一等奖1项、二等奖2项,浙江省科技进步奖一等奖5项,教育部高等学校十大科技进展1项。获得浙江省科学技术奖重大贡献奖、何梁何利科学与技术进步奖(医学、药学奖)。

（七）陈剑平：2011年当选为中国工程院院士

陈建平，1963年4月出生，浙江省宁波人，植物病理学专家。1985年毕业于浙江农业大学（原浙江农业大学、浙江大学、浙江医科大学、杭州大学合并组建新的浙江大学，后同）植物保护系，1995年获英国邓迪大学植物病毒学博士学位。现任宁波大学植物病毒学研究所所长、农业部植物保护生物技术重点实验室主任、中国植物保护学会副理事长、中国植物病理学会副理事长、浙江省科学技术协会副主席。

陈剑平同志一直从事植物病毒和病毒病防治研究，先后承担国家杰出青年科学基金、农业部转基因专项、“973计划”专项、“863计划”专项等40多个项目，发表论文360多篇，其中SCI收录180余篇；出版专著10部，参编4部；获授权发明专利44项，其中美国发明专利1项。获得国家科技进步奖一等奖1项、二等奖4项，省部级科技进步奖一等奖8项、二等奖5项。首次揭示禾谷多黏菌与其传播病毒的内在关系，系统研究植物病毒缺失突变及其生物学特性，并在重要粮食作物病毒发生规律及预测预报、介体真菌及传毒特性、抗源筛选及综合防治技术等方面做了大量原创性工作，产生国际影响。建立马铃薯Y病毒属等8个植物病毒属特异性通用检测技术，为占全球35%的植物病毒快速检测和鉴定提供了关键技术支撑。鉴定植物病毒63种，其中新种13种，12种为我国新记录；测定39种病毒基因组全序列，其中29种为国际首次报道，为全面认识我国植物病毒种类提供了丰富资料。和有关单位合作，开展重要粮食作物病毒病综合防治工作，挽回巨大经济损失，对病害流行和危害起到持续控制作用。

（八）李家彪：2015年当选为中国工程院院士

李家彪，1961年4月出生，浙江杭州人，海洋地质专家。2001年毕业于中国科学院海洋研究所，获博士学位。现任国家海洋局第二海洋研究所所长、“973计划”项目首席科学家、国际标准化组织海洋技术分委会（ISO/TC8/SC13 Marine Technology）主席、中国海洋学会副理事长、浙江省科协副主席、浙江省海洋学会理事长，曾任国际大洋中脊科学组织（InterRidge）联合主席。

李家彪院士长期从事海底科学与海底探测工程研究，在大陆架划界和国际海底硫化物圈矿方面取得重要成果，开拓了海洋维权应用新领域。李家彪院士是中国边缘海两期“973计划”项目首席科学家、中国大陆架划界和中国大洋中脊调查研究专项首席科学家。李家彪院士创建了全球大陆边缘划界地质模型，奠定了大陆架划界地质学理论基础；主持完成了我国首份大陆架划界案，成为初始扩张弧后盆地划界的国际范例。李家彪院士提出了超级岩浆增生与分段控矿模式，实现洋中脊硫化物矿产资源重大突破；完成国际上首份硫化物资源矿区申请，成功获得西南印度洋1万平方千米矿区。李家彪院士推动了核心探测技术的创新发展，领导建立了我国现代海洋调查技术体系；创建了海洋划界与底圈矿业务平台，提升了中国技术在国际上的推广服务能力。获得国家科技进步奖二等奖1项、省部级科技进步奖特等奖3项、一等奖7项，发表学术论文150篇（含SCI收录论文68篇），出版学术专著4部、专业图集1部，主持、主编《海洋调查规范》国家标准11部，获授权发明专利6项。2015年，李家彪院士主持的“中国海大陆架划界关键技术研究及应用”项目获2015年国家科技进步奖二等奖。

（九）杨小牛：2013年当选中国工程院院士

杨小牛，1961年6月出生，浙江龙游人，信号处理技术专家。1982年毕业于西安电子科技大学。1988年获西安电子科技大学通信与信息系统硕士学位。现任中国电子科技集团公司首席科学家。

杨小牛院士主要从事通信信号处理与分析、软件无线电等科研工作，主要著作有《软件无线电原理与应用》等，主持、参与了十多项重点工程任务，产品覆盖陆海空天4大平台，突破的关键技术填补多项国内空白，不少成果达到甚至超越了国际先进水平，对我国的国防事业、军队现代化建设作出了突出的贡献。杨小牛院士首次提出低截获概率信号拼接解调方案；首次提出离散梳状谱理论及其峰平比优化算法；首次提出软件无线电中的带通采样和盲区采样定理；首次提出基于多相滤波理论的实信道化接收机/发射机高效实现模型；首次提出基于软件无线电思想的新一代体系结构和“软件雷达”“软件星”概念。杨小牛院士还首次提出并成功研制具有国际先进水平的宽带数字接收机，所采用的多信道并行快速傅里叶变换（FFT）处理技术达到了当时的国际领先水平，解决了国防信息安全领域多项重大技术难题，为电子信息装备发展作出了重要贡献。杨小牛院士首次提出基于软件无线电思想的新一代体系结构和“软件星”概念，在国内率先将软件无线电技术引入电子信息控制领域，取得多项原创性理论成果。曾获2000年度国家科技进步奖一等奖、2006年度国家科技进步奖二等奖。

（十）杨华勇：2013年当选中国工程院院士

杨华勇，流体传动与控制领域专家，国家杰出青年科学基金获得者，长江学者，中国工程院院士。1982年毕业于华中科技大学，1988年获英国巴斯大学博士学位。现任浙江大学机械工程学院院长、浙江大学流体动力与机电系统国家重点实验室主任、中国机械工程学会流体传动及控制分会名誉主任。他在电液控制基础理论、基础元件和系统以及盾构和电梯装备关键技术开发和工程应用方面开展了系列的研究，形成了“理论—元件—系统—装备—应用”的完整技术路线，对我国机电液装备的自主研发作出了重要贡献，取得了显著的经济效益。

他于1995年获得首届“中国青年科技创业奖”；1998年入选浙江省“新世纪151人才工程”第一层次，1999年入选国家人事部“百千万人才工程”第一、二层次培养人选；1999年入选教育部“跨世纪优秀人才培养计划”和“浙江省自然科学基金青年科技人才专项培养计划”；2001年享受国务院特殊津贴；2004年获国家自然科学基金杰出青年基金，2005年成为教育部长江学者特聘教授。2017年9月入选浙江省杰出创新人才，获英国机械工程师学会2017年度约瑟夫•布拉马奖。

他作为项目负责人承担国家“973计划”项目2项，国家“863计划”项目5项，国家杰出青年科学基金项目1项，国家自然科学基金重点项目2项、面上项目5项，其他国防与省部级项目40项，企业委托重大项目30项。作为第一完成人获得国家科技进步奖一等奖、二等奖及多项省部奖。在国内外重要学术刊物上发表论文300余篇，其中SCI收录论文106篇，EI收录论文210篇；获得授权国家发明专利260项，出版《土压平衡盾构电液控制技术》《液压电梯》和《汽车电液技术》3部专著。

第三节　杰出基础研究人才

一、国家杰出青年科学基金

为促进青年科学技术人才的成长，鼓励和吸引海外学者和留学人员回国工作，加速培养造就一批进入世界科技前沿的优秀学术带头人，经国务院批准于1994年设立国家杰出青年科学基金。该项基金资助国内及尚在境外即将回国工作的45周岁以下的优秀青年学者在中国内地从事自然科学基础研究。2005年又启动了国家杰出青年科学基金（外籍）资助工作，其目的是为了充分发挥海外科技人才资源优势，支持45岁以下具有较高学术水平和良好发展潜力的外籍华人青年学者全时全职在中国内地从事自然科学基础研究。从1994年至2017年，浙江省已有142人获得国家杰出青年科学基金资助（见表6-4），居全国第六位，仅次于北京、上海、江苏、湖北和广东。

表6-4　1994—2017年度国内10省（市）国家杰出青年科学基金获得者地区分布情况

单位：人

年度	北京	上海	江苏	湖北	广东	浙江	安徽	陕西	辽宁	四川
1994—2003	489	149	89	57	45	33	32	43	36	24
2004	58	18	17	7	4	11	4	4	4	5
2005	66	21	9	5	9	6	4	3	6	6
2006	61	20	13	5	9	7	5	2	4	2
2007	63	17	13	5	10	5	8	8	9	3
2008	63	26	14	12	10	10	3	4	2	7
2009	57	31	8	14	10	3	4	5	3	5
2010	80	22	11	9	13	12	5	6	9	7
2011	66	30	13	14	11	9	8	9	3	6

续表

年度	北京	上海	江苏	湖北	广东	浙江	安徽	陕西	辽宁	四川
2012	73	24	18	7	15	6	9	7	6	5
2013	66	27	16	11	10	4	8	8	8	7
2014	78	28	15	9	14	5	5	5	6	3
2015	57	24	18	11	8	12	8	7	9	5
2016	68	29	15	13	9	10	12	6	3	5
2017	78	37	14	12	6	9	9	5	5	3
合计	1423	503	283	191	183	142	124	122	113	93

2010年至今，我省共有67人获国家杰出青年科学基金资助。其中工程材料领域最多，有16人；化学科学和生命科学领域其次，各有12人；地球科学和管理科学领域相对较少，仅1人入选（见图6-1）。

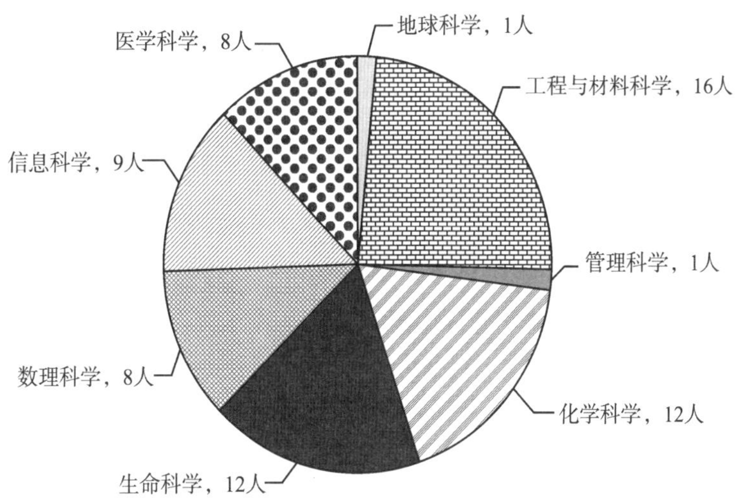

图6-1　浙江省获国家杰出青年科学基金项目领域分布情况（2010—2017年度）

上述67名国家杰出青年项目获得者中，有50人前期曾获省基金项目资助，41人为省杰出青年项目获得者，分布在除地球科学外的7个领域。省杰出青年科学基金与国家杰出青年科学基金项目资助时差平均为5.12年，其中医学科学领域资助时差相对较大，为6.8年，这一方面说明我国医学领域拔尖人才较多，竞争相对激烈，另一方面也说明我省医学领域的顶尖人才与其他省（市）相比优势不明显（见表6-5）。

表6-5　各领域省杰青项目与国家杰青项目资助时差

	数理科学	化学科学	生命科学	工程与材料科学	信息科学	管理科学	医学科学
时差/年	4.0	4.8	5.0	4.8	5.8	2.0	6.8

【典型人物1】

浙江大学高超教授。1995年毕业于湖南大学化学化工学院有机化工专业，获学士学位；1998年毕业于同校精细化工专业，获得硕士学位；2001年毕业于上海交通大学高分子科学与工程系，获得工学博士学位，并留校任教；2002年8月被评为副教授。2003年11月至2006年8月先后在英国苏塞克斯大学化学系Harold W. Kroto爵士（因发现C60获得1996年诺贝尔化学奖）实验室、日本东洋大学Toru Maekawa教授组、德国拜鲁特大学Axel H. E. Müller教授组做访问研究、博士后研究、合作研究和洪堡基金研究员。2008年2月加入浙江大学高分子系，同年7月被评为教授、博士生导师。曾入选浙江省151人才工程计划第一层次、浙江省钱江人才计划，2011年获浙江省杰出青年科学基金项目，2013年获国家杰出青年科学基金项目，2014年入选科技部中青年科技创新领军人才计划，2016年入选“万人计划”科技创新领军人才。主要从事石墨烯宏观材料及高分子合成化学等研究。在*Nature Communications*、*Advanced Materials*、*Accounts of Chemical Research*等期刊发表论文150余篇，文章共被引9400多次。研究成果石墨烯纤维结入选*Nature* 2011年度图片，超轻气凝胶获最轻固态材料吉尼斯世界纪录认证，被授予世界创新论坛“金袋鼠”创新奖，入选2013年中国十大科技进展新闻。2014年6月30日，在浙江省科技成果竞价（拍卖）会上，该课题组的纳米和石墨烯材料技术成果以1000万元成交，创造了当日最高成交价。

【典型人物2】

浙江大学生命科学研究院黄俊教授。2006年毕业于北京大学生命科学学院，获细胞生物学博士学位。同年赴美国耶鲁大学从事博士后研究工作，2010年起在浙江大学生命科学研究院担任教授、博士生导师和资深研究员。2010年获浙江省杰出青年科学基金项目，2012年入选教育部“新世纪优秀人才计划”、中组部首批“万人计划—青年拔尖人才”，2013年入选浙江省151人才工程、科技部中青年科技创新领军人才，2016年获国务院政府特殊津贴和霍英东青年教师基金。在浙江省杰出青年科学基金的大力支撑下，黄俊教授顺利地开展了DNA损伤修复的分子机制研究。通过浙江省杰出青年科学基金支撑下的前期积累和探索，以课题组长的身份参与到一项国家重点基础研究发展计划（“973计划”）中，从事卵母细胞减数分裂DNA断裂、修复与重组的分子基础研究，并于2013年获得国家杰出青年科学基金资助。黄俊教授也是我省最年轻的国家杰出青年科学基金获得者之一。

二、国家优秀青年科学基金

2012年首次设立的国家优秀青年科学基金，是国家自然科学基金委员会为进一步贯彻落实国家中长期人才发展规划纲要，加强对创新型青年人才的培养，完善国家自然科学基金人才资助体系而设立的专项基金。该项基金项目主要支持在基础研究方面已取得较好成绩的青年学者自主选择研究方向开展创新研究，促进青年科技人才的快速成长，培养一批有望进入世界科技前沿的优秀学术骨干。2012年至今，浙江省已有135人获得国家优秀青年科学基金资助，其中近3年国家优秀青年科学基金获得人数居全国第5，仅次于北京、上海、江苏和广东（见表6-6）。

表6-6 2015—2017年度国内10省(市)国家优秀青年科学基金获得者地区分布情况

单位:人

年度	北京	上海	江苏	广东	浙江	湖北	安徽	陕西	天津	辽宁
2015	126	47	37	19	23	18	18	21	11	13
2016	115	46	40	30	22	19	18	16	13	11
2017	105	48	35	24	26	26	25	15	16	13
合计	346	141	112	73	71	63	61	52	40	37

浙江省的135名国家优秀青年科学基金获得者中,工程与材料科学领域人数最多,为32人;其次是生命科学领域,为27人;管理科学领域人数最少,2012年至今仅1人入选(见图6-2)。在所有的国家优青获得者中,有99人曾先后受省基金项目资助,约占总数的73.33%。其中25人在获得国家优秀青年科学基金项目的同年获得省杰出青年科学基金项目,22人在获得国家优青资助后1~4年内获得省杰出青年科学基金项目,另有38人在获得省杰青资助后若干年内获得国家优青项目。

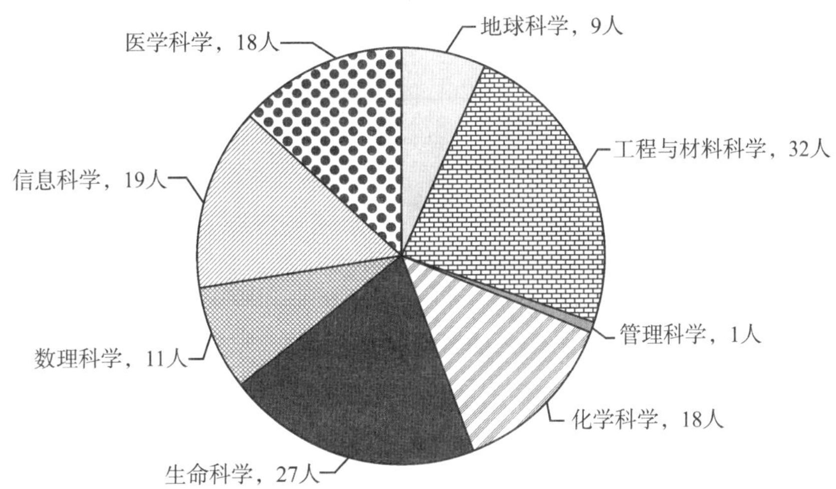

图6-2 浙江省获国家优秀青年科学基金项目领域分布情况(2012—2017年)

【典型人物1】

浙江大学郭国骥教授。2005年毕业于武汉大学生命科学学院生物技术专业,获学士学位。2010年毕业于新加坡国立大学,获得理学博士学位。之后赴美国哈佛大学医学院从事博士后研究工作,任丹娜法伯癌症研究院及波士顿儿童医院研究员。2014年由浙江大学高层次人才引进计划从哈佛大学医学院引进并全职回国,成为浙江大学最年轻的教授之一。2017年获国家优秀青年科学基金项目和省杰出青年科学基金项目资助,其团队主要利用单细胞分析技术研究干细胞的再生和分化机制。2018年2月,郭国骥教授及其研究团队在国际顶级期刊*Cell*发表了题为"Mapping the Mouse Cell Atlas by Microwell-seq"的研究论文,自主开发了一套完全国产化的Microwell-seq高通量单细胞测序平台,对来自小白鼠近50种器官组织的40万余个细胞进行了系统性的单细胞转录组分析,绘制了世界上第一张哺乳动物细胞图谱。这一重大突破获人民日报头版报道,业内专家认为,郭国骥教授及其团队所构建的Microwell-seq技术平台,操作简单、成本低廉,必将推动前沿单细胞测序技术在基础科研和临床诊断的普及和应用。同时小鼠细胞图谱的完成也将对下一步人类细胞图谱的构建带来指导性意义,并惠及细胞生物学、发育生物学、神经生物学、血液学和再生医学等多个领域。

【典型人物2】

浙江工业大学陶新永教授。现任浙江工业大学材料学院副院长。2007年获得浙江大学博士学位，2007—2008年在美国南卡罗莱纳大学机械工程系从事博士后研究，2014—2015年赴美国斯坦福大学进行访问交流。曾获国家优秀青年科学基金项目(2017年)、教育部"新世纪优秀人才"(2012年)、浙江省杰出青年科学基金项目(2013年)、浙江省"钱江学者"特聘教授(2009年)等人才项目。多年来在省自然科学基金、国家自然科学基金的资助下，围绕碳基电化学储能材料开展相关研究，发展了绿色高效"生物遗态碳材料"合成方法，并通过对碳材料的表面和界面进行调控和修饰，设计和开发了一系列新型高性能锂离子电池用碳基储能材料。相关研究成果在*Nature Communications*、*Nano Letters*、*ACS Nano*、*Journal of Materials Chemistry A*、*ACS Applied Materials Interfaces*等知名期刊发表，其中SCI收录论文26篇，ESI高被引论文2篇，论文引用达478次，申请国家发明专利12项。

三、创新研究群体科学基金

国家自然科学基金委为稳定地支持基础科学的前沿研究，营造有利于创新的环境，培养和造就具有创新能力的人才和群体，于2000年设立创新研究群体科学基金。该基金资助国内以优秀科学家为学术带头人、中青年科学家为骨干的研究群体，围绕某一重要研究方向在国内进行基础研究。受资助的创新研究群体应是在长期合作中自然形成的研究整体，其学术水平在国内同行中具有一定优势，研究工作取得突出成绩，或活跃在某一基础研究领域的前沿并具有明显的创新潜力。创新群体基金作为科学基金人才培养工作面临新形势新任务下，落实科教兴国和人才强国战略的重要举措，是适应创新研究和人才发展新特点的重要举措，是营造创新环境和推进自主创新的重要举措。创新群体基金取得了很好的效果，为我国培养了一大批领军型的优秀科学家，对我国科研水平的提升起到了重要的推动作用。自2000年实施以来，大部分创新群体学术带头人成为国家杰出青年科学基金项目获得者，多位创新群体学术带头人当选中国科学院院士和工程院院士。2000年至今，我省已获24项创新研究群体科学基金，累计金额达16095万元，居全国第7位(见表6-7)。

表6-7　国内10省(市)创新研究群体科学基金分地区累计统计(2000—2017年度)

地区	项目数/项	经费/万元
北京	385	239722.5
上海	119	76535.0
湖北	51	31890.0
江苏	50	33125.0
安徽	41	25830.0
陕西	29	21660.0
浙江	24	16095.0
广东	21	15515.0
四川	20	12797.5
湖南	20	11187.5

【典型人物1】

中国水稻研究所钱前研究员。1983年毕业于南开大学，1995年获中国农科院博士学位。1998年获浙江省青年科技奖，同年成为中国科学院知识创新工程第一批高级访问学者。2002年获浙江省杰出青年科学基金项目，2004年获国家杰出青年科学基金项目，2008年入选浙江省特级专家，2014年入选国家"万人计划"百千万工程领军人才，2012年和2015年两次作为国家自然科学基金创新研究群体学术带头人。长期从事水稻种质资源学与遗传育种研究，善于发挥团队合作优势，在水稻种质资源的发掘创新、遗传群体构建、重要农艺性状基因克隆与分子育种等领域开展了系统深入的研究，将遗传资源和生物技术渗透到水稻育种中，形成鲜明的研究特色，在农学应用基础研究领域取得显著成绩，产生了积极重要的影响。发表论文140余篇，其中SCI收录126篇，多篇论文发表在*Nature*、*Nature Genetics*、*PNAS*等著名杂志上，总被引达5083次，其中SCI被引3801次；获得发明专利30余项。获国家级科技奖励3项，获省部级科技奖励8项及省科学技术重大贡献奖。

【典型人物2】

浙江大学刘树生教授。1984年留学回国后在浙江农业大学植保系任教，1998年新浙大成立后，任教授、博士生导师、昆虫科学研究所所长。2007年起任浙江大学国家重点一级学科"植物保护"学科负责人，2012年11月起任浙江大学学术委员会副主任。曾先后入选国家"百千万人才工程"、教育部"跨世纪优秀人才计划"和浙江省特级专家等人才计划。2010年和2013年作为国家自然科学基金创新研究群体负责人承担"农业害虫生物防治的基础研究"项目。多年来，刘树生教授一直从事入侵生物学、昆虫行为和化学生态学、蔬菜害虫的生物防治和综合治理研究，同时注重与现代信息技术、昆虫分子科学等学科交叉并开辟新的研究课题。2007年11月8日，*Science*杂志网络版刊登了浙江大学农学院刘树生教授的研究论文"Asymmetric Mating Interactions Drive Widespread Invasion and Displacement in a Whitefly"。这是中华人民共和国成立以来浙江大学首次以第一作者并且第一单位在*Science*杂志上发表论文。研究发现，"非对称交配互作"是B型烟粉虱入侵的一个关键机制：入侵烟粉虱和土著烟粉虱共存时，B型烟粉虱雌成虫与雄成虫之间的交配更频繁，卵子受精率提高，产下更多的雌性后代。而且，尽管B型烟粉虱雄虫不与土著烟粉虱雌虫交配，但是它们向土著烟粉虱雌虫求爱，干扰了土著烟粉虱雄雌性之间的交配。由于这种作用是对一方有利而对另一方有害，因此称之为"非对称交配互作"。这一成果为解释该害虫的广泛入侵并取代土著烟粉虱的现象和规律，以及对其进一步入侵和地域扩张的预警提供了重要的理论基础，同时昆虫学、农学、动物行为学、进化生物学等学科领域也从中得到了启迪。

四、长江学者奖励计划

长江学者奖励计划是中华人民共和国教育部与香港李嘉诚基金会为提高中国高等学校学术地位，振兴中国高等教育，于1998年共同筹资设立的专项高层次人才计划。该计划是落实科教兴国战略，配合"211工程"建设，吸引和培养杰出人才，加速高校中青年学科带头人队伍建设的一项重大举措。旨在通过特聘教授岗位制度的实施，延揽大批海内外中青年学界精英参与我国高等学校重点学科建设，带动这些重点学科赶超或保持国际先进水平，并在若干年内培养、造就一批具有国际领先水平的学术带头人，以大大提高我国高校在世界范围内的学术地位和竞争实力。为贯彻落实《国家中长期教育改革和发展规划纲要（2010—2020年）》和《国家中长期人才发展规划纲要（2010—2020年）》，教育部从2011年起实施新的“长江学者奖励计划”。新的“长江学者奖励计划”继续实施特聘教授、讲座教授项目，每年支持高校聘任150名特聘教授、50名讲座教授。其中特聘教授聘期为5年，聘期内享受每年20万元奖金；讲座教授聘期为3年，聘期内每月奖金为3万元，按实际工作时间支付。2015年起，长江学者奖励计划设立青年学者项目，重点支持高校面向海内外培养引进在学术上崭露头角、创新能力强、发展潜力大，恪守学术道德和教师职业道德的优秀青年学术带头人，每年遴选200名左右。

自1999年至今，浙江大学、浙江师范大学、杭州电子科技大学、浙江工业大学等高校等先后完成了166名教育部长江学者的聘任工作，包括特聘教授95名、讲座教授32名、青年学者39名，其中讲座教授全部集中在浙江大学（见表6-8）。

表6-8　浙江省“长江学者奖励计划”入选统计

序号	推荐单位	特聘教授	讲座教授	青年学者	合计
1	浙江大学	88	32	33	153
2	浙江师范大学	3	0	1	4
3	杭州电子科技大学	0	0	2	2
4	浙江工业大学	1	0	1	2
5	浙江理工大学	1	0	0	1
6	浙江农林大学	0	0	1	1
7	温州医科大学	0	0	1	1
8	中国美术学院	1	0	0	1
9	浙江财经大学	1	0	0	1
总计		95	32	39	166

【典型人物1】

浙江工业大学校长李小年教授。李小年教授是教育部长江学者奖励计划特聘教授、博士生导师，2003年12月起在浙江工业大学工作至今。近年来负责主持国家科技攻关、国家自然科学基金、浙江省重大科技攻关和国家大型企业合作开发项目等10余项。获发明专利近20项，曾获国家科技发明奖二等奖、多项省部级科技奖励和中国青年科技奖等。在重要学术期刊上发表系列论文100余篇，其中SCI、EI摘录70多篇。李小年教授长期从事节能减排和新能源开发、资源利用与绿色化学合成等领域催化技术的基础理论及其应用研究，重点从事重大化工过程的节能减排、清洁能源生产和可再生资源生产大宗化学品等过程的新催化剂及其反应工程研究，以及负载型可控尺寸纳米金属催化剂制备技术与基本有机化学品合成的催化反应新体系的建立等研究。其研究团队在国家自然科学基金、省自然科学基金等项目的资助下，开发了一种简单高效地将乙醇一步转化为正丁醇的方法。研究发现通过简单的浸渍法制备的Cu-CeO_2/AC催化剂，在温和的反应条件下表现出了高的催化活性和丁醇的产率（>20%）。在该反应中，乙醇首先在金属铜活性中心上发生脱氢反应得到乙醛，然后乙醛转移

至 CeO_2 碱性中心，进行两分子乙醛偶联反应得到巴豆醛，最后巴豆醛转移至金属Cu中心进行加氢得到正丁醇。通过对每一步反应进行动力学分析，可知乙醛偶联步骤为乙醇转化为丁醇反应的速率控制步骤。而Cu-CeO_2/AC催化剂中各个组分的协同作用降低了该速控步骤的活化能，进而提高了反应的催化活性和丁醇的产率。该方法的优点是催化剂制备简便，采用固定床连续化反应，反应条件相对温和，产物正丁醇的收率达到20%以上，有利于大规模生产，具有良好的工业应用前景。

【典型人物2】

杭州师范大学生命科学学院院长邱猛生教授。邱猛生教授是教育部"长江学者"讲座教授(2005年由天津医科大学推荐申报)，杭州市首批全球引才"521"创新创业团队负责人。长期从事神经与肾发育分子生物学前沿研究，是发育生物学领域的国际知名专家。邱猛生教授近年来较为系统地研究和阐述了少突胶质细胞的起源、产生、分化和髓鞘形成的分子机制，并取得了如下几项突破性进展：(1)发现MicroRNAs参与调控脊髓神经干细胞由产生神经元到产生胶质细胞发育命运转变的过程，证明MicroRNAs是寡突细胞和星形胶质细胞发育的关键调控因子之一，上述研究成果发表在神经科学主要杂志*Journal of Neuroscience*(2010)上；(2)发现Nkx2.2通过调节PDGFA受体的表达而调控寡突细胞的终极分化，该研究成果发表在*Development*(2014)杂志上；(3)系统阐述了Wnt/β-catenin信号通路时期特异性地调控少突胶质细胞的发育，该研究成果发表在*Journal of Neuroscience*(2014)杂志上；(4)阐明了一种新颖的小鼠少突胶质前体细胞制备、扩增及纯化的方法，研究成果发表在*Frontiers in Cellular Neuorscience*(2016)杂志上；(5)发现EGF在少突胶质细胞系发育过程中发挥了重要的促进作用，该研究成果发表在*Frontiers in Cellular Neuorscience*(2017)杂志上。邱猛生教授自2009年回国后首次获得的资助项目是浙江省自然科学基金重点项目，通过该项目支撑下的前期积累和探索，在实验室建立了一整套关于免疫组化、原位杂交、电转等技术的方法体，为实验室的长期发展奠定基础；同时项目相关研究成果发表在*Journal of Neuroscience*、*Development*等SCI杂志上，为后期申请国家基金等更高层的项目奠定了良好的基础，也为成功申报浙江省器官发育与再生技术研究重点实验室提供了条件支撑。

五、浙江省杰出青年科学基金

1996年，浙江省自然科学基金委员会启动实施了"浙江省自然科学基金青年科技人才培养项目"，2010年更名为"浙江省杰出青年科学基金项目"。该计划旨在支持在基础研究方面已取得突出成绩的我省青年学者自主选择研究方向开展创新研究，促进青年科学技术人才的成长，吸引国内外优秀青年人才到我省工作，培养造就一批进入国内外科技前沿的优秀学术带头人。1996年至今，我省杰出青年科学基金已资助689名杰出青年科学家，资助总额20397万元，平均资助强度29.6万元/项(见表6-9)。

表6-9　1996—2017年度浙江省杰出青年科学基金资助概况

年度	项目数/项	资助金额/万元	资助强度/(万元/项)
1996	10	200	20.0
1997	11	220	20.0
1998	10	200	20.0
1999	10	200	20.0
2000	9	282	31.3
2001	8	237	29.6
2002	12	337	28.1
2003	15	245	16.3
2004	25	335	13.4
2005	25	460	18.4
2006	18	370	20.6
2007	23	715	31.1
2008	29	855	29.5
2009	41	1396	34.0
2010	42	1355	32.2
2011	53	1653	31.2
2012	58	1834	31.6
2013	57	1733	30.4
2014	56	1635	29.2
2015	55	1678	30.5
2016	72	2442	33.9
2017	50	2015	40.3
合计	689	20397	

从浙江省杰出青年科学基金的资助领域看，2003—2017年度，医学科学、生命科学领域相对资助人数较多，管理科学、数理科学领域相对资助人数较少（见图6-3）。从项目负责人平均年龄变化来看，化学科学、生命科学、工程与材料科学和医学科学领域相对比较稳定，各年度获得者的平均年龄集中在35.00～42.25周岁，而数理科学、信息科学、管理科学领域的变化幅度则相对较大（见表6-10）。如数理科学领域省杰青获得者平均年龄：2008年度该领域省杰青获得者的平均年龄最轻，仅为34.00周岁，2005年度为45.00周岁，平均年龄跨度达11年。又如信息科学领域：2008年度省杰青获得者的平均年龄仅为30.33周岁，而2009年度达到42.00周岁，年龄跨度同样达11年。综合来看，数理科学、信息科学领域的省杰青获得者平均年龄相对较小，其他6个领域的平均年龄皆在38周岁以上。

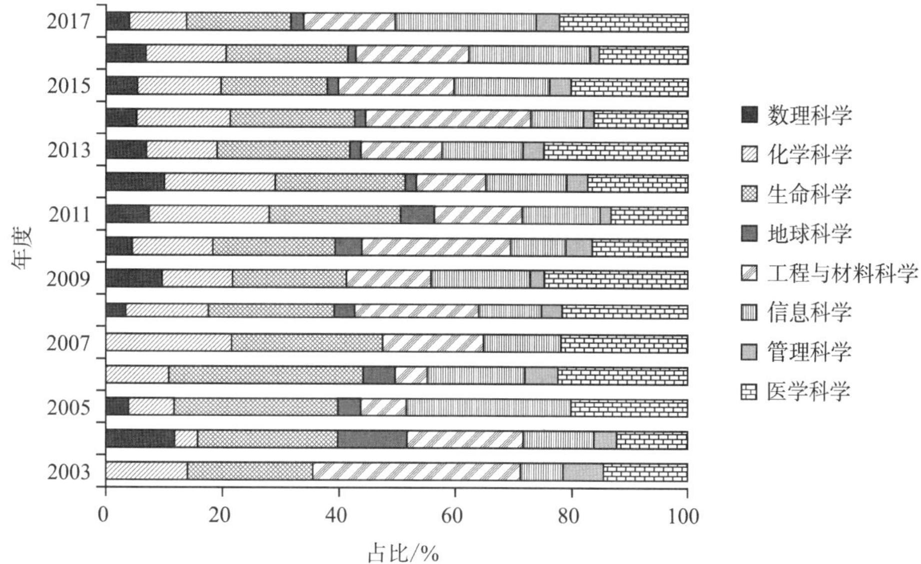

图6-3　2003—2017年度浙江省杰出青年科学基金项目分领域获资助情况

表6-10　2003—2017年度各领域浙江省杰出青年项目获得者平均年龄情况

单位:周岁

年度	数理科学	化学科学	生命科学	地球科学	工程与材料科学	信息科学	管理科学	医学科学
2003	—	36.50	38.00	—	38.20	32.00	37.00	37.00
2004	35.67	40.00	37.83	42.00	37.60	38.67	40.00	40.00
2005	45.00	42.50	40.71	43.00	42.00	40.57	—	37.20
2006	—	38.50	40.33	42.00	40.00	36.67	44.00	40.00
2007	—	40.60	43.00	—	40.00	41.00	—	42.40
2008	34.00	42.25	40.50	39.00	39.33	30.33	37.00	39.17
2009	37.00	42.60	41.38	—	42.00	42.00	38.00	40.80
2010	39.00	38.00	37.78	41.50	38.00	36.25	39.50	40.29
2011	37.00	37.27	37.75	36.33	37.75	37.71	41.00	36.71
2012	35.33	39.00	37.23	32.00	38.14	38.13	38.50	39.70
2013	38.00	37.71	37.69	36.00	38.25	36.25	35.00	39.29
2014	37.67	37.89	37.58	38.00	38.44	37.00	40.00	37.00
2015	36.67	37.38	37.60	36.00	37.64	37.67	34.00	35.64
2016	37.20	36.90	36.87	39.00	37.64	36.33	37.00	37.40
2017	38.50	38.00	36.22	39.00	35.88	36.25	39.00	37.91
平均	36.93	38.33	38.24	38.63	38.30	37.35	38.21	38.41

“—”:表示该年度该领域无杰出青年项目,故平均年龄数据不存在。

通过浙江省杰出青年科学基金以及青年科学基金的梯度培育机制,我省青年研究人员的竞争力不断增强。据统计,2010—2017年这8年间,我省共有126名省杰出青年项目获得者先后获得国家杰出青年科学基金、优秀青年科学基金资助。我省已涌现出一批具备严谨科学态度和创新探索思维的青年科研领军人才，成为浙江省基础研究事业的新生力量和后备军团。

【典型人物1】

浙江省医学科学院王孝举研究员。自2010年开始，王孝举研究员团队在省自然科学基金杰青项目资助下，历时6年多的研发，总共收集到5000多例临床血清样本，参与医院包括杭州市第一人民医院、杭州市肿瘤医院、浙江省肿瘤医院等10多家三甲医院。利用FDA批准的Luminex技术平台，共筛选到6个肺癌特异性的分子标志物，经过多家医院的临床验证，该标志物组合形成的肺癌特异性指纹图谱，其特异性以及敏感度均大于85%。更有意义的是，该指纹图谱对于早期肺癌的诊断也具有非常显著的临床意义，其准确度达84%。与单分子CEA相比，该指纹图谱具备其无法比拟的诊断优势。利用6分子标志物组合和CEA联合检测临床样本，其特异性以及敏感度均在90%以上。尤为重要的是，该指纹图谱对于早期肺结节病人的诊断敏感度为82.6%，特异性为98.2%。这些肺部小结节的病人属于高危人群，由于结节直径小于2厘米以及CT影像学的局限性，临床医生无法判断其病理特征，只能通过定期随访以及重复CT扫描跟踪肺部结节的变化，因此该标志物组合可以作为CT影像学的辅助工具，为临床医生的治疗决策提供判断标准。

【典型人物2】

浙江工业大学乐孜纯教授。乐孜纯教授长期从事信息获取、传输、检测和处理领域的应用基础研究，研究工作集中于微结构光电子器件及系统。先后承担了3项浙江省自然科学基金项目，包括1项重点项目(2013—2016年)、1项杰出青年团队项目(2008—2010年)和1项一般项目(2005—2006年)。2008年立项的杰出青年团队项目和2004年立项的一般项目，就是将其所研究的微结构器件技术和系统技术应用于X射线科学与技术领域的例子。在省自然科学基金的支持下，乐孜纯教授团队又获得了科技部国家国际合作专项项目和国家自然科学基金项目的资助，研发了手持式X射线荧光光谱仪和微束X射线荧光光谱仪。获授权1项美国发明专利和20余项中国发明专利，并于2015年获得教育部高等学校科学研究优秀成果奖(科学技术)二等奖。在研究过程中培养了青年人才，特别是博士、硕士研究生；提升了团队学术水平和在国内外学术界的影响力。乐孜纯本人应邀参加中国大百科全书光学工程卷编委会，参与中国大百科全书第三卷的编写工作，负责“X射线光学”部分的撰写。2013年立项的省自然科学基金重点项目“低串扰、带宽可调谐的光分插复用器(OADM)集成光学芯片研制”，以技术发展趋势和产业应用需求为导向，围绕集成型OADM波长信道的串扰抑制和带宽调谐这2个关键问题开展了研究工作，在低串扰、带宽可调谐的光分插复用器(OADM)集成光学芯片涉及的理论、设计、制作、测试等核心技术方面取得进展和突破，研制出了具有原创性的低串扰、带宽可调谐的光分插复用器(OADM)集成光学芯片原型，验证了其机理和优越性，为实现微型化、高性能OADM提供理论和实验依据，也为其后续实际应用奠定技术基础，并为提升浙江省高校在这一领域研究的影响力，以及推动浙江省光通信产业逐步从劳动密集型向技术创新型转化作出了贡献。

【典型人物3】

浙江大学陈忠教授。陈忠教授领衔的“脑内组胺神经系统的维持与癫痫的发生和治疗”项目在2002年获得省杰出青年科学基金资助，该项目初步阐明了难治性癫痫的发生和发作机制，发现了低频率电刺激预防和治疗癫痫的作用，为癫痫的临床治疗提供了新的方法和理论依据，相关成果获得浙江省科技进步奖二等奖。2006年，他领衔的“低频电刺激中央区梨状皮质对癫痫发病的作用机制”又获得省自然科学基金的重点项目资助，从两次“失败”的实验中获得启发，在业内首次提出了LFS治疗癫痫可能存在关键“时间窗”的假设，引发了业内关注。陈忠教授作为主要成员参与的“癫痫发病机制及防治的系列研究”，也获得了国家科技进步奖二等奖。省基金项目的助力，让陈忠教授的研究步步攀升。至今已先后主持1项国家杰出青年科学基金和其他多项国家自然科学基金项目，特别是2010年到2016年，连续获得了3个国家自然科学基金重点项目，是国家自然科学基金委创新研究群体和教育部创新团队的骨干成员。在脑卒中领域，陈忠团队主要针对目前缺血性脑损伤存在的缺血后短时间内进行溶栓外没有更好治疗手段的问题，在早期药物治疗新靶点和新策略方面取得了三大创新，为此获得了2015年浙江省自然科学奖一等奖。

第七章　成果篇

成立于1988年的浙江省自然科学基金，历经了30年的探索和实践，为有效推动浙江基础研究事业的发展、助力浙江科技创新与经济转型升级作出了重要贡献，取得了丰硕成果：2009—2016年，省自然科学基金资助发表的SCI论文数量不断增长，论文影响力不断提升，国际合作日益加强，化学、材料科学、环境与生态学、免疫学等领域的论文影响力明显高于全球平均水平。2008年以来，我省共获国家科技进步奖81项，国家技术发明奖28项，国家自然科学奖8项，教育部科技奖励154项，中国专刊奖36项，何梁何利奖36项[①]，绝大多数获奖人前期曾获省自然科学基金或国家自然科学基金资助，科学基金培育优秀成果成效显著。

第一节　科技论文

科技论文作为科技活动产出的重要形式之一，已成为衡量地区基础研究能力的重要指标，在一定程度上反映了地区科技实力和科技发展潜力，是了解区域优势和科技环境的决策参考因素之一。

一、科技论文数量不断增长，国际合作日益加强

1.论文数量逐年增加

20世纪80年代，我省科技人员发表的国际科技论文可以说是寥寥无几。1996—2000年，标注浙江省自然科学基金资助的SCI收录论文仅为275篇。根据Web of Science数据库统计，到2009年，浙江省自然科学基金资助产出的SCI论文1066篇，2016年增长到4410篇，年均增长率为22.49%。同时，浙江省产出的SCI论文数量也逐年增加，已由2009年的7784篇上升到2016年的19933篇，年均增长率为14.38%(见图7-1)。从历年基金产出论文占比看，2009—2012年，浙江省自然科学基金资助产出SCI论文占浙江省产出SCI论文总数的比重逐年提高，2012年一度达到22.53%，2013—2015年稍有回落，稳定在20.3%左右，2016年略有提高，回升到22.12%(见表7-1)。整体上看，省自然科学基金资助对我省基础研究的发展发挥着越来越大的作用。

① 以上奖励均只统计第一完成单位。

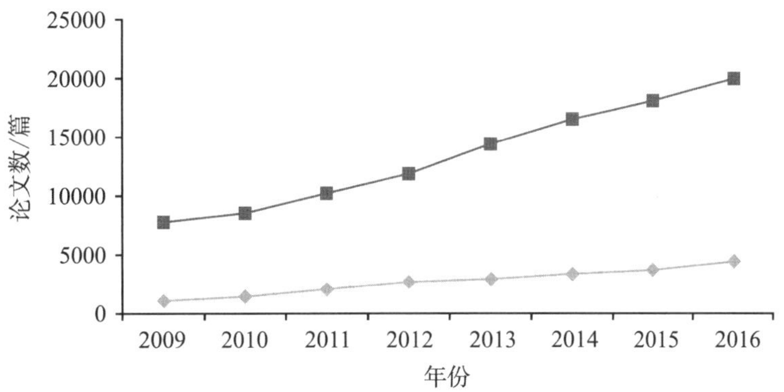

图 7-1　2009—2016 年浙江省产出 SCI 论文与省自然科学基金资助产出 SCI 论文数

表 7-1　2009—2016 年浙江省自然科学基金资助论文(SCI 论文)占比情况

年份	浙江省论文数/篇	浙江省自然科学基金资助论文数/篇	基金资助论文占比/%
2009	7784	1066	13.69
2010	8518	1457	17.10
2011	10218	2061	20.17
2012	11857	2671	22.53
2013	14363	2917	20.31
2014	16510	3364	20.38
2015	18091	3676	20.32
2016	19933	4410	22.12

从全国范围来看，浙江省自然科学基金资助产出 SCI 论文数在 2010—2012 年度曾一度居全国地方科学基金首位。2013 年江苏省增长迅速，超越浙江省排名全国第 1，并逐渐扩大了领先优势。而广东省近年来发展迅猛，逐步缩小了与浙江的差距，至 2016 年两省差距仅为 237 篇(见表 7-2、图 7-2)。

表 7-2　2009—2016 年国内 10 省(市)自然科学基金资助产出 SCI 论文数

单位：篇

年份	北京	广东	福建	湖北	湖南	江苏	陕西	山东	上海	浙江
2009	741	1130	457	285	460	1135	184	758	240	1066
2010	927	1289	461	386	457	1356	206	1029	397	1457
2011	1157	1540	591	475	593	1790	287	1472	533	2061
2012	1505	1904	861	591	737	2378	293	2004	570	2671
2013	1979	2126	958	650	1028	3219	334	2415	645	2917
2014	2292	2674	1069	739	1347	4476	452	2472	830	3364
2015	2773	3190	1154	1219	1468	5516	571	2663	1025	3676
2016	2770	4173	1390	1456	1410	6783	763	3205	1192	4410

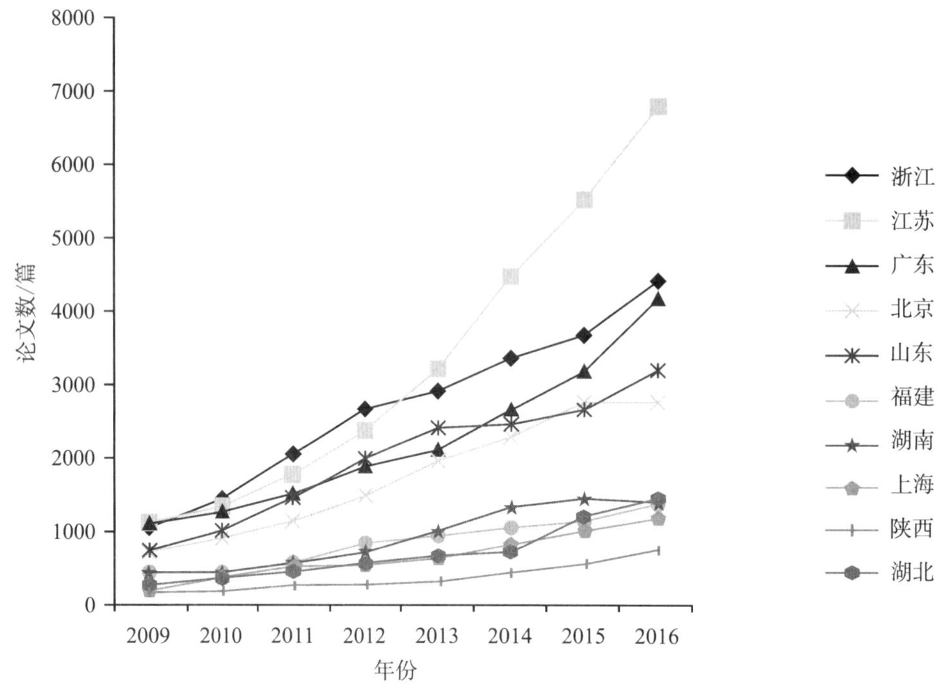

图7-2　2009—2016年国内10省(市)自然科学基金资助SCI论文产出比较

2. 国际合作日益加强

随着我省基础研究实力的增强,研究成果影响力的提高,省自然科学基金资助的国际合作论文数量也不断增多,由2009年的122篇增长到2016年的896篇(见表7-3)。此外,国际合作论文所占比例也逐年提升,到2016年,约有1/5的省自然科学基金资助发表的SCI论文为国际合作论文。从全国地方科学基金范围来看,2009—2016年浙江省自然科学基金资助产出的国际合作SCI论文数仅次于江苏,居全国第2;论文占比落后于北京、上海,居全国第3位(见表7-4)。

表7-3　2009—2016年浙江省自然科学基金资助发表的国际合作SCI论文情况

年份	国际合作论文数/篇	浙江省自然科学基金资助论文数/篇	国际合作论文占比/%
2009	122	1066	11.44
2010	213	1457	14.62
2011	329	2061	15.96
2012	443	2671	16.59
2013	521	2917	17.86
2014	638	3364	18.97
2015	790	3676	21.49
2016	896	4410	20.32

表 7-4 国内10省(市)自然科学基金资助累计发表国际合作SCI论文情况(2009—2016年)

地区	国际合作论文数/篇	占比/%
北京	2823	19.96
上海	1038	19.11
浙江	3952	18.28
江苏	4752	17.83
广东	3161	17.54
湖北	1005	17.32
福建	1025	14.77
湖南	990	13.20
山东	2015	12.58
陕西	375	12.14

二、科技论文质量显著提高,优势学科发展迅猛

1. 科技论文质量显著提高

科技论文的被引用,体现了研究成果与知识的发展和传播过程,也是测度科技论文学术影响力的一个方面。论文被引用次数越多,显示论文的影响越大。2009—2016年,浙江省自然科学基金资助项目发表SCI论文共被引189990次,排名全国第2,篇均被引8.79次。从篇均被引次数来看,湖北省最多,为10.47次;福建、广东、江苏位于第二集团,篇均被引次数均大于9次;上海、北京、浙江、湖南属于第三集团,四者差距不大,均在8.5～9.0次(见表7-5)。

表 7-5 国内10省(市)自然科学基金资助发表SCI论文篇均被引情况(2009—2016年)

地区	论文数/篇	被引频次/次	篇均被引次数/次
北京	14144	126347	8.93
福建	6941	68349	9.85
广东	18026	170644	9.47
湖北	5801	60738	10.47
湖南	7500	64996	8.67
江苏	26653	248670	9.33
山东	16018	127511	7.96
陕西	3090	19185	6.21
上海	5432	48591	8.95
浙江	21622	189990	8.79

2009—2016年,浙江省自然科学基金资助产出的SCI论文中,高频次被引论文(各学科中被引用次数排名位于世界前1%)数量不断增加,由2009年的4篇提高到2016年的47篇,高被引论文占比也由0.38%增长为1.07%(见表7-6)。高影响力论文数量和比例的提高说明我省基础研究成果在数量大增的同时,质量也有了显著提高,论文越来越多地被国内外同行认可。另一方面,浙江省自然科学基金资助产出的高被引论文数量虽然较多,但高被引论文整体比例不高,与国内其他省市相比仍有差距(见表7-7)。

表7-6 2009—2016年浙江省自然科学基金资助产出的高被引SCI论文情况

年份	高被引论文数/篇	浙江省自然科学基金资助论文数/篇	高被引论文占比/%
2009	4	1066	0.38
2010	3	1457	0.21
2011	22	2061	1.07
2012	34	2671	1.27
2013	25	2917	0.86
2014	36	3364	1.07
2015	38	3676	1.03
2016	47	4410	1.07

表7-7 国内10省(市)自然科学基金资助累计发表的高被引SCI论文情况(2009—2016年)

地区	高被引论文数/篇	高被引论文占比/%
江苏	399	1.50
湖北	83	1.43
福建	78	1.12
北京	151	1.07
广东	190	1.05
上海	57	1.05
湖南	78	1.04
浙江	209	0.97
山东	109	0.68
陕西	14	0.45

2. 若干ESI学科引文影响力已超过世界平均水平

据统计,2009—2016年浙江省自然科学基金资助产出SCI论文相对影响力数值最高的学科领域是化学(1.474)。除此之外,超过全球平均水平的学科领域还包括:材料科学(1.449)、环境科学与生态学(1.294)和免疫学(1.218)。上述这些学科领域的相对影响力数值显著大于1,处于世界学术影响力的平均水平之上。(见表7-8)

表7-8 浙江省自然科学基金资助产出SCI论文的学科影响力(2009—2016年)

序号	名称	相对于全球平均水平的影响力	序号	名称	相对于全球平均水平的影响力
1	化学	1.474	12	植物学与动物学	0.940
2	材料科学	1.449	13	物理学	0.918
3	环境科学与生态学	1.294	14	空间科学	0.869
4	免疫学	1.218	15	工程学	0.866
5	生物学与生物化学	1.077	16	微生物学	0.866
6	药理学与毒理学	1.028	17	综合交叉学科	0.799
7	分子生物学与遗传学	0.978	18	计算机科学	0.769

续表

序号	名称	相对于全球平均水平的影响力	序号	名称	相对于全球平均水平的影响力
8	临床医学	0.966	19	精神病学与心理学	0.715
9	地球科学	0.950	20	社会科学总论	0.587
10	神经系统学与行为学	0.945	21	数学	0.386
11	农业科学	0.942	22	经济与商业	0.347

综合来看，无论是反映基础研究成果规模的论文数量，还是反映科研水平与影响力的引文指标，近年来都保持增长的态势。

第二节 前沿热点

近年来，浙江省自然科学基金围绕浙江省的特点，紧密结合浙江地区发展需求，强化前沿热点布局，在基础研究前沿热点领域取得了诸多创新性突破。2008—2017年我省共获8项国家自然科学奖二等奖（第一完成单位），其中浙江大学7项，宁波大学1项，绝大多数获奖人前期曾多次受到省自然科学基金或国家自然科学基金资助。多位科学家的成果发表在*Nature*、*Science*和*Cell*等国际顶级学术期刊上，增强了浙江的国际学术话语权。省自然科学基金促进了我省在前沿科学取得长足进步，为基础研究的繁荣发展作出了重要贡献。

一、数理科学领域

数理科学研究物质深层次结构和运动规律，是自然科学中的基础学科，是当代科学发展的先导和基础。数理科学在自身发展的同时，还为其他学科的发展提供理论、方法和手段等，数理科学的研究成果在推动基础学科和应用学科的发展中起着重要作用。自然科学基金对若干基础前沿科学问题和国家重大需求领域的数理科学问题给予重点关注和倾斜资助，促进这些领域的创新发展。

20世纪80年代以来，国防科技、航天航空、新型材料等领域广泛涉及爆炸与冲击问题，动态力学问题的现实挑战日益凸显，而应力波理论是解决各种爆炸与冲击问题的基础和主线。宁波大学王礼立教授及其研究团队（见图7-3）经过近半个世纪的研究积累，在几类非线性应力波相互作用及失效、非线性粘弹性波传播理论及应用、动态破坏和应力波相互作用、应力波理论在防护工程中的应用等方面都获得了重要的科学发现。研究组首次揭示了不同粒子高速冲蚀损伤的共同作用机理，为雨、冰、雹、沙等对高速飞行器的冲蚀现象的研究提供了理论分析基础；针对梁的横向冲击破坏，首次建立了基于波传播理论的“移行剪切铰”理论，可用于车辆吸能

图7-3 研究团队集体合影（持证书者为王礼立教授）

防护组件的设计等领域；在国内首次开发了岩体中大压力、大面积、波形可控的平面波加载技术，成功解决了强爆炸条件下大压力平面波环境的模拟难题，并系统给出了地下工程安全防护层厚度的设计计算方法。研究涉及力学、材料学和防护工程等多学科交叉领域，是分析材料和结构在爆炸冲击载荷下动态响应的基础，对推动非线性应力波理论的发展和国防及民用工程应用具有重大价值。研究成果之一“非线性应力波传播理论进展及应用”项目获2012年度国家自然科学奖二等奖，这也是我省省属高校第一次获得国家自然科学奖。

波动方程反问题是地质勘探、超声检测等一系列广泛应用中的关键数学问题，也是该领域最核心、最困难的问题之一。浙江大学数学科学学院包刚教授在2009年对常速度场波动方程的低阶项系数给出了最优稳定性估计，并于2013年利用高斯束方法得到波动方程解逼近收敛性后，综合应用和发展几何分析与偏微分方程的研究方法，对一般情形下的波动方程速度场反演稳定性进行了深入研究。基于前期发展的奇性传播理论和高斯束逼近波动方程解，结合微局部分析的方法，首次得到了非简单度量下含焦散线的速度场反演的稳定性，提出并证明了边界上散射关系是比动态DtN映射更有效的敏感性度量。研究结果发表在2014年的*American Mathematical Society*上（见图7-4）。

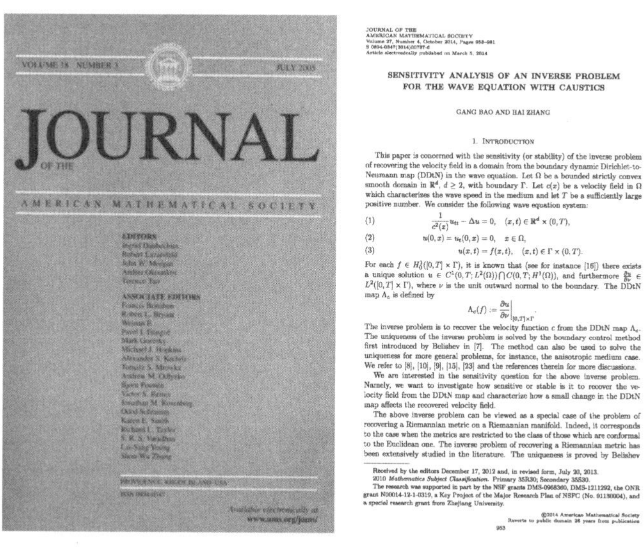

JOURNAL OF THE
AMERICAN MATHEMATICAL SOCIETY
Volume 27, Number 4, October 2014, Pages 953–981
S 0894-0347(2014)00787-6
Article electronically published on March 5, 2014

SENSITIVITY ANALYSIS OF AN INVERSE PROBLEM FOR THE WAVE EQUATION WITH CAUSTICS

GANG BAO AND HAI ZHANG

1. INTRODUCTION

This paper is concerned with the sensitivity (or stability) of the inverse problem of recovering the velocity field in a domain from the boundary dynamic Dirichlet-to-Neumann map (DDtN) in the wave equation. Let Ω be a bounded strictly convex smooth domain in $\mathbb{R}^d$, $d \geq 2$, with boundary Γ. Let $c(x)$ be a velocity field in Ω which characterizes the wave speed in the medium and let T be a sufficiently large positive number. We consider the following wave equation system:

$$\frac{1}{c^2(x)}u_{tt} - \Delta u = 0, \quad (x,t) \in \mathbb{R}^d \times (0,T), \tag{1}$$

$$u(0,x) = u_t(0,x) = 0, \quad x \in \Omega, \tag{2}$$

$$u(x,t) = f(x,t), \quad (x,t) \in \Gamma \times (0,T). \tag{3}$$

For each $f \in H_0^1([0,T] \times \Gamma)$, it is known that (see for instance [16]) there exists a unique solution $u \in C^1(0,T;L^2(\Omega)) \bigcap C(0,T;H^1(\Omega))$, and furthermore $\frac{\partial u}{\partial \nu} \in L^2([0,T] \times \Gamma)$, where ν is the unit outward normal to the boundary. The DDtN map Λ_c is defined by

$$\Lambda_c(f) := \left.\frac{\partial u}{\partial \nu}\right|_{[0,T]\times\Gamma}.$$

The inverse problem is to recover the velocity function c from the DDtN map Λ_c. The uniqueness of the inverse problem is solved by the boundary control method first introduced by Belishev in [7]. The method can also be used to solve the uniqueness for more general problems, for instance, the anisotropic medium case. We refer to [8], [10], [9], [15], [23] and the references therein for more discussions.

We are interested in the sensitivity question for the above inverse problem. Namely, we want to investigate how sensitive or stable is it to recover the velocity field from the DDtN map and characterize how a small change in the DDtN map affects the recovered velocity field.

The above inverse problem can be viewed as a special case of the problem of recovering a Riemannian metric on a Riemannian manifold. Indeed, it corresponds to the case when the metrics are restricted to the class of those which are conformal to the Euclidean one. The inverse problem of recovering a Riemannian metric has been extensively studied in the literature. The uniqueness is proved by Belishev

Received by the editors December 17, 2012 and, in revised form, July 20, 2013.
2010 *Mathematics Subject Classification*. Primary 35R30; Secondary 35S30.
The research was supported in part by the NSF grants DMS-0968360, DMS-1211292, the ONR grant N00014-12-1-0319, a Key Project of the Major Research Plan of NSFC (No. 91130004), and a special research grant from Zhejiang University.

©2014 American Mathematical Society
Reverts to public domain 28 years from publication

953

图7-4　包刚教授团队研究结果发表在*American Mathematical Society*上

浙江大学李方教授（见图7-5）在省自然科学基金的资助下，对代数中的组合方法及其应用开展研究，获得了重要的突破性成果。项目揭示了代数表示论和丛代数理论中的组合与图论方法对代数结构和表示研究的促进，以及代数方法对组合信息学研究的推动。在代数方法和组合方法有机结合基础上，解决了丛代数和组合信息论上的几个重要问题，推动了基本理论的发展。2017年7月，项目成果在国际会议“International workshop on cluster algebras and related topics”发表，获得国际同行的好评和关注。

图 7-5　浙江大学李方教授

二、化学科学领域

化学是研究物质组成、结构、性质和反应及物质转化的一门科学，也是创造新分子和构建新物质的根本途径，与其他学科密切交叉、相互渗透。而化工则是利用基础学科原理，实现物质和能量的传递转化，解决规模生产的方式和途径等过程问题的科学。省自然科学基金针对我省化学与化工基础研究现状，在化学与化工领域内开展前沿基础和可持续发展研究，国际权威学术期刊上发表的研究论文逐渐增多，基础研究水平快速提升。

气体吸附分离过程中普遍存在分离的选择性和容量难以兼具的现象（trade-off 效应）导致设备投资和能耗居高不下。在聚合级乙烯和乙炔的生产过程中，关键的一步是乙炔和乙烯的分离，现有方法包括溶剂吸收和乙炔选择性加氢，存在能耗高和消耗大等不足。浙江大学邢华斌教授及其团队在乙炔乙烯分离方面取得重大突破，首次提出了离子杂化多孔材料吸附分离乙炔和乙烯的新方法。一方面，通过无机阴离子的强氢键作用实现乙炔分子的高度亲和识别，获得目前最高的乙炔乙烯分离选择性。另一方面，通过调控阴离子的几何分布和孔径大小，实现气体分子-气体分子或气体分子-多空材料间的协同相互作用，获得迄今为止所报道的最大吸附容量，从而解决传统气体吸附过程分离选择性和容量难以兼具的巨大挑战。研究团队不仅为乙烯和乙炔的高效分离与节能降耗提供了解决方法，并为其他吸附分离材料的设计提供了新途径，研究成果以 First Release 的方式在线发表在 *Science* 杂志上（见图 7-6）。

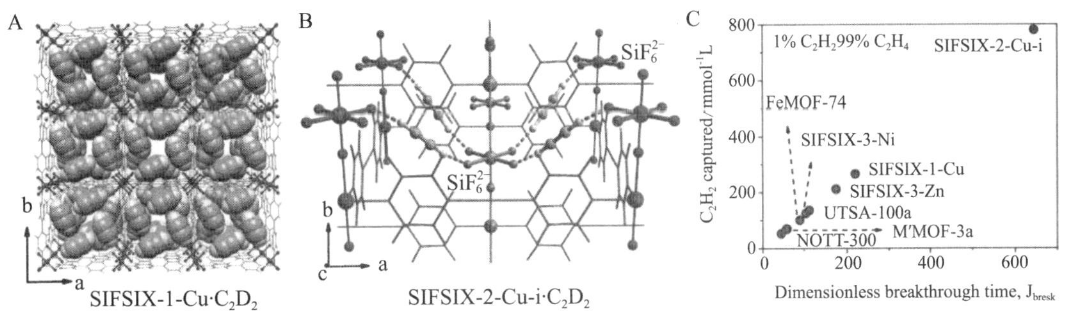

图 7-6　杂化多孔材料和乙炔的中子衍射晶体结构图（A 和 B）；
乙炔乙烯混合气（1/99）穿透时间及吸附容量比较（C）

芳胺特别是杂环胺，是一类重要的药物中间体，其间位C–H活化是一个世界性的难题。温州大学化学与材料工程学院汤日元在美国斯克利普斯研究所Jin–Quan Yu教授课题组访学期间，与合作者设计、开发了一种非常巧妙的由构象和配体控制的远程导向定位的C–H活化模板，成功地实现了芳胺间位C–H的高选择性活化，为设计和开发胺类药物开辟了新的合成方法。研究成果于2014年发表在*Nature*上（见图7–7），技术成果已被美国制药公司（Bristol–Myers Squibb）用于潜在药物分子的设计和开发。

LETTER

doi:10.1038/nature12963

Conformation-induced remote *meta*-C–H activation of amines

Ri-Yuan Tang[1], Gang Li[1] & Jin-Quan Yu[1]

Achieving site selectivity in carbon–hydrogen (C–H) functionalization reactions is a long-standing challenge in organic chemistry. The small differences in intrinsic reactivity of C–H bonds in any given organic molecule can lead to the activation of undesired C–H bonds by a non-selective catalyst. One solution to this problem is to distinguish C–H bonds on the basis of their location in the molecule relative to a specific functional group. In this context, the activation of C–H bonds five or six bonds away from a functional group by cyclometallation has been extensively studied[1–13]. However, the directed activation of C–H bonds that are distal to (more than six bonds away) functional groups has remained challenging, especially when the target C–H bond is geometrically inaccessible to directed metallation owing to the ring strain encountered in cyclometallation[14,19]. Here we report a recyclable template that directs the olefination and acetoxylation of distal *meta*-C–H bonds—as far as 11 bonds away—of anilines and benzylic amines. This template is able to direct the *meta*-selective C–H functionalization of bicyclic heterocycles via a highly strained, tricyclic-cyclophane-like palladated intermediate. X-ray and nuclear magnetic resonance studies reveal that the conformational biases induced by a single fluorine substitution in the template can be enhanced by using a ligand to switch from *ortho*- to *meta*-selectivity.

The selective functionalization of inert C–H bonds at different sites of organic molecules provides an opportunity for the introduction of diverse structural modifications and the development of novel retrosynthetic disconnections. However, the widespread application of C–H functionalization in organic synthesis is hampered by a lack of catalysts, reagents and methodologies that enable the site-selective functionalization of C–H bonds, which often have very subtle differences in intrinsic reactivity. We have broadly focused on the development of metal-catalysed C–H activation reactions that are directed by weakly coordinating functional groups[1]. In analogy to the principles of proximity-driven metallation[2], this type of methodology enables the selective functionalization of C–H bonds that are five or six bonds away from the directing atom, through cyclometallation[8–13]. Although this approach has enabled the discovery of numerous transformations over the past decade, the functionalization of C–H bonds that are located farther away from the coordinating functional group remains a largely unsolved problem in organic synthesis, especially when their locations do not permit cyclometallation owing to geometric strain[14–18].

Recently we developed an end-on-coordinating, nitrile-based template that is able to direct Pd(II)-catalysed *meta*-selective olefination and arylation of hydrocinnamic acids[16,20]. This discovery led us to explore three key questions: first, whether this new end-on template approach can be applied to other substrate classes; second, whether other types of transformation using different catalytic manifolds can be achieved using end-on templates; and, third, whether there are critical and general underlying principles for the design of an effective template to direct remote C–H activation. In this context, we recognized that the selective activation of C–H bonds at C7 of tetrahydroquinolines is a conceptually intriguing and synthetically important challenge. A novel template will be required to accommodate a highly strained intermediate with a tricyclic cyclophane structure (Fig. 1a).

Here we report the rational design of a nitrile-containing template that directs C7-selective C–H activation of tetrahydroquinolines (Fig. 1). By systematically modifying the structure of the template, we identified the template conformation as a critical factor in favouring remote *meta*- or proximate *ortho*-selectivity (Fig. 1b). Remarkably, by tuning the properties of the Pd(II) catalyst through use of *N*-acetyl-glycine (Ac-Gly-OH) as a ligand, the pre-existing conformational bias in the template can be further amplified to achieve remote *meta*-C–H olefination in excellent yield and with high levels of site selectivity (Fig. 1c). This optimized template is broadly applicable to the remote C–H activation of 2-phenylpyrrolidines, 2-phenylpiperidines and other aniline-type substrates, despite the intrinsic electronic biases in these substrates that favour *ortho*-functionalization (Fig. 1d). In addition to *meta*-C–H olefination via a Pd(II)/Pd(0) redox cycle, we were also able to demonstrate *meta*-C–H acetoxylation via Pd(II)/Pd(IV) catalysis using this template. This template can be easily installed and later recycled, similar to chiral auxiliaries that are widely used in organic synthesis, such as the well-known Evans oxazolidinone. This work paves the way for practical applications of remote C–H activation through template control.

A procedure exists for the *meta*-selective olefination of hydrocinnamic acids using a novel end-on 2-aminobenzonitrile template[11]. Crucial for the *meta*-selectivity, the directing nitrile group is in extended conjugation with the carbonyl moiety of the substrate, which positions the nitrile group in close proximity to and coplanar with the target *meta*-C–H bond. However, in translating this insight to the *meta*-selective olefination of tetrahydroquinolines, we needed to design an entirely novel end-on template and we faced several considerable challenges in determining the optimal structural design. First, the hypothetical palladation intermediate would involve a highly strained intermediate with a tricyclic cyclophane structure (Fig. 1a). Second, although a simple amide linkage is desirable for practical attachment of the template, we realised that the amide group could potentially favour the activation of the *ortho*-(C8) position, an established mode of reactivity for anilide-type substrates[19]. Moreover, amine substituents are well-known *ortho*/*para* directors in electrophilic aromatic substitution reactions, including electrophilic palladation. Third, to avoid the pitfall of over-engineering, we hoped to develop a simple amide template with an sp^3-hybridized backbone without having to build in an extended conjugation. We recognized that such a template could lead our substrates to exist in multiple interconverting conformations, each with a low equilibrium population. This would translate into a high entropic barrier for formation of the highly organized transition state required for cyclopalladation. We therefore aimed to acquire an improved understanding of how the conformation of non-constrained atoms in a template can be manipulated to favour remote C–H activation. In addition, we hoped to develop a catalyst to recognize and harness subtle conformational biases and amplify pre-existing template-induced preferences for *meta*-selectivity.

To begin our investigation, we attached the simple nitrile templates T_1–T_3 to tetrahydroquinoline and tested these substrates in a model reaction, the Pd(II)-catalysed C–H olefination (Fig. 2a, b). Although the reaction of 1 did not provide any olefinated products, 2 and 3 afforded mixtures of positional isomers that are difficult to separate. The addition

[1]Department of Chemistry, The Scripps Research Institute, 10550 North Torrey Pines Road, La Jolla, California 92037, USA.

13 MARCH 2014 | VOL 507 | NATURE | 215

图7–7　温州大学汤日元研究成果发表在*Nature*上

发光二极管（LED）作为下一代照明与显示的核心器件已被业界认可。GaN外延生长量子阱的LED器件则是目前市场上的流行产品。但是，GaN外延生长量子阱需要超高真空、超高纯度原料、超密度电能消耗等条件。与GaN量子阱LED不同，有机发光二极管（OLED）器件的发光中心为有机分子，因而可以用要求较低的真空条件制备。OLED已经在小屏显示器上得到了应用。但由于OLED电致发光中心为有机分子，保持其热稳定性和化学稳定性一直是一个棘手的问题。浙江大学化学系彭笑刚课题组与材料系金一政课题组合作设计出一种新型的量子点发光二极管（QLED），其制备方法基于低成本、有潜力应用于大规模生产的溶液工艺，其综合性能则超越了已知的所有溶液工艺的红光器件，尤其是将使用亮度条件下的寿命推进到10万小时的实用水平。研究成果发表在2014年的*Nature*上。这种新型QLED器件有望成为下一代显示和照明技术的有力竞争者（见图7–8）。

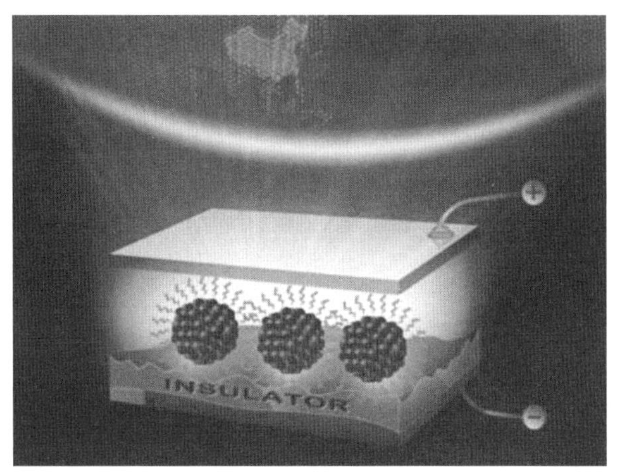

图 7-8　彭笑刚课题组研究成果

三、生命科学领域

近年来，现代生命科学领域取得了一系列重要进展和重大突破，并加速向应用领域渗透，生物技术日益成为新一轮科技革命和产业变革的核心。作为21世纪最重要的创新技术集群之一，其引领性、突破性和颠覆性特征凸显。在自然科学基金的持续支持和科研工作者的不懈努力下，我省生命科学领域的基础研究快速发展，在某些学科前沿形成了具有较强国际竞争力的优势团队。

细胞生长因子是人类生命活动的重要系统，人类健康与生长因子之间存在着密不可分的联系。温州大学校长兼温州医科大学药学院教授李校堃及其团队经过25年的不断探索，在国际上率先解析"抗衰老蛋白α-klotho-成纤维细胞生长因子受体1c(FGFR1c)-成纤维细胞生长因子23(FGF23)"三元复合物晶体结构，首次揭示了α-Klotho作为一种非酶活蛋白，它的所谓调节衰老的功能则是与FGF23和FGFR1形成复合体并协助后两者来实现，驳斥了"α-Klotho是一种可以独立发挥衰老调节的因子"这一存在了20年的猜测。这一发现被视为生长因子领域里程碑式的发现，由于已有的研究证明FGF23在体内的异常表达与肾病的发生发展有密切的关系，是慢性肾病的关键治疗靶点，因此该项研究为新型肾病诊断试剂和治疗药物的设计和开发提供了清晰的结构蓝图。同时该研究还颠覆性地指出，肝素这一广泛存在于人体多种器官的多糖对内分泌FGF家族活性发挥同样是必需的，进而明确了肝素是庞大的生长因子家族所有成员促进受体二聚化并产生相应生物学功能的"万能钥匙"。相关成果以长文形式发表在国际顶级综合性学术期刊*Nature*上(见图7-9)。

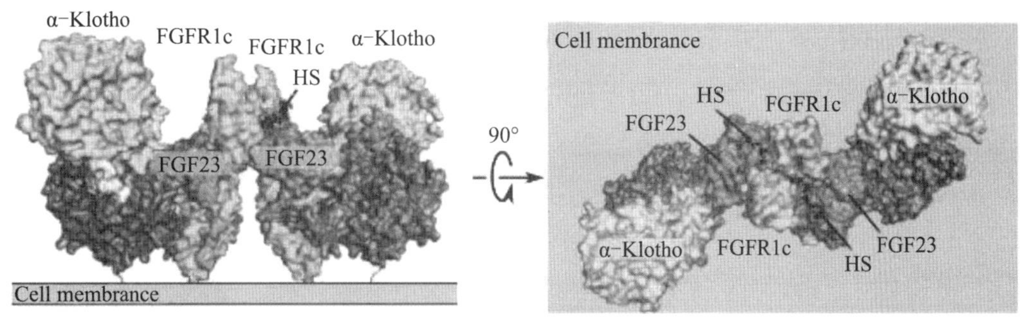

图 7-9　α-Klotho-FGFR1c-FGF23-HS对称的四元复合物模型

创伤弧菌是一类让人类谈“菌”色变的病原细菌，俗称“吃人肉细菌”。处理海鲜时如不小心扎了手，创伤弧菌就有可能乘虚而入，迅速引发败血症、组织坏死等，致死率极高。浙江大学朱永群教授及其团队研究发现病原细菌MARTX毒素的保守效应因子RID通过对Rho家族小G蛋白的赖氨酸长链脂肪酰化修饰，调节宿主肌动蛋白细胞骨架信号通路的分子机制。研究成果对深入认识相关疾病的发生具有重要意义，同时也证明了C端多碱性区域对于小G蛋白在细胞骨架信号通路以及免疫防御反应中发挥重要作用是至关重要的(见图7-10)。相关论文发表在2017年的国际顶级综合性学术期刊*Science*上。

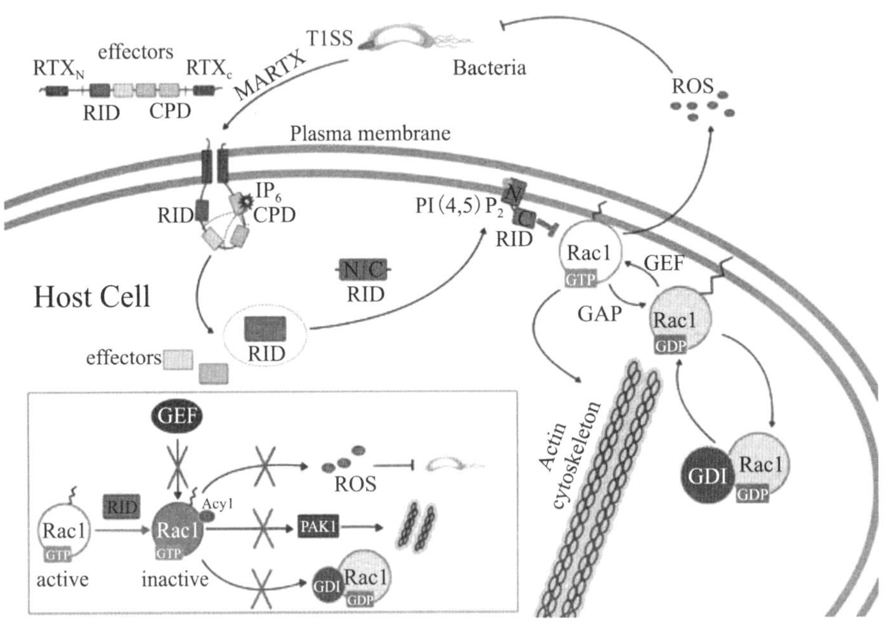

图7-10　RID失活、Rac1调节宿主肌动蛋白细胞骨架信号通路的分子机制示意

稻飞虱是水稻的超级大敌。近几十年来，每年稻飞虱危害的面积都在2亿亩(1亩$=6.67\times10^{-4}$平方千米)之上，造成的水稻产量损失可达100万吨～200万吨。浙江大学农学院徐海君与张传溪教授及其团队以我国水稻重要害虫稻飞虱为试验材料，应用多种组学技术以及生物化学、免疫学、分子生物学等研究方法，探讨翅多型昆虫的长、短翅型分化的分子机制，原创性地发现了两个胰岛素受体具有正反调控稻飞虱长、短翅发育的现象，从而创新性地提出了胰岛素信号转导途径调控翅型分化的分子机制。研究结果不但是半个多世纪以来昆虫翅多型研究的重要突破，也为稻飞虱的防治提供了新靶标与新思路。研究结果发表在2015年的*Nature*和2017年的*Philosophical Transactions of the Royal Society B: Biological Science*上(见图7-11)。*Nature*杂志的评审专家和美国昆虫学会的评论文章均高度评价了该研究的重要科学价值，指出该研究代表了多型现象分子机理研究的一个里程碑。

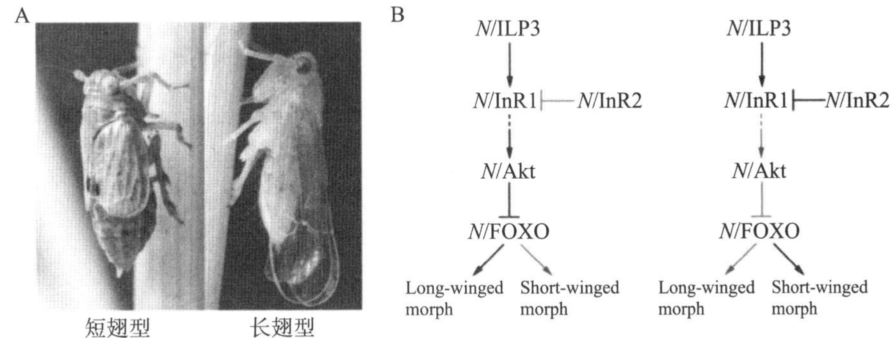

图 7-11 徐海君与张传溪教授团队研究成果

铁皮石斛是一种名贵中药材，是多年生草本植物，在民间被誉为“救命仙草”和中药界的“大熊猫”。杭州师范大学王慧中教授研究组长期从事浙江省特色药用植物铁皮石斛的基础研究工作。通过高通量转录组测序技术、生物信息学分析等手段，揭示了传统药用植物铁皮石斛中2种经典药效成分——石斛碱和石斛多糖的生物合成代谢途径，同时鉴定得到了大量参与石斛碱和石斛多糖合成的关键酶编码基因。尤其是针对细胞色素P450超基因家族的序列及进化分析，从分子层面上探讨了P450基因在药用植物有效成分生物合成途径中的作用。在克隆得到的众多关键基因中，部分基因属首次在药用植物中被报道（见图7-12）。研究团队在 *Scientific Reports* 上发表题为“Identification and Analysis of Genes Associated with the Synthesis of Bioactive Constituents in Dendrobium Officinale Using RNASeq”的论文，2017年9月入选植物和动物科学中的ESI“高被引论文”和“热点论文”。

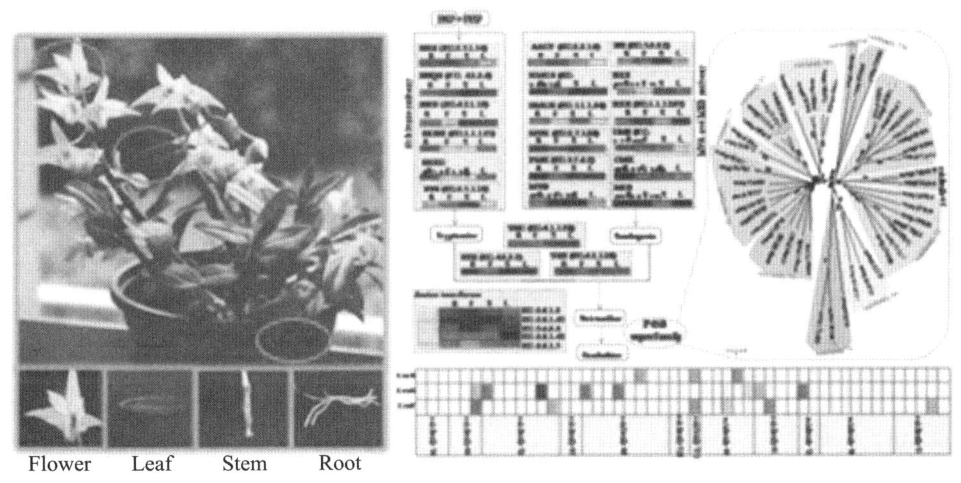

图 7-12 王慧中教授研究团队成果

双生病毒是一种植物病毒，在电子显微镜下，它呈现出一种像“8”的孪生颗粒形态。其通过“寄生”在烟粉虱身上已经在全球50多个国家的番茄、棉花、木薯、豆类、小麦、玉米等作物上引起毁灭性危害。浙江大学周雪平教授团队经过15年的研究，鉴定出30种双生病毒新种，解析了双生病毒在植物体内的种群遗传结构和变异进化规律，阐明了双生病毒及其伴随的卫星DNA的致病机理。研究成果获2014年度国家自然科学奖二等奖（见图7-13），在双生病毒病预测预报和抗病毒育种中得到了应用，为制定安全高效的双生病毒防控策略提供了科学依据。

国家自然科学奖

证 书

为表彰国家自然科学奖获得者，特颁发此证书。

项目名称：双生病毒种类鉴定、分子变异及致病机理研究

奖励等级：二等

获 奖 者：周雪平（浙江大学）

证书号：2014-Z-105-2-03-R01

图 7-13 周雪平教授团队获奖证书

四、信息科学领域

信息产业是中国21世纪国内生产总值（GDP）的主要增长点，作为高技术产业的重要基础，通信和计算机技术的进步有着巨大的市场和广阔的产业前景。自然科学基金围绕信息产业的发展需求和重大问题，重点开展信息物理融合系统的关键理论和技术研究和下一代信息技术的前沿基础研究，并在计算机视觉图形、微波通信等方面取得了一批原始创新成果。

浙江大学鲍虎军教授及其团队在微分域几何计算研究方面取得了重要进展。研究团队创新解决了由微分坐标变化来保细节优化重建形变网格的难题，摆脱了传统网格编辑的多尺度分解束缚，极大提高了几何编辑的质量和操控性，成为复杂网格曲面的主流构造方法；开辟了非多项式样条函数构造和局部可控迭代样条逼近的新范式，高质量构造了我国大飞机机身的截面线（见图 7-14、7-15、7-16）。研究成果获2013年度国家自然科学奖二等奖，在数学理论与设计模拟等应用间架起了桥梁，丰富了几何计算理论，引领了国际网格曲面计算的研究热潮，在国际学术界产生了重要影响。

图 7-14 复杂对象的微分域几何形变

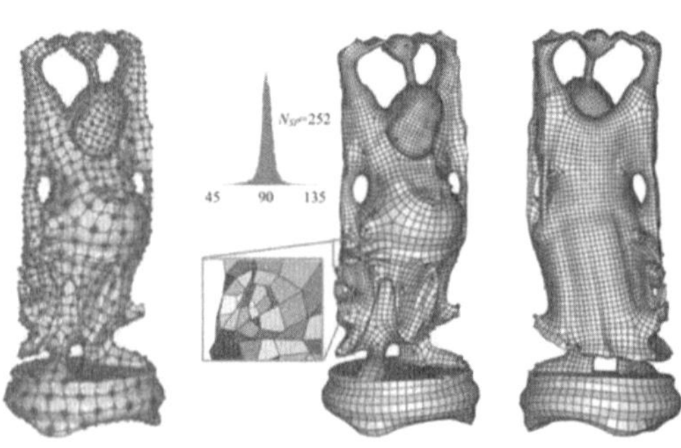

图 7-15 复杂对象表面的四边重网格化

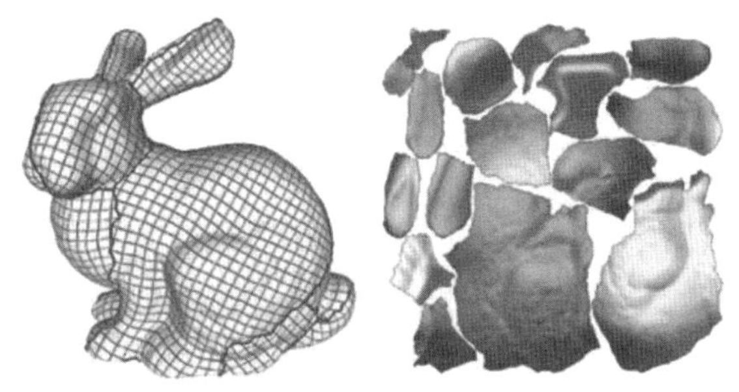

图 7-16　网格曲面的自动等距参数化

基片集成类导波结构是近十几年来微波毫米波学界发展起来的一种新型高性能平面导波结构。因其具有极低的电磁泄漏和互扰，品质因素和功率容量远高于传统平面传输线而成为微波毫米波领域最受关注的研究分支之一。采用基片集成波导技术可在普通的介质基片上构造类似金属腔体结构，将其与辐射元组合设计获得了一类新型低轮廓背腔集成天线。杭州电子科技大学电子信息学院罗国清教授课题组系统研究了这类天线的频率响应特性和辐射机理，建立了相应等效电路模型，揭示了物理参数与其输入阻抗、等效导纳、谐振频率和工作带宽等性能的对应调控机制，构建了精确的设计公式和高效的优化方法。在此基础上详细揭示了同轴、微带和共面波导等不同馈线对平面腔体激励而产生特定谐振模式的响应机制，基于等效电路的分析方法完整地阐述了其辐射机理，发现采用阻抗完全匹配的辐射元可使得这类天线获得辐射效率极大值。通过对二维对称平面腔体谐振特性的分析，获得了有效激发其简并模式并使其成功分离的方法，根据这一特点实现了具有圆极化辐射特性的背腔集成天线，构建了计算腔体和辐射缝隙等关键结构几何尺寸的精确公式。提出了集总元件少、偏置电路简单，线/圆极化、左/右旋圆极化、频率可切换的多种性能可重构的背腔集成天线的设计方法，同时系统研究了这些新型天线在板级、封装级和芯片级等不同集成条件下的频带展宽、效率提升和尺寸缩减等性能调控方法。相关研究成果发表在 *IEEE TAP* 和 *IEEE AWPL* 等行业权威期刊上（见图 7-17）。

图 7-17　罗国清教授研究成果

五、材料科学领域

材料是人类赖以生存和发展的物质基础，作为工业革命的先导，关系到国民经济、社会发展和国家安全。省自然科学基金围绕材料发展和需求中的关键科学问题，针对复合材料、生物材料、信息材料、结构材料等开展制备与应用基础研究，取得了一批拥有自主知识产权的高水平成果，产生了一定的国际影响。

金属-有机框架材料是近年来成为研究热点的新兴材料，有着独特的多孔结构，利用这些孔道，科学家开发出了许多优秀的用途。浙江大学材料科学与工程学院崔元靖、钱国栋教授团队围绕金属-有机框架材料的后功能修饰及其非线性光学性能调控等关键问题，开展了多孔金属-有机框架材料的结构设计与合成，并通过离子交换等方法将性能优异的有机生色团分子组装到框架材料的孔道中，成功实现了框架材料的后功能修饰。研究团队在国际上率先发现，在金属-有机框架材料中引入含氮的活性位点后，其“捕捉”特定重金属离子的能力大大增强，开创性地将金属-有机框架材料引入荧光传感研究，解决了现有荧光材料灵敏度低、选择性差等难题。研究成果获得了2014年浙江省自然科学奖一等奖（“发光金属-有机框架材料的功能设计、可控制备与应用探索”）和2016年国家自然科学奖二等奖（“荧光传感金属-有机框架材料结构设计及功能构筑”）（见图7-18）。

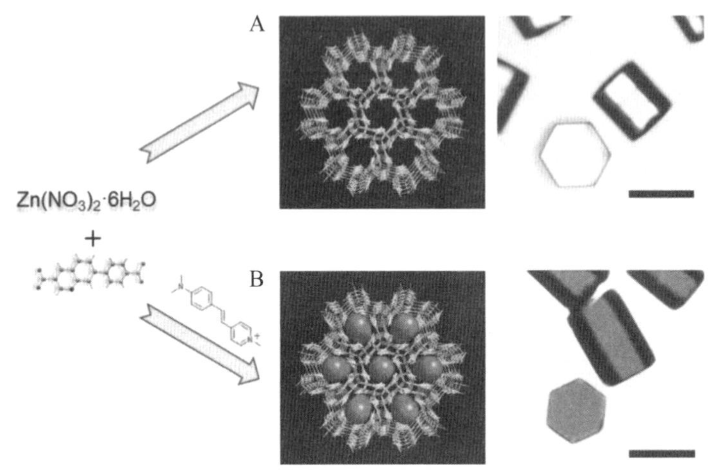

图7-18　DMASM分子在金属-有机框架材料ZJU-68中的原位组装

在海水的脱盐和污水净化、气体和离子分离、生物传感、质子导体、锂电池和超级电容等领域中，将石墨烯膜中的片层有序化并精确地控制其片层间距离是其应用的关键。浙江农林大学理学院陈亮博士课题组与中国科学院上海应用物理研究所方海平团队、上海大学吴明红团队和南京工业大学金万勤团队多方合作，首次提出水合离子-π作用理论，并以此理论为基础，在实验上首次利用离子自身实现对氧化石墨烯膜层间距的精确控制，并进一步通过离子控制实现水合离子半径小于一埃的混合离子的截留、筛选。该工作对解决氧化石墨烯膜在海水处理、离子/分子分离以及电池/电容等研究领域中的重大难题，以及其他二维材料在分离膜领域的研究提供了新的思路。研究成果发表在2017年的*Nature*上（见图7-19）。

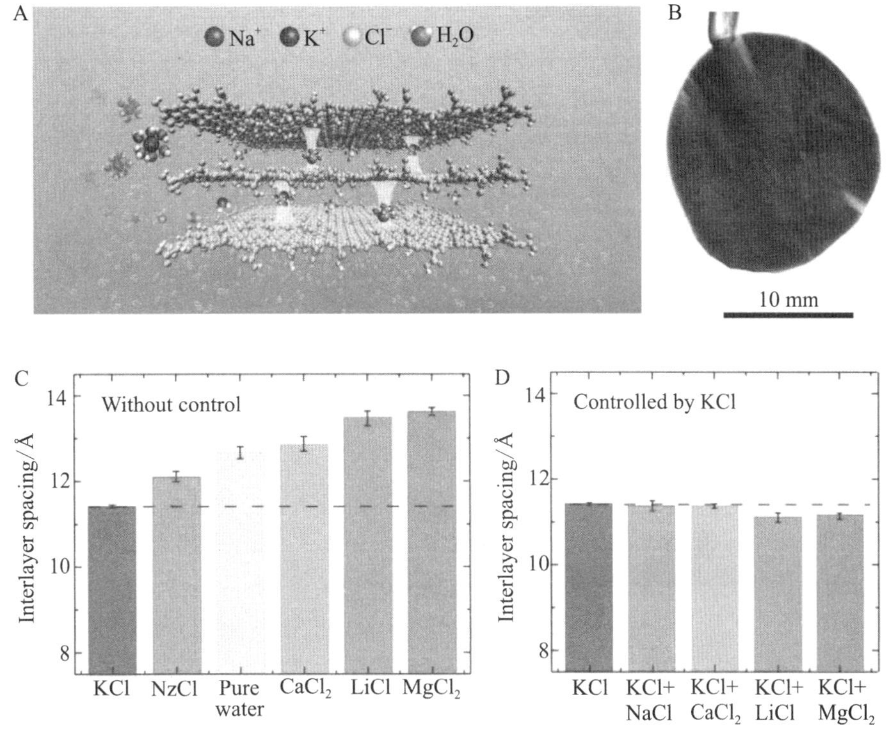

图 7-19　离子精确控制层间距,“装订”石墨烯膜

存储器是信息记录的载体,也是现代信息技术的核心和基石之一,随着大数据时代的到来,全球信息呈爆炸式增长,对新型高密度信息存储器的需求愈加迫切。近年来,中国科学院磁性材料与器件重点实验室(中科院宁波材料所)李润伟研究员团队围绕新型阻变信息存储器开展了一系列前瞻性研究,具体包括:在阻变器件中发现室温量子电导现象,在原子尺度上揭示了阻变的微观机制;在 $CoFe_2O_4$ 磁性薄膜中利用电场调控离子迁移实现磁畴可逆翻转,为非易失磁存储器提供一种新思路;在五氧化二钒薄膜中通过电场驱动氧离子输运构建纳米尺度的二氧化钒通道,利用纳米尺度下二氧化钒的相变获得可靠的开关特性,并结合氧化铪构建 1S1R 结构,有效解决了阻变存储器交叉阵列中的串扰问题。此外,光互连芯片技术利用光子传输信息,可克服电子在传输过程中的焦耳热和频率极限等问题,已成为未来实现高性能电子计算技术的主要途径之一。李润伟研究员团队中的檀洪伟博士和刘钢研究员选用光敏半导体氧化铈(CeO_{2-x})作为介质构建阻变器件,发现利用光照和电场的协同作用能够对金属/绝缘体/氧化物半导体(MIS 结构)界面的电荷俘获状态以及器件能带结构进行有效的调控,从而呈现电场可擦除的持续光电导效应。利用器件对于光照次数、频率和强度灵敏度高的特点,他们在单一器件中实现了光信息解码、计数与存储功能的集成。此基础上,研究团队进一步实现了光调控 MIS 结界面的电致阻变行为并获得了光控的忆阻器。系列研究成果相继发表在 *Advanced Materials*、*ACS Nano* 等权威期刊上,为澄清阻变机理、探索高性能阻变材料、发展新型信息存储机制以及解决阻变存储器大规模集成过程中遇到的问题提供了新的思路与方法。同时这种基于光场调控阻变效应的多功能器件为实现光电信息网络中高效、可重构的信息处理与存储提供了重要的理论和实验基础(见图 7-20)。

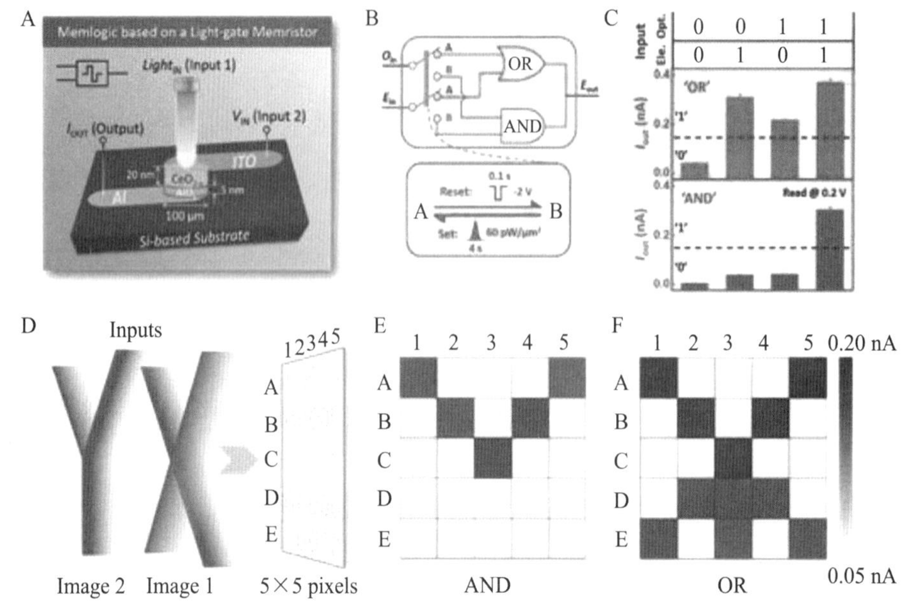

图 7-20　李润伟研究员团队研究成果

六、交叉新兴领域

基础研究的探索不断向新的广度和深度拓展，学科之间的界限更加模糊，跨学科研究和学科交叉融合不断发展，新的科学疆域不断开拓。自然科学基金顺应当前科学前沿多学科交叉凸显的特征，促进多学科交叉、融合和联合攻关，催化了一批科学和工程学新范式、新领域的诞生。

量子精密测量技术综合了量子力学、激光技术、光学机械、自动控制等领域的最新技术，是精密测量领域的前沿技术研究，对基础物理研究具有重要的科学意义。在经济产业领域，地质监测、矿产勘查、海洋测绘等应用技术对高精度重力测量有着强烈需求。浙江工业大学理学院林强教授研究团队从2002年开始进行理论研究，2005年开始进行实验研究，在这一新兴研究领域深耕10余年，是国内最早开展量子精密测量研究的团队之一。研究团队利用这种测量技术对地球重力加速度进行精密测量，其测量精度达到微伽量级（1微伽约等于地球表面重力加速度g_0的十亿分之一）。2013年9月24日，巴基斯坦发生7.8级地震，团队研制的量子重力仪完整、清晰地记录下了该次地震信号，并得到浙江省地震局的确认（见图7-21）；2016年，团队携研制的第二代可移动式量子重力仪（见图7-22），经过1400千米长途运输，前往地处北京市昌平区的中国计量研究院昌平院区，参加在这里举办的“第一次亚太地区绝对重力仪关键比对”。这台量子重力仪是我国首台参加国际测量比对的量子重力仪，也是我国首台走出实验室，实现移动测量的量子重力仪。2017年，林强教授研究团队获得国家自然科学基金国家重大科研仪器项目资助，继续推进量子精密测量技术在基础研究和应用技术领域的发展。

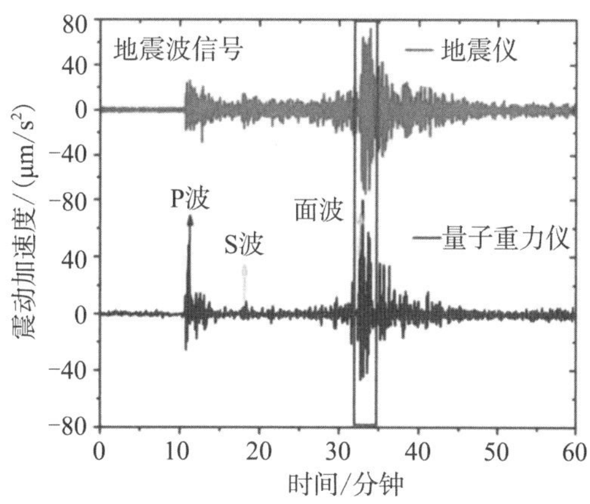

图 7-21　林强教授团队测量到的地震信号(2013年巴基斯坦7.8级地震)

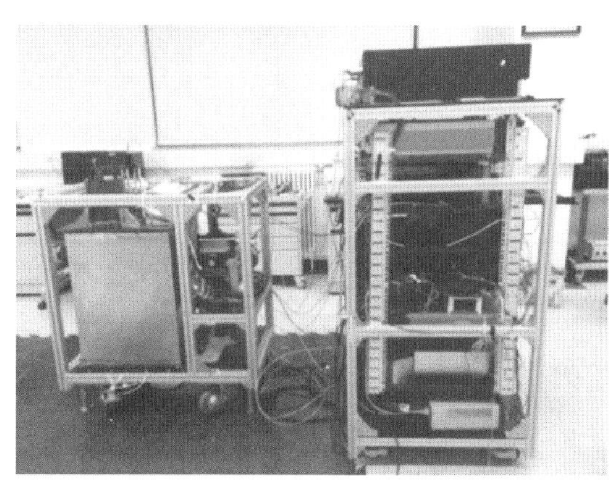

图 7-22　林强教授团队研制的可移动量子重力仪

先进的数学模型和高性能的数学算法是图像分析与处理以及应用软件的核心部分，也是当代医疗设备的核心技术，然而当前我国数学和临床医学的结合并不多。浙江大学孔德兴(见图 7-23)教授将数学和医学巧妙地结合起来，在精准医疗方面做了创新性的探索。不同于数字医学偏向信息科学，数理医学不仅能够提供医学数据可视化、定量化的分析方法和处理工具，而且能够帮助医生发现内在的规律，这在研究疾病的病理、发病机制及其演化规律等方面都有十分重要的意义。孔德兴教授及其研究团队开发的“数字化肝脏及手术导航系统”软件将前期研发的高性能科学算法利用计算机建模，通过电脑演示快速提供可视化 2D、3D 肝脏解剖信息，还能通过三维重建和融合得到肝脏及血管几何结构，可为活体移植提供详细解剖信息并模拟手术。同时精确测量全肝脏体积及模拟手术后的左、右肢体积，血管切面直径等定量信息。该软件为郑树森院士带领的浙江大学医学院附属第一医院(浙一医院)肝移植团队在海外成功开展高难度的活体肝移植手术提供了准确的术前评估，为中国外科手术首次成功走出国门作出了重要贡献。孔德兴教授及其团队还利用深度学习处理超声影像，同时加入旋转不变性等现代数学的一些概念，研制出了一套基于超声影像的智能诊断系统的 DE 超声机器人，其超声影像对甲状腺结节良恶性甄别率达 85%以上，高于三甲医院 65%的平均诊断准确率，目前已成功应用于浙一医院。

图7-23 孔德兴教授(左二)指导研发

第三节 产学研协同发展

基础研究作为国家战略和创新系统的重要组成部分,对产业发展尤其是高技术产业发展有着重要影响。作为科技创新的重要推动力,省自然科学基金积极发挥导向作用,推动基础研究紧密对接行业发展和社会需求,引导优秀基础研究成果转化应用,促进基础研究成果的价值利用,持续不断地为国家、浙江的经济、社会发展提供"源头"供给。

一、生命科学领域研究水平迅速上升,重大疾病防治研究取得重大突破

中国是世界上人口最多的国家,人口与健康研究水平是事关中国国策和经济社会可持续发展的重大战略问题。自然科学基金支持与重大疾病临床需求和医药产业发展相关的生命科学前沿研究,形成了一批具有国际影响力的创新性研究成果。

新发突发传染病始终是全球安全的重大威胁和人类面临的严峻挑战。由浙江大学医学院附属第一医院李兰娟院士(见图7-24)领衔,联合中国疾病预防控制中心、汕头大学等11家单位共同完成的"以防控人感染H7N9禽流感为代表的新发传染病防治体系重大创新和技术突破"项目获2017年度国家科学技术进步奖特等奖。这是我国医药卫生领域、教育领域"零的突破",也是我省科学界荣获的首个国家科学技术进步奖特等奖。2013年春,长三角地区突发人感染H7N9禽流感病毒疫情,李兰娟院士带领研究团队快速行动,在发现新病原、确认感染源、明确发病机制、开展临床救治、研发新型疫苗和诊断技术等方面取得了六项重大创新和技术突破:第一,突破新病原识别难题,创立新发传染病病原早期快速识别技术体系。创建全球最大的传染病监测网和数据库,可在72小时内完成300余种病原分析,为早期发现新病原、监控病原变异提供关键技术;第二,创立了以分子分型和溯源为特色的新发传染病预测预警技术体系和防控模式,可快速发现传染源,精准防控;第三,创立了从蛋白结构到动物模型,多因素、全角度精确解析新发传染病发病机制研究体系;第四,突破人感染H7N9禽流感高病死率的难点,创建了"四抗二平衡"救治策略和"李氏人工肝"为代表的独特有效救治技术,显著降低病死率;第五,创建了新流感疫苗快速研发技术体系和平台,填补了我国流感疫苗株自主研发空白;第六,创建我国新发传染病诊断试剂高效快速研发平台。研究成果在*Science*、*Nature*、

NEJM 和 *Lancet* 等国级顶尖杂志发表，相关SCI论文248篇，影响因子大于30的论文19篇，5篇入选中国百篇最具影响国际学术论文，获授权专利17项，出版专著25部，发布指南38个，同时入选2013年中国科学十大进展，对保障人民健康、维护社会稳定和经济发展作出了重大贡献。成功控制MERS、寨卡等传染病的输入传播，成功援助非洲控制埃博拉疫情，为全球提供了“中国经验”，展现了“中国力量”，世界卫生组织（WHO）评价该成果具有里程碑意义，堪称“国际典范”。我国在国际新发传染病防治领域从“跟随者”成为“领跑者”。

图7-24　李兰娟院士（左三）

浙江大学医学院附属第一医院终末期肝病综合诊治创新团队荣获2015年度国家科技进步奖创新团队奖（见图7-25）。该团队以郑树森和李兰娟院士为学术带头人，以提高终末期肝病诊治水平，降低重症肝病患者死亡率为目标。通过协同攻关，取得了终末期肝病诊治的理论创新与技术突破：(1)首次提出包含肝癌生物学特性和病理学特征的肝癌肝移植“杭州标准”，引领国际肝癌肝移植标准的变革；(2)创建活体肝移植技术新体系和肝移植术后并发症预警及防治创新体系，引领中国肝移植技术走向世界；(3)首先提出并使用小剂量乙肝免疫球蛋白联合拉米夫定预防乙肝复发新策略，显著降低肝移植后乙肝复发率和治疗费；(4)创建独特有效的人工肝个体化治疗新理论、新方案和新技术；(5)率先全面揭示终末期肝病肠道微生态变化规律，引领国际肝病微生态学发展。团队在国际著名期刊发表SCI论文631篇，文章被引总次数5125次，技术成果辐射海内外，先后荣获国家科技进步奖一等奖1项、二等奖4项、省部级科技进步奖一等奖15项，极大提高了我国终末期肝病诊治水平和国际影响力，引领国际终末期肝病诊治发展。

图7-25　浙江大学医学院附属第一医院终末期肝病综合诊治创新团队荣获2015年度国家科技进步奖创新团队

骨关节创伤和疾病是重大致残因素，给人类造成极大医疗负担。浙江大学欧阳宏伟教授团队在“骨关节软骨修复与再生”基础研究和转化研究方面取得突出进展，为减轻骨关节病人痛苦带来福音。团队研究解析了软骨干/祖细胞的新来源，攻克了软骨细胞大量有效扩增关键技术，实现2～3周从四五粒绿豆大小(200毫克左右，可分离出几千个细胞)的软骨组织中分离和扩增出成千上万个有再生能力的种子细胞，打破了国外技术垄断，为软骨细胞的临床应用提供了坚实的理论和技术支撑，为治疗大面积关节软骨缺损提供了科学依据和方案。系列研究成果发表在国际著名学术期刊*Stem Cells*和*Biomaterials*上，其中软骨研究获得2013第十一届国际软骨修复学会年会最高研究奖。此外，研究团队在国内率先开拓建立了组织工程再生医疗技术转化路径和临床示范。在浙江省已有上百名患者接受了本研究的组织工程化软骨组织移植术，修复效果显著，所有患者达到临床治愈(见图7-26)。

运动员案例——2011年手术，2012年回归WCBA赛场

□ 女性，18岁
□ 浙江省女篮队员
□ 缺损3厘米×2厘米

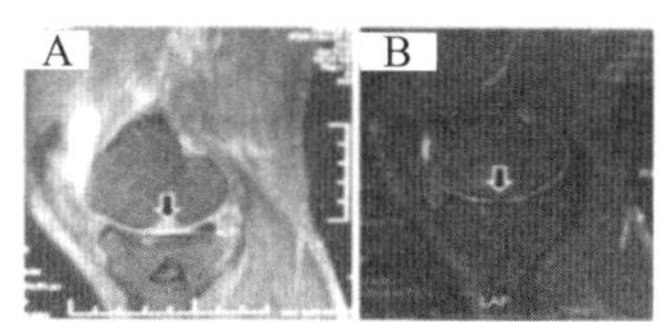

图7-26　欧阳宏伟教授团队研究成果应用

我国是世界上糖尿病患者人数最多的国家，阿卡波糖是2型糖尿病治疗的重大品种。浙江工业大学郑裕国院士主持完成的“阿卡波糖原料和制剂生产关键技术及产业化”项目荣获2014年度国家科技进步奖二等奖。这是郑裕国院士团队(见图7-27)继2008年、2010年两度荣获国家技术发明奖二等奖后第三次问鼎国家科技奖。研究团队围绕阿卡波糖原料和制剂生产关键技术，经过十几年的不懈努力，建立了阿卡波糖高产菌高效高通量选育技术，获得了具有自主知识产权的高产工业化菌种。通过揭示小分子物质介导的合成促进机制，建立连续变速补料发酵新技术，大幅度提高阿卡波糖的发酵效价。首创低温预处理—两步层析阿卡波糖分离纯化技术，提高阿卡波糖收率与质量，优化了片剂处方，赋予阿卡波糖片良好的稳定性和品质。项目获授权国家发明专利10项，构筑了完整的自主知识产权体系，成功实现了阿卡波糖的国产化和国际化，打破国际制药巨头长期技术和市场垄断，降低了糖尿病治疗的用药成本，惠及亿万糖尿病患者，推进了我国公共卫生事业的发展，被誉为“我国微生物药物研发、改良并产业化的成功范例”。

图 7-27 郑裕国院士团队

传统癌症治疗都侧重于消灭肿瘤细胞，一般采用手术、放疗、化疗等手段。而放化疗会对人体正常细胞以及机体的免疫、胃肠、肝肾、骨髓造血功能等造成损害。传统的中医药治疗癌症往往采用“以毒攻毒，清热解毒”等方法，但以毒攻毒的中药本身也具有毒性，杀灭癌细胞的同时也会对正常细胞造成伤害。杭州师范大学谢恬教授及其团队历时20余年，在“浙八味”中药（白术、白芍、浙贝母、杭白菊、延胡索、玄参、麦冬、温郁金）之一的温郁金（温莪术）挥发油中发现了高效无毒的抗癌活性成分——榄香烯，并设计建成了全球首条中药脂质体靶向制剂产业化生产线，首次把第四代药物制剂的代表“脂质体”运用于中药新药并成功实现产业化。自2008年投产后，榄香烯脂质体已使国内外70多万癌症患者受益。该项目荣获2012年度国家科技进步奖二等奖，谢恬教授也凭借这一成果荣获2016年何梁何利基金科学与技术创新奖（见图7-28）。

图 7-28 谢恬教授获2016年何梁何利基金科学与技术创新奖

二、农业领域基础研究取得重大突破，农业科技自主创新能力显著增强

农业的健康发展是国民经济持续、稳定和协调发展的重要保证，省自然科学基金重点开展浙江省农业重要生物灾害发生机理及控制、农产食品营养健康与安全调控研究等方面的基础研究，获得了多项重大科学发现，为保障农业可持续发展和提高未来农产品竞争力奠定了科学基础。

我国设施蔬菜栽培面积已近6000万亩，约占蔬菜总供应量的40%，但连作障碍是制约设施蔬菜健康可持续生产的瓶颈问题，也是一个世界性难题。生产上盲目采用“大药大肥”，但防治效果差、蔬菜农残高、环境污染严重，引发社会忧虑。浙江大学喻景权教授及其团队围绕长期困扰防控的连作障碍成因不明、土壤连作障碍因子消除困难、蔬菜对连作障碍因子抗性弱3个核心问题，历经18年研究取得一系列创新性成果：(1)揭示了连作障碍高发成因与规律，发现了连作障碍防控的突破口。明确土壤初生障因消除和蔬菜根系抗性增强是防控核心。(2)攻克土壤连作障碍因子消除技术难点，实现从化学农药消毒向环境友好型消除转变的重大技术变革。实现了化学农药零投入的土壤连作障碍因子系统消除。(3)发明了蔬菜根系抗性诱导技术，突破了优质蔬菜连作难的技术瓶颈。解决了蔬菜优质品种因线虫等高发而难于推广的产业瓶颈(见图7-29)。(4)创建“除障因、增抗性、减盐渍”三位一体连作障碍防控系统解决方案，为设施蔬菜安全可持续生产提供了技术保障。技术成果在鲁、豫、冀、浙、闽等省推广1346.6万亩，亩增效益550～2722元，经济效益达220.64亿元，农药化肥节支27.9亿元，辐射近20省70%设施蔬菜连作障碍高发区，实现了蔬菜稳产高效、安全和生态环保多赢。研究成果获2016年度国家科技进步奖二等奖。

图7-29　喻景权教授团队利用抗性诱导技术有效遏制线虫危害

一直以来，南方粳稻育种中存在着核心种质匮乏，高产、优质、抗逆不协调等突出问题。过去大片稻田中的晚粳稻呈现秆高、易倒等性状，时常遭遇稻瘟病、白叶枯病等病虫害，每亩产量为350千克左右。浙江省农业科学院的张小明研究团队联合嘉兴市农业科学研究院的姚海根研究团队，以本土传统水稻为对象，从改善植株光能高效利用的株叶形态入手，通过杂交和基因重组，聚合优良性状，历经30年的漫长科研路，成功培育晚粳稻核心种质“测21”及新品种。“测21”种质遗传基础丰富、抗性强、适应性广、配合力好，成为我国常规粳稻育种和杂交粳稻育种的优良核心亲本。项目组共审定秀水04、浙粳22等新品种54个，形成了粳、糯配套，早、中、晚搭配，丰、抗、优兼顾的系列品种优势，其中祥湖84、秀水11和秀水63连续成为我国

南方粳稻区试三代对照品种(1992—2007年),秀水04和祥湖84成为我国种植面积最大的粳稻品种(1998—1992年)。如今,在杭嘉湖平原上,在江苏、上海、安徽等省的大片稻田里,很多品种都来自"测21"项目的品种及其衍生品种。中国水稻研究所(见图7-30)等40个单位用"测21"及其衍生品种作亲本,在浙、苏、沪、皖、桂、鄂、冀、豫、黔、津、吉、辽、新等地审定新品种195个,助推了我国常规粳稻和杂交粳稻的大发展。该成果累计推广3.538亿亩,其中项目组自育品种1.810亿亩,增产稻谷46.608亿千克,创社会经济效益61.035亿元。研究成果获2015年度国家科技进步奖二等奖。

图7-30　中国水稻研究所研究成果

长期以来,由于缺乏先进的植物病原检测鉴定技术,我国植物病原种类难以系统研究,外来植物病原入侵难以检测和防控,对我国农业生产造成巨大威胁。浙江省农业科学院陈剑平院士(见图7-31)团队针对长期以来我国植保和检验检疫领域一直处于缺少自主检测技术的被动局面,创建了重要植物病原分子检测和鉴定方法,对我国植物病原种类持续进行了系统研究,提升了我国植物病原检测和鉴定能力,并探索用于外来植物病原入侵的检测和防控领域。应用项目研究成果,截获了一大批重要检疫性植物病原,保障了国家生物安全。从口岸截获鉴定线虫新种25种,更正命名2种;其中伞滑刃属线虫新种16种,占全球鉴定的该属线虫新种的一半以上。全国首次截获检疫性病毒1种、线虫7种、真菌5种;截获检疫性病毒151种次,线虫82种次,真菌94种次。国家质检总局根据检疫结果发布警示通报7次,执行境外谈判和预检7次。先后承担全国检验检疫系统培训12次,累计受课人数1226人次。建立的技术在全国广泛应用,近3年63个应用单位共截获检疫性植物病原53种1466批次,节约取样费、试剂费、货柜和船舶滞港费累计2.38亿元。2014年,"重要植物病原物分子检测技术、种类鉴定及其在口岸检疫中应用"这一成果荣获国家科技进步奖二等奖。

图7-31　陈剑平院士

森林碳汇是国际气候变化谈判的重要议题，也是我国政府履行温室气体减排的重要内容。竹林在应对气候变化中蕴藏着巨大的潜力，是最符合进入减排市场的森林碳汇类型，因为缺少相应的技术，竹林碳汇一直难以进入碳减排市场，成为竹林碳汇科技与产业发展的最大瓶颈。由浙江农林大学周国模教授领衔的研究团队围绕竹林碳汇领域关键科学与技术难题，经过15年的联合攻关，探明了竹林碳源汇特征、碳储量与空间分配格局，明确竹林是一个巨大的碳汇，系统澄清了竹林不是碳源而是碳汇的国际争议。创建了多尺度地面、遥感联合监测技术体系，实现竹林碳时空动态的快速准确测算。研发了竹林增碳、减排、稳碳、协同的4大关键技术，显著提升竹林净碳汇能力。此外还解决竹林碳汇计量方法和特征参数缺失的难题，研发出5项国家、国际标准的竹林碳汇项目方法学，填补了国内外空白，解决了竹林碳汇进入国内、国际碳减排市场的技术瓶颈。“竹林生态系统碳汇监测与增汇减排关键技术及应用”这一成果获2017年度国家科学技术进步奖二等奖。

三、能源领域基础研究水平持续领先，成果应用推动技术发展

能源是现代社会发展的重要基础，经济的高速发展导致社会对能源的需求越来越大，能源供应问题尤显突出。自然科学基金针对我省能源利用现状，围绕能源发展战略需求，以科学技术为支撑，开展传统化石能源清洁高效利用研究，风能、太阳能、生物质能的高效转换及新型储能技术的基础研究，成效显著，取得了一批重大原创成果。

能源清洁利用——这是一个事关人类未来发展的重要科学课题，也是中国在21世纪面临的重大国家需求。由岑可法院士带领由倪明江、严建华、骆仲泱、樊建人组建的能源清洁利用创新团队荣膺2016年度国家科学技术进步奖创新团队（见图7-32）。这支汇聚了老中青三代科学家的创新团队，从20世纪80年代起就致力于能源清洁利用研究，通过多年努力，已经在相当程度上改变了我国能源利用的面貌，为绿色和可持续社会经济发展不断注入巨大动力，也在世界能源技术发展历程中刻下了中国符号。根据我国以煤为主的能源格局，团队研发了煤炭高效清洁发电技术，开创了煤炭清洁发电和资源化利用相结合的新型发电方式，3项核心成果获2001年、2004年和2009年国家科技进步奖二等奖；针对各类废弃物不当处置造成的污染和生态破坏，研发了废弃物及生物质燃烧发电技术，为我国生活垃圾和工农业废弃物的能源化利用发电提供了系统解决方案，主导了国内市场，3项核心成果分获1997年国家技术发明

奖二等奖和2006年、2015年国家科学技术进步奖二等奖，核心专利获中国专利优秀奖；针对我国电站锅炉排放带来的大气污染问题，研发了电力生产过程污染控制技术，实现了燃煤电站大气污染物优于天然气电站排放标准，2项核心成果分获2008年国家技术发明奖二等奖和2012年国家科学技术进步奖二等奖，核心专利获3项中国专利优秀奖；提出了能源转化过程计算机辅助优化数值试验（CAT）理论与先进测试方法，探明了工程气固两相流动中若干关键基础问题，为动力设备的优化设计和安全运行提供重要的理论依据，成果获2005年国家自然科学奖二等奖。

图7-32　浙江大学能源清洁利用创新团队部分成员

燃煤是造成区域严重灰霾的重要原因。我国天然气资源相对短缺，英美等国"煤改气"解决灰霾的成功经验难以复制。燃煤机组能否达到燃气排放限值实现超低排放，对破解我国燃煤污染和能源安全的挑战具有极其重要的意义。浙江大学能源工程学院高翔教授领衔，与浙江省能源集团有限公司合作的"燃煤机组超低排放关键技术研发及应用"项目获2017年度国家技术发明奖一等奖，这也是浙江省首次获此奖项。研究团队针对燃煤污染治理从达标到超低的高效率、复杂煤质的高适应、系统运行的高可靠和低成本等国际性难题，发明了多活性中心高稳定性催化剂及再生改性一体化技术，大幅提升了催化剂的抗中毒、低温活性、协同汞氧化等性能；发明了温—湿系统调控多场强化颗粒物/SO_3脱除技术，通过"凝结—团聚—荷电—迁移"多过程强化，解决了0.1～1.0微米细颗粒脱除效率低的难题；发明了多污染物高效协同脱除超低排放系统，实现了复杂煤质和复杂工况下多污染物低成本超低排放。上述研究共获授权发明专利34件（获中国专利优秀奖2项），制定国家和行业标准共15项，发表论文103篇，他引1038次；建成了首个燃煤机组超低排放示范工程，排放浓度显著优于世界最严标准，被国家能源局授予"国家煤电节能减排示范电站"；支撑建设了国家级2011协同创新中心。发明成果已实现规模化应用，累计装机容量超1亿千瓦，大幅削减了燃煤污染物，全面提升了燃煤污染治理技术水平，推动和支撑了国家燃煤电厂超低排放战略实施，近三年新增销售额109.6亿元、新增利润11.9亿元。研究团队受邀在达沃斯论坛介绍"燃煤污染治理"的中国方案，为解决全球燃煤污染挑战起到了示范和推动作用（见图7-33）。技术和产品已输出欧美和"一带一路"沿线国家，赢得了国际声誉。

图7-33　燃煤机组超低排放关键技术应用现场

四、高端装备制造领域不断创新，推动相关产业跨越式发展

高端装备制造业是装备制造业的核心，是以高新技术为引领、处于价值链高端和产业链核心环节、决定整个产业链综合竞争力的新兴产业，具有技术密集、附加价值高、成长空间大等特点。大力发展高端装备制造业对于推进工业转型升级、建设工业强省具有重要作用。自然科学基金针对我省装备制造业产业基础和发展优势，重点开展智能制造装备、先进制造技术和关键基础件的基础研究和前沿技术研究，取得了大批应用成果，为企业技术创新注入了新的活力。

盾构是国家地铁、公路、铁路、水利和国防等基本建设急需的重大装备，其关键技术难度高、附加值大，反映了一个国家装备制造业的水平。浙江大学杨华勇教授牵头的“盾构装备自主设计制造关键技术及产业化”项目获2012年度国家科技进步奖一等奖。团队围绕盾构掘进失稳、失效和失准三大难题，攻克了盾构自主设计制造关键技术，研发出土压、泥水和复合三大类盾构系列产品，形成了自主设计制造能力，实现了产业化。项目成果孵化和支撑了上海隧道、中铁隧道和中铁装备国内自主设计制造盾构的三大龙头企业，盾构主要性能指标达到或超过国际同类产品，替代了进口，并出口新加坡、印度、马来西亚、泰国等国家。完成了北京、上海、广州、香港等26个境内外城市，300多项地铁、公路、铁路等各类隧道工程施工，取得了显著的经济和社会效益，推动了我国大型掘进装备制造业的科技进步，实现了盾构产业的跨越发展（见图7-34）。

图7-34　技术人员对盾构装置进行出厂前调试

浙江大学控制学院孙优贤院士领衔的研究团队面向国家重大需求，经过十年的技术开发和应用研究，在高端控制装备及系统的硬件平台方面，开发了控制装备冗余容错、性能在线监控、高适应性智能模块等技术，能适应各种恶劣的工业环境和复杂的控制对象；在高端控制装备及系统的软件平台方面，实现了多领域工程对象模型、集群分布式实时数据库和集成编程开发环境，能针对不同行业进行算法的定制封装、重构复用以及云更新，同时，还能支持控制算法的多用户协同编程、远程维护，并实现了安全控制与防范；在硬件平台、软件平台的基础上，进一步研发了高端控制装备及系统的先进控制与优化平台，并在国家重大装备和重大工程中大规模推广应用。研究成果荣获2013年度国家科技进步奖一等奖，同时成功应用于大型高炉TRT装置、空气分离装置、火电机组及各行业工业装置（2500余套），包括我国宝钢集团最大的5000立方高炉和韩国现代制铁集团最大的5250立方高炉；主要技术性能指标优于国外主流控制系统，达到同类技术的领先水平；产品已出口美国、德国、日本、韩国等多个国家，具有国际市场竞争优势。形成授权发明专利65项，软件著作权30项，发表SCI、EI论文108篇，专著、编著4本；近3年新增产值189.1亿元，创造经济效益72.9亿元，同时还产生了重大的社会效益，显著促进了节能、降耗、减排（见图7-35）。

图7-35 高端装备控制系统的成果应用现场

飞机装配技术和水平充分体现了一个国家航空制造业核心竞争力的高低，浙江大学柯映林教授（见图7-36）及其团队结合国家重大战略需求，在飞机数字化装配技术领域，经过长期研究，攻克了一系列科学和技术难题，高质量完成了国家科研任务，取得了多项技术发明和创新性成果：(1)原创性解决了飞机装配中多点支撑柔性定位、大型壁板装配变形控制、大尺度空间测量场建立及优化、机器人准确制孔等一系列复杂数学、力学和工艺问题，揭示了飞机多点支撑柔性定位和调姿系统的运动学、动力学特性和控制规律，建立了一套先进的飞机数字化装配理论和方法。(2)提出了数控定位器的适度刚度设计理论，发明了3个系列、15个品种的数控定位器及其核心功能部件，建立了定位器成组控制系统，成功研制了精确、高效、可靠的数字化调姿和定位平台，为独立自主发展我国飞机数字化装配技术提供了重要的技术装备保障。(3)发明了一种开放式、网络化、组件化飞机数字化装配系统集成技术，开发了包括数字化测量、数字化定位控制、离线编程、制孔过程控制、装配过程集成管理以及数据库等装配功能软件，并建立了一套高效的复用、重组与扩展规则，为推广应用飞机数字化装配技术提供了系统支撑。该项目荣获2013年度国家技术发明奖二等奖。研究成果的成功应用，标志着我国继美欧之后，成为具有独立研制飞机数字化装配技术装备和系统的国家，打破了西方国家在飞机装配领域的技术封锁和市场垄断，开创了我国飞机装配技术的崭新发展模式。

图7-36　浙江大学柯映林教授

激光制造技术已成为新一代高端制造技术之一，增材制造（3D打印），是运用粉末状金属或塑料等可粘合材料，通过逐层打印的方式来构造物体的技术，是实现高端装备制造突破的关键技术。浙江工业大学姚建华教授及其团队通过引进乌克兰的单元技术，研发出了通过激光强化汽轮机叶片防水蚀能力，实现国产化的汽轮机叶片防水蚀能力的重大突破，彻底地打破国外垄断。项目成果“激光表面复合强化与再制造关键技术及其应用”荣获2012年度国家科学技术进步奖二等奖。在两化融合基金的推动下，姚建华团队又创新地将3D打印与超音速冷喷涂技术相融合，提出了超音速激光沉积技术，该技术利用了超音速激光沉积技术和激光熔覆技术的各自优势，具有沉积效率高、温度低、成本低、性能高等优点，是一种极具潜力的新型金属3D打印技术（见图7-37）。

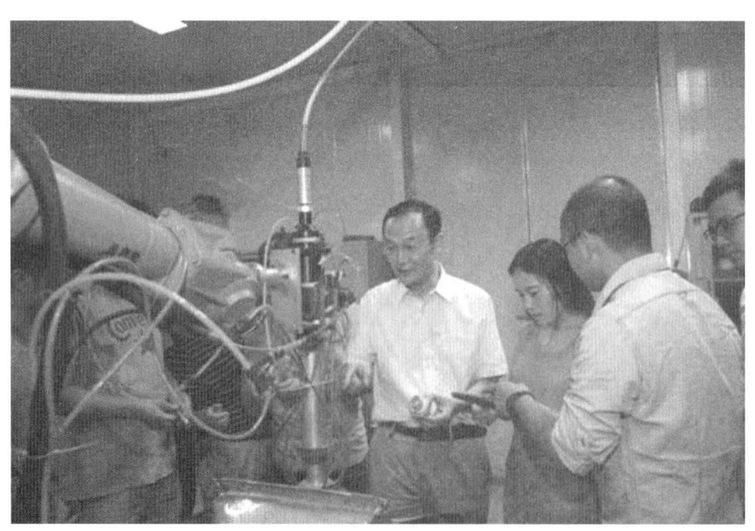

图7-37　浙江工业大学姚建华教授介绍相关技术

第三部分

我与科学基金

本部分以第一人称的视角，叙述个人从事基础研究的历程、体会以及取得的具体成就，特别是浙江省自然科学基金对个人成长的作用，展示在个人科研生涯的起步、加速、冲刺等不同阶段获得科学基金资助的感受；抒发了科研工作者在宽松环境中推进科学与工程前沿的激情；也表达了科研人员对科学基金未来发展的希冀……

第八章　数理科学领域

学术成长的助力器

2006年从美国布朗大学结束博士后研究后，我进入浙江大学工程力学系工作。我自博士研究生期间开始开展多尺度结构金属材料力学性能方向的研究，2010年获浙江省杰出青年科学基金资助的项目“纳米结构金属材料力学性能研究”，使得我课题组在微观材料力学性能方面的研究进一步深入，从而在多尺度结构金属材料力学性能方面的研究成果更为系统。2010年前后，智能软材料力学与软体机器人成为国际上力学学科的研究前沿，我基于个人的研究基础、科研兴趣以及与国际上一流研究组的良好合作关系，开始涉足这一领域。2013年“智能软材料柔性机器人中的关键力学研究”项目即获得浙江省自然科学基金委资助，据我所知，这是国内该领域最早的科研立项之一。在该项目的支持下，我课题组在智能软材料力学与软体机器人领域取得了重要成果，获得了国内外同行的关注，我本人也成为该领域的国内青年学术带头人。2015年，本人牵头申报的“浙江省软体机器人与智能器件研究重点实验室”获批立项建立，并任实验室主任。

来浙江工作11年来，我先后承担了国家优秀青年科学基金项目（2012）、国家杰出青年科学基金项目（2015），并获第十三届中国力学学会青年科技奖（2013）、第十二届浙江省青年科技奖（2013）。发表学术论文100余篇，其中SCI学术论文90余篇；获国家发明专利5项。担任了*Journal of Applied Mechanics-Transactions of the ASME*等国际知名期刊的副主编、编委，多次受邀在国际学术会议上作特邀报告。

在我个人学术成长的每个关键点上，包括晋升教授，获得国家优秀青年科学基金、国家杰出青年科学基金，省自然科学基金杰出青年科学基金、重点项目都起到了重要的助推作用。我对省自然科学基金（省基金）充满了感激之情，并希望省基金能够更加支持年轻人、更加支持青年创新团队、更加支持原创性科研项目、更加支持重大需求中的关键问题研究、更加重视多学科交叉重大项目，适当稳定支持引领性研究。

（浙江大学　曲绍兴）

省杰青项目助力我探索有磁场下的密度泛函理论

密度泛函理论是人们在探索凝聚态物质的电子结构时，而发展起来的一种重要的计算理论，在固体材料、量子化学等领域有着广泛的应用，其创始人于1998年获诺贝尔奖。随着对处在磁场下物质特性的研究日益深入，人们也尝试将密度泛函理论推广到有外磁场的情形，但这些理论都存在一些明显的漏洞。因此，如何发展和完善磁场下的密度泛函理论，是该领域迫切需要解决的难题。

鉴于此，我带领的团队主要研究“有磁场情况下的密度泛函理论中的一些基本问题及相关应用”，在获得浙江省自然科学基金杰青项目基础上，又获得了国家自然科学基金面上项目的持续支持，联合美国纽约城市大学教授Viraht Sahni团队，通过近6年的探索与研究，已取得了一系列阶段性原创成果，成功地解决了该领域主流理论中存在的最大困难——非唯一性问题，并在此基础上，提出了新的理论——物理流密度泛函理论，为有磁场下的密度泛函理论走向应用奠定了基础。

我的研究成果的主要创新之处在于，通过类比于密度泛函理论基本定理的证明中有粒子数守恒的约束，考虑到有磁场后相当于增加了自由度，创造性地引入一个新的约束——角动量守恒，证明了有磁场情况下的密度泛函理论中的基本变量为系统基态密度和基态流密度；并以新的基本变量为出发点，构造了规范不变的泛函理论。这一研究成果不但解决了原理论中的非唯一性问题，而且在数学上自洽和优美，方便计算应用，为以后进一步应用发展奠定了基础。

上述相关研究成果相继发表在*Scientific Reports*、*Physical Review A*、*The Journal of Chemical physics*等国际知名期刊上，累计SCI全文收录15篇。基于创新的研究成果，我入选了浙江省“新世纪151人才工程”培养人选。

（宁波大学　潘孝胤）

科学基金助我启航并且走出去请进来

“兵马未动，粮草先行”，我们这些参加工作不久的年轻博士犹如刚刚断奶的婴儿，想要拓展自己的领域，快速成长为一名优秀的科技工作者。要完成这些目标，我们自身的努力固然很重要，但是省自然科学基金的支持不可或缺，它伴随我们在科学的海洋里启航。

2008年，我刚参加工作，手头没有什么研究经费，就连开展基本的研究工作都非常困难，更谈不上筹措参加国内外学术交流会所需要的差旅费了。幸而得到了浙江省自然科学基金的资助，我开始了“走出去”的研究道路。在2008年的国际会议上，我和中国科学院高能物理研究所“百人计划”引进学者黄梅研究员有过深入的交流，并在她的邀请和支持下，2009年3月我以访问学者的身份在北京高能物理研究所开展了为期半年的访问研究。通过这一次访学，我摆脱了“单打独斗”的研究格局，走上了“合作研究”的道路。在访问研究的短短几个月时间里，我极大地扩展了知识面，准确地把握了当前研究的热点和难点问题，并迅速地开展起紧跟世界科学前沿的学术研究工作。当年6月，我与黄梅研究员合作完成了一篇学术论文，并发表在国际一流学术期刊上。同时，我们还利用各种机会在国内外多次报告了我们的最新研究工作，获得了同行专家的认可和好评，该论文已经被国内外同行专家学者引用达60多次。

正是因为有了浙江省自然科学基金的资助，我们得以有条件邀请同行，特别是国外同行来我们学校交流与合作，使国内外同行专家可以比较全面地了解我们研究工作的成果和最新进展，从而迅速提升我们研究组在国内外同行专家中的影响力。2009年11月13—18日，我们在杭州组织了一次主题为"量子物理与量子场论"的研讨会议，会议特邀了2位海外专家和5位国内著名专家，进行了富有成效的交流，取得了较好的效果。2011年，在省自然科学基金学术交流项目的大力资助下，我们成功地举办了2次大型的学术研讨会：第九次QCD相变与相对论重离子物理国际研讨会（2011年7月18—21日）和全国第九届重味物理和CP破坏研讨会（2011年10月12—16日）。与会代表分别有172人和100人左右，取得了很好的效果，极大地促进了国内外专家之间的交流与合作。

通过这样"走出去"和"请进来"的研究思路，我们的研究工作得到了国内外同行专家的关注和认可，而所有的这些都离不开省自然科学基金的支持。2009年9月，我非常荣幸地获得了国家自然科学基金青年基金的资助（"手征夸克动力学和唯象模型的一些研究"，项目号为10905014，资助金额18万）。这是对我以前研究工作的肯定，也是对今后研究工作的鞭策，有了良好的开局。省自然科学基金的启动资助使我们可以走出来，使我们的研究工作得以继续开展，使我们的研究视野得到拓展，并最终使我们的研究成果得以获得国内外专家的肯定和认可。2011年和2016年，我又连续获得了2项国家自然科学基金面上项目——高密QCD相结构的普遍性研究和在冷原子体系中的模拟（项目号为11275002，资助金额60万）和基于手征孤子模型的强子夸克相变热力学描述和应用（项目号为11675048，资助金额58万）——的资助。

由于有了省自然科学基金的资助，我开启了良好的国内合作研究之旅，更进一步，在杭州师范大学"师从名师"项目的资助下，从2012年到2014年我在日本的理化学所（RIKEN）师从国际著名专家Tetsuo Hatsuda教授，从事科学研究，并做出了一系列有影响力的工作，极大地拓展了研究的国际视野，也使得自己的学术水平达到新的层次。

总之，我们科技工作者犹如一条帆船，科学基金就是我们航行的动力。因为有了浙江省自然科学基金和国家自然科学基金的资助，我们得以起航，驶向更宽广的科研海洋。

（杭州师范大学　毛鸿）

第九章　化学科学领域

我的科研“敲门砖”

1999年10月，我在日本东京大学做了2年博士后研究工作后回到浙江大学化工学院制药工程研究所工作。那时，没有一点启动经费，所里给了我两间空房间、一间办公室和一间实验室。我用家里的钱买了一张办公桌，一个同事实在看不下去便送了我一台崭新的台式电脑，不想没过一周办公室被盗，我唯一的贵重家当——台式电脑被盗，里面有我在日本2年里积累的所有数据、资料，欲哭无泪！

我攻读博士学位时的导师是侯虞钧院士，从事的是化工热力学研究，偏基础。我于1992年博士毕业留校后申请了各种基金，但全部铩羽而归。回国后亟待寻找突破口，好在我在日本东京大学期间从事的是高温高压水介质中生物质资源化研究，当时国内鲜有开展，我以“高温高压介质中废塑料再资源化应用基础研究”申请了浙江省自然科学基金，不曾想顺利获批，拿到了我自己主持的第一个科研项目，狂喜！

利用省基金的3万元经费，添置了实验室的小件仪器，总算可以做些简单的实验，但反应需要高温高压反应釜以及对应的产物分析仪器，显然不是这3万元经费可以满足的，所以只有靠借用其他课题组的高温高压反应釜以及利用其他课题组晚上空闲的HPLC仪做了一些数据（记得当时的HPLC都是手动进样，都得通宵熬夜）。总的来说我的第一个项目完成得并不好，但浙江省自然科学基金委并未因此把我列入黑名单，真心感谢！

省基金获批给了我极大的信心，从1999年拿到第一个省基金以来，仅国家自然科学基金面上项目我就主持了7项，其中2006年获批的国家自然科学基金面上项目“近临界水介质中聚合物改性新方法”完全是建立在第一个省基金的研究工作基础上的，其对省基金未完成的研究内容进行了系统的探索。后来主持的省基金杰出青年团队项目以及2017年结题的省基金重点项目都能保质保量地完成。

截至2017年，我已经在国内外学术刊物上发表论文202篇，其中SCI和EI论文150多篇，已授权发明专利65件，2010年获批成为浙江省“新世纪151人才工程”第一层次重点资助培养人员，同时在近临界水中的反应和生物质定向化学转化领域的研究在国内外都占有一席之地。

浙江省自然科学基金确确实实地成了我科研路上的“敲门砖”，它帮我敲开一扇门，让我找到了可以为之奋斗一生的科研方向。

（浙江大学　吕秀阳）

省自然科学基金，照亮我科研的道路

科研无坦途，这是人们形容科研道路最常用的5个字。回顾我20多年的科研生涯，一路走来，纵然无数荆棘出现在我的面前，我始终没有停止过前进的步伐。因为，省自然科学基金照亮了我前进的道路。在我迷茫和困惑的时候，是省自然科学基金给予我强大的动力，助我披荆斩棘，勇攀一个又一个科研高峰。

1995年，“喷射态塔板上液滴的新测定方法”项目获得了浙江省自然科学基金的资助，这是我从事科学研究工作之后获得的第一个省级资助。之后，我负责主持的科研项目越来越多。先后主持承担了“863计划”重点课题2项（2008年和2009年）、国家重大科技专项2项（2008年和2010年）、国家国际科技合作项目1项（2012年）、国家自然科学基金项目8项（2003年、2005年、2008年等）等国家级项目及浙江省自然科学杰出青年基金（2011年）、重点基金（2017年）等一大批省部级项目。这些项目的获得，为我搭建了良好的科学研究平台，让我获得了无数具有鲜明创新性的科研成果，从而为申请更多的科研项目、开展更具前沿的科学研究奠定了扎实的基础。

挥发性有机物（VOCs）和恶臭气体排放是城市灰霾、光化学烟雾等区域大气环境问题的主要源头。针对传统的化学或物理法难以达到经济、高效的净化效果，我带领团队在长达20多年的时间内，始终围绕废气生物净化技术开展持续研究。2008年，废气生物净化技术在工业应用中遇到了瓶颈。很多人认为这项技术的应用有限，没有必要投入更多的时间和精力开展研究。但我认准该方向，带领研究团队，查阅文献，理清研究思路，逐渐拨开迷雾，取得了一个又一个创新性应用成果。如今，开发的以新型废气生物净化技术融合真菌-细菌复合菌剂、生物载体、新型净化工艺与设备的高效、低阻气态污染物生物降解技术，通过强化气液传质过程，提高了反应速率。与传统生物降解技术相比，污染物去除率、去除负荷大大提高，处理相同气量的设备体积约为国外先进技术的一半，运行费用降低30%以上，并且净化系统能长期稳定运行。通过高级氧化与生物降解的不同能量科学耦合，将难降解大分子物质转化为可降解性小分子物质或完全矿化，实现高湿度、低浓度VOCs和恶臭气体的经济、高效彻底去除。低浓度有机硫混合废气经该耦合技术处理后，系统出口恶臭物质远低于GB 14554—1993《恶臭污染物排放标准》限值，臭气浓度低于厂界限值。目前该技术已在浙江、江苏、山东等17个省（市、自治区）的化工污（废）水处理等领域建立的一大批废气净化工程装置中应用，取得了很好的效果，如在宁夏紫光天化蛋氨酸有限责任公司建立了规模为每小时处理21万立方米废气的净化工程装置，企业应用后认为该装置采用的技术具有流程简单、运行费用低、效率高等特点，能够解决企业低浓度废气污染问题。

“锐意创新”和“钻”的精神让我在科研的道路上越走越远，让我一次次披荆斩棘，用汗水和心血浇筑了令人瞩目的科研成绩。有了自然科学基金等的资助，我在*Environmental Science and Technology*、*Bioresource Technology*等国际权威期刊上发表了一系列高水平的研究论文。在获得丰硕科研成果的同时，自然科学基金等资助项目还为我带来了许多荣誉。凭借这些科研成果，我先后入选“新世纪百千万人才工程”国家级人选、教育部“新世纪优秀人才支持计划”“新世纪151人才工程”第一层次和重点资助培养人员，获教育部“全国高等学校优秀骨干教师”奖励、“浙江十大杰出青年”称号、教育部霍英东青年教师基金等。2011年，我还被浙江省人民政府授予“浙江省有突出贡献中青年专家”荣誉称号。

回顾这二十几年的科学研究生涯，是自然科学基金给了我前进的动力，是自然科学基金给了我克服困难的勇气，是自然科学基金给了我体现自身价值的契机。科研道路还很漫长，无数坎坷还需我去征服。自然科学基金等项目的资助照亮了脚下的道路，我和我一样的科研工作者，一定会在这条道路上走得更从容、更踏实、更遥远。

（浙江工业大学　陈建孟）

铭记雪中送炭之恩

2001年7月，我从浙江大学化学系博士毕业，到杭州师范大学化学系从事教学与科研工作。当年工作单位的科研条件有限，再加之从外省来到杭州打拼，一切从零开始，科研之路的艰辛可想而知。2002年初，我申请的“糖诱导的左乙拉西坦类手性药物的合成研究”面上项目得到了省自然科学基金的资助，虽然资助的经费不是很多，但对我来说，不啻为雪中送炭，给了我在杭州师范大学从事科学研究的信心和动力。2003年我成功申请到了国家自然科学基金面上项目的资助，开始了科学研究路上真正的扬帆。

一晃10多年过去了，在这10多年的历程中，省基金一直在关注和扶持着我，相继给予了我省杰青团队、省重点项目等的资助，促使我在科研上不敢有一丝懈怠，唯有努力攀登。我先后主持完成了国家科技支撑计划课题1项、国家自然科学基金项目3项、浙江省自然科学基金重大专项、浙江省重点科技创新团队等20多项任务，共在 *Chemical Society Reviews*、*Chemical Science*、*Green Chemistry*、*Organic Letters*、*Advanced Synthesis & Catalysis* 等国内外学术期刊发表论文45篇（其中ESI高被引论文5篇），获授权发明专利26项（其中美国发明专利1项）和浙江省科技进步奖一等奖、中国石油和化学工业科技进步一等奖、教育部高等学校科学研究优秀成果奖（科学技术）二等奖等省部级奖项8项。目前担任国际学术期刊 *Current Organic Chemistry* 编委，是 *Journal of the American Chemical Society*、*Chemical Science*、*Angewandte Chemie International Edition*、*ACS Catalysis*、*Chemistry-A European Journal*、*Advanced Synthesis & Catalysis* 等刊物的审稿人。

在省基金的启蒙和一路扶持下，我走过了“从无到有”的科研创新之路，在不断探索、漫长积累的过程中，实现了从纯理论研究向理论应用研究的跨越。回顾走过的历程，快乐与艰辛并肩，感慨与体会共存。

“科研是发现和解决问题的过程”。多年来，我和我带领的“浙江省精细化工过程强化科技创新团队”以科学问题和技术需求为导向，开展的精细化学品，新型催化剂开发，过程强化、智能化等研究，均来源于产业对绿色化的重大技术需求，污染的问题只能通过科技创新解决，这便是我们永远坚守的信念。如：为解决喹诺酮类原料药的绿色生产难题，从2005年起，我便担纲主持国家科技支撑计划课题、浙江省重大绿色化工专项“喹诺酮类抗菌药关键中间体的研发及产业化”等项目，针对喹诺酮类原料药生产规模大、三废污染严重等问题，开发出116个具有新结构的喹诺酮化合物，实现了左氧氟沙星、氧氟沙星、环丙沙星等11个喹诺酮系列原料药的产业化，解决传统的喹诺酮类抗菌药及关键中间体生产工艺能耗高、三废排放量大的掣肼。项目经历了从研发、中试放大到产业化的过程，喹诺酮类原料药的绿色生产新工艺也一直不断在实践中探索、创新，其间与浙江京新药业股份有限公司等在行业内有影响力的上市企业的合作，使得新工艺逐渐被越来越多的企业接受和认可，已推广到7家企业，3年间实现销售收入34亿元。不仅在节能、降耗、减排等项目的研发上取得了令人瞩目的成就，创造了显著的经济、社会和环境效益，而且在团队的体制机制上开展了卓有成效的创新，取得了全国产学研示范的成效。

"授人以渔，则终身受益无穷。"保持高效率科研进度的同时，作为教师，我从未放弃我热爱的三尺讲台，满腔热情教书育人，曾获"杭州师范大学首届学生最喜爱的老师"称号和"浙江省第六届高等学校教学名师奖"。同学们评价："他是一位神奇的魔术师，一支粉笔，几页讲义，便能让复杂的问题简单化；他是一位幽默大师，诙谐的语言，丰富的动作，总能让课堂充满活力……"也许我天生适合当老师，治学上谦虚严谨，教学上挥洒自如，开朗乐观、热情真诚的性格总能让学生备受鼓舞。

对于心中的科学蓝图，也许我这辈子完成不了，但我的思想、我走过的路如果能让后来者得到启发和受益，我便知足了。我带领我的团队，不断探索人才培养和产学研合作的机制创新，为创新创业教育提供了示范案例，为此，2016年获得了中国产学研合作创新成果奖一等奖。道阻且长，行则将至，我会保有志存高远而又不畏挑战的精神气质，带领我的团队在科研的道路上攻坚克难，勇攀高峰。

（杭州师范大学　章鹏飞）

第十章　生命科学领域

省自然科学基金——科研起步的助力器、铺填石

在我的科研路上，浙江省自然科学基金是助力器、铺填石。山核桃嫁接成活率低是制约山核桃良种化进程的主要障碍，为了研究山核桃嫁接成活的机制，2000年，我申请了省自然科学基金一般项目“山核桃嫁接成活的激素调控机理研究”，并获得资助。项目揭示了生长素在嫁接过程中的作用，本砧嫁接成活率从原来不到10%提高到83%，开启了山核桃种质资源收集评价与良种选育新局面，推动了山核桃产业的良种化进程，这部分研究内容也是获得国家科技进步奖项目的主要创新内容。在省自然科学基金资助项目的研究基础上，我后续又不断获得国家自然科学基金的资助，获得资助项目为“质体内IAA对山核桃嫁接成活的调控机理研究”（2003年）、“生长素响应因子ARF对山核桃嫁接成活的调控机理研究”（2010年）、“质膜水通道蛋白CcPIP在山核桃嫁接成活过程中的作用及机制研究”（2013年）、“Aux/IAA在山核桃嫁接成活过程中的作用机理研究”（2015年）。部分研究成果在国际期刊*Tree Physiology*、*BMC Genomics*等上发表。

产量品质是山核桃产业发展的主要内容。为了提高山核桃的产量和提升它的品质，我再次向省自然科学基金委提出项目申请，“山核桃品质产量遗传基础及优化控制”（2002年）、“山核桃成花机理及其调控技术研究”（2007年）分别获得省自然科学基金重点项目的资助。项目重点围绕成花（产量）、成油（品质），开展了应用基础研究与实用技术开发，取得了一系列成果。部分研究成果在国际主流刊物上发表，团队后续也获得了“863计划”和“973计划”及一批国家自然科学基金的资助。

在研究过程中，我始终坚持应用基础研究与产业发展相结合，把研究成果直接应用到产业中，推动了产业的发展。我获得国家科技进步奖二等奖1项，省部级科技进步奖一等奖1项、二等奖2项、三等奖1项；发表各类学术论文60余篇，撰写专著1部；审定山核桃良种3个，获授权专利2项。

（浙江农林大学　黄坚钦）

省基金是我科研之路的助推器

我于2003年硕士毕业后进入中国农业科学院茶叶研究所，从事茶树遗传育种研究工作。

作为一名科研新兵，在当时的大环境下，一些稍微大一点的计划类项目，很难落到像我这样的年轻人头上，所以我只能做一些辅助性的工作，很难建立起自己的研究兴趣和研究方向；而且茶树育种是周期长、基础研究薄弱的学科，应用类的项目申报也非常困难。所以，当时的我对研究方向很迷茫，对于申报项目也没有积极性。

好在单位的领导很关注年轻人的成长，鼓励我申报省自然科学基金项目。于是在2005年，针对我省"安吉白茶"这一特殊叶色变异茶树品种，我从分子机理的角度撰写了申报书——《安吉白茶不同白化阶段基因表达差异研究》。就这样，我的第一个项目得到了省自然科学基金的资助，当时的兴奋心情无法形容，这极大地鼓舞了我的士气，成为我科研生涯的第一个重要起点。

2010年，针对茶树抗寒性的分子机理，我又成功申报了省基金的重点项目，这成为我主持的第一个较大型的项目；随后，我又申报了国家自然科学基金项目，并获得了连续资助。迄今为止，我成功申报3个国家自然科学基金面上项目，并形成了茶树抗逆机理研究的主要研究方向，建立了自己的研究团队，并以基金项目的研究成果为基础，稳定获得浙江省农业新品种选育重大科技专项的资助，主持其中的"茶树抗寒机理研究及高抗品种选育"课题。

自2005年获得第一个浙江省自然科学基金项目以来，我及我的研究团队始终围绕茶树抗逆机理这一主题，获得了包括4项国家自然科学基金面上项目、3项国家自然科学基金青年基金项目、5项浙江省自然科学基金项目（1个重点项目、4个面上项目）以及2个博士后基金（特别资助和一等资助）等多个基金类项目的资助，研究队伍也从2人发展到现在的近20人（包括博士后、研究生等），形成了一支在国内外茶树抗逆分子机理研究方面比较重要的研究队伍。我本人也取得了长足的进步：获评研究员和研究生导师，以第一作者和通讯作者在中文核心期刊和SCI期刊发表相关论文近60篇（其中SCI论文20多篇），获得中国农业科学院科技成果奖3次，入选浙江省"新世纪151人才工程"第二层次培养人选，获得第三届中国茶叶学会青年科技奖、浙江省"万名好党员"称号、中国农业科学院"优秀共产党员"称号等荣誉。这一切成绩取得，都与科学基金的支持和鼓励分不开。

我要感谢省基金给予我们年轻人一个公平竞争的舞台；同时，也郑重向年轻的科研朋友推荐：来申报自然科学基金吧，她是你通向科研殿堂的阶梯！

（中国农业科学院茶叶研究所　王新超）

有害生物研究从省基金启航

褐飞虱看似微不足道，个头如芝麻粒大小，却是亚洲地区一种远距离迁飞性水稻害虫，也是我国长江流域及华南和西南稻区的主要害虫，给我国水稻生产造成极大危害。褐飞虱的迁入量和迁入期一直难以预测，褐飞虱致害性易变和天敌缺少导致抗病品种的培育和生物防治十分困难。二十多年前，我在省自然科学基金项目"导致褐稻虱致害性变异的营养生理学机理"的资助下，对不同地理种群褐飞虱致害性进行比较，明确了褐飞虱的发生地和迁飞途径，创新性地提出了能提前11个月预测、准确率达90％以上的褐飞虱长期预测方法，开辟了害虫发生预测新的途径，研究成果获1997年国家科技进步奖三等奖和国家"八五"重大成果奖。然而，褐飞虱对抗虫水稻品种和杀虫剂有很强的适应能力。研究表明，类酵母共生菌（Yeast-like symbiont，简称 YLS）是褐飞虱正常生长发育所必需，对褐飞虱适应水稻品种抗性和对杀虫剂产生抗药性起着重要作用的物质。因此，在应用抗虫水稻品种和化学农药防治褐飞虱遇到瓶颈的情况下，我们从褐飞虱自身角度出发，从探索 YLS 角度寻找褐飞虱防治新方法：通过抑制褐飞虱体内 YLS 来达到防治褐飞虱的目的，在国内率先提出“抑菌防虫”的新策略。2010 年，“水稻—褐飞虱—共生菌互作体系中类黄酮的作用及其机制”项目获得了省自然科学基金重点项目的资助。研究主要集中在褐飞虱体内 YLS 的多样性以及不同抗性水稻品种对褐飞虱体内 YLS 的影响等。针对褐飞虱体内 YLS 特性，我们提出农药减量使用策略，将作用靶标集中在体内的 YLS，开发新型混合农药制剂，从而实现有效防治褐飞虱的目标。这些研究成果已挽回经济损失达数十亿元。相关的研究也获得了国家“973 计划”前期研究专项“水稻褐飞虱致害性变异机制的研究”和“973 计划”项目“稻飞虱灾变机理及可持续治理的基础研究”的资助。

20 年前，在省自然科学基金项目“保护和提高稻飞虱天敌的生境调节技术研究”资助下，我们提出了通过保护非稻田生境中的天敌提高生物防治褐飞虱的策略。在此基础上，我们进一步利用 DNA 条形码技术和宏基因组分析了包括约 600 种昆虫等节肢动物在内的 DNA 条形码测序，为进一步开展作物有害生物防治提供新的途径。此项内容获得了国家“863 计划”项目“环境监测指示生物基因条形码研究及宏基因组分析技术研究”的资助。

如何实现跨境生物及产制品中危害因子快速精准检测，实现口岸快速通关和保障国门生物安全，作为国家质检行业内唯一一所本科高校，学校和其中的研究团队具有义不容辞的责任。所以，从 2005 年开始我们将研究领域拓展到生物及产制品中有害物质的精准识别和快速检测技术方面。从研发快速、精准、可溯源检测技术及产品这一需求出发，我们结合多学科和多团队的交叉优势，建立了 PCR 仪的温度和荧光校准技术，研发了相关装置，实现了基于标准样品和校准手段的检测结果的可溯源，填补了国内空白，提升了质检行业的检测水平，成果获得国家技术发明奖二等奖；探明了多目标同步快速检测的机理和途径，形成了生物产制品中有害小分子、蛋白和核酸的快速检测技术，研制了试剂盒和试纸条，产生了极大的经济和社会效益，成果获得国家质检总局检验检疫总局科技兴检奖一等奖和多项省部级二等奖。针对跨境生物及产制品中危害因子检测及控制还存在着“测不快、监不清、检不准、灭不尽”的共性技术难题，我们进一步开展精准快速检测及监测技术、控制及无害化技术的研究及标准化。该项工作获得 2017 年度国家重点研发计划“国家质量基础的共性技术研究与应用（NQI）”专项项目“跨境生物产制品和工程生物检验检测及控制技术研究”资助，金额 1084 万元。这是我校自“十三五”以来首次获批主持国家重点研发计划项目，也是我校首次获批主持千万级财政经费项目。

我已从当初的一名年轻的回国人员，成了研究领域的科学家；研究内容已从最初的“褐飞虱”延伸至“生物危害因子的检测与控制”，研究领域也已从“生物安全”拓展至“生物安全与检测”。这些研究工作的开展和所取得的成绩，正是得益于省基金在我研究起步阶段给予我的支持。

（中国计量大学　俞晓平）

从我的科研路子看省基金的前瞻性

在我回国以后，浙江省自然科学基金给予了我2次重要资助。2007—2010年，我获得省自然科学基金的杰出青年科学基金项目资助，完成了项目“影响小脑突触可塑性的若干分子及其机制研究”，资助金额为20万，虽然不多，但对我的研究工作却是雪中送炭。因为当时研究所需的基金比较缺，而正是在省基金的推动下，我在之后的研究生涯中，继续围绕小脑在生理和病理情况中的调控机制展开研究，并终于在2016年获得了国家杰出青年科学基金项目，而此项目正是省基金项目的延伸，充分说明了省基金的前瞻性。

在省基金的先期支持下，我的研究组相继获得科技部重大科学研究计划和“973计划”项目，以及多项国家自然科学基金项目的支持。2014年，省基金基于我过往优秀的工作，又继续给予我重点项目“Kir4.1通道在少突胶质细胞分化和髓鞘发育中的作用”的资助。目前，此项目已经取得了非常重要的进展，通过了中期考核，相关成果有望在国际重要刊物上发表。基于此项目，我作为课题组长获得了科技部干细胞重点研发计划“人少突胶质前体细胞移植治疗早产儿脑白质损伤的替代作用及调控机制”的资助。

我已经在神经信息传递的3个重要层次，即突触传递和可塑性、转运体功能和调节机制、髓鞘发育和轴突传递开展了系统研究，发现了影响神经信息传递、整合和功能的多个重要分子和机制。我发现cPLA2、PICK1、Lgi1等重要信号分子在神经元兴奋性和突触可塑性中的关键作用，为揭示运动功能缺陷和癫痫发病机制提供了新思路；我发现细胞命运决定因子Numb能调节代谢型谷氨酸受体和运动行为，为揭示小脑在精神疾病中的作用提供了理论基础；我发现调节谷氨酸转运体表达及功能的多个分子机制，为理解神经元兴奋毒性、损伤及相关疾病提供了理论基础。

同时，作为通讯作者和第一作者，我在*Nature Neuroscience*、*Neuron*、 *PNAS*、 *Journal of Neuroscience*、*Glia*等顶级杂志发表论文，我还是*Nature*子刊*Scientific Reports*、*Cerebellum*、*Neurochemistry International*和国际小脑研究组织刊物*Cerebellum*的审稿编辑。

（浙江大学　沈颖）

基金助我成长的十四年

1982年我离开浙江建德老家，进入浙江农业大学深造，1989年硕士研究生毕业后留校，师从胡萃教授，开始了我害虫生物防治及昆虫生理生化与分子生物学等领域的教学与科研工作生涯，至今已是第29年了。从一开始的学习参与，到后来深入科研接触害虫生物防治等研究，到现在主持和参与国家杰出青年科学基金、“973计划”课题等项目。我深知，作为一名科研工作者，不仅仅要坚守“务求实学，存是去非”的原则，更应心怀家国，回报社会，勿忘引路人。

2003年，我申请的“内寄生蜂毒液的生理功能及重要生理活性物质的分析”项目获得了浙江省自然科学基金青年科技人才培养项目资助。这对于我来讲，实在是科研生涯的关键启航之埠，既拥有了科研航行中至关重要的一张船票，也是对我以往有关研究与业绩的认可，备受鼓舞，也更加促使我一如既往地努力工作，独立思考与创新，继续前行。在研究过程中，围绕服务现代绿色农业发展需求，深入开展基于寄生蜂的害虫生物防治的基础与应用基础研究，我从传统害虫生物防治的研究转向了交叉融合现代生命科学理论与技术的害虫生物防治新思路、新理论与新方法的探索与实践。一晃十四载，我对省自然科学基金依旧充满了感恩之情，正是在省基金的资助下，我的科研生涯才能生根发芽，茁壮成长。也正是在得到省基金资助之后，我所从事的害虫生物防治、昆虫生理生化与分子生物学等相关领域研究才得以持续深入。

近30年来，我先后主持和参与了国家杰出青年科学基金、“973计划”课题、“863计划”课题、农业公益性行业等项目数十项，在*Annual Review of Entomology*、*eLife*、*PLoS Pathogens*、*Insect Biochemistry and Molecular Biology*等基础生物学和昆虫学领域重要期刊发表SCI论文110余篇，作为主编或副主编出版著作5部，参编国外著作3部，获授权国家发明专利8项，获省部级等科技进步奖10余项，共培养了80余名博士和硕士研究生。同时，在重点开展寄生蜂生殖生理、寄生蜂与寄主害虫免疫互作、寄生蜂毒液活性物质组成与功能基因挖掘利用等研究的过程中，也不断取得一些成绩，并得到同行的认可。先后为了国家杰出青年科学基金获得者、科技部重点领域创新团队负责人、全国农业科研杰出人才及其创新团队负责人、浙江省高等学校教学名师、全国首届百篇优秀博士学位论文获得者，其间，也入选了浙江省“新世纪151人才工程”第一层次和教育部“新世纪优秀人才支持计划”等。这一系列认可与奖励给予我的不仅是深入科学未知领域的欣喜，还鞭策着我不断地告诫自己，要时刻保持勇攀高峰的科研精神，敢于应对科学的未知与困难。

回顾过往，不得不提的便是与我共同奋斗的团队，所有成员都拥有一个共同目标，即期望围绕减少化学农药使用的、基于害虫生物防治为主体的有害生物综合治理体系解决一些关键难题，推动其在将来的实际应用。这个共同的目标将所有成员紧紧地凝聚在一起，成为一个幸福、和谐而富有凝聚力的团队。

再次感谢省自然科学基金数年前给予的帮助，也希望在未来，省自然科学基金能继续坚持以创新能力建设为主线，将培养青年科研人才作为发展的主要方向，这对于还在成长的青年工作者来说是莫大的支持。

（浙江大学　叶恭银）

对基金交出的最好答卷

我在杭州师范大学认知与脑疾病研究中心担任研究员，主要的研究方向是基于多模态神经影像技术的复杂脑网络方法学和临床应用研究，特别重点关注的是阿尔茨海默病和抑郁症。主要是围绕人脑连接组学重大科学前沿课题，在活体人脑网络的模型构建、方法学评价和疾病模型验证等方面开展了一系列工作。

从学生时期依附导师到毕业后独立开展科研，这个转换过程无疑是痛苦的，因为在具体研究方向上我需要做出许多重要的选择。而我又是比较幸运的，因为我有幸在毕业当年，就成功地申请到了浙江省自然科学基金重点项目，正是在该项目的支持下，我可以继续自由、无顾虑地探索自己感兴趣的科研方向。我的团队和合作者一起完成了多项原创性研究，在本领域国际主流学术期刊*Biological Psychiatry*、*Radiology*、*Human Brain Mapping*上发表相关成果论文40余篇，包括4篇期刊封面论文，6篇ESI Top 1%高被引论文；相关研究成果被*Nature*系列、*Science*、*Neuron*、*PNAS*等国际顶级期刊多次正面引用，引用次数达4000余次，并被北美放射学会（RSNA）、News、中国科技日报等单位采访报道。我关于轻度认知障碍患者的脑功能网络研究论文，入选了2013年度*Biological Psychiatry*最杰出论文（共12篇入选，排名第一）。

在2014年度，我又荣获了国际生物精神病学协会Ziskind-Somerfeld研究奖，这是该奖项自2003年设立以来，首次由中国人获得。与此同时，我作为核心成员开发的"脑网络分析工具包GRETNA"，又被Matlab团队遴选为12个高质量的神经科学工具包之一，并在2015年度神经科学学会上展示。

此外，我先后受邀担任*Frontiers in Neuroscience*客座副主编、*Medical Imaging & Interventional Radiology*编委，组织了脑网络新方法研究进展和应用特刊，还主持参与了国家自然科学基金资助项目6项，主持浙江省自然科学基金重点项目1项。

毫无疑问，在我从学生蜕变成一名独立科研工作者的过程中，浙江省自然科学基金重点项目起到了至关重要的促进作用。对于获得的这些基金，我一直怀有感激之情，我更应该做好本职工作，做出一流的科学研究，这才是我们对科学基金应该交出的最好答卷。

（杭州师范大学　王金辉）

第十一章　地球科学领域

建设浙江的蓝天碧海——关心海洋、认识海洋、经略海洋

自1999年以来，我分别承担了省自然科学基金面上项目、青年人才培养项目和NSFC-浙江两化融合联合基金项目3个项目，这3个项目都与浙江近海的海洋环境有关，从当前的生态文明建设角度来说，就是与建设浙江的蓝天碧海有关。虽然我承担的项目侧重于理解海洋环境分布特征和变化规律的基础研究，但总体上来说是为了关心海洋、认识海洋、经略海洋，这也是此篇文章题目的来源。

20世纪90年代，海洋数值模拟已逐步成为与理论分析、海洋观测相并列的物理海洋学研究的三大手段之一，数值模拟能有效地揭示一个海域的潮汐和潮流的分布特征和变化规律。在张立人老师的要求和鼓励下，1999年，我申请并承担了第一个浙江省自然科学基金面上项目——"浙江海域潮汐和潮流的数值研究"，这也是我负责承担的第一个科研项目，它开启了我负责申请并组织实施科研项目的大门。对于我来说，无论是写申请书，还是组织实施都是一种锻炼和考验，但提升了能力，而且培养了自信。研究取得的预期结果更为全面和可信地帮助人们了解了浙江近海潮汐和潮流的分布特征，提升了人们对浙江近海潮汐和潮流的分布特征的认识，发表的3篇论文也被之后的众多学者广泛引用。此后到2005年承担第二个省基金项目之间，我先后负责了一项国家重点基础研究计划（"973计划"）课题和一项国家自然科学基金项目。

2005年，我承担了第二个省基金——青年人才培养项目"东海关键物理过程及其在形成舟山渔场中的地位和作用"。当时，我参与苏纪兰院士和唐启升院士推动的中国海洋生态系统动力学研究已近十年，对中国海洋生态系统，尤其是对它在海洋开发与保护中的地位和作用已有一定的认识，也认识到这是一项需要许多人长期不懈奋斗的事业。考虑到人才培养项目的科学研究与人才培养的双重作用，结合自己科研生涯的长远目标，我申请并承担了省基金的青年人才培养项目。这是国家海洋局第二海洋研究所承担的第二个省基金青年人才培养项目，时隔多年，至今仍有一种初获时的喜悦感。项目进一步提升了人们对浙江近海海洋锋面、跃层和环流等关键物理过程特征的认识，也增进了对浙江近海生态系统尤其是生源要素补充和循环、鱼类产卵和越冬场的作用机理的认识。发表了5篇研究论文，其中海洋温度锋面的时空分布特征及其与鱼类产卵和越冬场关系的论文被国内外同行广泛引用。其间，我培养的1名博士生和3名硕士生顺利毕业。此后到2017年承担第三个省基金项目之间，我先后负责了2项"973计划"课题、1项国家自然科学基金项目和1项海洋公益性行业科研专项项目。

2017年，我承担了第三个省基金——NSFC-浙江两化融合联合基金项目“跨跃层和跨锋面的物质交换及其对东海缺氧演变的影响”。到这时，我对东海缺氧现象已关注了近20年，对缺氧现象多时空尺度的变化、多学科共同作用及其对生态环境危害性也有一定的认识。受气候变暖和人类活动加剧等多重因素的影响，水体缺氧尤其是近海海域缺氧已成为全球主要的生态环境问题之一。水体缺氧是典型的物理—化学—生物等多学科交叉的国际前沿研究课题，受到海洋界的高度关注。目前，国际海洋界对缺氧与影响因素之间的关系已有广泛的研究和深入的认识，但是受资料时空分辨率低和覆盖范围小的制约，缺氧与影响因素之间关系的研究和认识仍偏重于某一时段的诊断关系上，缺少对其变化过程的研究和认识。针对上述问题，我组织了包括物理海洋学、海洋生物地球化学、海洋生物学、卫星海洋学的6名“80后”的年轻科研骨干人员（他们都有承担国家自然科学基金的科研经历），拟综合运用卫星遥感、现场观测和数值模拟的手段，突破资料时空分辨率低和覆盖范围小的限制，从影响缺氧变化的物质交换通量的角度出发，研究跨跃层和跨锋面的物质交换过程和机理，进而揭示东海缺氧的时空分布和变化过程的特征和规律，希望把对缺氧与影响因素之间关系的认识从诊断关系水平提升到变化过程水平，为治理东海缺氧现象提供科学依据。目前已发表了4篇相关科研论文，研究工作进展良好。

我在不同的科研阶段承担了3项省基金项目，第一个面上项目是自己负责申请和实施科研项目的开始，通过申请省基金，既锻炼了能力，又提升了自信，省基金助我走上独立申请和实施科研项目之路。第二个省基金青年人才项目是科学研究与人才培养兼顾，省基金促使我明确了科学研究和人才队伍建设的长远目标。第三个两化融合项目使我能团结多学科学术骨干进行联合研究，为浙江的蓝天碧海，为浙江的生态文明建设添砖加瓦。

（国家海洋局第二海洋研究所　黄大吉）

她给了我科研生涯的“第一桶金”

对浙江省自然科学基金，我一直充满感恩之情。因为她给了我科研生涯的“第一桶金”，伴随着我科研工作的起步和成长。

1993年夏天，我在浙江大学地球科学系完成了本科、硕士阶段的学习后，来到国家海洋局第二海洋研究所海洋化学研究室工作。那时所里的科研条件十分艰苦，实验室用的绝大部分是老旧的国产仪器设备，研究经费很少，上万块钱经费的项目就算是个像样的项目了。整个所除了地质室牵头的大洋锰结核专项，其他没有大的经费来源了。当时工资只有200多元，可即便是这200多元，其中一半还要从承担的课题中支出。为了拿满这几百元工资，很多原本从事海洋调查和基础研究的同事被迫改行从事了一些化工产品的开发。如果要继续从事自己钟爱的研究工作，主要的途径是申请竞争非常激烈的国家自然科学基金或浙江省自然科学基金。

当时我所在的海洋二所化学研究室海洋有机地球化学研究小组连我只有3个人，由于没有多少具体的科研任务，这倒给了刚刚参加工作的我充足的时间翻阅图书馆各类文献资料。记得1995年的一天，我看到了一篇关于河姆渡考古遗址文化层记录全新世大暖期古气候信息的文章，当时便马上联想到，我们组刚刚开展过浙江近海沉积有机地球化学与油气潜力研究，既然陆地有如此大的气候变化，是否可能在相邻的浙江近海沉积物中也可以找到类似的气候和海洋异常的有机分子记录呢？想到这里，我马上与年长的同事商量，是否可以一起申请一个浙江省自然科学基金。在得到同意后，我们赶在截止日期之前提交了一份《浙江近海气候与海洋异常的分子地层学记录研究》申请。由于没有电脑，稿子需要手写、誊清后交由文印室打印、粘贴，因此当时在所里的文印室边修改、边打印的一幕至今历历在目。几个月后，我们提交的申请意外被批准了！这次成功，给了刚刚参加工作的我很大的鼓励：原来基金项目离我们并不遥远。

1996年底，我评上了助理研究员，这意味着可以独立申请浙江省自然科学基金了。自1997年起，我主持申请的项目“浙沪近海工业化以来有机污染的高分辨率分子地层学记录”（1998—2000）、“浙江沿海富营养化与赤潮历史的沉积记录”（2002—2004）先后得到了浙江省自然科学基金的资助，由此形成了我延续至今的近海富营养化和生态效应这个重要研究方向。正是在省基金资助下，我发表了自己的第一篇SCI论文，破格评上了副研究员。2001年10月又破格评上研究员时，我是当时所里最年轻的正高员工。

申请省基金的经历使我在基金申请方面积累了很好的经验。从2001年开始，我陆续申报并获批了5项国家自然科学基金项目（包括1项青年基金项目、2项面上项目、1项重点项目以及1项NSFC-浙江省两化融合联合基金项目）。回顾这些年的科研历程，从科学基金的申请新手，到国家自然科学基金委员会海洋科学学科评审组成员；从初出茅庐的科研新兵，成长为国家海洋局系统海洋生物地球化学的学术带头人、国家重大项目的顶层设计参与者，是早期浙江省自然科学基金的资助给了我科研生涯最初的鼓励和“第一桶金”。目前我担任了国家海洋局海洋生态系统与生物地球化学重点实验室主任，国家海洋局第二海洋研究所科学技术委员会副主任，浙江大学、同济大学、南京大学兼职教授、博士生导师。除了主持国家和省自然科学基金项目外，近年来，我还主持承担了国家科技支撑计划重点项目、海洋行业公益项目重点项目、极地专项专题项目、全球变化和海气相互作用专项研究课题，以及中德、中法、中巴国际合作等20余项科研项目。近10多年来，我所在的团队成员也前后有10多人获得浙江省自然科学基金的资助。

滴水之恩，当涌泉相报。今后，我和我的团队将与所内有关团队紧密合作，围绕“长江口-浙江近海富营养化及其生态效应”这一命题，在两化融合基金项目等多个国家、地方科研项目及所自主课题“LORCE计划”（“长江口浙江近海长期观测计划”）资助下，开展近海赤潮—缺氧—酸化多种生态灾害同步在线观测和形成机理研究，建立以长江口为代表的近海主要生态灾害在线观测平台，在人类活动与气候变化双重压力下，形成近海生态环境从污染物源—生物地球化学迁移转化过程—生态效应预警评估这一整套观测和研究体系，为国家智慧海洋建设提供示范，为近海生态环境保护作出贡献。

（国家海洋局第二海洋研究所　陈建芳）

省基金的杠杆放大效应

我于1990年从浙江大学地质学系毕业后，进入中国科学院广州地球化学研究所有机地球化学国家重点实验室，跟随傅家谟院士从事石油天然气地球化学的研究工作，并于2008年回到母校工作。虽说在此之前已有近二十年的科研工作经历，获得过一些省部级奖励和各类科研项目资助，但到一个新的环境，仍面临缺人、缺钱、缺平台等一系列难题。俗话说“巧妇难为无米之炊”，因此，当时建平台、拿项目是首要任务，而对于前者浙江大学给予了强有力的支持。我到浙江大学后申请获得的第一个项目是浙江省杰出青年科学基金团队项目“表生地球环境石油污染源解析与微生物降解过程表征”，由此开启了我在浙大的科研生涯。

客观地讲，“表生环境有机质来源、归宿及其与微生物作用的耦合效应”研究方向只是我当时的一个想法，之前并没有这方面的研究基础。正是由于浙江省自然科学基金的宽容和资助，才有了今天浙江大学生物有机地球化学研究团队的形成，并且目前团队已吸引2名海外留学人员加入，毕业研究生8名。因此，可以说生物有机地球化学研究团队的形成完全得益于省基金的资助，是小基金杠杆放大效应的真实体现。转眼10年过去了，我先后获得国家自然科学基金、“973计划”专项、国家重大专项等20余个研究项目资助，在沉积有机质来源与生物地球化学过程研究领域小有收获。2009年以来我已发表SCI论文30余篇，多次应邀在学科国际主流会议上作主题报告、大会报告和专题报告，获得了教育部新世纪优秀人才计划资助。

作为普通一员，我非常感恩浙江省自然科学基金在我最困难的时候送上一场及时雨，也希望省基金凝炼更多具有浙江特色的研究方向和研究目标，以项目群的形式，组织力量探索，争取形成具有浙江地理标识的原创新成果，扩大浙江科技的影响力；继续向年轻科技工作者，特别是刚走上科研岗位的年轻人倾斜；加强对平台建设的投入，特别要助力浙江省重点实验室的发展，鼓励省重点实验室结合浙江区位优势，探索前沿领域。祝愿浙江省自然科学基金越办越好，有更多的科技工作者从中受益，同时也希望省基金成为浙江科技与经济发展永远的原动力。

（浙江大学　孙永革）

第十二章　工程与材料科学领域

探索新一代磁敏材料和磁敏元件

我是中国科学院宁波材料技术与工程研究所的研究员。1997年我于中央民族大学本科毕业之后，在中国科学院物理研究所攻读博士学位，2002年毕业并获得中国科学院院长奖学金。之后，我受日本学术振兴会资助在日本大阪大学产业科学研究所做JSPS研究员，受德国洪堡基金会资助在德国凯泽斯劳滕大学做洪堡学者，随后又作为高级研究员在日本国家材料科学研究所国际青年科学家中心工作。2008年3月，我入选中国科学院"百人计划"，加入中国科学院宁波材料技术与工程研究所，并一直致力于柔性磁电功能材料、物理及器件的研究工作。回国当年，我幸运地获得了浙江省杰出青年科学基金（团队）项目和国家自然科学基金项目的资助。对我而言，这是启动我科研梦想的"第一桶金"，实有雪中送炭之感；这也是对我科研能力的一种肯定和鼓励，让我在科技创新之路的新起点上更加信心坚定，敢于面对新挑战，可以更加专心地组建团队和建设实验平台。

2010年，我带领团队建立了浙江省第一个中科院重点实验室，以此推动浙江省磁性材料与器件的基础研究、人才培养和科技成果转化。2011年中科院磁性材料与器件重点实验室顺利通过专家验收，我们站到了一个更高的平台上。

在带领团队开展科技创新的过程中，我们得到了很多支持和鼓励，先后得到"973计划"课题、重点研发计划、国家自然科学基金、中科院科研装备研制计划、中科院重点部署项目、浙江省自然科学基金以及公益攻关项目、宁波市创新团队以及重大国际合作等多个重大/重点项目支持。我的科研团队不断茁壮成长，已有全职科研人员34人，其中国家杰出青年科学基金获得者1人，国家优秀青年科学基金获得者2人，浙江省青年科技奖获得者1人，宁波市青年科技奖获得者1人，浙江省杰出青年基金获得者2人。

我也和团队共成长，先后入选了国家万人计划，获得国家杰出青年科学基金支持，获得浙江省青年科技奖、浙江省有突出贡献中青年专家、宁波市有突出贡献专家等荣誉。目前，我担任亚洲磁学联盟（AUMS）委员、中国电子学会应用磁学分会副主任委员、中科院青联常委、浙江省和宁波市材料学会副理事长、宁波市科协常委等职务，同时也是*Nature Nanotechnology*（*Nat. Nanotech.*）、*Nature Reviews Materials*（*Nat. Rev. Mater.*）、*Nature Communications*（*Nat. Commun.*）、*Advanced Materials*（*Adv. Mater.*）、*Applied Physics Letters*（*Appl. Phys. Lett.*）等50余种国际学术期刊的审稿人。

值得一提的是，在浙江省杰出青年科学基金项目、国家"973计划"子课题、国家自然科学基金项目等的资助下，我带领的研究团队围绕新型磁性敏感材料与新奇物理效应、电致电阻材料与电阻式随机存储器、柔性磁电敏感材料与柔性传感器方面开展了一系列研究工作，取得了一些有创造性的研究成果。特别是在浙江省杰出青年科学基金项目的支持下，我们在钙钛矿型锰氧化物单晶中发现了异常大的各向异性磁电阻效应，为探索新型的各向异性磁电阻材料和磁性传感器开辟了新途径，研究成果发表在《美国科学院院刊》上，受到广泛关注。同时我们发展了多种具有自主知识产权的阻变新材料体系，并在纳米尺度内直接观测了离子运输过程，获得了室温量子电导效应，为理解阻变机制、发展高密度存储器件提供了重要的实验基础。

“士不可以不弘毅，任重而道远。”学术探索永无止境，我相信有了科学基金的稳定持续支持，我和我的团队将以更专注的科研态度，一往无前的进取精神，深耕柔性电子材料与器件领域，最终为我国信息技术的发展贡献自己的力量。

饮水思源，在庆祝浙江省自然科学基金设立30年之际，衷心祝愿浙江省自然科学基金继续走在新科技革命前沿，适应我国经济社会发展的新形势与新常态，持续在培育源头创新能力、促进学科交叉融合、推动协同创新、凝聚科技创新人才等方面发挥不可替代的作用。

（中国科学院宁波材料技术与工程研究所　李润伟）

NSFC-浙江两化融合联合基金助力下一代机器人技术研究

我于2013年12月以“旗舰人才”高级研究员身份加入中国科学院宁波材料技术与工程研究所，全职回国工作。回国之前，我在新加坡学习、工作了将近20年，长期从事机械电子、机器人及制造自动化方面的研究工作，主要研究方向包括精密电磁驱动装置、柔性微纳米操作机器人、模块化可重构机器人、绳驱动机器人及工业机器人等；曾担任新加坡制造技术研究院机械电子研究室研究员、研究科学家、高级科学家、研究室主任，新加坡制造技术研究院—新加坡国立大学精密运动系统联合实验室主任，新加坡制造技术研究院—新加坡国立大学工业机器人联合实验室主任等职务。

2015年，国家自然科学基金委与浙江省人民政府共同设立两化融合联合基金，旨在结合国家战略发展需求，重点解决浙江省在工业化与信息化深度融合领域中共性的重大科学问题和关键技术问题。我以“面向复杂作业环境的模块化移动操作机器人关键技术研究”为项目课题，顺利获得了首批联合基金的资助。该项目所研究的机动灵活、本质安全、构型多变的模块化全向移动操作机器人是面向复杂作业环境的下一代机器人技术的重要发展方向，不仅能有效推进“机器换人”，促进我省传统制造业的转型升级，同时在制造服务业、未来制造业、社会服务业也拥有广阔的应用前景。

围绕联合基金项目，我们在高性能永磁力矩电机、一体化机器人关节、模块化柔顺操作臂、解偶式主动万向脚轮、全向移动平台定位导航等单元技术上取得了系列突破，奠定了在国内的领先地位。以此为基础，我们又在2017年承担了国家重点研发计划智能机器人专项“人机协作型移动式双臂灵巧作业机器人”子课题——“关键驱动单元研究”，以及装发领域基金项目——“移动式双臂协作机器人装配技术”。此外，联合基金的初步研究成果——“全向移动机器人”——已在吉利汽车发动机生产线的搬运环节进行了示范应用，有效提高了生产线的自动化、智能化程度。

在回国后不久就获得两化融合联合基金的资助，这对我来说无疑是巨大的鼓励与肯定。通过基金项目的带动，我的科研团队进一步发展和壮大，并将下一代机器人技术作为团队主攻方向之一。目前，团队已有科研人员62人，包括研究员6人，高级工程师7人；青年科研骨干不断成长，2人入选中科院百人计划，1人入选浙江省万人青年拔尖人才，2人入选钱江人才，1人入选进入中科院青年创新促进会，4人入选宁波市领军拔尖人才培养工程人选。科研平台建设不断完善，在获批建立“浙江省机器人与智能制造装备技术重点实验室”基础上，又新增“中国科学院机器人与智能制造创新研究院宁波分部”“浙江省智能制造装备设计院”“宁波市机器人与智能制造装备产业服务平台”；科研实力不断增强，近年来陆续得到了国家重点研发计划、国家自然科学基金项目、浙江省重点研发计划、中科院科技服务网络计划、宁波市创新团队项目、宁波市重大国际合作项目等多个重大/重点项目的支持，并完成技术转移转化项目1项。

值此浙江省自然科学基金设立30周年之际，衷心感谢浙江省自然科学基金在鼓励源头创新、培养科技人才、优化科研条件、加强交流合作、带动学科发展、提升领域水平等方面的不懈努力和卓越贡献！

（中国科学院宁波材料技术与工程研究所　杨桂林）

浙江省自然科学基金延伸了我的学术之路

2000年从浙江大学博士毕业后，我先后在新加坡、日本从事科研与教学工作，2007年4月从日本东北大学回到母校工作，任机械工程学院的教授。起步阶段的艰辛只有经历过的人才有体会，从熟悉国内的环境、完成实验室建设到招收研究生等，均要亲力亲为，最关键的是，要争取科研经费以支撑实验室的后续发展。我很幸运能在回国的当年，就获得了国家自然科学基金青年科学基金的资助，但是额度只有20万元，根本无法满足实验室更大规模发展的需求。同时，由于刚刚回国工作，在国内的知名度不高，也很难从其他途径获得更多的科研经费支持。2008年，我申请了浙江省自然科学基金杰出青年科学基金并获批，这给了我个人和实验室莫大的支持，我们倍感珍惜，利用这笔经费开展了微纳形貌检测的研究，科研工作逐渐打开了局面。最后，项目验收优秀并获得“十一五”浙江省自然科学基金优秀项目。

随着科研工作的深入开展，2013年我们又获批浙江省自然科学基金重点项目——超大规模集成电路（VLSI）高速、多参量超声显微立体视觉检测技术。这使得我们有机会将研究方向进一步拓展，在微纳制造过程的检测研究方面，实现了从以前的“点”到“面”的铺开，科研工作开始走上快速发展的轨道。

通过在浙江省自然科学基金支撑下的前期积累和探索，“973计划”和“863计划”以及国家自然科学基金一系列项目及其他省部级项目等20余项陆续获批，我在2014年获得国家自然科学基金杰出青年科学基金，并于2015年入选教育部“长江学者”特聘教授。在微纳测量理论、关键技术研究取得如下成果：一是针对微纳制造过程中，跨尺度特征尺寸测量失真引起的“测不到”难题，提出了预测控制的双倾互补测量方法，发明高长-径比探针批量制造技术，实现了数百毫米、线宽20纳米、深宽比100∶1微纳结构的跨尺度测量；二是针对微纳制造过程中，材料微观特性测量过程信号混叠而导致的“测不准”难题，提出了二维反射系数谱拟合算法及相关测量技术，改变了沿用十多年的三平探头测量法，实现了20微米超薄材料的杨氏模量、密度、厚度、声速、声衰减等同时非接触测量；三是针对器件制造缺陷辨识率低而导致的“测不快”难题，提出高精度超声反卷积分离算法，第一次定量解释了苏联科学院院士Bakhmeteff教授于1942年提出的多层耦合理论，实现了2.5到5.0微米内部缺陷的三维成像检测。我们还将取得的基础研究成果、关键技术及重要部件融入新设备开发，研制出具有自主知识产权的跨尺度形貌测量仪和多参数超声显微测量仪。经用户使用和计量科学研究院检测，并经同行专家鉴定为“整体技术水平达到国际先进，主要技术创新点具有自主知识产权，属国际领先，所开发的两套仪器设备为国内外首创”，并成功应用于我国新一代航空复合材料、舰载声呐系统等国家重大工程，获授权专利20多项。我也因此获得中国机械工业科学技术奖一等奖、教育部技术发明奖二等奖各1项。

浙江省自然科学基金的资助延伸了我的学术之路，她的锐意创新精神、公平竞争理念、宽松和谐氛围，给予我做人、做事、做学问的诸多启迪。如今，我作为包括浙江省自然科学基金在内的各种基金及项目的评审专家，面对一份份申请书，特别是青年学子的申请书，总是细致阅读，斟酌再三，期望让有才华的学子能获得学术探索的支持。回想过去，展望未来，一如既往地努力学习，勤奋工作，力求自主创新，为国家和人民做力所能及的事情，应该是我们科技工作者应承担的责任和义务。

（浙江大学　居冰峰）

科研道路上贵在坚持

抱着对未来清洁氢能源的向往，自2000年以来，我一直从事氢储存相关的基础理论和应用基础研究，特别是先进储氢材料研究。2009年，即在我结束新加坡国立大学博士后研究回国后的第三年，我向浙江省自然科学基金委提交了第一份一般项目的申请书，虽然信心满满，但结果并不尽如人意，第一次申请函评就没有通过。我没有气馁，认真学习、分析评审人的意见，找差距，补短板，不断增强个人实力。通过不懈的努力和积累，终于在2015年，成功获得了浙江省杰出青年科学基金的资助，重点开展配位氢化物储氢材料的性能调控及其机理的研究工作，目前项目进展顺利，并取得了阶段性成果。

浙江省自然科学基金项目的申请经历让我深刻地认识到，做任何事情都必须坚持到底，付出百分之百的努力，才有可能取得成功。在这一决心的指引下，我先后承担了浙江省杰出青年科学基金和浙江省科技计划、国家优秀青年科学基金、科技部“863计划”课题、教育部博士点基金等科研项目18项。个人也成功入选了国家万人计划青年拔尖人才和教育部长江学者奖励计划青年学者项目，得到国内外同行的广泛认可。

在浙江省杰出青年科学基金及国家优秀青年科学基金等重大项目的资助下，我在高容量储氢电极合金的体系创制、合金电极循环容量衰退机制和新型金属配位氢化物储氢材料的脱/加氢机理等方面取得了一系列创新性的研究成果。获授权发明专利35项，在*Nature Communications*、*Advanced Energy Materials*、*Advanced Functional Materials*、*Journal of the American Chemical Society*等学术期刊上发表SCI论文180余篇，SCI论文被引次数总计4500余次。

作为一位青年科技工作者，深刻体会到了科研工作的艰辛和不易，衷心希望浙江省自然科学基金委继续加大对在浙青年科研人员的支持和投入，在他们科研工作起步最需要支持的时候，能够给予及时的资助和支持，以便对青年科技工作者的成长和成才起到关键性的推动和托举作用。

（浙江大学　刘永锋）

科学基金助我成长

2003年是我个人在科研道路上奋斗的起点。我从一名普通教师一步一个脚印走到今天，在机器人驱动器、农业机器人领域辛勤耕耘，小有建树，形成了自成一体的学术成果，建立了一支团结向上的科研团队。在这奋斗和成长的10多年里，科学基金一路随行，始终给予我和我的团队在项目经费和自信心上的资助。

自2003年开始，我选择了机器人领域的研究，具体从事机器人柔性驱动器的理论和应用基础研究。当时由于实验条件有限、缺乏必要的经费，研究工作仅仅停留在理论分析上，进展相当缓慢。2004年初，在浙江工业大学科研处的引导下，我认真整理了自己在机器人气动柔性驱动器方面的研究思路，撰写提交了省自然科学基金面上项目申请书《新型气动柔性关节的基础研究》，并获得资助。省自然科学基金项目的资助为我在机器人领域的深入研究提供了第一笔经费，并且使我有机会独立主持科研项目，逐步锻炼了我凝炼科研思想，申报科研项目，组织、实施和管理科研项目，及时总结科研工作形成学术成果的能力。以省自然科学基金项目研究成果为基础，2006年我与中国农业大学、华南农业大学联合，成功申报了一项国家“863计划”专题课题“基于机器视觉的果树采摘机器人关键技术研究”，基于柔性驱动器研制的苹果采摘机械臂和柔性机械手是项目的主要创新点和应用技术基础。2007年，我又参与了国家“863计划”专题课题“温室环境下果实信息感知与黄瓜收获机器人关键技术研究”，应用气动柔性驱动器研制了黄瓜的采摘机械手，并顺利通过科技部组织的专家验收。

从第一个省基金项目立项开始，逐渐有志同道合的年轻教师加入到我的研究工作中。年轻教师在气动柔性驱动器研究的基础上，于2007年和2008年分别获得1项省自然科学基金项目资助，从事后续的基础和应用研究工作，同时，在科学基金的支持下，年轻教师得到了充分的锻炼和提高，迅速成长为科研的骨干力量。我们所从事的机器人气动柔性驱动器研究也逐步形成了较为成熟、完备的理论和技术体系，同时形成了一支由教授、副教授、讲师、博士生组成的较为成熟的科研团队。

我们团队在省自然科学基金项目资助的基础上继续挖掘提炼气动柔性驱动器研究和应用中的科学问题和技术问题，经过不懈努力，分别于2006年和2010年成功申报国家自然科学基金项目“基于气动柔性驱动器FPA的气动柔性灵巧手研究”和“大柔性灵巧手稳定操作机制研究”，于2009年成功申报国家“863计划”专题课题“新型气动柔性驱动器及其在机器人系统中的应用研究”，进一步提高团队的研究能力、学术水平和影响力。同时，我所领导的科研团队也得到了省自然科学基金委和相关领域专家的认可，于2010年获批浙江省自然科学基金杰出青年团队项目。团队成员也相继于2015年获得省基金青年科学基金项目资助、于2013年获得国家基金青年科学基金项目资助。

我和我的团队在这十多年奋斗历程中的每一次进步都离不开科学基金的资助，科学基金始终伴随着我在科研道理上积极进取、不断成长。

（浙江工业大学　杨庆华）

第十三章　信息科学领域

让机器人看到精彩的三维世界

2004年，我从香港回到浙江工业大学，那时是一名刚刚毕业的博士生，从来没有独立承担过科研任务，只知道做出科研成果相当不容易，因此也从没想过要申请基金项目的资助。

到大学入职后，首先做的事情就是申请浙江省自然科学基金项目“高效三维结构光编码方法研究”和国家自然科学基金项目“立意感知规划及其用于三维未知对象建模的研究”，幸运的是都获得了资助。从此开始了我独立领导研究小组进行科学研究的路程。

第一个申请的科学基金项目的内容往往决定了一个科研人员在这一生中所从事的行业领域，对于这两个项目，我们的理解就是让机器能看到所处的三维世界。我们的周围将有越来越多的机器人朋友，为了让他们看到这个环境和照顾我们人类，需要让他们拥有强大的视觉感知能力。我们人类的知识有80%以上是通过视觉获得的，视觉因此是机器世界智能化的最重要环节之一。我们将计算机技术、生物技术与认知科学等多学科交叉融合，促进了基于自然特征的、以图像和视觉信息获取技术的发展，推动研究组在机器环境理解、三维视觉、图像处理、生物信息识别等方面展开深入研究，尤其在有关快速感知、变形体建模、数据实时获取以及场景理解等方面进行前沿的创新性探索，并着重研究能获得与实际物体严格对应的景物深度和色彩对应图的视觉传感器。并且我们还在空间物体的数据采集、处理、描述、表达过程中采用创新的描述方法，形成一种以立体视觉为获取手段、以数字几何为计算工具、以人为中心的智能感知与计算模式。

2012年，本人承担完成的第一个研究项目获得了“十一五”浙江省自然科学基金优秀项目奖，这是浙江省自然科学基金委过去5年来评选的100项优秀项目之一。在该基金资助下的一篇学术论文“Real-Time Three-Dimensional Surface Measurement by Color Encoded Light Projection”，也获得了“十一五”浙江省自然科学基金优秀论文奖（100篇之一）。另外先后还有4篇论文获得了浙江省自然科学优秀论文奖和浙江省自然科学学术奖。

在基金项目资助下研究工作开展顺利，我们取得了丰富的研究成果，至今已经在国际期刊和会议上发表研究论文300多篇，包括在*IEEE Transactions on Evolutionary Computation*、*IEEE Transactions on Image Processing*和*International Journal of Robotics Research*等国际著名期刊上发表的SCI论文100多篇，还出版了学术著作10余部，申请和获得近100项国内外发明专利，在国际上产生了较大的影响。发表的论著被引用达2000余次，3次获IEEE国际学术优秀论文奖，累计18篇论文入选ESI高被引论文和ESI热点论文，2篇入选中国百篇最具影响国际学术论文。我也于2015年度入选全球高被引科学家名单(中国含港澳台只有148位科学家获此荣誉),连续多年入选中国高被引学者榜单。本人也在这些年来获得了德国洪堡基金、省科技进步奖一等奖、教育部自然科学奖二等奖;入选IET Fellow、浙江省"新世纪151人才工程"第一层次和重点培养人选,被授予全省侨联系统先进工作者、全省高校优秀共产党员等称号。

在进行基础理论研究的同时,我们把先进技术与工业应用融合,形成基础理论到应用系统的技术链,研究成果在多个领域应用,如应急指挥、智能交通、灾难预防、生态环保、生物医学、工业生产、节能、智能家居等行业和领域,产生了明显的经济和社会效益。

这么多年来,支持我们整个研究组开展科学研究的也主要就是自然科学基金。除2004年获得的省基金和国家基金外,我们于2008和2011年申请并获得另2项国家自然科学基金项目"基于领域唯一性彩色编码的实时三维视觉方法研究"和"超精度视频内容三维重建"资助,于2010年获得浙江省杰出青年科学基金项目"机器人自主视觉行为规划和复杂环境三维建模"资助。2013年,在机器视觉和图像理解领域获得了国家杰出青年科学基金资助。2016年,把机器视觉理论与安监应用进行结合,研究项目"非结构化复杂环境中的主动视觉感知分析及城市智慧安监应用"获得了国家自然科学基金与浙江省的两化融合联合基金(重点项目)资助。十多年来,我们逐渐建立了强大的研究队伍,拥有了良好的基础平台和研究条件。我们有坚强的信念,相信将使机器人能看到的世界越来越精彩,使机器与人类关系越来越友好。

(浙江工业大学　陈胜勇)

曲高和众

上大学的时候,读过薛定鄂的《生命是什么》。时至今日,里面讲什么大部分都忘了,记得最为清楚的是:"知识的各种各样的分支在广度与深度上的展开,使我们陷入一种奇妙的困境。我们需要将知识综合为一个统一体,但是另一方面,一个人想要充分掌握比一个狭小的专门领域再多一点的知识,也已经是几乎不可能了。"从事科研近20年,时常想起这句话,也因此奠定了我科研的基调:科研是"曲高"的活动,研究方法要"合众",并且研究成果要"和众"(惠及群众)。2011年,我申请的有关医学图像分析转化到临床方面的研究课题得到了浙江省自然科学基金的资助。虽然在此之前,我拿到过多次国家自然科学基金项目,也已经得到过"973计划"课题资助,但是这个项目对我来说弥足珍贵,是我的第一个"和众"项目。在这个项目的支持下,我们与浙江大学附属邵逸夫医院、浙江省中医院等单位合作,以无创的方式基于医学图像资源构建心脏疾病早期的定量参数。面对海量的心脏医学信息资源,我们最为迫切的或许已经不是创造新信息,而是发现真正的有效信息,这是这个项目最大的意义。通过项目的实施,我们能为提升疾病的诊断能力提供一点帮助,已使我非常开心。

多年来,我先后承担国家杰出青年科学基金、重大科学仪器等10余个研究项目,发表论文130余篇,其中SCI论文70余篇,获得国内授权发明专利15项,美国授权发明专利3项,省科技进步奖二等奖1项;在国内外会议上作特邀报告30余次;培养研究生20名。在图像信息获取方面,我提出了完全有别于统计迭代的状态空间重建方法,解决了噪声与模型双重不确定性和融入生理先验信息等难题;在心脏医学图像分割方面,发展了无网格level set和自适应影响域约束的测地线活动轮廓模型,实现高精度分割的同时保证高效的实现速度;在心脏图像分析方面，构建了面向心脏图像的生理模型约束的状态空间分析技术，为解决从含有噪声的图像数据鲁棒提取所研究的组织特性这一经典难题提供新思路。

科研是一种孕育，痛苦而又快乐。如今我仍然走在“和众”的路上，一个课题改变不了世界，但可以改变一个人，从而去改变世界。

（浙江大学　刘华锋）

基础研究的“宁静家园”

2002年我博士毕业留校工作后，所获得的科研生涯中的第一个项目是浙江省自然科学基金面上项目，这一项目是关于如何通过融合视觉、听觉和文本等多模态特征来进行视频摘要生成的。

当时评审专家对这一项目的创新性予以肯定，但是也客观地指出了项目实施过程中会遇到的难点和挑战。记得在项目书撰写过程中，我花了大量时间对这一领域的最新进展进行对比分析、厘清思路、架构技术路线等，为我今后独立撰写科研项目申请书打下了良好基础。

基金申请书的撰写是一个艰苦的过程，其不仅要善于对研究现状进行高度总结，揭示其难点和不足，更难能可贵的是，需要从中凝练出好的思路和好的技术路线。基金申请书写作犹如古人写诗填词，除完成构思立意、布局谋篇外，还要字斟句酌，所谓“一字未安细推敲”。

我一直对关注基础科研的基金项目怀抱巨大热情，将基金视为“宁静家园”，因为基金项目关注原创性和前沿性的研究，可极大提升科研工作者独立思考的能力。14年来，我先后主持了国家杰出青年科学基金、国家自然科学基金面上项目、国家自然科学基金委-浙江两化融合联合基金重点支持项目、国家自然科学基金青年项目等，在*IEEE Transactions*上发表论文26篇，中国计算机学会推荐的A类会议论文30多篇，获浙江省自然科学奖二等奖1项。

在这些项目资助下，针对多媒体大数据背景下内容跨越和语义关联等科学问题和重大应用，通过模态互补、逐层抽象、结构约束、群智交互等学术思想对跨媒体表达建模、语义理解和知识图谱构建等基础理论问题进行了深入研究，为克服“异构鸿沟”和“语义鸿沟”提供了新的理论方法和计算模式，支持了媒体语义学习、检索合成和知识发现等重大应用。

回顾自己的成长过程，省自然科学基金项目是我学术生涯中主持的第一个项目，对我的独立科研能力培养意义重大。希望未来省基金能继续大力支持年轻人的成长，推动学科交叉研究，以攻关重大科学问题的模式来实现学科协同。

（浙江大学　吴飞）

省自然科学基金助我凝聚团队创佳绩

“一个篱笆三个桩，一个好汉三个帮。”在科学研究团队中如若不能融洽地沟通和交流科研进展，必然导致故步自封、寸步难行。省自然科学基金青年人才培养项目的资助，使我顺利组成了一个科研氛围良好、结构合理的团队，目前主要从事光电功能材料研究。

从2006年第一次获得省自然科学基金至今，通过整合研究项目所涉及的各学科的研发力量，已逐步形成了以中青年教授、博士和硕士研究生为研究骨干的专业素养高、科研能力强的研究团队。我们从事的属于多学科交叉项目，涉及光学工程、材料学、物理学等学科。在项目研究过程中，团队成员各展所长，定期进行学术交流与讨论，实现了学科间的优势互补。

获得省自然科学基金青年人才培养项目之后，针对目前稀土掺杂光纤放大器带宽窄的缺点，我们团队着手探索新的可实现超宽带放大，并具有良好物化性能的超宽带光纤放大器，最终实现了带宽超过300纳米的超宽带放大。该项目研究成果SCI和EI论文已有20余篇，获授权国家发明专利3项，其顺利开展为建立超宽带特种光纤自主知识产权提供了技术储备。

在此项目的基础上，我们团队紧接着对低熔点无铅封接玻璃和白光LED用稀土荧光粉进行研发，其中前者获得了2009年浙江省科学技术奖二等奖。

在省基金的大力帮助下，我们团队取得累累成果，自身科研能力也得到提升。至目前为止，在国内外重要刊物上已发表SCI论文60余篇，获授权国家发明专利10余项。

（中国计量大学　徐时清）

第十四章　管理科学领域

我与省基金的故事

我于2012年夏天来到浙江工作，很快被这片充满着创新和拼搏精神的热土深深吸引住了。在学院的支持与指导下，我很快申请到了2013年浙江省自然科学基金的杰出青年科学基金项目，研究第三方物流的管理问题。后来几年，随着阿里巴巴和京东等电商的进一步崛起和快递行业的高速发展，实践证明，省基金对这个项目的资助是非常有前瞻性的。

省杰出青年科学基金项目也是一个人才培养项目。在省杰青项目的培养下，我们不仅做出了一系列的原创性科学成果，还培养了很多名研究生，给了我们很大的信心。在省杰青项目的引导和支持下，过去5年（2013—2017年），我先后承担了浙江省之江青年社科学者项目（2014）、国家自然科学基金面上项目（2014）、国家杰出青年科学基金项目（2015），发表的SSCI/SCI期刊论文37篇，中文高水平期刊论文8篇，企业实践论文7篇，获得了4项国际知名的学术奖励，被Elsevier评为2014—2016年“中国高被引学者”，成为运营管理领域顶级期刊*Journal of Operations Management*的副主编和*Production and Operations Management*的编委。

我从事物流与供应链管理研究，主要做了4个方面的工作：首先，通过把市场学、战略管理、企业行为学和信息管理等领域的理论和方法应用到供应链管理领域，丰富了供应链管理领域的知识，为供应链管理学科发展建立了新的研究方向。例如，把关系营销的理论和供应链整合起来，建立了关系管理和供应链整合的新理论，让国内外学术界认识到“企业间关系”在供应链整合管理中的重要作用；将单个企业的质量管理拓展到供应链层面上，建立了供应链质量整合管理的新研究方向。其次，使用多个理论视角对供应链管理相关问题进行研究，为多个理论在供应链领域的应用提供了实证依据。同时，提出了多个供应链相关的新概念，如“供应链平衡”“供应链权力”“供应链质量整合”等，对深入研究供应链问题奠定了坚实的理论基础。再次，在方法论方面也有一定的创新，如建立并使用权变（Contingency）和结构（Configuration）混合的方法进行了供应链整合的分类法研究。最后，对我国企业供应链管理的发展状况有较全面而深入的探索，对提升我国企业的供应链管理的实践水平有较大贡献，给企业在供应链整合、质量管理、关系管理等方面提供了具体的建议和指导。

感谢省基金的资助，我希望能在省基金的支持下，帮助更多年轻人成长，做出来更多、更好的成果。我对省基金也有一些期望：首先，我希望省基金能够支持更多的原创性研究。原创性研究对科学发展的推动作用很大，具有很强的前瞻性，同时也意味着短期内的实用性较弱，属于“前人栽树，后人乘凉”类型的工作，这类研究往往也更需要纵向项目的支持。其次，我希望省基金多支持一些交叉学科研究。交叉研究在各自的学科往往属于边缘学科，在学科日渐成熟的今天，学科边缘的交叉地带往往有做出创新性研究成果的潜力。最后，我希望省基金能多支持年轻人的研究。年轻人的基金，往往相当于创业者的第一桶金，给年轻人的帮助，不仅是物质方面的，还有精神层面的，能激发年轻人对学术的热情。

（浙江大学　霍宝锋）

第十五章　医学科学领域

浙江省自然科学基金的资助一直激励着我

2004年，我结束了美国的博士后研究工作，回到母校浙江大学药学院，继续从事教学科研工作。经过在科研上的不懈努力，2006年我有幸获得了浙江省自然科学基金人才项目资助。2010年，我顺利完成人才项目，又申请获得了浙江省自然科学基金重点项目的资助。这些资助对我从事的肿瘤药理研究工作是莫大的鼓励，更加坚定了我在抗肿瘤药物作用机制和基于靶点的新药研发工作中的决心，为我科研工作的深入开展和创新发展打下良好的基础。

众所周知，浙江省自然科学基金注重基础研究、自由探索、青年人才培养和国内外合作交流，形成了由研究类项目、人才类项目和学术交流类项目三大系列项目组成的资助体系。省自然科学基金求真务实的精神，时刻激励着我努力提高自主创新能力，立志为我省乃至全国的创新医药事业作出更大贡献。

我重点专注于抗肿瘤创新药物分子作用机制的前沿科学问题，以调控肿瘤微环境的关键蛋白作为切入点，探索关键蛋白的功能、调控方式及下游信号转导通路，并基于此发现可用于干预肿瘤细胞恶性演进的小分子候选药物，在新机制阐明、新分子发现和新模式探究等方面取得了一批原创性成果：(1)缺氧核心蛋白合成降解新模式研究成果；(2)缺氧介导肿瘤转移新机制研究成果；(3)肿瘤微环境蛋白新功能研究成果。上述研究不仅丰富了肿瘤微环境生物学功能的基础理论，而且对有效推进基础研究向临床应用的转化发挥重要作用，近年来已发现数个抗肿瘤候选药物，其中代号为Q39和GL3的候选药物，均入选国家重大新药创制候选药物资助范围。

近年来，我先后获得了国家自然科学基金杰青项目、教育部新世纪优秀人才支持计划等资助，并担任了浙江大学药学院院长一职，作为负责人获批建设浙江省抗肿瘤药物临床前研究重点实验室；先后主持国家自然科学基金、国家科技重大专项“重大新药创制”课题、国家国际科技合作专项、教育部协同创新中心药效平台等国家级科研项目10余项，在国际知名刊物发表SCI论文160余篇，获授权发明专利20余项；获得教育部科技进步奖二等奖和浙江省科技进步奖二等奖等奖项；同时担任国家食品药品监督管理总局药品评审中心新药评审专家、中国抗癌协会抗癌药物专业委员会副主任委员等职务。

浙江省自然科学基金作为我省基础研究的种子基金与人才孵化器，在原始创新、人才培养、学科发展等方面发挥着重要的推进作用。我取得的成果和奖项都得益于这些年浙江省自然科学基金的资助，她一直鼓励和激励着我，让我潜心致力于肿瘤药理学的研究，为我省抗肿瘤创新新药的研发作出贡献。

（浙江大学 杨波）

浙江省自然科学基金使我的科研事业不断进步

2004年，我从日本国立放射医学综合研究所被引进到浙江大学工作，在回国后的科研起步阶段，非常难得地得到了浙江省自然科学基金杰出青年项目的支持，解决了当时项目经费短缺的问题，对我顺利起步开展分子影像相关研究有非常好的帮助，也为我进一步组建团队提供了重要支撑。

在省基金的支持下，我与我的研究团队刻苦攻关，完成了多项分子影像相关研究，建立了多个针对重大疾病精准影像的新方法，在国际本领域权威期刊发表了系列SCI论文。我本人被评为浙江省十大杰出青年，获得了浙江省青年科技奖，创建了省内第一个医学分子影像重点实验室，入选了浙江省151人才工程及浙江省卫生高层次创新人才培养工程培养对象。

针对2006年诱导多功能干细胞（iPSC）的出现，我们开始了探索iPSC的在体生物学机制。在经历了2年的项目构思及可行性论证后，申请的项目“监测诱导多功能干细胞（iPSC）治疗的双模式分子影像技术开发”获得了浙江省自然科学基金重点项目支持，为开展iPSC及系列干细胞的研究起到了重要推动作用，使干细胞的分子影像示踪研究逐渐成为我们团队最重要的研究方向之一。

在省基金的支持下，我们建立了干细胞治疗的分子影像学在体评价手段，系统研究并揭示了体外诱导多功能干细胞、胚胎干细胞和神经干细胞对中枢神经损伤的修复作用，明确了干细胞治疗神经损伤机制，为干细胞的合理临床转化提供了确实可靠的科学依据。部分研究内容发表在核医学分子影像领域顶级杂志，如美国核医学与分子影像学会官方学术期刊*Journal of Nuclear Medicine*（*J. Nucl. Med.*）上，并同期配发由国际著名神经影像学者、美国华盛顿州立大学Satoshi Minoshima教授撰写的专题评述文章，给予研究高度评价。德国科学院院士、德国马普神经研究所（Max Planck Institute for Neurological Research）名誉所长、*J. Nucl. Med.* 副主编Wolf-Dieter Heiss教授也专门来信，认为“它将功能影像和干细胞治疗缺血性脑损伤模型相结合，首次证明了将移植干细胞整合在功能网络能够改善脑功能。这项创新研究为脑损伤治疗提出了一种崭新的方法”。

在此基础上，我们进一步利用正电子发射体层成像（PET）的活体、无创、长期、反复和定量的高灵敏显像技术，对缺血性脑损伤动物模型进行iPSC及中药协同治疗，并与经典神经干细胞（NSC）进行比较研究，发现了iPSC与中药联合治疗缺血性中枢神经损伤的协同修复作用，进一步揭示了iPSC和NSC移植后，脑功能代谢的在体时空动态变化规律及其与行为功能恢复的动态关系。该研究的重要意义在于，通过PET在体评估方法，从整体水平揭示了iPSC移植后的分化和作用规律及中药协同效应，不仅实现了在体脑功能与行为时空动态变化规律，而且对干细胞的转化研究与应用，提供了重要的在体评价方法。这项研究也发表在美国核医学与分子影像学会官方学术期刊*J. Nucl. Med*上，并被作为研究亮点配发由美国霍普金斯大学/美国国立卫生研究院Cahid Civelek教授撰写的特邀专题评述，重点阐述了研究的重要意义和影响。

近年来，我一共发表了SCI文章近百篇，申请国家发明专利10项，已获授权3项，参编了人民卫生出版社的五年制、七年制及八年制高等医学院校统编教材《核医学》及英文专著*SPECT*: *Technology*, *Procedures and Applications*，主笔“SPECT in Parkinson's Disease”章节。2014年获得了国家杰出青年科学基金，入选国家“万人计划”特聘专家，国家科技部“中青年科技创新领军人才”，担任国家重点研发计划（干细胞专项）首席科学家。

在此，感谢浙江省自然科学基金的帮助，在我科研事业发展的关键时刻给予支持，使我的科研事业不断进步，我们将不忘初衷，坚持科研信念，在科研道路上继续前进。

（浙江大学　张宏）

科学基金，是鼓励更是鞭策

2009年，我获得浙江大学临床医学博士学位，并进入浙江大学医学院附属第一医院工作。八年来，我先后承担浙江省自然科学基金面上项目和杰青项目各1项，参与面上项目3项；并以此为基础，承担国家自然科学基金项目4项（优青1项、面上2项、青年1项）。作为一名临床医师，能够连续获得自然科学基金的资助，实属幸运。回首科学基金的一路陪伴，心怀感恩。

初出茅庐，遭遇当头一棒

2010年，第一次申报省基金。我在半个月的时间内，草草地准备了申请书，拟研究肝病免疫机制，结果以失败告终。现在回过头来看，这份申请书漏洞百出，具备低质量申请书的所有特征，比如立项依据不充分、科学假说不明确、研究思路不清晰、技术路线不详细，等等。同年申请的国家自然科学基金青年项目，也因为一篇短篇论文未标注letter，虽然进入二审但最终没能通过评审。两次申报，虽然都没有成功，但从中吸取的经验教训使我受益良多，我明白写科学基金申请书，是做学问的重要组成部分，和做人做事一样，必须认真谨慎对待，用心去做，脚踏实地，讲究规范，力求完美。

再次申报，初尝成功滋味

2011年，第二次申报省基金。这次我提前大半年开始准备，早早地写好初稿，多次请老师、同事、同学修改，力求精益求精，终于如愿以偿，收获了科研路上的第一桶金——10万元经费资助。然而，获得资助后的研究工作并非一帆风顺。这个项目拟探讨miR-223对肝损伤的调节作用及机制，但我们发现，miR-223与肝损伤程度呈正相关关系，但是抑制miR-223并不能减轻肝损伤，反复多次实验都是同样的结果。表明miR-223或许只是肝损伤的标志物，但不是调节肝损伤的关键分子。眼看任务书中后续研究无法继续开展，在焦急和迷茫中，我们转向探讨了另一个miRNA（miR-370）在肝损伤中的作用，并有阳性发现，由此省基金项目也顺利通过结题。通过这个项目的实施，我们团队积累了更多的研究基础，我申报的2012年国家自然科学基金青年项目、2014年国家自然科学基金面上项目也相继获得成功。感谢省基金的支持与包容，为自由探索提供了相对宽松的环境。

三次申报，向前迈进一步

2015年，第三次申报省基金。这次我尝试申报省杰青项目，在脂肪肝与高尿酸临床研究基础上，以尿酸代谢关键酶——黄嘌呤氧化酶为切入点，开展分子机制研究。虽然做了精心准备，但我深知省杰青项目申请竞争激烈，况且当年31岁的我在资历上并不占优势，所以心里颇有“尽人事、听天命”的感觉。当得知省杰青项目获得立项的时刻，惊喜万分！这是一场及时雨，为我们团队从临床观察性研究向分子机制研究过渡提供了经费支持；这更是一针兴奋剂，让我们团队感受到了同行的肯定与鼓励的兴奋。大家铆足干劲，夜以继日工作，2篇论文连续发表在肝脏病学权威期刊*Journal of Hepatology*上。省杰青项目的资助显著提升了我们团队的研究热情和水平，我们逐渐形成了研究特色。在此基础上，2017年，我同时获得国家自然科学基金优青项目和面上项目资助，分别从上游和下游两个方向探讨黄嘌呤氧化酶调节脂肪肝的机制，预期结果将更深入地揭示尿酸在脂肪肝中的作用，为脂肪肝防治提供更多新依据。

过去的八年，是省基金一路陪伴的八年、一路支持的八年、一路鼓励的八年，让我在临床科研道路上不断成长，点滴进步。回首过去，心怀感恩；展望未来，肩负责任。作为一名临床医师，如何开展与临床紧密结合的科研工作，如何提升综合素养开展高质量研究，如何实现成果转化服务于临床实践，都将是需要思考的问题。放眼未来，我将不忘初心、脚踏实地、砥砺前行，努力做出更多更好的成绩，回报省基金的支持与厚爱。

（浙江大学　徐承富）

基金伴侣“助推”我成长

从2004年开始，我先后在德国海德堡大学、洪堡大学和柏林自由大学联合Charité医学院、美国加州大学洛杉矶分校、哈佛医学院攻读博士、博士后，于2012年3月决定从美国哈佛医学院附属Beth Israel Deaconess Medical Center器官移植研究所回国，作为第三批绿色通道引进的海外优秀人才回到浙江大学，从跟随国外导师研究转型到自己独立开展科研工作。回国第一年便开始申请浙江省自然科学基金杰出青年科学基金和国家自然科学基金面上项目，由于是第一次申请国内科研基金，心里始终忐忑不安，幸运又感动的是，我的两个不同方向的研究课题分别受到了浙江省自然科学基金和国家自然科学基金的资助。相比国家自然科学基金来说，虽然浙江省自然科学基金的资助强度低一些，但对于我来说，其意义非同寻常，这是一个重要的人才项目，让我有了前行的信心和动力，助推了我的独立科研思想。

近几年来，我先后承担国家优秀青年科学基金、国家自然科学基金面上项目等多个研究项目，是浙江省首位获得“国家优青项目”的外科医生，入选了浙江省医坛新秀、浙江省“新世纪151人才工程”（第三层次）、钱江人才计划等，作为第一或通讯作者先后发表SCI论文10余篇，出版专著2部，其中，英文著作*Rodent Transplant Medicine*在全球出版发行后，电子版已相继被下载了6000次以上。2013年荣获教育部高等学校优秀成果一等奖，培养硕士、博士研究生多名。科学研究的工作成果受到了国内外同行的引用和关注，先后受邀在国际会议作报告4次，担任会议主持人3次，担任了第三届留德东亚生命科学国际学术研讨会秘书长，受邀担任中华医学会器官移植学分会第七届委员会异种移植学组委员、中国医师协会临床精准医疗专业委员会青年委员会委员、中国老年保健协会第五届理事会理事、中国卫生信息学会健康医疗大数据应用评估和保障专业委员会常务委员，两次受邀担任英国著名医学研究机构UK Kidney Research Fund海外评审专家、*Journal of Translational Medicine*期刊编委、*Annals of Transplantation*期刊国际评审专家等。

回望归国后一路走来的科研之路，心中十分感慨，在此我要衷心感谢省自然科学基金对我的支持，对一名年轻科研工作者的厚爱，基金已经成为我成长的伴侣，陪伴助推着我们青年科研工作者的发展。省自然科学基金不仅对区域的科技创新有导向性作用，她更能够扶持培养年轻的硕士、博士研究生，哺育新一代的年轻人投身科研工作，特别是刚回国不久的一些青年研究者，这一点也让我终生难忘。我也衷心希望省自然科学基金今后能陪伴和成就更多优秀的科研工作者。

（浙江大学　龚渭华）

浙江省杰出青年科学基金修筑我科研之路

我于2010年获得浙江大学运动医学博士学位，研究方向为干细胞与再生医学、肌腱组织工程，现为浙江大学医学院副教授。2010年在浙江大学医学院和香港中文大学(深圳)完成博士后和助理研究员（Research Fellow）训练。现主要研究方向为运动系统组织特异干细胞分类标志和分化调控、肌腱/韧带再生科学及组织工程、运动系统软组织再生医疗新技术。

在2012年到2014年的浙江省杰出青年科学基金申报过程中，体会到了省基金的公平、公正、严肃与认真。发现除尽量地完善自身条件，阐明研究内容与研究重点及将来研究的发展方向，提高标书写作水平，做有创新性和有重大意义的课题外，没有别的捷径可走。在两次的评审与修改中，评审专家对提高研究内容创新性和个人研究方向的聚焦提出了许多中肯的意见，极大地提升和促进了我对研究领域理解和研究方向的把握，促使我在2014年申请中顺利拿到省杰青项目的资助。

在省杰青资助项目的肌腱分化调控研究基础上，我建立了基于种子细胞选择和培养体系、干细胞阶段性分化模型及再生科学问题的研究体系。特别是在与资助内容密切相关的肌腱组织工程种子细胞的选择上，发现了胚胎细胞为更合适的"种子细胞"，并以组织工程的方式修复肌腱。2014年该项目研究论文被*Nature*网站作为研究亮点介绍。

我所取得的这些成果与浙江省杰出青年科学基金的资助有着重要的关系。目前，我已发表34篇肌腱相关SCI文章（第一作者和通讯作者16篇，平均影响因子6.0，他引1135次，1篇为ESI前1％高引用论文）在行业相关权威期刊上，包括了*Science Advances*，以及再生医学领域相关的几个关键学会（国际干细胞学会、国际生物材料学会、国际组织工程学会和国际移植学会）的权威学会期刊*Stem Cells*、*Biomaterials*、*Tissue Engineering*和*Cell Transplantation*；研究成果在国际学术会议（国际生物医学工程年会、国际肌腱韧带专题年会）上多次获奖。研究成果获2014年教育部自然科学奖二等奖（排名第2），2012年教育部科技进步奖一等奖（排名第6）。近两年参与数本本科生及研究生教材编写，包括《系统解剖学》《细胞生物学》《再生医学》等。目前为数个国际学术期刊*Acta*、*Biomaterials*、*Cell Transplantation*、*Tissue Engineering*、*Scientific Reports*、*Journal of Orthopedic Research*的审稿人等。所有工作均在国内完成。

在此期间，基于省杰青相关的研究成果，我成功获得了国家自然科学基金优秀青年科学基金项目1项（2015）、面上项目2项（2015、2017）、重点研发项目子课题1项（2017）。现为浙江大学求是青年学者，并作为骨干参与多项肌腱研究相关国家自然科学基金面上项目及重点项目等研究。目前任国内干细胞与再生医学相关学会委员、中国生物工程学会组织工程与再生医学分会理事会青年委员(2014)、中国医师协会骨科医师分会再生医学工作组委员(2014)、中国医师协会器官移植医师分会干细胞与组织移植专业委员会委员(2017)、国际华人骨研学会(ICMRS)青年委员(2017)。总而言之,省杰青项目基金激励着我在科研之路不断前进。

(浙江大学　陈晓)

省自然科学基金的资助就是雪中送炭

20世纪80年代末和90年代初,我在科研过程中缺乏经费,面对很多困难,此时浙江省自然科学基金的资助无疑是雪中送炭,奠定和提供了科学研究的基础和动力。1995年主持研制的第一代产品——升血灵胶囊被批准为医院制剂,临床应用22年,治疗多种难治性血细胞减少症,疗效良好且无明显副作用,吸引了省内外众多患者前来诊治。该研究成果获2000年浙江省科技成果奖二等奖。我们又创新性地建立血液病中药新药研发系统先进技术平台,"三七皂苷诱导造血干细胞增殖分化及信号传递"获2005年浙江省政府科技成果奖一等奖,这在我省中医药研究领域是首次。

1994年,在省自然科学基金资助下,人参皂苷治疗血液病的研究引起国际著名血液病专家、澳大利亚新南威尔士大学B. H. Chong教授兴趣,我应邀到澳洲进行合作研究,两国合作项目受到了澳方政府的资助,双方长期友好合作历时20年,实现了互利共赢,药效学研究在两国实验室进行,共同发表论文10余篇。国际同行大力支持我国中医药研究,对新药研发成功及走向国际起积极推动作用。

2000年,在省自然科学基金重点项目资助下,我们开展第二代产品人参二醇组皂苷的药效学和成药性研究,通过动物模型、细胞学、基因调控和蛋白组学等多层次系列研究,证明其既有促进造血,又有调节免疫的双重功效。项目组20余人历时10余年,完成了新药开发临床前23项工作,成功获中药新药临床试验批件2项:人参二醇组皂苷提取物和派能达胶囊。这一成果以1800万元转让给省内企业,组建产学研协同创新团队,培养企业专业技术人才。作为成果转化典型,时任省委书记夏宝龙主持成果推介会及转让签约仪式。派能达新药是难治性血细胞减少症迫切所需的治疗药,目前尚无疗效确切国家标准的同类品种,在临床疗效、安全性及质量控制等方面优于已上市同类药,能够填补西药治疗的短板及市场空白。Ⅰ期临床试验证明其安全性良好,Ⅱa期临床首选治疗免疫性血小板减少症与原因不明白细胞减少症,揭盲证明疗效确切且无明显副作用。我们因此向国家药监局申请新药特殊审批(难治性疾病尚无有效治疗药)绿色通道,得到审评中心的认可。在组织10余家医院开展派能达新药多中心大样本治疗血液病的临床研究后,立项课题8项,提高了各家医院临床研究水平。

2007年,在省自然科学基金重点项目资助下,开展第二个创新中药安留克作用和机制研究,后续发展为"治疗白血病中药新药安留克胶囊"研发项目,2010年获"十一五"重大新药创制专项以及科技部国际合作项目资助。通过表观遗传调控诱导白血病细胞分化是其特色和优势,可成为安全有效抗白血病的中药新药。省基金重点项目后续发展为"派能达胶囊的临床研究和产业化"项目,经过申报、评审和答辩等激烈竞争,2016年成功获得了"十三五"重大新药创制专项资助,全国中药项目里也仅10项,我们的目标是取得新药证书和申请生产批件。

作为学术带头人,我通过多项省自然科学基金项目的实施,促进学科发展,中西医结合研究和治疗血液病的优势显著，在全国具备重大影响，成立国家中医临床—血液病研究基地（全国仅11个），受资助建设经费2.5亿元，同时又建设国家卫生和计划生育委员会重点学科、国家中医药管理局重点研究室和三级实验室。

（浙江中医药大学　高瑞兰）

喝水不忘挖井人

作为浙江中医药大学首位引进的医学博士、博士后，学校希望我能在科研方面做出成绩，我也是“初生牛犊不怕虎”，在1996年刚到校工作的时候，就抱着大胆尝试的想法，积极申请浙江省自然科学基金项目。当时这个项目每年资助的中医药学科只有2～3项，获得基金资助并非易事，但功夫不负有心人，我申报的“养阴生津法抗血瘀作用机理的研究”得到了评审专家认可，最终在1997年获得立项资助。这是我第一次获得省基金的资助，也是我科研工作的新起点，因此深刻感受到，这不仅是得到资金的资助，更重要的是得到了精神上的鼓励，我科研的信心就更强了。

当时我校的研究环境和条件还很有限，我积极与浙江大学相关学科和实验室合作，得到了我博士后研究所在学科浙江大学生物医学工程学科郑筱祥教授和化学学科陈耀祖院士、潘远江教授等专家的大力支持，借助浙江中医药大学和浙江大学的科研平台开展科研，我在中医药防治心脑血管疾病应用基础研究方面有了一定基础，并相继发表了科研论文。

1998年，我以浙江省自然科学基金项目为基础，申报国家自然科学基金项目并喜获资助，当时全国20多所中医药院校每年只获10余个项目，竞争比较激烈。随着学校科研平台的良好建设和对科研工作的不断重视，2000年，我在获得省基金杰出青年项目之后，相继获得了3项省自然科学基金重点项目，并在此基础上，进一步申报国家自然科学基金项目。目前，我作为负责人先后主持国家自然科学基金8项，其中获2016年国家自然科学基金重点项目资助。

我秉承临床与基础研究相结合的理念，着重于中药药效物质基础和中医药治疗心脑血管病作用机制的研究。20年来，在浙江省自然科学基金和国家自然科学基金的资助和关怀下，经过本团队成员的共同合作和潜心研究，我以第一作者或通讯作者在国内外核心期刊上发表论文200余篇，其中SCI论文50余篇；出版著作8部；获得国家授权发明专利6项；研发了“养阴通脑颗粒”“银花平感颗粒”等多个中药新药，并获国家食品药品监督管理总局（CFDA）新药证书和国家临床批件3项。

同时，我个人发展也得到了党和政府的关心，先后入选国家“新世纪百千万人才工程”人选，享受国务院特殊津贴，浙江省“新世纪151人才工程”第一层次和重点人才培养对象；获得浙江省有突出贡献中青年专家、浙江省医药卫生领军人才等荣誉称号；并且成为国家中医药管理局中医药工程学科带头人，中医临床基础重点学科带头人，浙江省“重中之重学科”脑血管病研究方向负责人，浙江省中西医结合基础（脑病）学科带头人，浙江省中药药物代谢动力学重点学科带头人。

面对这些成绩，我备感荣幸，进一步激励我沿着专业方向继续前进，同时也激励我更好地用一技之长回报社会。近年来，我带队并直接参与“医疗走基层公益活动”“送医下乡活动”，每年达20余次，到衢州、台州、舟山、丽水等边远地区的社区卫生服务中心为群众提供了医疗、科普、医学咨询等服务，研究并提出的“养阴益气活血法是治疗缺血性中风重要法则”“清解宣透肺卫法是治疗外感热病初起肺卫邪郁的治法”等一系列治法，为当地群众解决了医疗疑难问题，深受当地群众欢迎。

喝水不忘挖井人，回想这20余年的科研经历，在我取得这些成绩与荣誉的背后，离不开浙江省自然科学基金给我的第一桶金和精神上最初的鼓励。

（浙江中医药大学　万海同）

省自然科学基金是我学术生涯开始的基石

2003年我申请得到第一个浙江省自然科学基金项目“人眼巩膜成纤维细胞生长调控与近视发生发展关系的研究”，此项目基金的资助确立了我近视机制研究的开始，先后得到省自然科学基金面上项目、杰出青年项目、重点项目等共计4项资助，这为我今后的研究成果提供了重要的支持。

目前，本课题组主要聚焦近视的机制研究，紧紧围绕“调控屈光发育的视觉信息加工与处理”这一近视形成的核心假设，创建小鼠近视模型，明确空间信息和光照强度与近视相关、视网膜多巴胺D1/D2受体内稳态是正视化的关键、巩膜缺氧是巩膜重塑的诱发因素，提出“视网膜辨识调控屈光发育的视觉信息后改变多巴胺受体的平衡，通过影响脉络膜血供引起巩膜缺氧和巩膜重塑，最终导致近视”的工作模式。

这一系列研究成果使我在本领域主流杂志发表SCI论文85篇，其中以第一作者（含并列第一）发表19篇、通讯作者（含并列通讯）13篇；作为副主编或编委编写《近视眼学》（人民卫生出版社，2009），《视光学基础》（高等教育出版社，2005），《眼视光器械学》（人民卫生出版社，2004）等教材；近5年培养博士研究生5名，硕士研究生50余名；获授权发明专利4项，其中国际发明专利1项（美国、欧盟、日本、新加坡）；分别获得2007年度和2009年度国家科技进步奖二等奖；多次在美国眼科与视觉学会（ARVO）以及国际近视研究大会等国际性会议上发言或作特邀报告。并于2015年在温州作为学术委员会主席成功主持第15届国际近视眼研究大会，海外参会学者专家超过150人，产生重要国际学术影响力。

同时，本人历任温州医科大学眼视光学院/附属眼视光医院科研管理部主任、实验室中心主任，致力于实验室的建设与发展。实验室从15年前的单一的细胞培养室，如今发展成为我国眼视光学和视觉科学基础研究、应用基础研究旗舰实验室之一，科卫协同、全链条研究和转化体系已初具雏形，对提升区域人口视觉健康水平、促进社会经济发展起到了重要作用。实验室于2017年3月正式获批省部共建眼视光学和视觉科学国家重点实验室，实现了我省省属高校国家重点实验室“零”的突破。

能够取得上述成果，离不开浙江省自然科学基金的支持，他是我学术生涯开始的基石，是我成长壮大的力量之源，我从内心感谢浙江省自然科学基金的支持。

（温州医科大学　周翔天）

省自然科学基金助力学术研究

消化道肿瘤特别是胃癌、食管癌是中国人最常见的恶性肿瘤之一，其发病率和死亡率始终居高不下，一直徘徊在前5的位置，对我国居民的健康和生活质量构成严重威胁。开展消化道肿瘤病因学及其发生机制研究，是亟待解决的重大生命科学和公共健康问题。

我于1996年赴日本国立滋贺医科大学留学，主攻消化道肿瘤增殖、分化和发生机制研究方向，主要研究由于环境污染、细菌和病毒感染、不良的生活习惯以及遗传等多种因素的交互作用下，导致消化道内环境失稳，诱发消化道肿瘤发生和发展的分子机制。

毕业回国后，于1999年来到浙江省医学科学院生物工程所工作，发现留学回国人员科研启动经费不足以支撑其研究工作的开展。到了2000年，我成功获得了第一个浙江省自然科学基金面上项目，得到4万元科研经费的支持，才使我的科研之路由此顺畅了起来。这在当年是很了不得的事情，整个浙江省医学科学院只申请到了2项，大家都羡慕我一回国就"捞到"了第一桶金。正是在"这桶金"的资助下，课题组取得了原创性发现：细菌在抗生素作用下形成L型，可在人胆汁中长期存活，成为隐蔽传染源，导致消化道慢性感染，是导致消化道肿瘤发生的高危因素。相关成果获得浙江省科技进步奖二等奖。

2002年是我学术生涯的转折点，我再次来到日本国立滋贺医科大学留学，主攻病理学及再生肿瘤解析专业方向。在日本留学期间，我首次揭示胃食管反流导致食管癌、喉癌等发生的机制，阐明反流形式、反流物内容与食管癌组织学类型的关系，丰富了食管癌发病机制的理论。相关成果荣获2010年度日本癌协会"亚太地区肿瘤创新研究青年科学家奖"提名、2010年度中国第五届全国医师协会一等奖。

毕业后于2008年4月来到浙江省肿瘤医院、浙江省肿瘤研究所工作，任常务副所长。幸运的是，这一年我又成功获得了第二个浙江省自然科学基金面上项目，得到5万元科研经费的支持，在单位等额配套资助下，课题组发表了一系列原创性研究论文，同时，创建可用于临床微量样品甲基化分析的灵敏检测方法和体系，并积极推动该技术在临床肿瘤诊治中的应用。由于成绩突出，课题结题时被评为优秀，相关成果获得了浙江省科技进步奖一等奖。在此基础上，我又顺利地拿到了2013年度浙江省自然科学基金重点项目，在该项目30万元科研经费的支持下，课题组首次解析幽门螺杆菌感染所致胃黏膜癌变多阶段演进过程中，代谢酶变化规律及转录调控异常机制，发现5hmC是一个新的胃癌诊断标志物。阐明幽门螺杆菌感染，可通过异常甲基化等多种途径转化为人群的发癌风险并积累而成为遗传因素，这是胃癌的特色危险因素。同时，阐明低分子柑橘果胶等天然物抑制消化道肿瘤生长的作用及其机制，为消化道肿瘤化学预防提供了新思路。该成果论文荣获2013年浙江省中医药学会优秀论文一等奖。

浙江省自然科学基金重点项目的资助加上单位配套资助，对我当时的工作布局和方向设置非常重要，我的干劲也更足了。正是在该项目的有力推动下，以此研究成果为基础，我分别在2014年、2016年获得2个国家自然科学基金面上项目。通过这三大项目的系统研究，课题组首次发现PAQR3在胃癌发生和转移中的作用及机制，揭示PAQR3与p53在消化道肿瘤形成过程中的协同功能，并提出p53是调控上皮细胞—间质转换的"关卡点"的新理论。相关成果分别发表在*Cancer Research*、*Annals of Oncology*等国际知名肿瘤学期刊上。

饮水思源，在此感恩省自然科学基金的一路相伴和支持；不忘初心，砥砺前行，决不辜负省基金委的厚望和重托，克服浮躁心态和功利主义，埋头于自己的研究领域，为消化道肿瘤的防控和诊治贡献自己的一分力量。

（浙江省肿瘤医院　凌志强）

第四部分

国内外科学基金与浙江展望

第十六章　国内外科学基金

第一节　主要国家科学基金

新一轮科技革命和产业变革正在孕育兴起，全球科技创新呈现新的发展态势，科技创新链条更为灵巧，技术更新和成果转化更为快捷，产业更新换代不断加速。基础研究前沿突破精彩纷呈，学科交叉特征突出，需求牵引更为凸显，科学、技术、工程相互渗透，知识创新、技术创新和产业创新深度融合，催生了新一代技术群和新产业增长点。基础研究日益成为推动科技革命和产业变革的重要原动力，各国纷纷加强战略部署，推进基础研究，应对新挑战。

一、美国

美国国家科学基金会（National Science Foundation，NSF）是美国独立的联邦机构，其任务是通过资助基础研究，改进科学教育，发展科学信息和增进国际科学合作等办法促进美国科学的发展。2014年3月，NSF发布《NSF战略规划（2014—2018年）》，提出了三大目标（见表16-1）。一是推进科学和工程前沿；二是通过研究和教育促进创新并满足社会需要；三是建设卓越的联邦科学资助机构。

表16-1　NSF战略规划目标（2014—2018年）

战略目标	具体目标
推进科学和工程前沿	资助基础研究，以确保在科学、工程、教育等领域不断取得显著进步
	整合教育和研究，以发展具有尖端能力的、多样化的科学、技术、工程、数学人才和劳动力
	提供世界一流的科研基础设施，使重大科学进步成为可能
通过研究和教育促进创新并满足社会需要	通过资助和伙伴关系加强基础研究和社会需要之间的联系
	建立一套正式的、非正式的、可广泛提供的科学、技术、工程、数学教育机制，提升解决社会挑战的能力
建设卓越的联邦科学资助机构	通过培育卓越的人员招聘、培训，领导和管理，构建一个日益多样化的、广泛参与的、高效的管理队伍
	依靠有效的方法和创新的解决方案，完美地完成使命

资料来源：《国家自然科学基金“十三五”发展战略研究报告》第45页。

为谋划未来几十年的发展，2016年4月，NSF举办论坛，提出NSF应关注的六大科研前沿和三大机制改革建议。

六大科研前沿：

主要面向解决当代和未来社会可能遇到的重大挑战性问题，旨在促进交叉研究。

✓驾驭面向21世纪科学和工程的大数据

✓推进人—技互动前沿

✓理解生命的规律

✓量子跃迁——下一代量子革命

✓北极圈研究

✓打开宇宙之窗

三大机制改革：

✓加大支持会聚(convergence)研究

✓增加支持中等规模的基础设施项目

✓设立“综合基础性基金”(Integrative Foundational Fund)，支持异想天开的、可能带来重大突破的、长周期变革性科研项目。

近年来，美国联邦政府持续加强对基础研究的财政投入，NSF的预算经费从2011财年的约69亿美元增加到2017财年的约80亿美元。2018财年美国大幅削减联邦政府开支，NSF的预算也相应回落，预算总额为66.53亿美元(见表16-2)。

表16-2　2011—2018财年NSF预算

单位：亿美元

年份	预算总额	研究及相关活动	预算总额较上财年变化	
			变化额	变化率/%
2011	68.60	55.64	—	—
2012	77.67	62.54	9.07	13.22
2013	68.84	55.44	−8.83	−11.40
2014	71.72	58.09	2.88	4.18
2015	73.45	59.34	1.73	2.41
2016	77.24	61.86	3.79	5.16
2017	79.64	64.25	2.40	3.11
2018	66.53	—	−13.11	−16.46

资料来源：国家自然科学基金委员会网站。

2016—2018财年NSF重要资助计划与资助活动见表16-3。“理解脑”计划、“风险和应变能力”计划、“食品、能源和水系统的关联创新”计划等获得了持续支持。

表 16-3　2016—2018 财年 NSF 重要资助计划与经费一览

单位:亿美元

计划名称	2016 财年	2017 财年	2018 财年
“理解脑”计划(UtB)	1.44	1.42	1.34
“风险和应变能力”计划	0.58	0.43	0.31
“食品、能源和水系统的关联创新”计划(INFEWS)	0.75	0.62	0.24
支撑研究和教育的领先能力和基础设施	2.43	0.00	0.00
NSF 包容计划(NSF INCLUDES)	0.00	0.16	0.15
网络功能材料、制造及智能系统	2.57	0.00	0.00
安全可信赖的网络空间(SaTChel)计划	0.00	0.00	1.13
“创新公司”计划(Innovation Corps)	0.30	0.00	0.30
清洁能源	3.77	5.12	0.00
基于网络的材料、制造和智能系统计划(CEMMSS)	0.00	0.00	2.22
科学、技术、工程与数学(STEM)教育活动	12.00	0.00	0.00

资料来源:根据国家自然科学基金委员会网站资料整理。

近年来NSF竞争性项目的申请数量较为稳定,资助率稳定在22%～24%(见表16-4)。

表 16-4　2011—2016 财年 NSF 竞争性项目申请与批准情况

类别	2011 财年	2012 财年	2013 财年	2014 财年	2015 财年	2016 财年
申请数/项	51562	48613	48999	48051	49620	49285
批准数/项	11192	11524	10829	10958	12007	11877
资助率/%	22	24	22	23	24	24

资料来源:国家自然科学基金委员会网站。

二、日本

日本学术振兴会(Japan Society for the Promotion of Science, JSPS)是受文部科学省管辖的基于《独立行政法人日本学术振兴会法》而成立的独立行政法人,根据日本的科学技术基本计划等的学术振兴策略,实施科研资金分配。

目前,日本学术振兴会资助的主要业务活动有:研究资助、国际交流、人才培养、大学教育研究功能提升、与社会合作的推进以及表彰。每个资助活动系列的项目类别构成详见表16-5。

表 16-5　日本学术振兴会主要资助活动一览

资助活动系列	资助项目类别
研究资助活动	科学研究费资助项目(科研费)
	基于课题设立的引导性人文科学、社会科学研究推进项目
	东日本大地震灾害学术调查
	世界最高级研究据点计划(WPI 计划)

续表

资助活动系列	资助项目类别
国际交流活动	国际合作研究促进项目
	国际研究支援网络形成项目
	年轻研究者国际性钻研机会提供项目
	外国研究者招聘项目
	其他
人才培养活动	特别研究员项目
	年轻研究者海外派遣项目
	卓越研究员项目
大学教育研究功能提升活动	大学间合作推进活动
	大学世界展现力强化活动
	大学国际化等活动
	博士课程教育引导计划
	大学教育再生加速计划(AP)
	依托地域据点大学推进地方复兴活动(COC+)
与社会合作的推进活动	闪现奇想、激动人心的科学、欢迎光临大学研究室、科研费
	科学•对话
	优秀成果公开的促进
	学术的社会合作联合推进活动
	捐款活动
	宣传活动
表彰活动	国际生物学奖
	野口英世非洲奖
	日本学术振兴会奖
	日本学术振兴会育志奖

资料来源：日本振兴会网站。

日本学术振兴会负责的科学研究费补助金是日本竞争性研究基金中规模最大的。2011财年，日本学术振兴会的科研费预算总额达到2633亿日元，较上年增长了近31.7%；2012财年经费总额有所下降，但也保持在2566亿日元规模。2013财年经费总额下降明显，仅为2381亿日元，其后几年波动不大，维持在2200亿日元～2300亿日元的规模（见图16-1）。

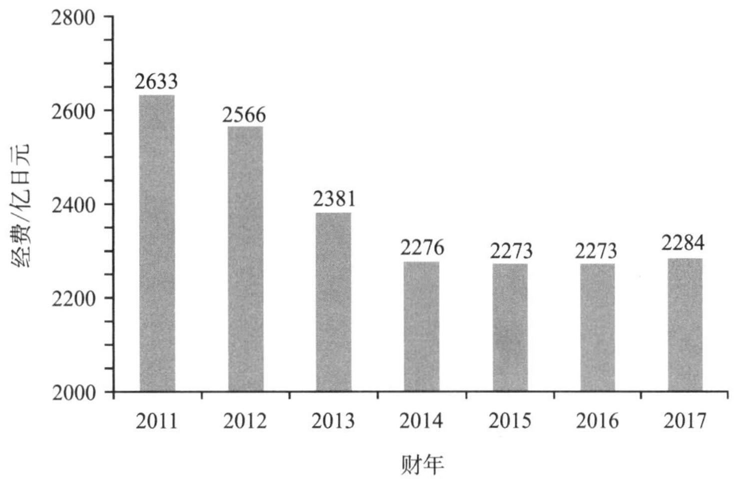

图 16-1　2011—2017 财年日本学术振兴会科研费预算额

2017 财年，日本学术振兴会科学研究费共资助项目（包括新资助项目和延续项目）73883 个，详见表 16-6。其中医学牙科学药学资助项目数最多，为 22147.0 个，约占 30%；其次是社会科学，为 8833.5 个，约占 12%。2017 财年，日本学术振兴会共资助直接经费 1584.11 亿日元，其中医学牙科学药学获 359.69 亿日元，占比最高，达 22.7%；其次是工程学，获 181.86 亿日元，占比为 11.5%；人文社会交叉科学获资助较少，为 13.61 亿日元，占比仅为 0.9%。

表 16-6　2017 财年日本学术振兴会资助项目数量和经费的学科分配情况

学科名称	资助项目数/个	占比/%	金额(直接经费)/千日元	占比/%
信息学	3340.0	4.5	7574650	4.8
环境科学	1372.5	1.9	4168599	2.6
交叉领域	7398.0	10.0	14698700	9.3
人文社会交叉科学	793.5	1.1	1361100	0.9
人文科学	5938.0	8.0	7594141	4.8
社会科学	8833.5	12.0	12015150	7.6
理工科综合	1615.5	2.2	6685690	4.2
数学物理科学	4638.5	6.3	14976150	9.5
化学	2520.5	3.4	9108560	5.7
工程学	6747.0	9.1	18186200	11.5
生物学综合	1888.0	2.6	6554000	4.1
生物学	2655.0	3.6	10512300	6.6
农学	3858.0	5.2	8882983	5.6
医学牙科学药学	22147.0	30.0	35969292	22.7
其他	138.0	0.2	123700	0.1
合计	73883.0	100.0	158411214	100.0

资料来源：日本振兴会网站。

三、欧盟

欧盟主体科技计划——研发框架计划(2014年更名为地平线2020计划)由6个部门共同实施，有三大战略优先领域，即基础科学、工业技术和应对人类面临的共同挑战。2014—2020年总预算为770.28亿欧元，其中基础科学领域为244.41亿欧元，占31.73%。欧洲研究委员会(European Research Council，ERC)负责的前沿研究预算130.95亿欧元。欧盟网络与数据总司(原信息总司)负责实施的未来和新兴技术计划(FET)预计26.96亿欧元。

欧盟委员会于2007年12月成立ERC，是欧洲层面第一个面向前沿研究的资助机构，其主要目标是支持和鼓励有才华、有创造力的个体研究人员和团队，开展高风险、创造性的研究，尤其鼓励科学家开展超越当前知识前沿和学科边界的研究，以保持欧盟在基础研究领域的领先地位。ERC资助全球优秀研究人员到欧洲开展前沿研究，项目申请人不限国籍，只要在欧盟境内有依托单位或即将到欧洲开展研究工作即可。ERC实行国际同行评议，以科学优异为评判基准。

ERC主要有5个基金，包括启动基金、发展基金、资深基金、协同基金和孵化基金(见表16-7)。

表16-7 ERC五类基金及其资助内容

基金类别	资助内容
启动基金 (Starting Grants)	对象：处于职业生涯早期的青年研究人员(博士毕业2～7年)； 期限：5年； 单项额度：最高可达150万欧元(个别情况下可达200万欧元)
发展基金 (Consolidator Grants)	对象：处于职业巩固期的研究人员(博士毕业7～12年)； 期限：5年； 单项额度：最高可达200万欧元(个别情况下可达275万欧元)
资深基金 (Advance Grants)	对象：10年内已经取得显著研究成果且领导研究的研究人员； 期限：5年； 单项额度：最高可达250万欧元(个别情况下可达350万欧元)
协同基金 (Synergy Grants)	对象：2～4名项目负责人率各自团队开展的协作研究； 期限：6年； 单项额度：最高可达1500万欧元
孵化基金 (Proof of Concept)	对象：已获得ERC资助，认为其项目成果有商业化潜力，愿意将成果向市场转化的申请人； 期限：12个月(最长可达18个月)； 单项额度：最高可达15万欧元

资料来源：《国家自然科学基金“十三五”发展战略研究报告》第32页。

FET计划资助信息与通讯领域的基础性、长期性、高风险和跨学科基础研究，鼓励科研和前沿工程之间的探索性合作。FET分为开放基金、导向基金和旗舰基金3类基金(见表16-8)。

表 16-8 FET三类基金及其资助内容

基金类别	资助内容
开放基金 (FET Open)	支持"自下而上"自由探索项目,尤其是信息与通信技术与其他学科交叉的前沿领域的原创性和高风险研究,支持新思路、新技术的早期联合科技攻关研究,资助资金约占FET总预算的40%
导向基金 (FET Proactive)	支持"自上而下"的战略导向型项目,支持科学家在特定主题领域开展前瞻性研究,以满足重大社会挑战和工业发展对信息技术提出的需求,着眼未来进行前瞻部署。支持有前途的探索性研究课题,培育新兴的主题和结构集群。鼓励探索新兴的且尚未纳入工业或研究的领域,并以其为中心建立新的跨学科研究团体。该基金支持以下新出现的主题和集群: 1."全球系统科学",促进对现实社会、经济、金融、技术和生态系统等领域所提供的大量数据进行有机整合,基于跨政策领域和跨部门机构对当今社会的应对措施进行阐述; 2."认知高于解决",在未来机器人和其他人工智能系统等方面,以超越目前的制备能力和设计理念的精神,创建新的基础,促进这些领域的发展; 3."量子模拟",在量子物理与量子技术基础之上,采用新的工具解决理论科学和应用科学中的问题; 4."迈向百亿次的高性能计算",提供超大规模高性能的计算系统,并帮助开发出欧洲可持续发展的高性能计算生态系统
旗舰基金 (FET Flagships)	欧盟最大规模的基础研究项目,支持大规模、长期性、基础性和变革性的交叉学科研究;有清晰的研究目标和协调一致的研究日程;具有促进技术创新和商业开发的良好前景;聚焦于欧洲的优势科学领域;能够促进欧盟成员国之间及欧盟与全球伙伴之间的合作;能够促进学术界和企业的合作。 2010年7月欧盟委员会公开征集FET旗舰基金项目,2011年5月从收到的21个项目申请中挑选出6个作为试点,试点项目为信息科学与脑科学、新材料、机器人、医学、纳米技术、灾害防治等领域的交叉研究项目,每个项目获得150万欧元的资助,用于开展为期1年的可行性研究。在对6个试点项目实施进展和未来前景进行全面评估的基础上,欧盟委员会从中选出"人脑计划"和"石墨烯"项目予以重点资助,资助周期10年,资助经费约10亿欧元

资料来源:《国家自然科学基金"十三五"发展战略研究报告》第31—32页。

四、英国

依据《高等教育和研究法案2017》(*Higher Education and Research Act 2017*),英国于2018年4月建立"英国研究与创新署"(UK Research and Innovation),协调和整合已有的7个研究理事会,即艺术与人文研究理事会(Arts and Humanities Research Council,AHRC)、生物技术与生物科学研究理事会(Biotechnology and Biological Sciences Research Council,BBSRC)、工程与自然科学研究理事会(Engineering and Physical Sciences Research Council,EPSRC)、经济与社会研究理事会(Economic and Social Research Council,ESRC)、医学研究理事会(Medical Research Council,MRC)、自然环境研究理事会(Natural Environment Research Council,NERC)和科学与技术设施理事会(Science and Technology Facilities Council,STFC),以及英国创新署(Innovate UK)和英格兰研究署(Research England),年度总预算超过60亿英镑。英国创新署帮助企业识别新技术带来的商业机会并将其转化为新产品和新服务。各研究理事会支持好奇心驱动的研究和需求驱动研究计划,鼓励拓展宽度和多样化。英格兰研究署支持知识交流,专注大学能力和文化。

各研究理事会拥有独立的政策制定、经费使用和管理权，并按研究领域和方向确定各自的研究计划和项目。各研究理事会的支持领域如表16-9所示。

表16-9 英国各研究理事会的支持领域

理事会	支持领域
生物技术与生物科学研究理事会(BBSRC)	植物、微生物、动物(包括人类)以及支持生物研究的工具和技术
艺术与人文研究理事会(AHRC)	古代史、现代舞、考古、数字内容、哲学、英国文学、设计、创意和表演艺术等
工程与自然科学研究理事会(EPSRC)	数学、材料科学、信息技术和系统工程、未来制造、能源、数字经济、健康医疗技术
经济与社会研究理事会(ESRC)	商业创新、金融市场、绿色经济、城市、表观遗传学、教育神经科学、健康和社会保健创新、公民社会、就业新动向、英国在欧洲的未来、高等教育以及大数据
医学研究理事会(MRC)	病理研究、基础研究、疗法和治疗干预发展研究与评估研究、检测、筛选和诊断研究等
自然环境研究理事会(NERC)	气候系统、生物多样性、自然资源的可持续利用、地球系统科学、自然灾害、环境污染和人类健康及其相关技术
科学与技术设施理事会(STFC)	粒子物理、天文学和太空科学、物理学研究、能源、环境、医药健康与生物科学、化学、物理与材料科学、激光与等离子体物理、工程与能动技术以及计算机科学等

资料来源:《英国研究理事会的特点分析及其对我国科技计划改革的启示》第66—77页。

英国研究理事会的经费主要来自政府科学预算。作为英国竞争性研究经费的主要资助机构，7个研究理事会负责项目的审批和管理等具体工作。英国研究理事会资助的项目种类较多，包括支持学术研究活动，支持研究人员，以及支持国际合作、大型科学设施、知识转移活动等，其中学术研究和研究生培养是各研究理事会资助的重点。7个研究理事会中，工程与自然科学研究理事会(EPSRC)规模最大，2011财年以来已累计在科学研究项目和研究生培养方面投入约51.5亿英镑。医学研究理事会(MRC)和生物技术与生物科学研究理事会(BBSRC)居第2、第3位，分别投入了约316.8亿英镑和282.4亿英镑。2011财年以来各研究理事会用于资助科学研究项目和研究生培养的经费情况见表16-10。

表16-10　2011—2017财年英国各研究理事会用于资助科学研究和研究生培养的经费情况

单位：千英镑

研究理事会	类别	2011财年	2012财年	2013财年	2014财年	2015财年	2016财年	合计
生物技术与生物科学研究理事会（BBSRC）	研究经费	408038	414649	432350	459212	398886	395080	2508215
	研究生培训奖励和奖学金	63749	52281	52307	50508	45651	50938	315434
	合计	471787	466930	484657	509720	444537	446018	2823649
艺术与人文研究理事会（AHRC）	研究经费	54903	51930	59923	64707	62467	67958	361888
	研究生奖励	46346	46832	42177	39177	36488	35305	246325
	合计	101249	98762	102100	103884	98955	103263	608213
工程与自然科学研究理事会（EPSRC）	研究经费	538413	583126	639365	690124	640330	679891	3771249
	研究生奖励	185488	174703	172053	177679	185202	172604	1667729
	研究奖学金	55825	51269	54137	47940	50950	53297	313418
	合计	779726	809098	865555	915743	876482	905792	5152396
经济与社会科学研究理事会（ESRC）	研究经费	134057	138623	159233	167073	155448	167548	921982
	研究生培训	60852	54387	52730	47039	44701	46084	305793
	研究奖学金	—	—	—	4931	3392	1911	10234
	合计	194909	193010	211963	219043	203541	215543	1238009
医学研究理事会（MRC）	研究经费	267634	243118	272501	305144	445066	302567	1836030
	其他研究	42240	91484	164236	145743	227789	283307	954799
	研究生培训奖励	86028	79483	69910	71107	70973	—	477501
	合计	395902	414085	506647	521994	743828	585874	3168330
自然环境研究理事会（NERC）	研究拨款	104492	107695	120087	119549	112998	123612	688433
	研究合同	41690	41846	61312	45257	39152	40905	270162
	研究生培训资助	23626	21119	20741	24057	22616	26002	138161
	合计	169808	170660	202140	188863	174766	190519	1096756
科学与技术设施研究理事会（STFC）	研究经费	98712	79015	82266	93156	99691	100766	553606
	研究生培训奖励和奖学金	23880	22987	22379	22082	23407	23183	137918
	其他	19047	19599	20341	84082	78140	135926	357135
	合计	141639	121601	124986	199320	201238	259875	1048659

资料来源：各研究理事会年度报告（Annual Report & Accounts）。

各研究理事会均已形成了较为完善的管理体系和流程，大多采用“自下而上”的项目申请和同行评议运作模式。作为研究理事会主要资助类别，研究类项目分成目标导向类和自由申请类。目标导向类项目由各研究理事会确定战略主题，采取竞争性支持的方式予以资助。研究理事会对项目评审制订了规范的操作流程以及详细规定和指导手册，并予以发布，接受外界监督。研究理事会根据需要对评审专家等相关人员进行培训①。

除特别要求之外，所有申请项目均需按照格式要求提交到研究理事会的联合电子申报系统（Joint Electronic Submission）。该系统是7家研究理事会共用的项目管理平台，面向所有项目申请单位和科技人员开放。注册后可进行项目的申报，以及查阅研究理事会和项目相关的所有公开文件和信息。

五、德国

德国科学基金会（Deutsche Forschungsgemeinschaft，DFG）是独立的全国性科学资助机构，资助德国高等院校和公共研究机构的科学研究，资助领域包括科学和人文研究的所有学科。此外，还向议会和政府机构提供有关科学问题的咨询。

德国科学基金会目前设置了六大类资助项目，每类项目下都设有多种项目类型。详见表16-11。

表16-11　德国各科学基金会资助项目一览

项目类型	项目名称	资助方向
个人资助计划（Individual Grants Programmes）	研究资助（Research Grants）	科学家在有限的时间内针对具体主题开展研究项目
	科学网络（Scientific Networks）	为年轻研究人员提供跨地区就共同感兴趣的话题开展科学交流与合作的机会
	研究奖学金（Research Fellowships）	资助高素质的年轻研究人员开展研究工作
	艾米诺特项目（Emmy Noether Programme）	支持年轻研究人员在其研究生涯早期开展独立研究
	海森伯格项目（Heisenberg Programme）	面向永久教授等研究人员，为其研究生涯提供持续的支持
	科塞雷克项目（Reinhart Koselleck Projects）	资助创新型的高风险性项目
	临床试验项目（Clinical Trials）	资助临床研究，包括可行性研究（第二阶段）和介入性试验（第三阶段）。此外还资助观察性试验
	早期研究人员研讨会（Workshops for Early Career Investigators）	解决相关领域缺乏早期研究人员的问题
	工程学院项目（Project Academies）	面向应用科学大学研究人员

① 李振兴. 英国研究理事会的治理模式研究. 全球科技经济瞭望，2016(11)：52-59.

续表

项目类型	项目名称	资助方向
合作项目 (Coordinated Programmes)	优先项目(Priority Programmes)	资助全国范围内的研究人员合作
	研究培训团队(Research Training Groups)	重点强调博士研究生在一个重点研究计划和结构化培训框架内开展高质量的研究工作
	合作研究中心(Collaborative Research Centres)	在大学中建立,研究人员在合作研究中心内开展学科间的交叉研究
	DFG研究中心(DFG Research Centres)	在德国大学中建立具有国际知名度和竞争力的研究中心
	研究单位(Research Units)	由共同研究一个主题的学者组成,这些学者由于专题重点、期限和财务方面的原因不能得到个人资助计划或优先计划所资助
	临床研究单位(Clinical Research Units)	在疾病领域或以患者为导向的临床研究领域开展合作研究
	人文社会科学高级研究中心(Centres for Advanced Studies in the Humanities and Social Sciences)	维持德国东部地区现有的人文研究并发展新的研究热点
卓越发展计划 (Excellence Strategy)		推动卓越研究,提高德国大学和研究机构的总体质量
研究基础设施 (Research Infrastructure)	科学仪器和信息技术(Scientific Instrumentation and Equipment Information)	为资助项目应用科学仪器和设备提供经费
	科学图书馆服务和信息系统(Scientific Library Services and Information Systems)	资助德国图书馆、档案馆和其他科学服务和信息中心的项目,以建立有效的研究信息系统
科学奖励 (Scientific Prizes)	戈特弗里德•威廉•莱布尼茨奖(Gottfried Wilhelm Leibniz Prize)	颁发给作出杰出贡献的科学家
	海因兹莫尔-莱布尼茨奖(Heinz Maier-Leibnitz Prize)	颁发给杰出的年轻研究人员
	传播者奖(Communicator Award)	向公众传播其研究成果有作出特别贡献的研究人员
	von Kaven奖(von Kaven Award)	每年颁发给1位杰出的欧盟数学家
	贝恩德•林德奖(Bernd Rendel Prize)	每年颁发给尚未获得博士学位的地球科学家
	Ursula M. Händel奖(Ursula M. Händel-Prize)	表彰为改善动物福利作出模范和持续努力的科学家
	哥白尼奖(Copernicus Award)	每两年颁发给在德国和波兰科学合作方面作出杰出成就的研究人员,德国和波兰各1名,由DFG和波兰科学基金会(FNP Fundacjanarzecz Nauki Polskiej)共同授予

续表

项目类型	项目名称	资助方向
科学奖励 （Scientific Prizes）	Eugen和IlseSeibold奖（Eugen and IlseSeibold Prize）	旨在促进德国和日本之间的研究和合作
	阿尔贝·茂赫地球科学奖（Albert Maucher Prize in Geoscience）	每三年颁发给作出杰出研究成果和原创方法的年轻研究人员
国际合作 （Initiation of International Collaboration）		旨在建立国际合作关系，资金可用于出国（最多3个月）或来访（最多3个月），以及召开研讨会

资料来源：http://www.dfg.de/en/research_funding/index.html.

德国科学基金会预算主要来自联邦政府和各州政府的拨款。2016年德国科学基金会共资助了31500项科研项目，经费达30亿欧元。其中约7900项为新批准项目，资助经费达20亿欧元，与2015年相比，项目数增加了3%，经费增加了6%。

德国科学基金会采取了一系列举措推动顶尖大学建设。2005年启动的"精英大学计划"由德国科学基金会和科学委员会（Wissenschaftsrat）共同执行。该计划重点关注3个方向，培养青年学者的"研究生院"（Graduiertenschulen）、促进尖端领域科研的"精英集群"（Exzellenzcluster）及打造精英大学的"未来构想"（Zukunftskonzepte），目的是加强跨学科研究、实现国际化、培养学术接班人①。2015年批准新设17个研究生院，资助的研究生院达到198家，其中国际博士研究生院有41家。这17个新设研究生院首期资助期限为四年半，总投入为7400万欧元②。

2015年，德国科学基金会新批准资助15个特殊领域重大专项（SFB），资助金额达1.28亿欧元，资助期限长达13年。SFB旨在资助大学各学科研究力量进行长期的创新性合作研究，促进参与高校的整体学科建设，尤其是青年人才的培养。从2016年1月起，德国科学基金会资助总计249个SFB，其中包括1个由德国科学基金会和中国国家自然科学基金委员会（NSFC）联合资助的跨地域重大专项③。

六、俄罗斯

2013年11月4日，俄罗斯总统普京签署了题为《关于俄罗斯科学基金会及相关联邦法规》的联邦法，标志着俄罗斯科学基金会正式成立。该基金会为非营利性法人实体，国家财政拨款是其资金主要来源，主要从事以下几方面的工作：支持科研单位进行基础性和探索性研究，发展和壮大科研人才队伍，研制高科技含量产品，建立科学研究实验基地及促进俄罗斯与其他国家在科研和科技领域的合作等。科学基金会监事会成员包括15人，其中基金会总裁由俄罗斯总统亲自任命，任期最高5年。

俄罗斯科学基金会规定，每项申请的资助额度为每年400万卢布～600万卢布（约合38.2万元～57.3万元），每个申报者的科研团队中科学家成员的数量不能超过10人，拥有2个或2

① 研究机构，http://www.daad.org.cn/zh/forschung-in-deutschland-2/4-forschungseinrichtungen-2?bceiqqezfbjjzwjc.

② 有17个新设和5个筹建的博士研究生院获德国科学基金会资助，http://www.de-moe.edu.cn/article_read.php?id=12016-20150602-2517.

③ 张慧．德国科学基金会新批准15个特殊研究领域重大专项．世界教育信息，2016(4)：73.

个以上基金项目的学者不能参与新项目的申报①。2014—2015年基金会资助学科情况见图16-2，2015年俄罗斯科学基金会资助学科和联邦管区分布情况见图16-3。

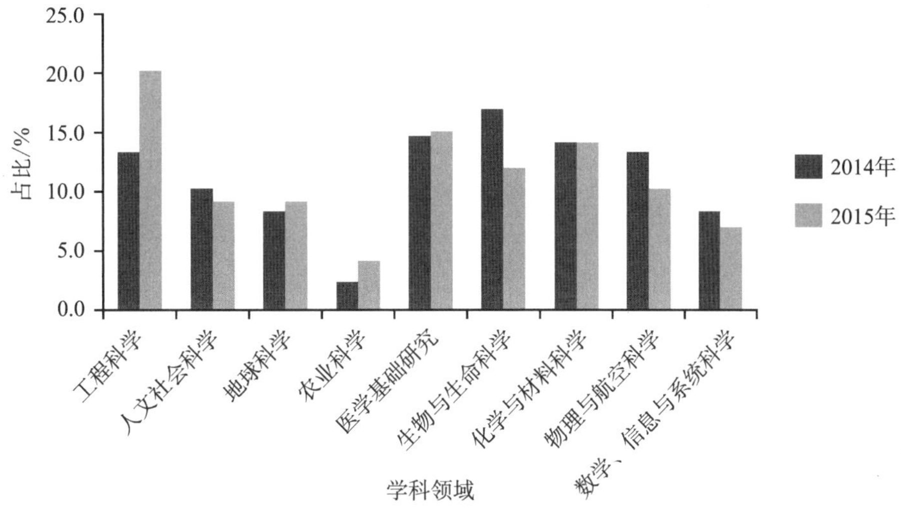

图16-2 2014—2015年俄罗斯科学基金会资助学科情况

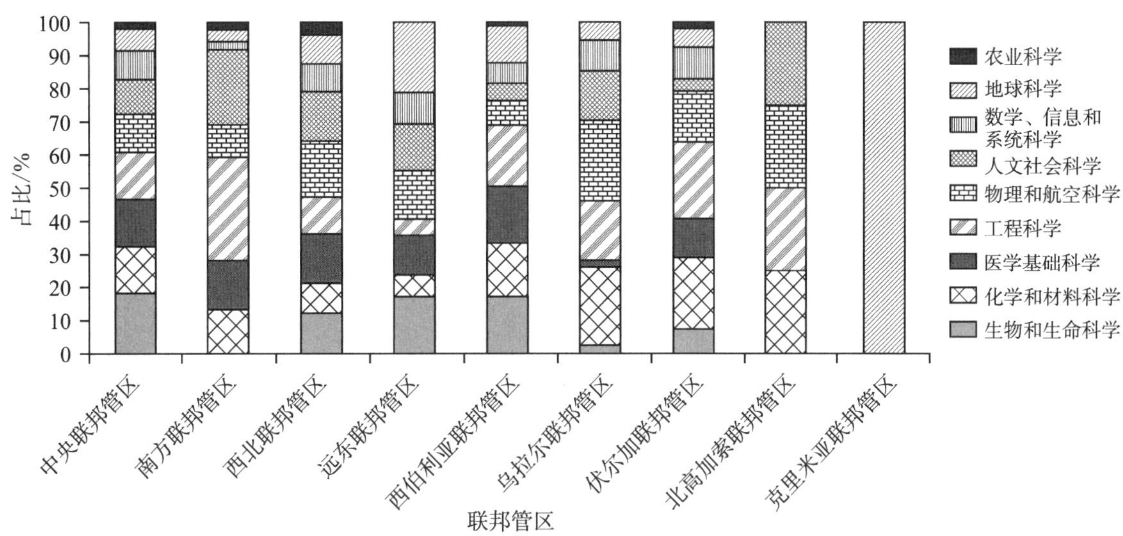

图16-3 2015年俄罗斯科学基金会资助学科和联邦管区分布情况

除新设立的俄罗斯科学基金会之外，于1992年成立的俄罗斯基础研究基金会（Russian Foundation for Basic Research，RFBR）在支持自然科学和人文科学领域的基础研究方面发挥了重要作用。俄罗斯基础研究基金会的资金来源于两个渠道：一是俄罗斯联邦预算；二是企业、机构、组织和公民的自愿捐助，包括外国法人和个人。2011—2017年俄罗斯基础研究基金会的国家预算资金如图16-4所示。

① 赵世峰. 俄罗斯科学基金将引入新的资助形式. 世界教育信息，2015(3)：73.

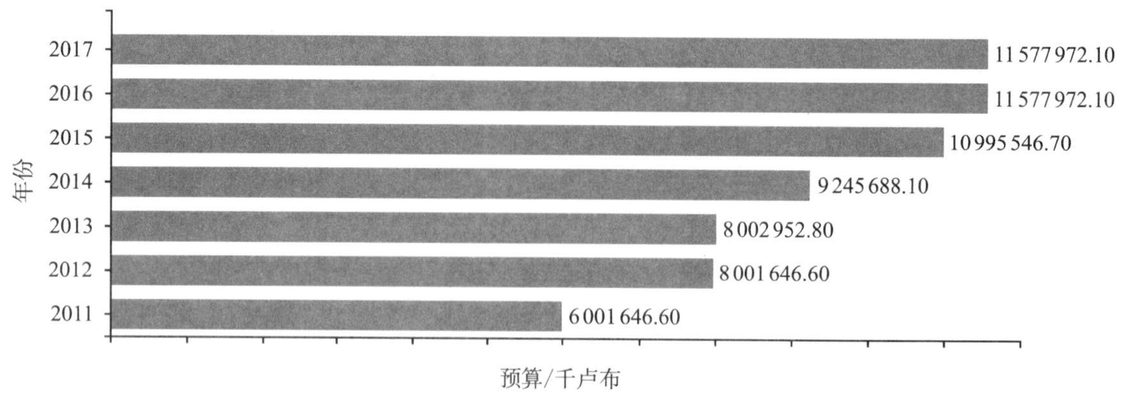

图 16-4　2011—2017 年俄罗斯基础研究基金会预算

资料来源：俄罗斯基础研究会网站 http://www.rfbr.ru/rffi/ru/fundbudget 相关资料。

俄罗斯基础研究基金会主要资助小规模的科学家团队（最多 10 人）或科学家个人，超过 70％的资金用于资助原创项目，资助期限不超过 3 年。评审主要标准是研究方案的质量和申请人团队的能力。项目经费的 15％交给所在机构，用于基础设施的维护与改善。2015 年，生物与医学科学、物理与天文学、工程科学基础研究领域资助占比较高（见图 16-5），与俄罗斯科学基金会的重点资助领域较为一致。

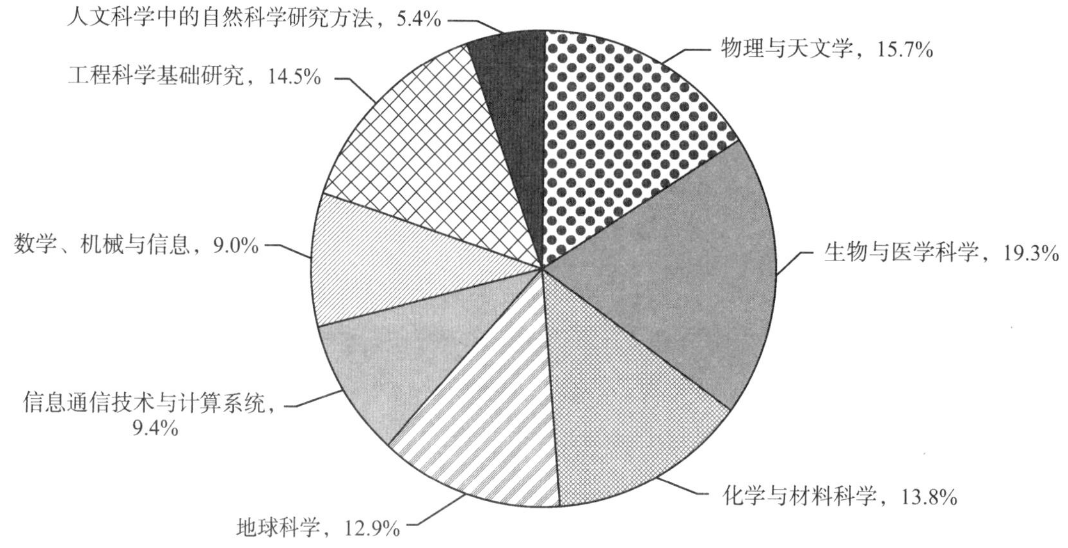

图 16-5　2015 年俄罗斯基础研究会资助的学科领域分布

资料来源：俄罗斯基础研究会网站 http://www.rfbr.ru/rffi/ru/fundbudget 相关资料。

第二节　国家自然科学基金

一、“十二五”以来国家自然科学基金发展概况

“十二五”以来，国家自然科学基金实行了“更加侧重基础、更加侧重前沿、更加侧重人才”的战略导向，在支持学科均衡协调发展、培育高层次人才和优秀青年人才、产出创新思想和创

新成果、服务国家决策等方面发挥了突出作用。"十二五"以来，国家自然科学基金财政预算稳步增长，从2011年的140亿元增长到2017年的267亿元，年均增长约11.36%，资助各类项目近20万项，支持基础研究的主渠道作用更加凸显。

(一)定位进一步明确

按照国家科技计划管理改革要求，国家自然科学基金进一步明确了其定位和战略任务。

定位：资助基础研究和科学前沿探索，支持人才和团队建设，增强源头创新能力。

战略任务：聚焦基础研究和科学前沿，注重交叉学科，培育优秀科研人才和团队，加大资助力度，向国家重点研究领域输送创新知识和人才团队。

(二)资助格局持续优化

"十二五"以来，国家自然科学基金委员会根据科学发展趋势和国家战略需求，完善资助项目类型，从资助定位和管理特点出发，不断优化资助结构，使之与基础研究和科学基金发展需要相契合，为推动我国基础研究事业向更高水平发展提供了有力支撑。

新设立的项目类别：2012年设立优秀青年科学基金，完整打造了贯穿基础研究科研生涯的科学基金创新人才资助体系，起到了大力培育青年人才、稳定我国基础研究队伍的作用。2014年整合科学仪器基础研究专款和国家重大科研仪器设备研制专项，合并设立国家重大科研仪器研制项目，支持原创性重大科研仪器设备研制工作。

取消部分项目类别：在国家明确科普工作由中国科学技术协会负责后，取消了科普项目；不再设立青年、面上连续资助项目等。

优化资助模式：调整了部分基金的资助期限，使之更好地适应基金项目研究的需要。例如，面上项目资助周期由3年延长至4年，国家杰出青年科学基金资助期限从4年延长至5年，创新研究群体资助期从"(3+3+3)年"改为"(6+3)年"。这在整体上为科研人员提供了更加稳定、宽松的创新环境。

目前国家自然科学基金分为研究项目系列、人才项目系列和环境条件项目系列三大资助系列，项目类别如表16-12所示。

表16-12　国家自然科学基金资助体系

项目系列	项目类别
研究项目系列	面上项目
	重点项目
	重大项目
	重大研究计划项目
	国际(地区)合作研究项目
人才项目系列	青年科学基金项目
	地区科学基金项目
	优秀青年科学基金项目
	国家杰出青年科学基金项目
	创新研究群体项目
	海外及港澳学者合作研究基金项目

续表

项目系列	项目类别
环境条件项目系列	联合基金项目
	基础科学中心项目
	国家重大科研仪器研制项目
	应急管理项目
	数学天元基金项目
	外国青年学者研究基金项目
	国际(地区)合作交流项目

资料来源:国家自然科学基金2016年度报告。

(三)资助管理改革不断推进

“十二五”以来,国家自然科学基金委员会积极落实“三个更加侧重”战略导向,并推出了一系列的资助管理改革举措,不断为科学基金事业发展注入了新的活力。

推进制度建设。基本完成了国家自然科学基金委员会部门规章体系建设工作,形成了行政法规、部门规章、规范性文件3个层面的科学基金规章制度体系。

完善资助政策。女性科研人员申请优秀青年科学基金和青年科学基金,年龄放宽至38周岁;完善限项申请政策,避免重复资助和过度申请;加强对优秀青年科研人员、团队的稳定支持;加强对基础研究薄弱地区的扶持。

加强战略协同。深入贯彻创新驱动发展战略,通过战略合作和共同设立联合基金方式,加强与部门、军口单位、地方政府和企业的战略协同。目前共有28个联合基金正在实施。

二、“十二五”以来国家基金资助情况分析

(一)研究类项目

2011年以来,面上项目申请数量整体呈波动稳定态势,项目资助率基本保持在20%左右。2014年因申请项数有较大幅度的减少,资助率达到近年来最高。各年度资助经费占当年研究类项目总经费的75%左右,其中2012年度最高,达80%。项目平均资助强度在2014年达到峰值79.57万元/项后逐年小幅降低(见图16-6、16-7)。

2011年以来重点项目的申请数量稳定在2600～3000项,资助项目数呈现逐年增长态势,2017年资助项数比2011年增长了约34%,资助率也由2011年的16.96%增长为2017年的22.14%,增长了5.18个百分点(见图16-8、16-9)。

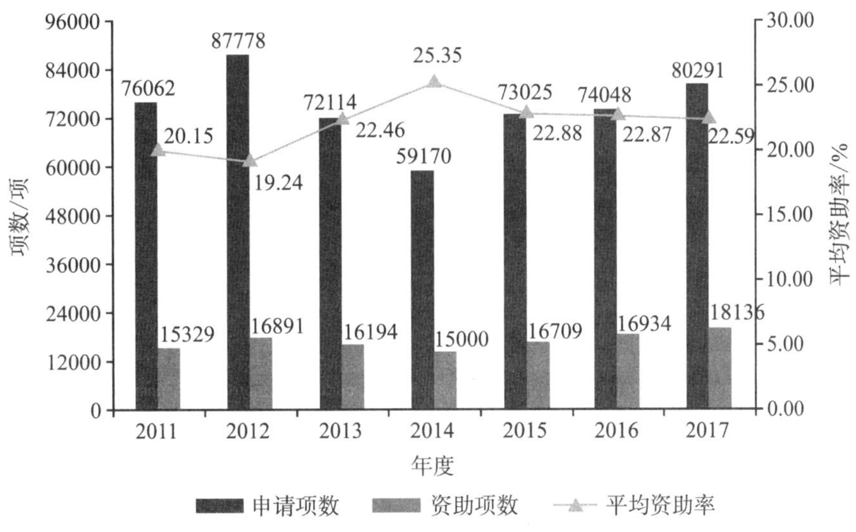

图 16-6　2011—2017 年度面上项目资助趋势

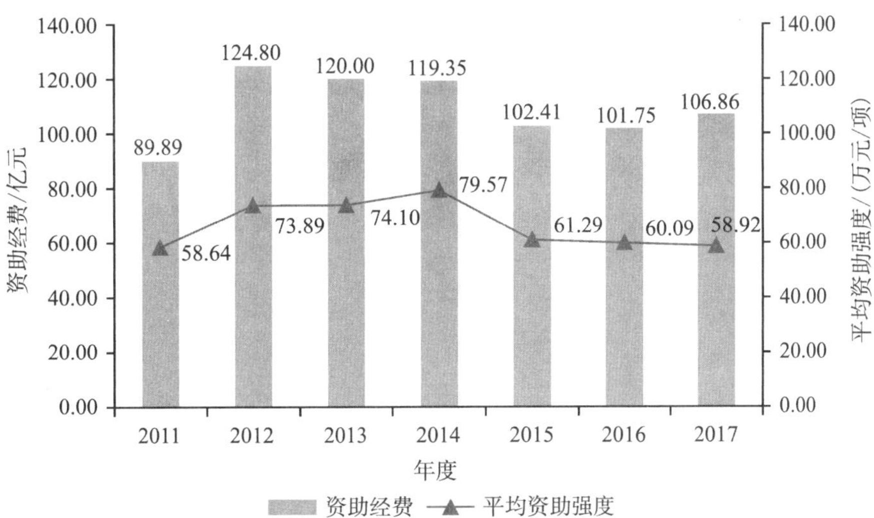

图 16-7　2011—2017 年度面上项目资助经费变化情况

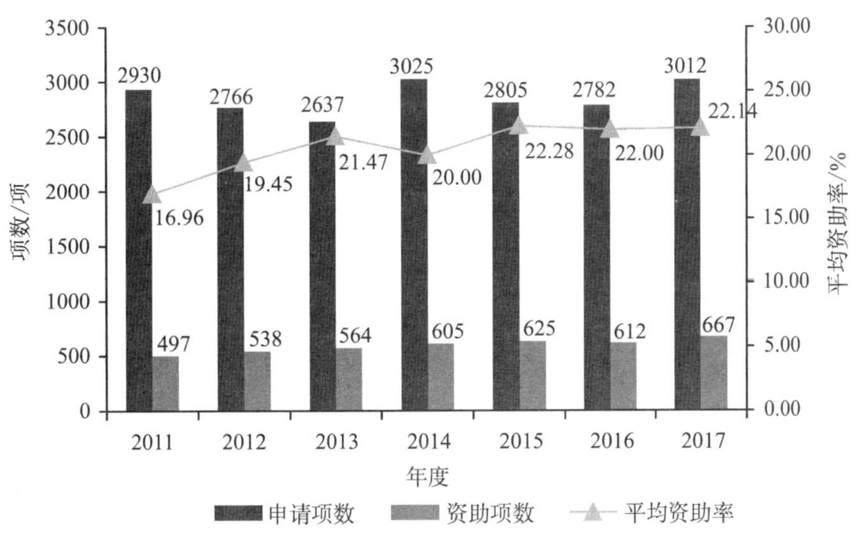

图 16-8　2011—2017 年度重点项目资助趋势

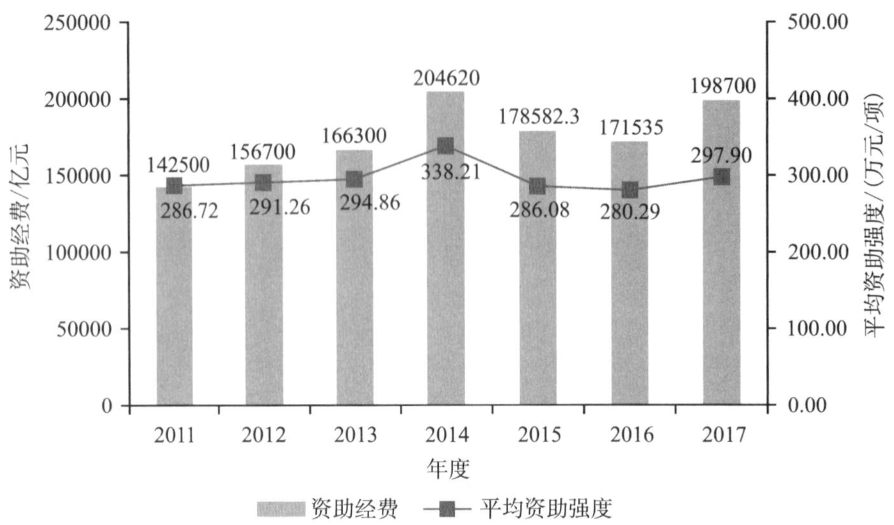

图 16-9　2011—2017 年度重点项目资助经费变化情况

(二)人才类项目

2011 年以来,国家自然科学基金持续加大对优秀人才和拔尖人才的支持。2012 年开始设立优秀青年科学基金项目;2015 年国家杰出青年科学基金项目资助强度从 200 万元/项提高到 400 万元/项,资助期限从 4 年延长至 5 年;同时优秀青年科学基金项目的资助强度从 100 万元/项提高到 150 万元/项。人才类项目申请数量总体呈逐年增长之势。由于杰出青年基金项目和优秀青年基金项目每年资助项数分别控制在 200 项和 400 项左右,近年来资助率逐年小幅下降(见图 16-10 至图 16-13)。

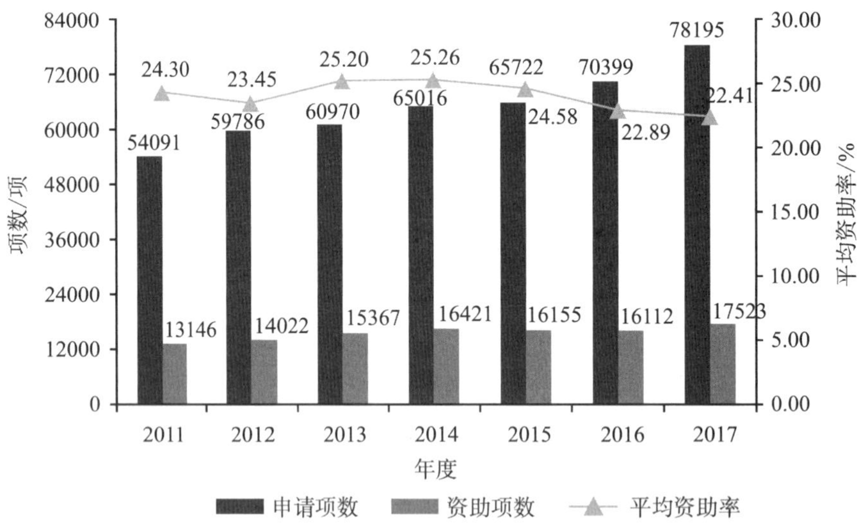

图 16-10　2011—2017 年度青年科学基金项目资助趋势

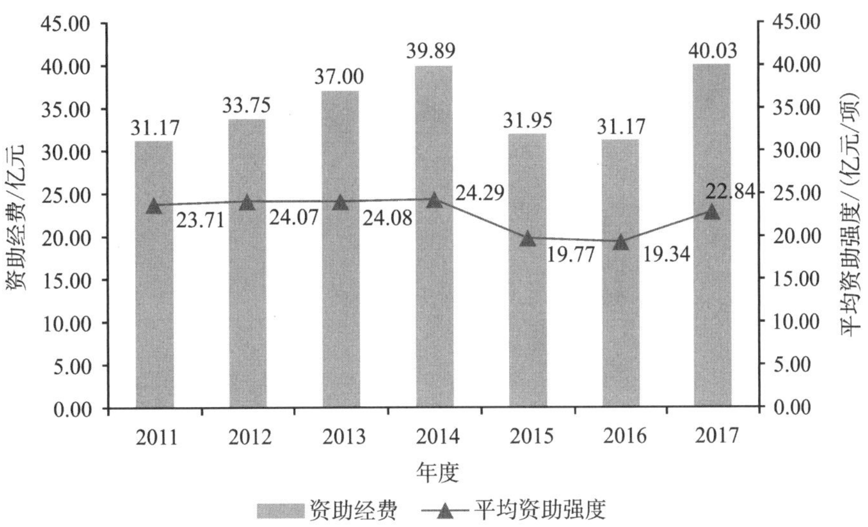

图 16-11 2011—2017 年度青年科学基金项目资助经费变化情况

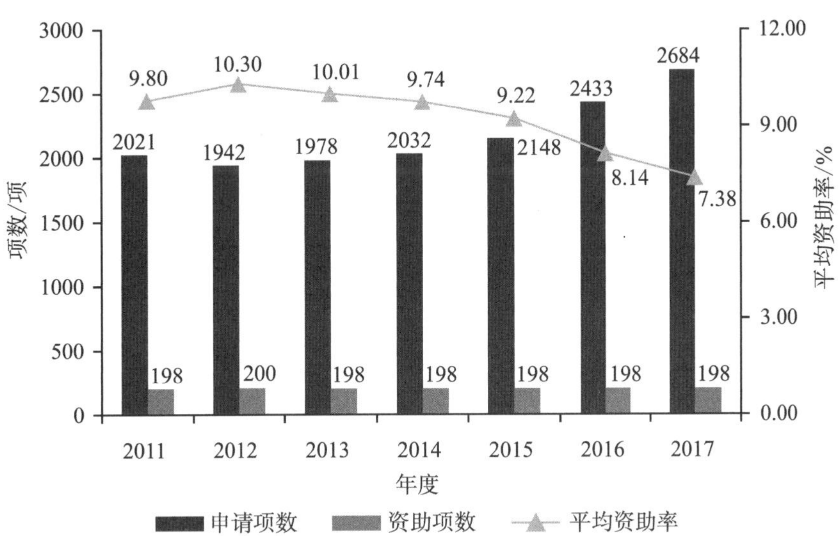

图 16-12 2011—2017 年度国家杰出青年科学基金项目资助趋势

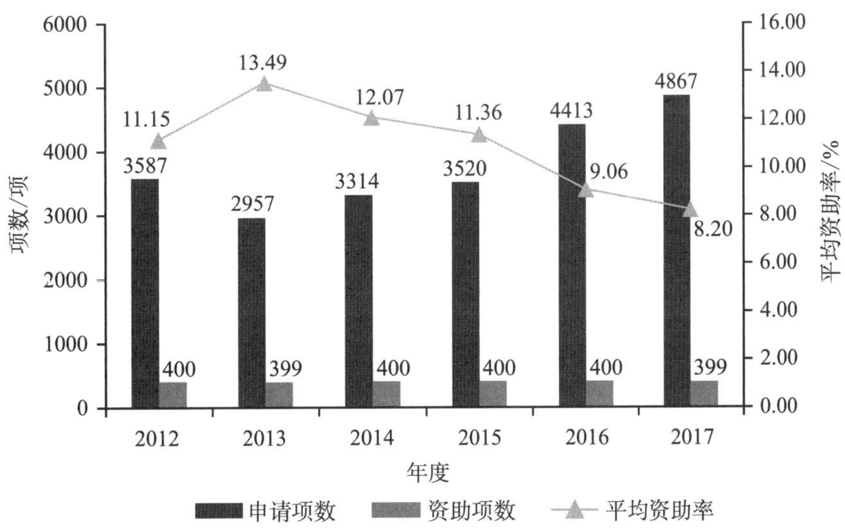

图 16-13 2011—2017 年度优秀青年科学基金项目资助趋势

三、"十三五"战略布局

"十三五"时期是我国全面建成小康社会和创新型国家的决胜阶段，是实现"两个一百年"目标和中华民族伟大复兴的中国梦的关键时期。《国家自然科学基金"十三五"发展规划》提出了"十三五"时期科学基金发展目标、战略导向和资助格局。

发展目标——"三个并行"

2020年达到总量并行，即学术产出和资源投入总体量与科技发达国家相当，学科体系更加健全，为我国进入创新型国家行列奠定科学根基。

2030年达到贡献并行，即力争中国科学家为世界科学发展作出可与诸科技强国相媲美的众多里程碑式贡献，形成若干引领全球学术发展的中国学派，为我国跻身创新型国家前列夯实基础储备。

2050年达到源头并行，即对世界科学发展有重大原创贡献，为我国建成科技创新强国提供源头支撑。

"三个并行"的具体参考指标见表16-13。

表16-13　2020年"三个并行"参考指标

目标	指标	具体描述
总量并行	经费投入	基础研究经费占R&D投入比例显著提高； 国际合作交流经费达到与合作对象大范围等同体量
	论文总量	与美国差距进一步缩小
	论文影响力	论文总被引用次数全球第二； 高被引科学家占全球10%； 篇均被引用次数接近世界均值
贡献并行	热点研究	每年涌现10项左右里程碑式的学科前沿工作； 主导5%以上的学科前沿热点形成
	学科发展	在全球学科地貌图上形成若干"隆起"区域
	人才队伍	拥有一批具有全球影响力的领军人才，学科全球前50位科学家占比进入前4名； 更多科学家进入世界主要学术组织的核心领导层
源头并行	原创成果	面向世界科学前沿每年涌现3～5项具有原创意义的重大成果
	创新高地建设	形成一批在国际上有重要影响的学术高地
	创新驱动发展	产出一批从原创到应用、支撑创新驱动发展的重大成果

战略导向——"三个聚力"

"十三五"期间，我国科学基金工作将突出"聚力前瞻部署、聚力科学突破、聚力精准管理"的战略导向。

聚力前瞻部署。聚焦科学前沿和国家重大科技需求，凝练科学问题，加大部署资助力度，夯实科技基础，服务创新驱动发展。

聚力科学突破。推动各学科均衡协同可持续发展，稳定和培养创新人才队伍，支持自由探索，包容非共识创新，促进学科交叉融合，培育重大原创性成果。

聚力精准管理。深化科技体制机制改革，遵循科学规律，优化资助格局，完善资助政策，营造良好创新环境，打造具有公信力的评审平台。

资助格局——“四位一体”

构建“探索、人才、工具、融合”四位一体的资助格局。探索系列突出尊重基础研究的探索性这一本质特点和规律，坚持原创导向，统筹学科布局，鼓励自由探索，营造宽松环境。人才系列坚持以人为本，服务不同职业发展阶段科研人才成长，蓄积后备人才，稳定青年人才，扶植地区人才，造就拔尖人才，培育创新团队。工具系列推进重大仪器创新研制，着力发展原始创新的方法和技术，突出原创导向的科研价值评价要求，完善资助机制，加强专业化管理。融合系列加强交叉领域的重点部署，发展新兴学科和学科生长点，科学筹划联合资助工作，积极落实开放合作战略，在完善重大研究计划等资助机制的同时，试点实施基础科学中心项目，集成优势资源，汇聚培养高水平人才，打造科学高地（见表16-14）。

表16-14　“十三五”期间国家自然科学基金资助格局

系列	定位	项目类型
探索类	加强科学前沿探索，培育源头创新能力，为国家其他重要科技计划孕育源头知识，提供成果储备	面上项目、重点项目、国际（地区）合作研究项目等
人才类	针对人才发展学科广泛性、路径多样性等特征，完善稳定支持机制，对不同年龄段优秀人才实行全谱系支持，为国家科技创新队伍建设奠定人才资源基础	青年科学基金项目、优秀青年科学基金项目、国家杰出青年科学基金项目、创新研究群体科学基金项目、地区科学基金项目等
工具类	为科学研究提供新颖手段和有力工具，开拓研究领域，催生源头创新	国家重大科研仪器研制项目
融合类	面向经济、社会发展需求，聚焦重大科学问题，凝聚人才团队，促进多学科交叉融合	重大项目、重大研究计划项目、联合基金项目、基础科学中心项目等

第三节　主要省（市）自然科学基金发展状况

一、北京市自然科学基金

（一）概况

北京市自然科学基金于1990年10月30日设立，资助自然科学及与自然科学相交叉学科领域的基础研究、应用基础研究及其相关的环境条件促进活动，资助的学科门类主要包括九大类：数理学科、化学与材料学科、工程学科、信息学科、生物学科、农业学科、医药学科、城市建设与环境学科和管理学科。“十二五”以来，北京市自然科学基金委员会按照“做好市基金与市科技计划和国家自然基金的两个衔接”的工作思路，大胆开展了一系列改革创新，推动从以基金项目评审立项管理为主转向融入全市科技工作一盘棋，从支持自由探索为主转向支持需求导向和自由探索并重的两个转变。1990—2017年，共受理基金申请项目76977项，资助项目8037项，资助经费总额104070.95万元。作为首都科技创新体系的重要组成部分，基金规模从成立之初的150万元发展到2017年的15291万元。

（二）资助体系和资助情况

近年来，北京市自然科学基金不断完善资助体系，积极探索和创新资助模式。2013年增设青年科学基金，为青年科技人员提供“第一桶金”。2014年增设重点研究专题聚焦首都发展难题，引导科研人员瞄准重大战略需求的科学问题，开展联合攻关。鼓励自然人、法人等通过联合资助、捐资等方式资助基础研究和应用基础研究，将社会资金引入北京市自然科学基金，引导产业部门关注基础研究。至今已设立5支联合基金。其中，2016年9月启动的北京市自然科学基金-交控科技轨道交通联合基金，预计5年内投入1500万元，将全部由北京交控科技股份有限公司提供，是企业深度参与基础研究的进一步尝试；2017年5月启动的北京市自然科学基金-海淀原始创新联合基金，预计5年内投入1.2亿元，是市区合作共同开展基础研究的一种创新模式。同时，注重加强区域协同发展，2015年起联合天津、河北设立“京津冀基础研究合作专项”，有力促进了区域协同创新。目前，北京市自然科学基金已形成包括研究、人才、合作三类项目的资助格局。各类项目的资助方向和资助强度详见表16-15。

表16-15　北京市自然科学基金项目设置情况

项目类型	项目名称	资助方向	资助强度
研究项目	重点研究专题	民生保障与改善中的热点问题； 城市建设与管理中的难点问题； 战略新兴产业中的重点任务	≤100万元/项
	重点项目	具有重要科学意义，有望取得重要突破，达到或接近国际先进水平的； 已有较好研究基础的研究方向或学科生长点； 全市社会经济发展中存在的关键科学技术问题，有望形成较大经济效益或社会效益的	≤80万元/项
	面上项目	自主选题	≤20万元/项
	预探索项目	运用新思想、新观点、新方法或新途径进行探索性研究	≤6万元/项
合作项目	市基金-市教委联合项目	前沿领域关键科学问题，以国家和北京市战略发展目标的需求为导向	≤80万/项
	市基金-北科院联合基金	年度联合资助项目指南范围内自主选题	≤30万元/项
	市基金-三元联合基金	母婴肠道微生态调节方面	≤100万元/项
	市基金-海淀原始创新联合	围绕海淀具有优势的智能制造领域	重点研究专题项目≤100万元/项，前沿项目≤30万元/项
	市基金-交控科技轨道交通联合基金	京津冀城市轨道交通相关领域	≤30万元/项
	京津冀基础研究合作专项	解决三地共性需求和共性问题	≤20万元/项
	对外合作交流基金	围绕科学前沿、首都发展和社会民生等方面的国际学术交流会议	第一、二次获得资助的项目≤8万元；第三、四次获得资助的项目≤4万元；已获得4次资助的，不再提供经费支持
人才项目	青年科学基金项目	自主选题	不超过10万元/项

2011年以来，北京市自然科学基金年度项目资助率和资助金额稳步增长。研究项目(不包括重点研究专题)和人才项目的申请量由2011年度的5867项增加到2017年度的6176项；资助项目数由471项增加到869项，年均增长10.75%；资助金额由5395万元增加到15291万元，增长1.83倍，年均增长18.96%。2017年度的资助率有较大幅度提升，是2011年度的1.75倍，比2016年度提升了2.5个百分点。

(三)“十三五”战略部署

《北京市“十三五”时期加强全国科技创新中心建设规划》明确了“十三五”期间北京市基础研究的战略部署。

发展目标：

至2020年，北京市基础研究经费占研究与试验发展(R&D)经费的比重达到13%。

主要任务：

——重点部署信息、基础材料等领域关键科学问题开展基础研究，为经济社会发展提供基础研究支撑和技术储备；

——面向未来高技术更新换代和新兴产业发展需求，加强技术预测及前沿技术跟踪，在信息技术、生物医药技术等领域，重点部署一批科技前沿和战略必争领域研究项目；

——加强顶层设计，将基础研究与前沿技术应用紧密结合，集中力量实施脑科学计划、量子计算与量子信息研究计划、纳米科学研究计划等大科学计划，力争取得一批具有国际影响力的原始创新成果，建设3～5个世界级科学研究中心。

基础研究领域和方向：

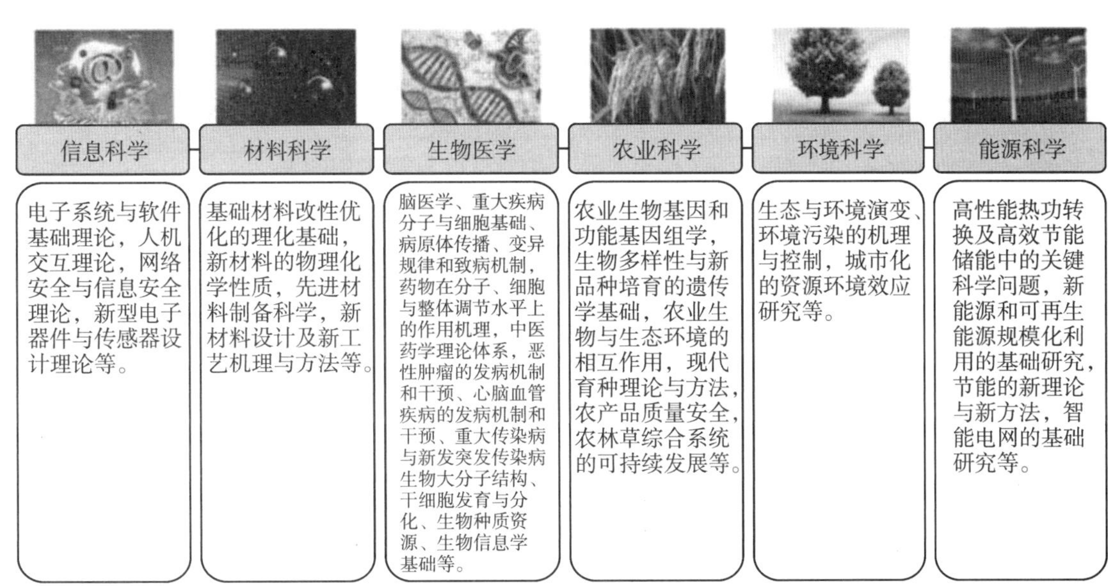

前沿技术领域和方向：

【“十三五”时期北京前沿技术领域和方向】

信息	研究光子信息处理、量子通信、海量数据处理、智能感知与交互等重点技术等； 未来互联网，智能数据感知、采集、储存与应用，卫星移动通讯，下一代广播电视等重大技术系统和战略产品研发。
生物医药	研究基因组学及新一代测序技术、基于干细胞的人体组织工程技术、生物治疗技术、分子诊断和分子影像技术、生物信息技术、药靶发现与药物分子设计技术等。
先进制造	绿色制造和智能制造，开展微纳制造技术、重大装备技术、仿生制造、增材制造、数字化设计与制造技术等研发。
资源环境	研究新型污染物治理技术与装备、清洁空气技术、生态环境监测技术水平等； 在先进能源技术领域，开展再生能源、节能技术等研发。
新材料	纳米器件、超导材料、新型功能与智能材料、高效能源材料、生态环境材料等研发。
新能源	围绕能源高效、清洁利用和新型能源开发，开展氢能源、能源转换、新型储能技术等研发。
导航	在先进遥感、地理信息系统、导航定位、深空探测等领域，开展全球空间信息主动服务、导航定位与位置服务等系统研发。

重大应用研究科学计划：

脑科学研究计划	在脑认知与脑医学方面：建立脑认知与脑医学研究支撑平台，研发一批创新性关键技术，为脑重大疾病的预测、预防、诊断、治疗到康复提供技术支撑。 在脑认知和类脑计算方面：建成支撑脑认知与类脑计算基础研究和技术研发的公共平台，在类脑计算理论基础研究、类脑计算机研制和类脑智能三方面取得重要突破，形成类脑计算机软硬件研制系统。
量子计算与量子信息研究计划	基于卫星的广域量子通信以及大尺度量子计算、量子信息技术应用，研究远距离量子通信与空间尺度量子关键技术等。
纳米科学研究计划	在纳米光电子器件、碳材料、碳基纳米器件、纳米药物、纳米生物医学材料、纳米能源、纳米生物效应与安全、纳米技术标准、表征技术、环境纳米材料、石墨烯材料在航天通信领域的应用等开展研究。

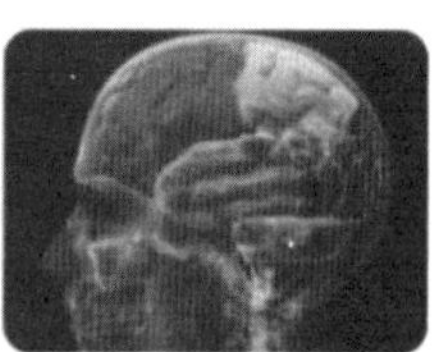
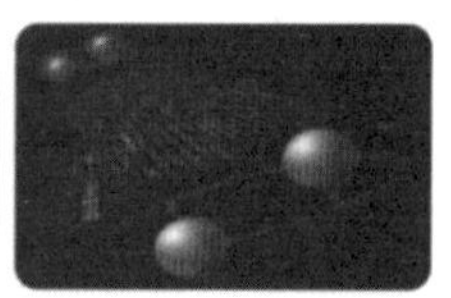

二、上海市自然科学基金

(一)概况

上海市自然科学基金是上海市科技发展基金的组成部分，资助全市自然科学方面的基础研究和应用基础研究，优先支持具有科学前沿性、应用重要性以及长远战略意义的研究项目，特别是对促进本市科技进步和经济、社会发展有重要作用的研究项目。

(二)资助体系和资助情况

为鼓励青年科研人员积极开展原创性科研工作，2016年起上海市在自然科学基金中增设了探索类项目，从而形成由面上和探索类两类项目构成的资助格局。面上项目不限申报领域；探索类项目主要资助未满40周岁的青年科技人员开展前沿的、学科交叉的创新研究，资助方向包括量子调控、复杂网络系统与动力学、超材料、计算生物学、仿生材料、新原理器件、遗传操作新技术、智能感知新技术与器件、合成生物新技术等新兴领域。

上海市自然科学基金资助项目数每年基本保持在400～500项，其中探索类项目100项。2015年，上海市提高了项目资助强度，从每项10万元提高到20万元。

（三）“十三五”战略部署

《上海市科技创新“十三五”规划》明确了今后5年基础研究的发展目标和主要任务，并首次将基础研究经费作为核心指标在全市发展规划中提出。

核心指标：

到2020年，全社会研发（R&D）经费支出占全市生产总值（GDP）的比例达到4.0%左右，基础研究经费支出占全社会R&D经费支出比例达到10%左右。

总体部署：

以原始创新为重点，提升创新策源能力。聚焦世界科学发展前沿，通过原创性研究和重点突破，提升科学研究影响力，开辟新领域、新方向，增强发展的主动权和话语权，提升上海在全球知识创造中的贡献度。

主要任务：

——推进战略方向重大突破。围绕未来通信、未来诊疗、未来人工智能和极端制造等国际前沿领域，加快原始创新突破。重点包括：脑科学与类脑人工智能、国际人类表型组、干细胞与组织功能修复、纳米科学与微纳制造、材料基因组、合成科学与生物创制、量子材料与量子通信。

——鼓励科学研究自由探索。持续增加基础研究的政府投入，探索基础研究的多元投入机制，提高资助率和资助强度。鼓励多学科交叉的科学研究，支持自由探索，培育新兴研究方向。优化评价机制，探索应用大数据分析等方法，建立多维度、多层次、多渠道的趋势判断和团队发现机制，建立长期跟踪和持续支持机制。打造交叉融合的创新群体，设立战略方向推进平台，构筑前沿方向探索平台，搭建学科交叉促进平台。

——建设张江综合性国家科学中心。在推进上海光源二期、转化医学、软X射线自由电子激光、超强超短激光等大科学设施建设的同时，探索实施科研组织新体制，研究设立全国性科学基金会，通过体制机制创新助力科技成果不断涌现。

三、江苏省自然科学基金

（一）概况

江苏省自然科学基金由江苏省科技厅社会发展与基础研究处负责管理，省科技厅下属生产力促进中心协助工作。资助领域包括基础学科、信息学科、农业学科、生物医药学科、工程与材料学科、资源与环境学科等。“十二五”期间，省自然科学基金预算从1.5亿元增加到3.2亿元，为原来的2倍多，年均增长16.36%，增长规模位居全国第一。

（二）资助体系和资助情况

鼓励最具创新活力的青年科技人员大胆攀登科技高峰，形成强大的青年科技人才队伍和原始创新项目储备，是江苏省自然科学基金工作的重要着力点。自2012年以来，积极衔接国家自然科学基金工作布局，在省自然科学基金中设立了杰出青年基金和青年基金。杰出青年基金以培养能进入国家杰出青年科学基金人选为目标，每人支持100万元；青年基金定位于“科研第一桶金”，帮助刚起步的青年科研人员，每人支持20万元。省自然科学基金每年资助

50名40岁以下杰出青年科技人才和1000名35岁以下的青年科研骨干。2016年新增设立优秀青年基金，从当年按时结题的青年基金项目中择优选择。2016年择优选择了50名，2017年增加为100名。目前江苏省自然科学基金项目分为青年科技人才创新专题和面上项目两大专项，由江苏省杰出青年基金项目、优秀青年基金项目、青年基金项目和面上项目四大类组成（见表16-16）。

表16-16 江苏省自然科学基金项目设置情况

项目类型	项目名称	资助方向	资助强度
青年科技人才创新专题	省杰出青年基金项目	以培养能进入国家杰出青年科学基金人选等高层次青年科技人才为目标，支持省内优秀青年科研人才面向江苏和国家需求开展创新研究，造就拔尖人才，培育创新团队	≤100万元/项
	省优秀青年基金项目	在已验收通过的省青年基金资助的青年科研人才中，遴选部分课题研究已取得标志性成果的优秀青年科技人才，予以持续支持	≤50万元/项
	省青年基金项目	以培养造就青年科研骨干、建设高水平基础研究后备人才队伍为目标，鼓励支持青年科技人员积极投入创新活动、自由探索	≤20万元/项
面上项目		以获得基础研究创新成果为主要目的，着眼于总体布局，突出重点领域，凝聚优势力量，激励原始创新，提升全省基础研究整体水平	≤10万元/项

（三）“十三五”工作规划

“十三五”期间，江苏省将围绕实施创新驱动战略，推进科技创新工程，充分发挥高校和科研院所的创新源头作用，瞄准国际科学前沿和产业创新发展的重大需求，以重点学科和优势学科建设为牵引，支持全省高校院所和企业牵头承担国家自然科学基金等基础性研究计划项目，大力推动高校院所和企业的协同创新，优化体系布局，大力培养人才，加强具有地方特色和需求导向的应用基础和原始创新研究，为增强自主创新能力提供技术和人才储备。

加强基础研究前瞻部署。重点在制造与工程科学、材料科学、生命科学、信息科学、能源科学、资源环境等领域加强应用基础研究，加快建设具有世界先进水平的一流大学和一流学科，努力取得一批重大原创性研究成果。

实施青年科技人才创新专项。坚持自由探索和应用需求相结合，稳定性支持和竞争性支持相结合，大力支持优秀青年科技人才开展创新研究，培养造就一大批学术水平高、在国内外有一定影响力的杰出青年人才和青年科研骨干。加大对青年科技人才长期稳定支持力度，自2017年起每年择优支持省杰出青年人才50名、优秀青年人才100名和青年科技人才1000名。

完善基础研究长期稳定支持机制。进一步探索改革自然科学基金管理、评审、决策相分离的管理机制。改进基础研究考核评价办法，评价更加注重项目的原创性和产出对学科和经济社会发展的贡献度。进一步完善项目评审程序和标准，瞄准世界科技前沿，坚持问题导向，加大对重大原创性研究和非共识项目的支持力度。

四、广东省自然科学基金

（一）概况

广东省自然科学基金始于1987年设立的广东省科委科学基金，后与1991年增设的广东省科委青年科学基金合并整合而成，是我国第一个地方性自然科学基金。广东省自然科学基金十分重视与国家自然科学基金委员会的合作，在全国开创了首例地方政府与国家自然科学基金合作开展基础研究的模式——NSFC-广东联合基金，取得显著成效。在加强与国家层面合作的同时，重视与地方和企业的合作，2017年，推出了和深圳市的地区联合基金，以及和温氏集团的联合基金，调动地方和企业参与基础研究的积极性。近年来广东省自然科学基金不断加大基金规模，财政投入从2011年的0.6亿元增加至2017年的3.1亿。

（二）资助体系和资助情况

近年来，广东省不断完善自然科学基金资助体系，在原有项目类别的基础上，于2012年设立“杰出青年基金项目”，2014年增设“重大基础研究培育项目”和“粤东西北创新人才联合培养项目”。通过“杰出青年基金项目”促进该省优秀青年科技人才脱颖而出、加快成长，通过“重大基础研究培育项目”对广东省重点基础研究发展计划和重大科学研究计划进行布局，通过“粤东西北创新人才联合培养项目”与粤东西北地区高校、科研院所联合开展创新人才培养工作，深入开展粤东西北地区特色基础研究，为粤东西北区域创新体系建设与经济社会发展提供服务。目前广东省自然科学基金项目类别包括：研究团队、重大基础研究培育、杰出青年、重点、自由申请、博士科技启动、粤东西北创新人才联合培养项目等7类（见表16-17）。

此外，还会同广州市、深圳市，与国家自然科学基金委员会合作设立了NSFC-广东联合基金、超级计算机联合基金、广东大数据科学研究中心项目。其中，NSFC-广东联合基金每年投入10000万元（国家基金3000万元，省财政5000万元，广州市1000万元，深圳市1000万元）；广东大数据科学研究中心项目由国家基金投入3000万元，广东省基金投入1000万元，广州市投入2000万元，实施期限为5年。

表16-17　广东省自然科学基金项目设置情况

<table>
<tr><th colspan="2">项目名称</th><th>资助方向</th><th>资助强度</th></tr>
<tr><td colspan="2">研究团队项目</td><td>围绕广东省科技前沿开展基础与应用基础研究</td><td>管理类200万元/项，其余类300万元/项，资助5年</td></tr>
<tr><td colspan="2">杰出青年项目</td><td>在相关领域开展基础与应用基础研究</td><td>100万元/项，资助4年</td></tr>
<tr><td colspan="2">重大基础研究培育项目</td><td>围绕广大省十大重大科技专项及八大战略性新兴产业开展基础与应用基础研究</td><td>100万元/项，资助4年</td></tr>
<tr><td colspan="2">重点项目</td><td>围绕广东省经济社会发展重要需求，开展基础与应用基础研究</td><td>50万元/项，资助3年</td></tr>
<tr><td rowspan="2">自由申请项目</td><td>自由探索项目</td><td>自由探索研究</td><td>10万元/项，资助3年</td></tr>
<tr><td>广东基础研究战略与管理研究项目</td><td>广东基础研究发展战略、体制机制创新、创新平台与体系、项目与知识产权管理等</td><td>50万元/项和20万元/项两类，资助3年</td></tr>
</table>

续表

项目名称		资助方向	资助强度
博士科研启动项目	自由申报项目	在相关领域开展基础与应用基础研究	10万元/项，资助3年
	纵向协同管理试点项目	在相关领域开展基础与应用基础研究	10万元/项，资助3年
	粤东西北创新人才联合培养项目	围绕粤东西北优势特色创新领域开展基础与应用基础研究	10万元/项
NSFC-广东联合基金	集成项目	重点解决广东及周边区域经济社会、科技战略发展的重大科学问题和关键技术问题，带动广东省科技发展和人才队伍的建设，提升在广东地区高等院校和科研院所的自主创新能力和国际竞争力，促进广东省经济和社会可持续发展	直接费用平均资助强度约为1400万元/项（总额度2000万元/项），资助4年
	重点支持项目		直接费用平均资助强度约为300万元/项，资助4年
NSFC-广东大数据科学研究中心项目		以国家超级计算广州中心“天河二号”超级计算机为平台，强调学科交叉和强强联合，鼓励全国有大数据研究优势的依托单位与广东高等院校和科研机构联合提出申请； 围绕“智慧城市”建设设置研究领域，汇聚国内大数据源头创新领域人才和科技资源，共同解决大数据科学领域的重大科学问题和技术问题	中心项目：直接费用资助2000万元～3000万元 重点支持项目：直接费用资助每项为400万元～600万元，资助4年

五、湖北省自然科学基金

湖北省自然科学基金以定额资助的方式支持应用基础方向、科学前沿开展的探索性和前瞻性研究。目前湖北省自然科学基金计划项目类型包括面上项目（青年项目、一般面上项目）、杰出青年项目、创新群体项目、重点实验室项目（见表16-18），其中重点实验室项目为后补助项目，其他均为前资助项目。其中面上项目、杰出青年项目资助经费立项当年一次性划拨，创新群体项目资助经费在项目实施期内依据年度考核情况分年度划拨。青年项目和一般面上项目实施期为2年，杰出青年项目和创新群体项目实施期为3年。

表16-18　湖北省自然科学基金项目设置情况

项目名称		资助方向	资助强度
面上项目	青年项目	支持青年科技人员在科研起步阶段独立开展基础研究和应用基础研究	不超过5万元/项
	一般面上项目	支持开展创新性应用基础研究	
杰出青年项目		支持优秀青年人才开展科学前沿探索、高新技术和学科交叉研究，培育青年学术带头人	20万元/项
重点类项目	创新群体项目	持续支持以优秀中青年科学家为学术带头人和骨干的研究群体，围绕某一重要研究方向开展前瞻性、交叉性的应用基础研究，培养造就具有创新能力的人才团队	不超过50万元/项

续表

项目名称		资助方向	资助强度
重点类项目	重点实验室项目	推动湖北省重点实验室在若干科学前沿或具有带动性的研究方向取得突破，支持重点实验室学术带头人围绕稳定的研究方向开展持续应用基础研究	依据实验室年度绩效考核结果确定

六、陕西省自然科学基金

陕西省自然科学基金工作以"鼓励科学研究，支持源头创新，培养创新人才，提高创新能力"为目标，结合陕西省内经济和科学技术发展的重点方向，围绕创新链开展创新研究。近年来，陕西省自然科学基金工作紧密围绕陕西经济社会发展需求，充分调动高校、科研院所和企业协同攻关，鼓励广大科技人员，聚焦7个重点领域面临的共性关键技术，开展理论及应用研究。在项目设置上，特别注重与企业的融合，专设"双导师制"项目①，通过人才培养的桥梁，打通院所和企业、高校之间的瓶颈，充分发挥省基金的种子基金和孵化器作用。2018年，陕西省基金办共批准设立"双导师制"项目43项，资助强度为5万元。为了尽可能提高资助率，同时兼顾各类科研主体，陕西省基金把工作重点放在了"种子基金"上，降低资助强度，提高项目数量和资助率，实施多年来在培养创新人才方面起到了较好的效果。2018年度，陕西省自然科学基金共资助项目1444项，资助总额为5657万元，具体项目类型包括：省杰出青年科学基金30项，资助强度为30万元；重点项目43项，资助强度为10万元；面上项目672项，强度为3万元～5万元；青年项目699项，强度为3万元。

七、山东省自然科学基金

山东省自然科学基金于1989年设立。根据《山东省自然科学基金改革意见》(鲁科基金字〔2014〕3号)，目前山东省自然科学基金分设创新人才培养基金(对应创新创业扶持计划)、优秀中青年科学家科研奖励基金(博士基金)、自然科学青年基金(对应青年人才培养计划)、自然科学基金英才基金(原面上项目)、自然科学杰出青年基金(对应杰出青年接力计划)，针对不同年龄、不同阶段的科研人才发展全链条进行支持，实现项目、人才一体化(见表16-19)。

表16-19　山东省自然科学基金项目设置情况

基金类型	资助方向
创新人才培养基金	围绕创新创业人才扶持计划的实施，重点面向高校、科研院所及科技型小微企业中初涉科研领域的青年科技人员开展应用基础研究，积累创新经验，提高创新创业能力
优秀中青年科学家科研奖励基金	支持获得博士学位的青年科技人员，独立开展创新性较强的基础研究

① 陕西省基金办牵头，计划处、产业处、工业处、高新处等部门配合构建了"高校院所双导师研究生培养＋联合专业孵化器＋政产学研种子基金"深度合作模式，引导和鼓励科研院所与地方高等院校推进"双导师制"科技创新创业平台建设。"双导师制"培养的研究生第一年的基础课在高校，第二、第三年的专业课委托院所授课，高校和科研院所各有1名导师参与指导。省基金办建立相应项目立项的绿色通道，从基础研究项目("双导师"项目)角度给予配套。

续表

基金类型	资助方向
自然科学青年基金	重点支持具有一定科研经验、能力以及发展潜力的青年科技人员，按照产学研结合的要求，瞄准学科发展前沿，有针对性地选择研究方向，开展基础研究工作，形成研究团队，逐步成长为相关领域学术骨干、学科带头人
自然科学基金英才基金	重点支持具有一定科研基础、研发能力和组织能力较强的中青年科技人员组建团队，开展较为深入的创新性科学研究，对面向科技发展重大需求的应用基础研究项目给予重点支持
自然科学杰出青年基金	重点支持学术水平高、在本领域已取得突出成绩的青年学者，面向区域和国家需求开展创新研究，组建高水平的创新团队，扶持其成为国家层面的、科技前沿的优秀学术领头人

第十七章　浙江展望

党的十九大报告提出，要瞄准世界科技前沿，强化基础研究，实现前瞻性基础研究、引领性原创成果重大突破。加强应用基础研究，拓展实施国家重大科技项目，突出关键共性技术、前沿引领技术、现代工程技术、颠覆性技术创新。国务院《关于全面加强基础科学研究的若干意见》明确，一是要完善基础研究布局。强化基础研究的系统部署、优化国家科技计划基础研究支持体系和基础研究区域布局、推进国家重大科技基础设施建设。二是要建设高水平研究基地。布局建设国家实验室，加强基础研究创新基地建设。三是要壮大基础研究人才队伍。培养造就具有国际水平的战略科技人才和科技领军人才、加强中青年和后备科技人才培养、稳定高水平实验技术人才队伍、建设高水平创新团队。四是要提高基础研究国际化水平。组织实施国际大科学计划和大科学工程、深化基础研究国际合作。五是要优化基础研究发展机制和环境。加强基础研究顶层设计和统筹协调、建立基础研究多元化投入机制、推动基础研究与应用研究融通、促进科技资源开放共享、建立完善符合基础研究特点和规律的评价机制、加强科研诚信建设、推动科学普及和弘扬科学精神及创新文化。

浙江省第十四次党代会提出今后要突出创新强省，增创发展动能新优势。要着眼于全面创新，紧紧抓住科技创新这个牛鼻子。突出开放强省，增创国际竞争新优势。要以国际化为导向，以“一带一路”统领新一轮对外开放。突出人才强省，增创战略资源新优势。突出创新型科技人才。紧紧抓住引进人才、培育人才、用好人才关键环节，舍得下本钱，放得开手脚，谋划实施一批最能补齐发展短板、最能激发潜在优势的重大人才举措。车俊书记带队调研沪苏皖时强调，要补强基础性、前瞻性、引领性的重大科研项目和平台设施的短板。袁家军省长批示：努力推动我省打通重点领域基础研究到应用产业化发展通道。冯飞副省长对省自然科学基金工作批示：望围绕我省战略方向，聚焦重点，在引领性、基础性、前瞻性项目引导上做文章。

对照中央国务院和省委、省政府的新时期新要求，我省基础研究和省自然科学基金工作要肩负起更大的责任和任务。总体上看，我省基础研究存在以下六方面的短板。

一是我省目前还没有建成大型的科研平台或设施，不利于吸引全球顶尖基础研究人才和产出原创成果。

二是从基础研究到应用产业化发展通道需要更通畅。当前，基础研究突破引发的产业变革正蓬勃兴起。近年来，我省基础研究成果对促进我省经济和社会发展起到了显著作用，但主要靠科技人员自身的努力，还没有形成一种从基础研究到应用产业化发展的融通协调机制和促进通道。

三是具有引领性、基础性、前瞻性的原创性基础研究成果缺乏。2009—2016年，省自然科学基金资助发表21530篇论文被Web of Science收录，篇均被引9.29次，学科规范化的引文影响力略高于全球平均水平(1.05倍)，高频次被引论文208篇，占0.97%，热点论文百分比仅为0.03%。据2018年1月12日发布的数据，哈佛大学、牛津大学、麻省理工学院(MIT)、剑桥大学等在过去十年发表的被Web of Science收录的论文在7.5万篇以上，篇均被引在26次以上。另对比国家自然科学奖一等奖项目成果，2017年度得主李家洋2008—2017年发表SCI论文64篇，其中高频次被引论文12篇，被引4700多次，学科规范化的引文影响力是全球平均水平的4.53倍。另一位得主唐本忠2008—2017年发表SCI论文646篇，其中高被引论文49篇，热点论文1篇，被引3万多次，学科规范化的引文影响力是全球平均水平的2.77倍。

四是具有国内外广泛影响力的年轻科学家数量仍较少。国家自然科学基金委从2011年起启动45个重大科研仪器项目，从2016年起启动7个基础研究科学中心项目，并要求由60岁以下的国际知名科学家作为学术带头人。这两类项目中，我省仅有浙江大学张泽院士承担了“材料使役条件下性能与显微结构间关系的原位研究系统”重大科研仪器项目。这从一个方面说明我省基础研究还未达到“走在前列”的要求。

五是我省基础研究力量发展不平衡。长期以来，我省争取国家自然科学基金排名一直位于全国第6至7位，但近几年我省立项率全国排位整体呈下降趋势，说明竞争力略有下降。分析原因，主要是基础研究力量分布严重不平衡，浙江大学一枝独秀，省属高校和院所差距明显。在2017年公布的国家“双一流”建设名单中，除浙江大学入选一流大学建设高校A类，并有18个学科入选一流学科以外，浙江仅有中国美术学院和宁波大学各有1个学科入选，在全国仅排名第12位。2017年苏州大学获得国家自然科学基金项目333项，仅比浙江工业大学、温州医科大学、宁波大学三所高校总和少41项。

六是企业和社会力量投入基础研究的经费十分有限。近年来，省自然科学基金经费得到大幅增长，经费总量位于全国地方科学基金前茅。对比发达国家，我国企业和社会力量投入基础研究有相当大的差距。我省科技型大企业并不多，除阿里巴巴将建达摩院开展基础研究外，尚未有其他企业明确表示支持或开展基础研究。

因此，要深刻认识和把握我国基础研究正处于从量的扩张到质的提升的重要跃升期的判断，加强引导科技人员围绕我省战略方向，聚焦重点，开展引领性、基础性、前瞻性研究，构建从基础研究到应用产业化发展通道。省基础公益研究计划是重要抓手，要以重点领域突破和人才队伍培养为核心，实行顶层设计和自由探索相结合，遵循基础研究规律，注重青年人才，鼓励开放合作，在竞争择优的基础上实行稳定支持，形成以绩效和目标双重导向的资源配置体系，提升我省原始创新能力，推动我省基础研究服务经济社会发展能力和承担国家基础研究任务能力不断增强，在重点实验室和一流学科建设中发挥更大作用，在若干重大科学前沿和关键技术领域逐步实现并跑、领跑。

(一)下大力气推动引领性、基础性、前瞻性研究

明确省级层面基础研究工作的定位和作用，建立健全决策咨询制度，发挥省自然科学基金委员会的智囊决策作用，设立专家咨询小组，围绕我省战略方向，提出重大科学问题和挑战。加强宣传，大力引导我省基础研究人员，针对重大科学问题和挑战，开展前瞻性、引领性和基础性研究。完善资源分配方案、立项评审指标体系、评审专家遴选方式、结题考核指标体系，以有利于前瞻性、引领性和基础性研究得到支持，有利于自由探索解决问题的方法，有利

于营造潜心研究的环境。

深化推进“两化融合”联合基金组织实施，将人工智能作为联合基金支持的重点方向，依托之江实验室、超重力试验装置等重大基础研究平台和设施，力争率先在信息科学、工程材料科学、医学科学等领域取得突破。争取通过提高支持强度，创新支持方式，吸引国内外顶尖科学家和团队。

推进落实《浙江省“十三五”重大基础研究专项实施方案》，围绕大数据、网络安全、材料显微结构、传感材料和器件、脑机交互、干细胞、作物品质等领域，凝练重大科学问题，鼓励多学科交叉研究，编制项目指南，组织省自然科学基金重大项目。

(二)构建从基础研究到应用产业化发展通道

世界上的信息不可能是完全对称的。如何让基础研究进展和成果与应用产业化对基础研究需求的信息双向流通起来并形成对接是值得深入探讨的问题，特别是在当前基础研究成果跨界应用已成为新时代特征的大背景下。除了科学家、技术人员和企业自身努力外，应该形成一种融通协调机制，并有一些中介力量来促进信息流通和对接。我们将积极调研国内外成功经验和做法，尽快构建从基础研究到应用产业化发展的通道和机制，推动创新驱动发展。

(三)壮大人才队伍

充分发挥省杰出青年科学基金项目的作用，增加资助强度，完善立项评审和考核指标，挖掘和培养具有巨大潜力的优秀青年基础研究人才，支持他们争取国家优秀青年科学基金项目和国家杰出青年科学基金项目，努力成为具有国内外广泛影响力的领军人物。

扩大浙江省自然科学基金青年科学基金项目规模，加强青年基础研究人才队伍建设，倡导正确的价值追求，与项目依托单位共同努力，为青年科学家创造安心基础研究，直面经济和社会发展重大挑战，勇攀科学高峰的环境。

(四)促进我省基础研究的均衡发展

根据“干在实处、走在前列”的总体要求，会同我省相关部门和单位研究制定浙江省基础研究能力提升行动计划，明确工作任务和目标，提出实施方案和举措。

继续加强基础研究的投入力度，建立完善的机制，确保基础研究投入随着经济社会发展逐步提高。提高省重点研发计划中基础研究所占比重。多措并举，确保基础研究在浙江省R&D投入中的比重稳步提高。

完善省自然科学基金资助政策，切实发挥“种子基金”作用，推进依托单位在经费配套和绩效考核上对基础研究的支持，共同努力提升我省基础研究能力。

加强与之江实验室等重大基础研究平台的互动，按照省委省政府要求，配合做好相关工作。加强省基础公益研究计划与省重点研发计划等的对接，明确分工，形成合力，共同推进基础研究的健康快速发展；强化与依托单位的协同管理，形成共同促进创新能力提升的项目过程管理机制。

积极响应国家和省里的部署，设立与“一带一路”相关国家和地区开展基础研究科技合作专项，拓展我省基础研究国际合作范围。

(五)推动企业和社会力量参与基础研究

引导和推动企业和社会力量参与基础研究，壮大基础研究规模，促进企业转型升级，促进相关成果有效转化。结合我省产业战略发展需求，研究与有条件的企业合作建立联合基金的可行性，吸引省内外科研力量，重点解决我省产业发展面临的前沿科学问题。鼓励省内有条件、有实力的企业积极参与高校和科研机构的基础研究，逐步鼓励重点企业研究院牵头申报省自然科学基金项目。探索与有关社会力量合作，鼓励自然人、法人或者其他组织捐资，共同资助生态文明建设等热点问题的基础研究。

（六）重视管理队伍建设，服务创新发展

推动省自然科学基金管理工作从研发管理向创新服务转变，牢固树立服务创新的意识。加强自身队伍建设，加强对基金管理队伍的培训、考核和激励，建设一支热爱基础研究事业、精于科学基金管理的专业化人才队伍。加强科普与宣传，鼓励科技人员撰写科普文章，及时报道我省基础研究最新进展和成果，营造支持基础研究的良好社会氛围，传播科学文化，提升全社会科学素养。

第五部分

附　录

附录1　浙江省自然科学基金大事记

一九八七年

1月　浙江省首次召开表彰有突出贡献的中青年科技人员大会，16人受到国家科学技术委员会表彰，17人受到浙江省人民政府表彰。

3月　浙江省医学科学院被世界卫生组织确认为人类生殖研究合作中心。

11月　浙江省科学技术委员会拟定了《浙江省自然科学基金委员会章程》及《浙江省自然科学基金管理试行办法》，向浙江省人民政府提出设立基金的申请。

11月　浙江大学教授阙端麟等打破国际公认的氮不能作直拉硅单晶保护气的理论，首创以纯氮作保护气制备直拉硅单晶新技术。被《科技日报》评为1987年中国十大科技成果之一。

一九八八年

1月　浙江省政府批复了《浙江省自然科学基金委员会章程》及《浙江省自然科学基金管理试行办法》（浙科计字〔87〕206号），指出加强科学技术基础研究和应用基础研究。

1月　浙江省人民政府发出《关于科研机构和科技人员的若干政策规定》，提出放活科研机构和科技人员的政策措施。

7月　我国第一位农业生物物理博士研究生甘剑英在浙江农业大学通过了其博士论文的评审。

8月　李德葆副省长看望了浙江省医学科学院甲肝减毒活疫苗研究人员，该研究成果已被卫生部鉴定为处于国际领先水平的重大科研成果，对控制甲肝流行具有重大意义。

10月　由浙江大学半导体材料研究所研制的采用氮保护气生长的功率晶体管用硅单晶技术，打破了国际技术难题，是一项国内外首创的制备硅单晶的新技术。

12月　经反复征求意见并报经省政府同意，聘任周文等9位同志组成首届浙江省自然科学基金委员会。周文同志担任主任委员，阙瑞麟、季道藩同志任副主任委员，朱明权同志任秘书长，谢庭藩、孙淑源、余应年、苏纪兰、徐崇嗣同志为委员，聘任期2年。

一九八九年

1月　浙江省自然科学基金委员会正式成立，评审了794项首批申请项目，并确定资助216个项目。

1月　浙江工学院刘化章、浙江省农业科学院汪雁峰等15位同志被评为1988年度“国家有突出贡献的中青年专家”。

3月　中共浙江省委办公厅、浙江省人民政府办公厅印发《浙江省有突出贡献的中青年科技人员的选拔管理办法》。

5月　浙江省发明协会在杭州成立。

10月　中国水稻研究所经过8年筹建，于10月9日在富阳县皇天畈落成，国家农业部部长何康、省委书记李泽民和国际水稻研究所所长兰帕博士为落成剪彩。

11月　浙江大学筹建浙江近代物理中心，诺贝尔奖获得者李政道博士兼任该中心主任，王淦昌任学术委员会主任。

12月　浙江省27项科技成果获得国家级科技奖励。其中国家技术发明奖二等奖1项，国家科技进步奖特等奖1项、一等奖2项、二等奖3项。

一九九〇年

2月　中国水稻研究所开展的大麦原生质体成株研究获得突破性进展，首次获得1组大麦原生质体再生绿色植株。

3月　国际种子科学与技术会议在杭州召开。来自美、英、法、日等13个国家的共110名专家参会。

5月　浙江省农业科学院科研人员运用胚胎切割技术，产下我国第一头指定性别的羔羊。

9月　中国水稻研究所在无土栽培、水面种稻研究上取得初步进展，2亩水面种稻获得成功。

10月　沈祖伦省长考察中国水稻研究所水上种稻项目，并与科技人员座谈解决水上种稻的浮体材料等问题。

12月　国家科学技术委员会主任宋健在浙江考察，提出“浙江振兴必须靠发展高技术、新兴产业，靠发挥人才资源的优势”为出路。

12月　在国家科技奖励大会上，浙江省一批科技成果获奖。其中杭州大学(原杭州大学、浙江大学、浙江医科大学、浙江农业大学合并组建为新的浙江大学，后同)王绍民教授研究的“列阵光学”成果获得国家自然科学奖。实现了浙江省40年来基础理论研究成果获国家自然科学奖零的突破。

12月　浙江省政府颁发1989年度省级科技奖，其中省级科技进步奖297项，省级星火奖49项。

一九九一年

6月　浙江农业大学留日博士朱亚峰的一项防治水稻条纹叶枯病的科研成果，被列为1990年世界生物工程十大科研成果第一位。

7月　浙江省委、省政府决定在全省范围内组织学习“科学技术是第一生产力”的论述。

9月　在国家计划委员会、国家科学技术委员会和财政部举行的“七五”科技攻关总结表彰大会上，浙江省7位科技人员以及32项攻关成果受到表彰。

11月　中国科学院公布1991年新增选的院士名单，浙江大学曹楚南和阙端麟教授，浙江农业大学陈子元教授，浙江医学科学院毛江森教授，国家海洋局第二海洋研究所苏纪兰研究员当选中国科学院院士。

一九九二年

1月 浙江省“八五”期间第一批重点实验室与实验基地建设项目通过专家论证，已进入实施。其中包括4个重点实验室和9个实验基地。

1月 经中国科学院学部委员选举并报请国务院批准，全国210名优秀科学家当选为新的学部委员，浙江省医学科学院毛江森研究员、浙江农业大学陈子元教授、国家海洋局第二海洋研究所苏纪兰教授、浙江大学路甬祥教授和阙端麟教授入选。

6月 在浙江省科技工作会议上，省委书记李泽民提出我省确立“科教兴省”战略。

一九九三年

2月 浙江省农业科学院陈剑平副研究员的“大麦和性花叶病毒在禾谷多黏菌介体内的发现和增殖”研究获得1992年度国家十大科技成就之一。

2月 在浙江省有突出贡献专家表彰大会上，授予609名专家学者1992年度政府特殊津贴，同时表彰杭州大学竺树声等7名科技人员获1992年度国家“有突出贡献中青年专家”称号。

8月 浙江省推出3项科技改革政策：《浙江省科技进步奖励办法》《浙江省科研院所综合改革试点意见》以及《浙江省全民所有制独立科学技术研究开发机构所长负责制暂行办法》。

10月 我国最大的水稻种质库在中国水稻研究所建设完成，它是当时国内最大的专项作物种质库。

一九九四年

1月 经过杭州大学等19个单位54位植物学工作者10多年的努力，“植物资源调查研究及《浙江植物志》编著”项目通过鉴定。该项目全面系统地整理了浙江省全部植物种类，并获得许多重要发现。

2月 浙江大学倪明江教授、陈成副教授和浙江农业大学朱军教授，被首批选入“国家跨世纪优秀人才计划”。

4月 太平洋调查船“向阳红09号”启航，国家海洋局第二海洋研究所22名科技人员再赴大洋，进行勘查研究。

6月 中国工程院公布1994年新增选的院士名单，浙江大学汪槱生教授当选中国工程院院士。

7月 浙江省卫生防疫站朱智勇主任医师在国内率先研制出流行性出血热疫苗，并在全国进行推广。

9月 浙江省博物馆新馆正式开馆，浙江图书馆新馆工程奠基仪式也于同日举行。

10月 浙江省省长万学远、副省长刘锡荣等省委领导来到中国水稻研究所考察水稻高产新组合“协优413”高产示范田。

一九九五年

6月 中国工程院公布1995年新增选的院士名单，浙江大学岑可法教授、孙优贤教授，国家海洋局杭州水处理技术研究开发中心高从堦教授当选中国工程院院士。

9月 在两系法杂交水稻的“光-温敏核不育系”的攻关中，中国水稻研究所获得一项可喜的突破——培育出籼型标记光-温敏核不育系M2S。

9月　浙江省成立中国科技开发院浙江分院，为“科教兴省”战略服务，为科技成果开发转化和推广服务，其主要任务是突破科技成果转化为生产力的瓶颈，努力使更多的科技成果转化为生产力。

10月　国际光电子学术会议于7—8日在杭州大学举行，来自美国、德国等10多个国家和地区以及国内多位光电子学方面的专家、学者参加会议，世界著名光学权威、原美国光学学会主席、美国罗彻斯特大学教授沃耳夫担任本次会议的名誉主席，并作了特邀报告。

11月　浙江大学沈之荃教授当选为中国科学院院士，这是浙江省当选的第13位两院院士。

12月　中国首家智能多媒体实验室在浙江大学计算机系落成。

一九九六年

1月　经国务院学位委员会同意和浙江省人民政府批准，浙江省学位委员会成立。由副省长徐志纯任主任，浙江大学教授、中国科学院院士阙端麟，浙江农业大学教授、中国科学院院士陈子元，省教育委员会副主任郑继伟任副主任。

2月　1995年中国十大科技新闻评选揭晓，“浙江省医学科学院院长毛江森院士主持的，在世界上率先研制成功甲肝减毒活疫苗，并正式投入生产和使用”入选。

6月　由我国和欧洲科学家联手进行的“应用基因工程改良小麦”项目完成招标工作，中方由浙江省农业科学院病毒与生物技术研究所陈剑平担任主要工作。

7月　浙江省委、省政府成立浙江省科技领导小组，省长万学远任组长，省委副书记刘枫，副省长刘锡荣、鲁松庭、叶荣宝任副组长，领导小组办公室设在省科学技术委员会。

一九九七年

1月　浙江省科研院所体制改革工作会议结束，副省长鲁松庭作重要讲话指出，“九五”期间深化科研院所体制改革的目标是：到20世纪末，初步建立新型科研院所体制。要实现技术开发类科研院所逐步转变为科技企业，农业和公益科研院所深化和完善“一所两制”。

2月　浙江省基因工程药物研究取得突破性进展：浙江农业大学张耀洲博士通过基因工程，以我国特有的家蚕作为生物反应器，在蚕体内大量产生出医用基因工程蛋白。为浙江省基因工程药物产业化开拓了新途径，同时为养蚕业的综合利用开辟新的领域。

3月　浙江省科技情报研究所获得国家一级科技查新咨询单位资格。这表明该所在专职查新咨询队伍建设、情报现代化手段、科技文献支持和管理规章制度等方面跃上了新的台阶。

4月　浙江省《科学技术志》出版。《科学技术志》是省级上百个部门和单位、400多位科技人员参加编写的，有160多万字，90余幅照片的巨著，系统论述了浙江境内300多个自然科学学科的开端、发展、现状以及科技资源、科技成果。

11月　浙江省人大常委会通过《浙江省科学技术进步条例》，授予了10位同志“浙江省优秀科技副县(市、区)长”称号，30位同志荣获“浙江省优秀科技副乡(县)长”称号。

12月　中国科学院和中国工程院公布1997年新增选的两院院士名单，浙江大学教授侯虞钧当选中国科学院院士，浙江大学教授潘云鹤、董石麟和国家海洋局第二海洋研究所研究员金翔龙当选中国工程院院士。

一九九八年

1月　全国两院院士评出“1997年国内十大科技成就和国际十大科技成就”，其中浙江省“转基因水稻研究成果”被评为国内十大科技成就，居第2位。

2月　由卫生部副部长殷大奎率领的卫生部卫生防疫站评审组对浙江省卫生防疫站进行评审，通过其成为省级一级站。

5月　浙江医科大学（原浙江医科大学、浙江大学、浙江农业大学、杭州大学合并组建新的浙江大学，后同）肿瘤研究所发现的两个新的肿瘤发生抑制基因被国际基因命名委员会分别命名为肿瘤发生抑制基因13号和14号。

6月　浙江农业大学动物免疫研究所发现鸡的一种新传染病冠状病毒，从而找到了1996年以来在浙江省建德等地发生的所谓“鸡瘟”的真正原因，并制备了疫苗。

6月　1998年浙江省医学科技进步奖表彰大会于6月10日在杭州举行。66项医学科技成果分获一、二、三等奖。

8月　浙江省第一家县级海洋预报台——玉环县海洋预报台成立，并于8月7日开始对外预报海洋天气。

9月　我国高等教育管理体制上的一次重大突破——浙江大学、杭州大学、浙江农业大学、浙江医科大学将实现“四校合并”。新浙大的发展目标被定为：建设世界第一流的大学。

9月　由中共中央组织部（“中组部”）、人事部、中国科学技术协会（“科协”）共同设立的第六届中国青年科技奖评审结果揭晓，浙江大学的马利庄、陈云敏和浙江工业大学的李小年3人获奖。

一九九九年

6月　浙江省农业科学院的“牛羊血矛线虫、血吸虫、锥虫和肝片吸虫病联合诊断技术”在美国匹兹堡举行的第十五届世界发明新技术产品展览会上获得金奖。

9月　温州市开放实验室成立，实验室建有化学合成室、核磁共振室、红外光谱室等分实验室。

10月　中国科学技术协会首届学术年会于18—20日在杭州召开。本次大会汇集了来自全国的4000多名科技工作者，成为我国科技工作的一大重要会议。

11月　中国科学院公布1999年新增选的院士名单，浙江大学教授韩祯祥当选中国科学院院士。

12月　浙江省科学技术大会召开，“桑树诱变及多倍体育种技术与应用研究”“鸭传染性浆膜炎防治技术研究”等项目获得浙江省科技进步奖。

二〇〇〇年

1月　省政府以当年一号文件的形式，出台了《浙江省全面推进科研院所体制改革实施意见》。

3月　浙江省化工研究院、广播电视科学研究所、计算技术研究所、建筑科学设计研究院、能源研究所等13家科研单位转制为企业。省冶金研究院、机电设计研究院、化纤纺织科学研究所等7家进入企业。省科技情报研究所、林业部竹子研究开发中心、省技术中心检测研究所等8家转为中介服务中心。省农业科学院、省柑橘研究所等完善“一所两制”，内部实行分类改革。省医疗器械研究所、省交通科学研究所等进入院校。

3月　路甬祥获德国联邦政府十字勋章，以表彰他在德中两国科技领域合作方面作出的贡献。

3月　浙南水稻选育种试验基地与海南省陵水县共建的南繁基地落成。

9月　浙江省农业科学院在作物分子育种领域取得重大成果，首次发现定位了一系列与抗病、抗虫、抗干旱及高产等性状连锁的DNA标记并用于农作物育种，其中“高粱抗干旱的持绿性研究”成果获得了2000年澳大利亚昆士兰州农业科技发明奖。

二〇〇一年

2月　浙江省农业科学院畜牧兽医研究所海宁基地，移植成功浙江省首例波尔山羊胚胎，它标志着浙江省胚胎工程技术产业化应用已进入实质性阶段。

3月　浙江大学生物技术研究所运用独创的基因快速分离技术，成功地获取了6000条水稻独立基因，并研制出国内第一张功能独特的水稻基因芯片。该芯片显示出良好的产业化前景。

4月　运算速度最高可达每秒4032亿次的曙光3000超级计算机落户杭州华大基因研究发展中心，完成了基因组学和生物信息学两前沿学科的基础平台建设，标志着一个完整的世界级基因组信息学中心在杭诞生。

5月　浙江、江苏、上海两省一市农业科学院在江苏南通市召开“三院科技兴农联合服务团”成立大会，并举行了规模盛大的成果展示、科技洽谈活动，这是全国首个跨省(市)科技兴农服务团和首次跨省(市)科技下乡活动。

6月　俄罗斯医学科学院4位院士来到杭州，代表该院向我国著名肿瘤专家李大鹏教授颁发了外籍院士证书。这是该院聘请的首位中国籍院士。

6月　省政府首次授予徐君卓、张建昌等10名农业科技人员“农业科技突出贡献者”称号。

7月　省政府出台了《关于加快纳米材料应用及产业发展的若干意见》，提出在“十五”期间采取十大措施，从而构筑起纳米材料应用与产业化的平台。

12月　浙江大学徐世浙当选为中国科学院院士；杭州应用声学研究所海洋声学国家级重点实验室主任宫先仪，国家海洋局第二海洋研究所潘德炉，浙江大学医学院副院长、浙江大学医学院附属第一医院(“浙医一院”)院长郑树森当选为中国工程院院士。

二〇〇二年

1月　省委、省政府邀请部分在浙两院院士与中青年科技工作者座谈，省委书记张德江提出要充分尊重人才，推进科技发展。

3月　国家高性能计算中心宁波分中心成立。

4月　美国*Science*杂志首次以封面文章形式和长达14页的大篇幅，发表了《水稻(籼稻)基因组的工作框架序列图》。该研究第一作者为中国华大基因研究中心的杨焕明，第二作者为杭州华大基因杭州研究中心主任胡松年博士。

8月　著名科学家斯蒂芬•威廉•霍金被聘为浙江大学名誉教授。

10月　中国浙江网上技术市场正式运行，张德江、路甬祥、马颂德等领导、专家出席并讲话。

12月 浙江大学医学院附属第二医院眼科中心姚克教授经过6年研究，在国内外首次初步证实“二次白内障”发病机理。

12月 包括蔬菜、西瓜、花卉三大类18份种子，作为杭州市选送的第一批太空种子，搭载“神舟四号”飞船上天。

12月 经科技部批准，浙江大学鲍虎军教授承担的“虚拟现实的基础理论、算法及其实现”被列为国家重点基础研究发展计划（“973计划”）项目，成为“973计划”首席科学家。

二〇〇三年

1月 宁波市农业科学院的100颗“西瓜砧木”种子和仅重16.96克的“甬选葫芦砧”跟随“神舟四号”飞船圆满地结束了为期6天的太空旅行。

1月 浙江省农业科学院培育出世界上含油量最高的油菜新品系，该研究成果被两院院士评为“2002年中国科技十大进展”。

3月 “中国大洋勘察技术与深海科学研究开发基地”在杭州挂牌。

4月 中国水稻研究所钱前研究员领导的课题组对水稻分蘖进行的分子遗传学研究，取得了令人瞩目的成果。这一成果发表在4月出版的*Nature*杂志上。

4月 浙江省非典型肺炎联合攻关组在杭州华大基因研究发展中心的协助下，完成了对SARS病毒全基因序列的测定。

7月 国家海洋局第二海洋研究所5位科学家前往上海，登上“雪龙”号极地科考船加入科考队，进行我国第二次北极科学考察。

9月 茅以升科技教育基金第十二届颁奖大会在兰州大学举行。浙江大学博士生导师龚晓南教授荣获茅以升力学及基础工程大奖。这是浙江省科技人员首次获得该奖。

10月 由浙江医学科学院和香港中文大学联合研究的“973计划”分课题成果《囊性纤维跨膜电导调节因子（CFTR）参与子宫 HCO_3^- 分泌与精子授精能力》在10月份出版的国际著名刊物*Nature Cell Biology*上发表。

11月 经科技部批准，由国内器官移植领域多个权威医疗、科研单位共同承担的“移植器官慢性失功的免疫学应用基础研究”被列为国家“973计划”项目，浙医一院郑树森院士担任首席科学家。

12月 中国科学院院士、国家海洋局第二海洋研究所教授苏纪兰荣获2003年度“何梁何利基金科学与技术进步奖”，以奖励其在黑潮和海洋生态动力学上取得的重大成就。

12月 由浙江大学材料与化工学院、理学院，两个国家重点实验室和两个重点学科联合组建的纳米科学与技术中心成立。

12月 浙江大学光及电磁波研究中心的童立民博士和何赛灵教授等与美国哈佛大学合作，在纳米光波导研究领域取得原创性重要成果。通过使用一种新的制备方法，研究人员获得了外形上非常均匀的亚微米和纳米直径氧化硅线。这一研究结果发表在12月出版的第426期*Nature*杂志上。

12月 中国科学院、中国工程院公布2003年新增两院院士名单，浙江大学黄宪教授、朱位秋教授当选中国科学院院士，中国农业科学院茶叶研究所陈宗懋研究员、核电秦山联营有限公司叶奇蓁副总经理当选中国工程院院士。

12月 浙江省人民政府与清华大学共同组建“浙江清华长三角研究院”的签约仪式在杭

州举行，浙江省吕祖善省长、清华大学顾秉林校长出席。

二〇〇四年

2月　经国家人事部批准，浙江亚太机电股份有限公司、浙江中控科技集团有限公司、神力集团有限公司、浙江卧龙控股集团有限公司、浙江东南网架集团有限公司、养生堂有限公司等22家单位获准设立博士后科研工作站。至此，浙江省经国家批准的博士后科研工作站已达53个。

2月　由教育部主办的“2003年度中国高等学校十大科技进展”评选结果揭晓，由浙江大学华跃进等完成的科研项目“DNA修复开关基因的发现与鉴定”入选。

3月　省领导率浙江省政府代表团访问北京大学，就推动省校合作与北京大学进行了交流和洽谈。吕祖善省长和北京大学校长许智宏分别代表浙江省政府和北京大学签署了《浙江省人民政府北京大学合作协议》。盛昌黎、茅临生、金德水等省、市领导，北京大学党委副书记岳素兰，副校长林钧敬、鞠传进等出席签约仪式。

4月　首届西湖青年数学家论坛在嘉兴南湖开幕，陈省身、王元等数学权威参加了本次论坛。

4月　浙江工业大学化学工程与技术博士后科研流动站举行揭牌仪式。

6月　浙江省农业科学院陈剑平教授获中国工程院第五届光华工程科技奖青年奖。

7月　吕祖善省长与乌克兰国家科学院巴登院长在乌克兰基辅市签署了《浙江省人民政府与乌克兰国家科学院科技合作协议书》。

9月　浙江大学何赛灵教授的“新型人工电磁介质的理论与应用研究”项目获得“973计划”资助，成为“973计划”首席科学家。

10月　由国家“973计划”重大基础研究规划免疫学项目首席科学家、第二军医大学教授曹雪涛领衔的课题组联合浙江大学免疫学研究所，经过多年攻关，发现了一种对人体免疫功能具有重要和独特调节作用的新型细胞群体——新树突状细胞亚群。这一发现为免疫相关性疾病的防治以及提高器官移植的成功率提供了新思路。研究成果在*Nature Immunology*杂志上发表。

10月　浙江生物多样性研究中心在浙江省自然博物馆成立。该中心汇集了近50名省内外专家，其中包括中国科学院院士、鸟类专家郑光美，浙江大学教授、动物学专家诸葛阳，浙江省自然博物馆前馆长、植物学家韦直等。

11月　浙江大学与法国巴黎高等师范学校合作建立的药物化学联合实验室在浙江大学药学院成立。这是浙江大学与国外大学联合建立的第一个实验室。

12月　国际原子能机构正式批准在浙江大学原子核农业科学研究所设立国际原子能机构——浙江大学植物种质突变创新及开发协作中心。国际原子能机构在浙江大学设立的合作中心是该机构在我国唯一的合作中心。

12月　浙江大学数学中心执行主任、光彪讲座教授刘克峰等完成的“马里诺—瓦发猜想的证明”入选“2004年中国高等学校十大科技进展”。

二〇〇五年

1月　浙江大学青年教师吴韬取得理论化学重大突破，找到了一种可以精确预测化学反应速度的方法，研究论文在*Science*上发表。

1月 浙江省委办公厅和省人民政府办公厅发文，决定从2004年12月18日起实行浙江省特级专家制度。这是浙江省设立的最高学术技术称号，其学术地位仅次于在浙的两院院士。特级专家每3年评选一次，总人数控制在100名以内。

1月 在2004年中国十大科技进展评选活动中，国家海洋局第二海洋研究所承担的国家“863计划”项目——“高精度水下定位导航系统”入选“2004年中国十大科技进展”。

1月 浙江中医药大学李大鹏院士荣获俄罗斯“博罗辛娜生物科学院士奖”，这是中国科学家首次获此奖项。

3月 在全国科学技术奖励大会上浙江省共有14项成果获奖，其中中国水稻研究所张慧廉主持的“印水型水稻不育细胞的发掘及应用”获国家科技进步奖一等奖。

4月 浙江省人民政府与清华大学共同组建的“浙江清华长三角研究院”在嘉兴举行揭牌暨总部大楼奠基仪式。

4月 中国纺织科学研究院江南分院在浙江绍兴成立。

6月 日本名古屋大学等3个研究小组和中国水稻研究所一起，首次在世界上克隆出一种增加水稻稻穗粒数的水稻高产基因，并据此培育出了既高产、又抗倒伏的新型超级水稻。这一重大突破性成果发表在24日出版的美国*Science*上。

7月 浙江大学吴平教授“作物高效利用氮磷养分的分子机理”项目获得“973计划”资助，资助金额2500万元。

8月 浙江省、中国科学院、宁波市共建的中国科学院宁波材料技术与工程研究所在宁波奠基。

8月 由浙江省科技信息研究院、浙江图书馆、省农业科学院、省医学科学院、省化工研究院、省水利河口研究院、省林业科学院、省中医药研究院、省机械工业情报所等9家单位组成的浙江省科技文献中心在杭州正式成立。

8月 浙江大学客座教授王荣福领导的科研组在美国*Science*杂志上刊文介绍肿瘤治疗新策略。

12月 中国科学技术信息研究所在北京公布了2004年度中国科技论文统计分析结果。浙江大学2004年度发表的国际和国内论文总数为10576篇，位居全国高校第一。

12月 浙江省中联程泰宁建筑设计研究院主持人程泰宁和浙江大学医学院附属第一医院传染病学教授李兰娟一起当选为中国工程院院士。

12月 中国纺织科学研究院将重点实验室——染整技术开发中心从北京搬至绍兴。

二〇〇六年

2月 根据《2004—2010年国家科技基础条件平台建设纲要》精神，浙江省制定了《“十一五”期间浙江省公共科技条件平台建设纲要》。

2月 温州市第二医院发现1例染色体变异病例，经中国医学遗传学国家重点实验室多位专家鉴定，确定为世界首例。

3月 浙江省自主创新大会在杭州召开。会上，张慧廉、徐振元、汪槱生荣获“2005年度浙江省科学技术重大贡献奖”，“大规模处理城市垃圾清洁焚烧发电集成技术”等280项被授予浙江省科学技术奖。

3月 中国计量学院(今中国计量大学，下同)与美国ZiLOG公司合作共建MCC联合实验室。

4月　浙江省科技厅在杭州举行浙江省首批公共科技服务平台暨国家科技图书文献中心杭州镜像站开通仪式。

10月　浙江省人事厅和省科技厅联合发布《关于2006年度择优自主海外留学人才来浙江创新创业的通知》，启动实施“钱江人才计划”。

11月　中国科学院遗传与发育研究所和浙江省农业科学院在杭州共同签署战略合作协议，共建生物技术联合研究中心。

二〇〇七年

2月　国务院在北京召开国家科学技术奖励大会，揭晓2006年度国家科技奖。在全国326项获奖成果中，浙江省共有12项成果获奖。

6月　澳大利亚西澳洲大学与浙一医院合作共建“生物治疗与再生医学合作研究中心”。该中心将在癌细胞治疗、生物人工器官研究、活体器官移植、对受损器官进行基因治疗等领域展开临床与基础研究。

7月　浙江大学数学科学研究中心博士生徐浩的论文《曲线模空间相交数的新结果》在国际顶级学术期刊*PNAS*上发表。

9月　世界上尺寸最大的稀土基金属玻璃材料——直径35毫米的镧基金属玻璃体系在浙江大学研制成功。

9月　浙江大学医学院附属第一医院传染病实验室跻身国家重点实验室行列，成为浙江省医学领域唯一的国家重点实验室，也是浙江省传染病诊治领域唯一的国家重点实验室。

11月　浙江省6位科学家获国家重点基础研究发展计划（“973计划”）项目（首席科学家），他们是骆仲泱、李家彪、项春生、杨德仁、杨华勇、陈大可。

11月　中国科学院宁波材料技术与工程研究所验收暨揭牌仪式隆重举行。路甬祥、巴音朝鲁等重要领导与嘉宾参加了揭牌仪式。

12月　第四届世界华人数学家大会在杭州召开。来自全球的7位华人数学家获得“晨兴数学奖”，其中在浙江大学完成学士到博士学业的汪徐家教授获金奖。

12月　第十届中国青年科技奖颁奖暨中国青年科技奖20周年大会在北京人民大会堂举行。浙江大学教授曹一家和宁波大学研究员严小军获中国青年科技奖。

12月　中国工程院院士增选结果揭晓，浙江有3位院士新当选，分别是浙江大学管理学院的许庆瑞教授、浙江大学机械与能源学院谭建荣教授以及浙江中医药大学的李大鹏教授。

二〇〇八年

1月　全国2007年度国家科学技术奖励大会上，浙江省一举获得29个项目，其中，自然科学奖2项，技术发明奖6项，科技进步奖一等奖1项，科技进步奖二等奖20项。浙江获奖总数位居全国省（市）前列，也是近10年来浙江省获国家奖项目总数最多的年份。

2月　杭州市余杭区中医院检验科医生朱健铭主任带领的科研小组历时3年时间发现，细菌中存在着一种特殊的新型耐药基因，世界权威基因库美国国立生物信息中心基因库经过验证，将它收录进库并命名为armA-like（甲基化酶基因亚型）。

2月　全省科技奖励大会召开，评选出279项优秀科技成果授予2008年度浙江省科学技术奖，其中一等奖28项、二等奖89项、三等奖162项。由浙江大学独立完成或参与完成的一等奖项目达17项，占获奖总数的60.7%。

4月 浙江大学化工机械研究所郑津洋教授带领的课题组研制出世界上最大的储氢罐，它比美国最大的高压储氢罐大11倍（美国最先进的技术是把高压储氢罐容积做到0.411立方米）。

11月 国内首家纳米科技领域国家级国际联合研究中心——浙江国际纳米技术联合研发中心，11月24日在浙江大学揭牌。依托浙江加州国际纳米技术研究院组建的浙江国际纳米技术联合研发中心，是科技部和外专局认定的全国首批33家国家级国际联合研究中心之一，也是浙江省第一家国家级的国际合作机构。

12月 浙江省首批242家高新技术企业通过认定。经企业申请，地方认定工作办公室初审、专家评审，省高新技术认定管理工作领导小组会议审议、公示、备案，全省共有242家申请企业通过高新技术企业认定。其中杭州市88家，杭州国家高新区83家，嘉兴市30家，湖州市7家，绍兴市22家，台州市7家，衢州市5家。

二〇〇九年

1月 国务院在北京召开国家科学技术奖励大会，揭晓2008年度国家科技奖。在全国356项获奖成果中，浙江省共有18项成果获奖。

2月 浙江省科学技术奖励大会召开，2008年度省科学技术奖项全部揭晓。279项成果奖中一等奖28项、二等奖89项、三等奖162项。

3月 应浙江省自然科学基金委的邀请，国家自然科学基金委信息学部常务副主任秦玉文、信息学部综合处处长孟太生、科技部基础司重大项目处处长张延东来杭作专题学术讲座。

4月 中国科学院遗传与发育生物学研究所傅向东研究员和中国水稻研究所钱前研究员带领的科研团队，在世界上率先发现并成功克隆出一个对中国超级稻增产起着关键作用的水稻高产基因，揭开了中国超级稻的高产奥秘，可望进一步研究出更为高产的水稻新品种。

8月 由于工作调整原因，增补鲁文革同志为浙江省自然科学基金委委员，兼任浙江省自然科学基金委秘书长。华尔天同志不再担任浙江省自然科学基金委委员、秘书长。

11月 浙江省杰青项目获得者、浙江大学化学系范杰特聘研究员课题组与美国加州大学圣巴巴拉分校Galen D. Stucky教授合作开发出一种以一价铜为基础的低成本“绿色”催化剂，此种催化剂不仅可以减少化学过程的污染排放，而且有望降低一些制药和化工企业的生产成本。

11月 由浙江省自然科学基金委资助的“中国微生物生态国际学术研讨会”在宁波召开。

11月 2009年度浙江省自然科学基金管理工作会议在嘉兴召开，省科技厅王宏理副厅长出席会议并讲话，省自然科学基金办鲁文革主任、林思达副主任分别介绍了省自然科学基金2009年的评审情况和2010年工作思路。来自全省各依托单位的科学基金管理员代表90余人参加了会议。

11月 浙江省自然科学基金委对浙江大学等10个自然科学基金管理工作先进集体、李安华等10位自然科学基金管理工作先进个人、夏文莉等14位长期从事自然科学基金管理工作者予以通报表彰。

12月 2009年度国家自然科学基金管理工作会议在杭州召开。此次会议的主题是总结和交流“十一五”自然科学基金管理工作经验，部署2010年自然科学基金申请工作，做好“十二五”国家自然科学基金战略规划，广泛征求依托单位和地方科技部门对推进科学基金工作科学发展的意见和建议。国家自然科学基金委、国家自然科学基金各地区联络网组长单位、部分项目依托单位、省科技厅及地方科学基金会的代表共260多人参加了会议。国家自然科学基金委王杰副主任、孙家广副主任，浙江大学杨卫校长，省科技厅蒋泰维厅长和王宏理副厅长出席了会议。

12月　因第五届浙江省自然科学基金委员会任期届满，进行换届，选任25位委员组成第六届浙江省自然科学基金委员会。

12月　2009年度浙江省自然科学基金委全体委员会议在杭州召开。省科技厅厅长、省自然科学基金委主任委员蒋泰维，省科技厅副厅长、省自然科学基金委副主任委员王宏理，孙优贤院士、毛江森院士等省自然科学基金委全体委员出席了会议。

二〇一〇年

1月　国务院在北京召开国家科学技术奖励大会，揭晓2009年度国家科技奖。在全国374项获奖成果中，浙江省共有36项成果获奖。

3月　《科学时报》报道了浙江大学刘子阳课题组和美国加利福尼亚大学科研人员成功合成世界上最小碳纳米管结构的富勒烯C90，该成果发表在2010年49卷第1期的《应用化学国际版》上，被评为该期刊的“热点”论文，引起了国际科学界的广泛关注。

3月　浙江省科学技术奖励大会召开，2009年度省科学技术奖项全部揭晓。277项成果奖中一等奖28项、二等奖87项、三等奖162项，浙江省高校共获奖137项，约占授奖总数的50%。

3月　浙江省自然科学基金委印发《浙江省杰出青年科学基金项目管理实施细则》和《浙江省自然科学基金学术交流项目管理实施细则》，进一步规范和加强项目管理。

3月　依托浙江农林大学建立的“浙江省亚热带森林培育实验室”，正式被科技部批准为省部共建国家重点实验室培育基地，实现了我国林业系统国家重点实验室零的突破。

3月　2010年度浙江省自然科学基金依托单位管理员培训班在杭州举办，重点围绕2010年浙江省自然科学基金申报和管理工作等内容展开培训，省科技厅副厅长王宏理出席了会议并讲话。

4月　浙江大学医学部罗建红教授项目“神经元信息感受重要蛋白质膜转运的结构基础、调控及功能研究”获国家重大科学研究计划支持并担任首席科学家，罗建红教授曾获得省自然科学基金重点项目的资助。

5月　省杰青项目获得者、浙江大学物理系“长江学者”特聘教授袁辉球于2009年1月29日发表在*Nature*上的论文“Nearly Isotropic Superconductivity in (Ba,K)Fe_2As_2”被*Science Watch*选为2010年5月份的“New Hot Paper”(最新热门文章)。

6月　省自然科学基金青年科技人才培养项目获得者、杭州电子科技大学王健研究员荣获中国工程院第八届“光华工程科技奖——青年奖”。

8月　由国家自然科学基金委、浙江省自然科学基金委等资助的“2010全国青年摩擦学及工业应用研讨会”在杭州召开。

8月　由省自然科学基金办主办、浙江工商大学承办的“信息学科学术前沿和国家发展战略专题学术报告会”在杭州召开。本次报告会特邀国家自然科学基金委信息学部常务副主任秦玉文研究员作专题学术报告。

9月　受浙江省自然科学基金委的邀请，国家自然科学基金委政策局发展战略处吴善超处长来杭作《关于国家自然科学基金“十二五”规划的解读》专题报告。

10月 由浙江省自然科学基金委资助的“第八届全国超临界流体技术学术及应用研讨会暨第一届海峡两岸超临界流体技术研讨会”在杭州召开。

10月 广东省科技厅社会发展与基础研究处处长、广东省自然科学基金委员会办公室处长姚化荣，广东省部分高校科技处相关负责人一行9人来浙江省调研自然科学基金管理工作。

11月 浙江新增5名国家重点基础研究发展计划（“973计划”）项目首席科学家，他们是严建华、段树民、李伯耿、谭建荣、杨立荣。

11月 由省自然科学基金办主办、杭州电子科技大学承办的“浙江省自然科学基金‘十二五’规划专题研讨会”在杭州召开。本次研讨会特邀国家自然科学基金委政策局吴善超处长作专题学术报告。

11月 2010年度浙江省自然科学基金管理工作会议在浙江万里学院召开。省科技厅王宏理副厅长、蔡秀军副厅长，浙江万里学院党委书记陈厥祥，宁波市科技局陈建章副局长等出席会议。

12月 2010年度浙江省自然科学基金委全体委员会议在杭州召开。省科技厅厅长蒋泰维，省科技厅副厅长王宏理、蔡秀军以及毛江森院士、高从堦院士等出席会议。

12月 由浙江省自然科学基金委资助的“2010国际近视和视觉科学研究研讨会”在温州召开，会议就近视研究前沿及方法、近视发病机制等展开探讨。

12月 由浙江省自然科学基金委资助的“第三届功能氧化物材料与应用研讨会”在宁波召开。

二〇一一年

1月 国务院在北京召开国家科学技术奖励大会，揭晓2010年度国家科技奖。在全国356项获奖成果中，浙江省共有18项成果获奖。

2月 浙江省自然科学基金委标志正式启用并注册商标，这是浙江省自然科学基金设立以来的第一个官方标志。该标志通过向社会公开征集产生，共收到289幅投稿作品，得到了社会各界广泛的响应。

3月 省杰青项目获得者、浙江大学物理系赵道木课题组成果入选“2010年中国光学重要成果”。

3月 省杰青项目获得者、浙江大学生命科学学院金勇丰教授在国际顶级分子生物学刊物*Nature Structural & Molecular Biology*上发表原创性研究成果，该成果被国际同行专家评价为“该研究为大范围RNA二级结构形成和功能提供了迄今为止最清楚的证据”。金勇丰教授曾先后5次获得省自然科学基金各类项目的资助，取得了多项科学研究成果。

3月 浙江省科技厅副厅长王宏理带领省自然科学基金办人员赴湖南省科技厅进行自然科学基金工作调研，此次调研加强了浙江与湖南两省在基金工作方面的联系和合作。

4月 浙江省广州管圆线虫病免疫诊断新试剂研发成功，此研究步入国内领先行列。

4月 由浙江省自然科学基金委资助、加拿大多伦多大学和浙江理工大学联合主办的“2011社会认知神经科学国际学术会议”在浙江理工大学隆重召开。大会期间共进行了2场主题报告和12场专题报告，涉及社会认知神经科学的多个研究领域。

4月 由于工作原因，第六届浙江省自然科学基金委组成人员调整如下：蒋泰维同志兼任省自然科学基金委员会名誉主任委员，不再担任省自然科学基金委主任委员；王宏理同志担任省自然科学基金委主任委员；增补蔡秀军同志为省自然科学基金委副主任委员、张仁寿同志为省自然科学基金委委员；胡建淼同志不再担任省自然科学基金委委员。

4月　省自然科学基金办和浙江科技报社联合开展首届“我与科学基金”有奖征文活动，并在《浙江科技报》开辟“我与科学基金”专栏。此次征文活动主题为“弘扬和传承科学基金文化”，最终评选出一等奖5名、二等奖10名、三等奖20名、优秀奖42名、优秀组织奖10名。

5月　为使省自然科学基金网络信息系统更安全、可靠、高效、便捷，省自然科学基金委办正式启用省自然科学基金新网络信息系统。

5月　浙江省科学技术奖励大会召开，共有279项科技成果被授予2010年度浙江省科学技术奖，其中一等奖26项、二等奖92项、三等奖161项；24项成果获得2010年首次设立的浙江省科技成果转化奖。

7月　2012年度浙江省自然科学基金申报工作座谈会在杭州召开。省自然科学基金委委员所在单位、拟先行申报单位科研管理部门负责人等参加了会议。

7月　省自然科学基金办公布2012年度浙江省自然科学基金项目申请的通告，首次增设青年科学基金项目并出台相关管理细则，得到了广大青年科研人员的欢迎。

7月　浙江省自然科学基金委正式印发《浙江省自然科学基金青年科学基金项目管理实施细则》。

7月　由省科技厅副厅长王宏理牵头，省自然科学基金办承担完成的调研报告《地方基础研究多元经济社会效应及形成机制研究——以浙江省为例》，获2010年度浙江省科技系统优秀调研报告三等奖。

8月　浙江贝达药业有限公司董事长丁列明带领的博士团队历经10年研发出的抗癌“导弹”——凯美纳(盐酸埃克替尼)在北京宣布上市。

8月　省自然科学基金资助的“第二届中国云计算与SaaS学术会议”在杭州召开，会议主要探讨“云计算与SaaS”领域发展所面临的关键性挑战问题和研究方向。

9月　由宁波大学和中国宇航协会共同主办、浙江省自然科学基金委和宁波市科协资助的“第三届红外成像系统仿真、测试与评价技术研讨会”在宁波召开。

9月　由省自然科学基金办主办，省科技干部培训中心与台州学院共同承办的2011年度浙江省自然科学基金依托单位管理员培训班在台州举办。

10月　首个快速连续反应机器人亮相。由浙江大学研制的两个仿人机器人“悟”和“空”于9日亮相。这是目前世界上首个宣布研制成功的、具有快速连续反应能力的仿人机器人。

11月　温州医科大学两项科研成果——工程菌种和转基因红花蛋白种子搭载“神舟八号”飞天。

11月　由国家自然科学基金委主办的第71期双清论坛“应对全球气候变化的中国能源—经济—环境政策”学术会议在浙江工商大学召开。

12月　浙江大学获“十一五”期间国家自然科学基金管理工作先进单位，浙江大学科学技术研究院陈良老师获得“十一五”期间国家自然科学基金管理工作先进个人。

12月　2011年度浙江省自然科学基金委全体委员会议在杭州召开。省科技厅厅长、省自然科学基金委名誉主任委员蒋泰维，省科技厅副厅长、省自然科学基金委主任委员王宏理，省自然科学基金委副主任委员孙优贤院士、郑树森院士、高从堦院士等出席会议。

二〇一二年

1月 浙江省自然科学基金办起草的《浙江省基础研究"十二五"发展规划》,由省科技厅行文印发。专门为"十二五"基础研究制订发展规划,此举在地方政府中属首例,新华社、中央人民政府网站和《中国科学报》等媒体对此进行了报道。

2月 2011年度国家科学技术奖励大会在北京举行,浙江省共获得30项国家科技奖,超过2010年的19项。其中,浙江省为第一单位完成的有10项,包括国家技术发明奖二等奖2项,国家科技进步奖二等奖8项。

2月 经过中国化学会的评审、遴选和表决,浙江省应用化学重点实验室、浙江大学化学系催化研究所、省杰青项目获得者范杰教授荣获2011年度"中国化学会青年化学奖"。

2月 由省科技厅推荐并组织申报的依托浙江海洋学院(今浙江海洋大学)建设的"国家海洋设施养殖工程技术研究中心"和依托中国绍兴黄酒集团有限公司建设的"国家黄酒工程技术研究中心",通过了科技部组织的专家评审、可行性论证等程序,列入2011年国家工程技术研究中心立项建设计划。

3月 省自然科学基金办评选出浙江大学等10个省自然科学基金管理工作先进集体,李安华等15名省自然科学基金管理工作先进个人。

3月 "云计算与复杂系统中的科学问题和核心技术"论坛学术报告会在浙江大学举行,31位中国科学院院士和2位中国工程院院士以及相关领域的知名专家学者参加论坛。

4月 2012年度浙江省自然科学基金管理工作会议在浙江师范大学召开。省科技厅副厅长王宏理,浙江师范大学党委书记陈德喜、副校长王辉等出席会议,来自省自然科学基金依托单位的100多位代表参会。

4月 由国家自然科学基金委和中国化学会联合主办,浙江省自然科学基金委、浙江省化学会联合协办,浙江大学承办的"2012年全国微纳尺度生物分离分析学术会议、第七届全国微全分析系统学术会议暨第三届国际微流控分析(西湖)学术论坛"在浙江大学召开。

4月 省杰青项目获得者、浙江大学理学部化学系求是特聘教授黄飞鹤当选英国皇家化学学会会士(Fellow of the Royal Society of Chemistry,FRSC)。

4月 由浙江省自然科学基金委资助的"第11届国际大麦遗传学大会"(11-IBGS)在浙江大学召开,IBGS是大麦科学最高水平的学术会议,迄今已举行11次。本次会议吸引了全球33个国家和地区的近300名大麦科学家参加。

5月 省自然科学基金办在丽水组织召开欠发达地区基础研究发展战略研讨会,丽水学院、丽水市林业科学研究所、丽水市中心医院、衢州学院、浙江海洋学院等单位的代表参加了此次研讨会,这是基金工作首次单独面向欠发达地区召开的研讨会。

5月 省自然科学基金办在杭州组织举办了地方科学基金工作研讨会。国家自然科学基金委计划局王长锐副局长、省科技厅蔡秀军副厅长、国家自然科学基金委政策局吴善超处长等领导出席,来自北京、江苏、山东、河北、湖南、福建、云南、黑龙江等8个省(市)自然科学基金办的代表等30余人参加了会议。本次会议旨在贯彻落实《国家"十二五"科学和技术发展规划》和《国家自然科学基金"十二五"发展规划》,进一步加强兄弟省(市)地方科学基金和基础研究工作的交流,推动地方科学基金和基础研究事业发展。

5月 由省科技厅副厅长王宏理牵头,省自然科学基金办承担完成的调研报告《浙江省基础研究与优势学科互动发展研究报告》,获2011年度浙江省科技系统优秀调研报告一等奖。

5月　国家自然科学基金委第73期双清论坛“超分子聚合物科学与材料前沿问题”学术研讨会在浙江大学举行。

5月　由浙江省自然科学基金委资助的“第三届工程设计与优化国际会议(ICEDO 2012)”在绍兴和宁波顺利召开。本次会议主要围绕现代工程设计、仿真与工程优化、制造系统与先进加工成形等方向进行学术交流和研讨。

5月　全省推进国家技术创新工程试点省建设工作电视电话会议在省人民大会堂召开。会议公布了浙江省“十一五”期间的重大科技成果,公布了20位浙江省特级专家名单。大会还颁发了2011年度浙江省科学技术奖,其中,授予钱前、郑树、瞿佳2011年度省科学技术奖重大贡献奖,授予其他人员一等奖28项、二等奖90项、三等奖162项;颁发省科技成果转化奖一等奖2项、二等奖14项,并授予陈启贤等7人省科技成果转化奖三等奖。

6月　省杰青项目获得者、浙江大学化学系黄飞鹤领衔的超分子化学课题组成功研制出两种具有自修复功能的超分子凝胶,相关研究工作发表在国际顶级化学期刊《德国应用化学》上,论文第一作者为张明明博士。

6月　为进一步规范浙江省自然科学基金项目在申请、立项及开展研究等各阶段的编号标识,便于项目以及成果管理,省自然科学基金办制定印发《浙江省自然科学基金项目编号办法》。

6月　由浙江省自然科学基金委资助,中国计算机学会主办,浙江农林大学承办的“第七届中国测试学术会议(CTC 2012)”在杭州召开。作为国内计算机学会、容错计算学术界的主要活动之一,本次会议旨在加深对计算机软硬件测试技术的研究与理解。

7月　为进一步提高申请质量、促进公平有序竞争、保障科学基金工作的可持续发展,经浙江省自然科学基金委委员审议、委员会主任批准,省自然科学基金办公布适度控制省自然科学基金项目的年度申请总量的通告。

7月　浙医一院陈江华教授荣获美国肾脏病基金会颁发的“国际卓越成就奖章”,成为2012年全世界4位获奖者中唯一一位来自中国大陆的专家。

8月　为总结浙江省“十一五”期间基础科学研究取得的优秀成果,激励广大科研人员的创新热情,经过依托单位推荐和专家评审,省自然科学基金办评选出浙江省自然科学基金“十一五”优秀项目100项和优秀论文100篇。

8月　2013年度浙江省自然科学基金申报工作座谈会在杭州召开,省科技厅副厅长、省自然科学基金委主任委员王宏理,省科技厅计划财务处相关负责人出席会议,来自浙江大学、浙江工业大学、中科院宁波材料所等19家委员单位的科研工作负责人等参加了会议。

8月　由国家自然科学基金委、浙江省自然科学基金委等主办,浙江大学生物系统工程与食品科学学院及馥莉食品研究院(筹)承办的“首届中国食品科学青年论坛”在浙江大学成功举行。本届论坛围绕“探讨食品科学基础和应用研究中的科学问题”“凝练食品科学研究的重大理论核心”“展示食品科学研究的最新成果”和“构筑青年科研工作者学术交流平台”4个主题展开。

9月　2012年度浙江省自然科学基金依托单位管理员培训班在衢州开办。省科技厅副厅长、省自然科学基金委主任委员王宏理,衢州学院院长胡伟等出席了开班仪式,来自省自然科学基金依托单位的近200位管理员参加了培训。

9月　为进一步加强全省基础研究和科学基金宣传工作，省自然科学基金办正式印发《浙江省自然科学基金宣传工作考核与奖励办法(试行)》。

10月　中国专利奖评审办公室公布了《第十四届中国专利奖评审结果公示》，浙江省共有20项专利入围，为历年最好成绩。

11月　省科技厅副厅长王宏理带领省自然科学基金办人员先后赴福建省科技厅、广东省自然科学基金管理委员会进行工作调研。学习福建省、广东省自然科学基金管理经验，加强浙江与兄弟省份地方科学基金的联系与合作，共同推进科学基金工作和基础研究事业的发展。

11月　中国科学院宁波材料技术与工程研究所所属先进制造技术研究所复合材料研究团队在热塑性树脂基高导热复合材料研究中取得进展，成功开发以尼龙6为树脂基的高导热复合材料。

11月　浙江省科技厅与加拿大国家科学院签署合作意向书，进一步增进浙江与加拿大在疫苗技术与创新领域的联合研究开发及相关商业活动的合作，这是加拿大国家科学院首次与国内地方政府合作。

12月　为全面总结“我与科学基金”专栏开办以来取得的成绩和经验，同时研讨自然科学基金宣传工作重点及方向，省自然科学基金办在杭州召开“我与科学基金”专栏座谈会。

12月　2012年度浙江省自然科学基金委全体委员会议在杭州召开。省科技厅厅长、省自然科学基金委名誉主任委员蒋泰维，省科技厅副厅长、省自然科学基金委主任委员王宏理，省自然科学基金委副主任委员孙优贤院士、毛江森院士、郑树森院士以及来自高校、研究机构的各位委员出席会议。

12月　省杰青项目获得者浙江大学理学部范杰、刘小闹课题组与美国加州大学圣巴巴拉分校Galen D. Stucky教授合作，在国际著名刊物*Nano Letters*发表论文，创造性地将高精印刷技术与纳米组装化学相结合，利用喷墨打印协同自组装合成方法实现每小时100万个八元复合金属氧化物催化剂的快速合成。

12月　省杰青项目获得者、浙江大学生命科学学院金勇丰带领的课题组在新研究中揭示了一个与Dscam互斥剪切有关RNA结构性控制区域(locus control region)，相关论文“An RNA Architectural Locus Control Region Involved In Dscam Mutually Exclusive Splicing”发表在12月4日的国际著名刊物*Nature Communications*上。

12月　技术信息研究所在北京公布了2011年度中国科技论文统计结果。浙江大学3篇论文入选2011年度中国百篇最具影响的优秀国际学术论文，2011年表现不俗，论文数等继续保持全国高校首位。

12月　2012年浙江省获得国家自然科学基金资助经费总额首次突破10亿元，获得资助的项目数量和资助额度再创历史新高。

12月　由浙江省自然科学基金委主办、宁波大学承办的首届之江科学论坛——信息领域前沿专题研讨会在宁波召开，本次报告会邀请了多位国家杰出青年基金项目和国家自然科学基金重点项目获得者作当前信息科学领域前沿研究专题学术报告，省科技厅王宏理副厅长和孙优贤院士等领导、专家出席了论坛。

二〇一三年

1月　国家科学技术奖励大会在北京举行，揭晓2012年度国家科技奖。浙江省有31项科技成果获国家科学技术奖，其中，以浙江省为主完成的有11项，参与完成的有20项。在以浙江省为主完成的获奖成果中，含国家自然科学奖二等奖1项，国家技术发明奖二等奖2项，国家科技进步奖一等奖1项、二等奖7项。

1月　《浙江日报》对浙江省自然科学基金工作进行了专题报道，发表《省自然科学基金八成投向青年科学家——千余80后崭露头角》一文，引起了社会的普遍关注。

1月　在省杰出青年科学基金、国家自然科学基金等项目的资助下，浙江大学高分子系高超课题组成功解决了“贝壳珍珠层结构的复合材料”制备难题，获得的材料不仅坚硬而富有韧性，而且可以连续化制备。这一研究成果发表在*Nature*旗下的网络开放期刊*Scientific Reports*上。

1月　杭州师范大学“有机硅化学及材料技术”教育部重点实验室徐利文课题组在手性有机硅化学及硅导向的选择性合成研究上取得新进展，该研究成果在线发表于世界化学顶级国际学术期刊《德国应用化学》。

2月　2012“国家高层次人才特殊支持计划”名单公布，浙江大学计算机辅助设计与图形学（CAD & CG）国家重点实验室鲍虎军、电气工程学院盛况、能源系高翔、动物科学学院周继勇等4位教授入选科技创新领军人才。

2月　在省自然科学基金重点项目等的资助下，浙江大学理学部化学系吴传德课题组以设计合成的N-杂环卡宾复合配体合成了一个手性金属-有机纳米管（MONT），其内径为3.3纳米，外径为4.9纳米。相关研究结果发表在国际顶级化学期刊*Journal of the American Chemical Society*。

2月　浙江大学理学部化学系肖丰收课题组将离子液体和二乙烯基苯共聚，成功制备出具有超疏水性多孔催化剂。该项目研究工作得到了浙江省重点科技创新团队、国家自然科学基金、科技部“973计划”项目的资助。

2月　省杰青项目获得者、浙江大学高超带领的课题组研制出一种被称为“全碳气凝胶”的固态材料，这是目前世界上最轻的材料。该研究成果于2月18日在线发表于《先进材料》杂志，并被*Nature*杂志在“研究要闻”栏目中重点配图评论，并入选2013年度中国十大科技进展新闻。

3月　根据《浙江省科学技术厅关于公布2012年度厅机关各处室工作目标责任制考核结果的通知》（浙科发办〔2013〕37号），在厅机关各处室自评、处室负责人和厅领导测评、考核小组考核评议的基础上，经厅党组会议研究确定，省自然科学基金委员会办公室参照厅机关处室考核，考核等次为优秀。

4月　中国科学院宁波材料技术与工程研究所纤维材料制备技术研究团队围绕环状聚酯低聚物（CBT）的聚合过程及机理开展系统性研究工作，提出了一种新的增韧方法，即在不改变反应条件、不增加体系黏度的前提下，通过对CBT组分的筛选和纯化，直接调控产物的聚合过程和结晶行为，达到增韧的目的。团队还阐明了新的引发聚合和致脆机理，为CBT的深入研究和产业化应用开拓了新的道路。

4月　省杰青项目获得者、浙江大学理学部化学系黄飞鹤课题组发现水溶性柱六芳烃在水中能够与百草枯形成稳定的包结络合物阻碍其还原，从而有效降低百草枯的毒性，该项研究成果发表在化学顶级期刊*Journal of the American Chemical Society*上。

4月　由浙江省自然科学基金委资助，浙江大学主办，上海交通大学、中国制冷学会和国际制冷学会协办的“第五届国际低温制冷会议（ICCR 2013）”在浙江大学举行。会议汇集了来自17个国家和地区的330余名低温、制冷和暖通领域的著名学者、专家和研究生。

5月　在国家自然科学基金项目“条石鲷的性染色体及其性别相关分子标记的筛选和定位研究”的资助下，省海洋水产研究所科研人员在条石鲷中发现雄性异型性染色体，揭示条石鲷的性别决定类型为复性染色体决定型（X_1X_2Y），这是在我国首次发现并报道具有该性别决定类型的鱼类。

5月　浙江大学承担的国家“973计划”科研项目“机融合感知和认知的计算理论与方法”取得进展，使视觉超弱的大白鼠在芯片控制下识别箭头图像和听从人类声控命令，是全球首个实现混合智能的成果。

5月　省杰青项目获得者、温州医科大学李校堃教授团队的研究成果“小鼠*FGF21*通过调控脂联素发挥其维护机体血糖平衡及胰岛素敏感性的作用”，发表在国际顶级学术期刊*Cell*子刊*Cell Metabolism*上，这是温州医科大学首次以第一作者和通讯作者在该顶级学术期刊（影响因子：17.7）发表研究论文。

6月　浙江省科学技术奖励大会召开，共有277项科技成果被授予2012年度浙江省科学技术奖，其中一等奖27项、二等奖66项、三等奖162项。

6月　根据《浙江省科学技术厅科技宣传与普及工作领导小组关于表彰2012年度科技宣传与普及工作先进单位的通报》（浙科发办〔2013〕137号），省自然科学基金委员会办公室被评为“2012年度科技宣传与普及工作先进单位”，受到通报表彰。

7月　在省杰出青年科学基金等项目的资助下，浙江大学生命科学研究院叶升课题组，第一次解析了细胞分裂蛋白FtsZ所形成的原丝纤维的三维结构，为广谱抗生素的研发提供新的依据。阶段成果刊登在美国*Science*杂志2013年7月刊上。

7月　由浙江省自然科学基金委资助，浙江省肿瘤医院、省胸部肿瘤诊治技术研究重点实验室、省癌症中心胸部肿瘤中心等联合主办的“2013华东胸部肿瘤论坛暨第六届浙江省胸部肿瘤论坛”在杭州召开。

8月　由省科技厅副厅长王宏理牵头，省自然科学基金办承担完成的调研报告《国家自然科学基金委员会—地方人民政府自然科学联合基金资助现状及政策调研》，获2012年度浙江省科技系统优秀调研报告二等奖。

8月　以浙江大学曹龙教授为第一作者、发表于2012年《环境研究快报》第7卷上的论文《气候变化对大气二氧化碳浓度和太阳辐射强度变化在几天到几个星期时间尺度上的响应》获得2013年度“Norbet Gerbier-MUMM国际奖”（摩穆国际奖）。这是1988年该奖设立以来中国高校论文第二次获奖。

8月　2014年度浙江省自然科学基金申报工作座谈会在杭州召开，来自省自然科学基金19家主要依托单位科研管理部门的负责人参加了此次会议。

9月　省自然科学基金办开展第二届“我与科学基金”有奖征文活动，最终评选出56篇优秀作品、9个优秀组织奖以及11名优秀采编奖。

9月　省杰青项目获得者、浙江大学电镜中心学者、材料系王勇教授获“求是杰出青年学者奖”。

9月　2013年度浙江省自然科学基金依托单位管理员培训班暨管理工作会议在绍兴召开。省科技厅王宏理副厅长，绍兴文理学院王建力副校长等领导出席了开班仪式，来自170多家省自然科学基金依托单位的科研管理部门负责人、管理员等共计200多人参加了此次培训班和会议。

10月　在省杰出青年科学基金项目和国家自然科学基金项目等的资助下，浙江大学王英杰教授与沈炳辉教授带领的课题组研究发现一种名为Oct4的蛋白和一种名为AKT的蛋白有着异常活跃的“相互促进”机制，为癌症治疗提供了新的思路和策略。

10月　由国家自然科学基金委医学科学部、生命科学部和政策局主办，杭州师范大学承办的第102期双清论坛“衰老转化医学研究的关键科学问题”在杭州召开。

10月　由浙江省自然科学基金委等资助的“第四届中国•澳大利亚生物医学研究大会暨2013国际衰老生物学和衰老性疾病研讨会”在杭州举行。会议由杭州市政府主办，浙江省自然科学基金委、杭州师范大学、澳大利亚华人生物医学协会和浙江杭州未来科技城等联合承办。此次会议作为杭州西湖国际博览会的分会项目，邀请了诺贝尔奖获得者等国内外著名学者作主题报告。

10月　由浙江省自然科学基金委、舟山市科学技术局、舟山市科学技术协会、浙江海洋学院共同主办的“2013年浙江舟山群岛新区海洋生物医药产业发展论坛”在浙江海洋学院召开。本次论坛主题是“海洋生物活性物质发现的新策略、海洋创新药物开发以及海洋功能制品研究与产业化”。

10月　由省自然科学基金委员会资助的“水力机械学科发展战略研讨会暨第六届全国水力机械及其系统学术会议”在杭州召开。会议由国家自然科学基金委员会工程与材料科学部等主办，浙江理工大学承办。本次会议是历届全国水力机械及其系统学术会议中规模最大的一届，也是目前唯一一届战略研讨会和学术会议同时举办的会议。

10月　由浙医一院传染病诊治国家重点实验室李兰娟院士领衔，联合香港大学新发传染病国家重点实验室等多家单位协同攻关，成功研制了人感染H7N9禽流感病毒疫苗株。这是我国自主研发的首例流感病毒疫苗株。

10月　2013年度香港何梁何利基金颁奖典礼在北京举行。浙江大学医学院附属第一医院院长郑树森院士、机械系教授杨华勇获授2013年度何梁何利基金“科学与技术进步奖”。

11月　在浙江省自然科学基金的资助下，浙江中医药大学窦晓兵博士与美国伊利诺伊大学人类营养研究所的宋振远教授通过研究发现，长期慢性饮酒对机体不同组织（脂肪和肝脏）极低密度脂蛋白受体的表达影响完全不同。该项成果在线发表于国际肝脏病学领域权威的期刊*Hepatology*上。

11月　由浙江省自然科学基金委主办，浙江省医学科学院承办的第二届之江科学论坛——浙江省生物医药发展学术研讨会在杭州顺利召开。

12月　浙江省新增两名中国工程院院士，分别是浙江大学杨华勇和中国电子科技集团36研究所的杨小牛。

12月　2013年度浙江省争取到的国家自然科学基金项目经费总额在去年首超10亿元的基础上，再次突破10亿元。

12月　由于工作调整原因，调整第六届浙江省自然科学基金委组成人员，调整后的名单如下：名誉主任委员周国辉，主任委员王宏理，副主任委员毛江森、孙优贤、苏纪兰、陈剑平、杨华勇、郑树森、高从堦，委员杜卫、张仁寿、张立彬、吴锋民、范永升、林建忠、周国模、周海梦、聂秋华、崔平、程式华、裘松良、蔡袁强、薛安克、瞿佳、鲁文革、林思达。

12月　2013年度浙江省自然科学基金委全体委员会议在杭州顺利召开。省科技厅厅长、省自然科学基金委员会名誉主任委员周国辉，省科技厅副厅长、省自然科学基金委员会主任委员王宏理出席会议，省自然科学基金委员会副主任委员毛江森院士、苏纪兰院士、杨华勇院士、高从堦院士等来自省内依托单位的各位委员参加了本次会议。

12月　由浙江省自然科学基金委与宁波市科学技术协会主办、浙江万里学院承办的第三届之江科学论坛——海洋与水产生物资源发掘与利用学术研讨会在宁波顺利召开。

12月　由浙江省自然科学基金委主办，浙江师范大学承办的第四届之江科学论坛——无机功能材料前沿学术研讨会在金华顺利召开。

12月　浙江卫视《创新故事》栏目播出曾3次获得过省基金项目资助的浙江工业大学袁巨龙教授、省杰青项目获得者浙江大学黄飞鹤教授的专题片，这是省自然科学基金办首次采用电视媒体宣传科学基金工作，达到了良好的宣传效果。

二〇一四年

1月　2013年度国家科学技术奖励大会在北京召开。浙江省共有26项科技成果获国家科学技术奖，其中以浙江为主要完成单位的有13项，包括国家科技进步奖一等奖2项、二等奖5项，国家自然科学奖二等奖3项，国家技术发明奖二等奖3项。

1月　省科技厅厅长、省自然科学基金委名誉主任周国辉拜会了国家自然科学基金委主任杨卫，双方就科技与科学基金工作进行了深入的座谈。

1月　浙江省科技厅新任党组成员、纪检组长郭丽华在厅监察室主任曹保华的陪同下，来到省自然科学基金委员会办公室进行调研。郭丽华与省自然科学基金委员会办公室的全体干部职工一起进行了座谈，对浙江省自然科学基金工作有了进一步的了解。

1月　省科技厅副厅长、省自然科学基金委主任王宏理在厅成果处单鸿鸣副处长的陪同下来到省自然科学基金办进行走访慰问。王宏理副厅长代表厅党组对2013年度浙江省的科学基金工作给予了高度评价，并对于下一年的浙江省科学基金工作提出了要求。

4月　浙江省科学技术奖励大会在杭州举行，嘉兴市农业科学研究院研究员姚海根，中国工程院院士、浙江大学教授董石麟，浙江大学医学院附属邵逸夫医院教授蔡秀军等3位获得省科学技术奖重大贡献奖。278项优秀科技成果被授予2013年度浙江省科学技术奖，其中一等奖28项、二等奖89项、三等奖161项。

5月　省自然科学基金办党支部积极开展向张家明同志学习活动，组织部分党员干部看望了张家明同志的家人、省自然科学基金办退休老同志王桂仙老师。

7月　省科技厅、省自然科学基金委在杭州举行了“两化”（信息化、工业化）深度融合基础研究研讨会。来自浙江省高校、科研院所、企业、政府部门的相关专家围绕浙江开展“两化”深度融合基础研究的特色优势、重点领域和重点产业的重大基础研究需求、成果产业应用前景及对全国的示范意义等展开了深入的交流和探讨。

7月　国家自然科学基金委计划局局长孟宪平应邀作题为《繁荣基础研究不断完善科学基金制》的讲座，围绕“基础研究的战略地位与国际趋势”“尊重科学规律，繁荣基础研究”“关于科学基金‘十二五’规划的实施状况”和“科学基金‘十三五’规划的若干思考”4个板块内容展开详细论述。

8月　省自然科学基金委员会办公室鲁文革主任一行到中国科学院宁波材料技术与工程研究所（宁波工业技术研究院）调研。鲁文革主任还为材料所（工研院）的科研人员作了关于2015年度浙江省自然科学基金申报政策的报告。在座谈会上双方还就基金申请、基金管理等方面的问题进行了深入的探讨。

9月　2014年度浙江省自然科学基金依托单位管理员培训班暨管理工作会议在杭州顺利召开，此次培训会议由省自然科学基金办主办，省自然科学基金办主任鲁文革、副主任林思达等出席了开班仪式，来自180多家省自然科学基金依托单位的科研管理部门负责人、管理员等共计220多人参加了此次培训班和会议。在开班仪式上，省自然科学基金办对2012—2013年度省自然科学基金管理工作先进集体、先进个人，2013年度省自然科学基金宣传工作先进单位和个人予以表彰。

10月　浙江省科技厅副巡视员周益民到省自然科学基金办调研指导工作，与省自然科学基金办的全体干部职工一起进行了座谈。

11月　省科技厅副巡视员周益民带领省自然科学基金办同志调研了在杭高校。调研小组与各单位分管科研工作的负责人、科研管理人员、一线科研人员进行了座谈交流，参观了实验室和研发基地，详细了解各单位科研工作的最新发展情况，认真听取了各单位提出的关于改进省自然科学基金工作的意见和建议。

11月　浙江省科技厅周益民副巡视员在省自然科学基金办林思达副主任和相关人员的陪同下赴宁波、舟山进行了基础研究工作的调研。

11月　浙江省科技厅周益民副巡视员在省自然科学基金办鲁文革主任和相关人员的陪同下赴绍兴文理学院调研了基础研究工作。

12月　浙江省科技厅周益民副巡视员在省自然科学基金办林思达副主任和相关人员的陪同下赴湖州、嘉兴调研自然科学基金工作。

12月　省自然科学基金委员会办公室科学基金管理工作座谈会在杭州顺利召开。鲁文革主任向大家通报了省自然科学基金2014年度开展的主要工作以及国家自然科学基金委—浙江省政府自然科学联合基金设立进展情况。林思达副主任介绍了2015年省自然科学基金拟结题验收项目等的相关情况。

二〇一五年

1月　国务院在北京召开国家科学技术奖励大会，浙江共有34项科技成果获奖，其中为浙江省主完成的有10项，包括国家科技进步奖二等奖6项，国家技术发明奖二等奖3项，国家自然科学奖二等奖1项。

1月　浙江省科技厅周益民副巡视员在省自然科学基金办林思达副主任和相关人员的陪同下赴浙江农林大学调研自然科学基金工作。

2月　省自然科学基金办党支部召开了由全体在职党员参加的专题组织生活会，省科技厅周益民副巡视员作为支部党员参加会议并进行指导，支部书记鲁文革主持会议。

3月　浙江省人民政府、国家自然科学基金委员会“两化”融合联合基金签约仪式在北京举行。浙江省省长李强与国家自然科学基金委员会主任杨卫共同签署《国家自然科学基金委员会、浙江省人民政府关于设立两化融合联合基金的协议书》。

3月 浙江省科技厅副巡视员周益民在省自然科学基金办副主任林思达和项目主管钱昊的陪同下赴浙江省农业科学研究院、中国水稻研究所和中国林业科学研究院亚热带林业研究所等3家科研院所调研自然科学基金工作。

4月 浙江省科技厅与省自然科学基金委主办的之江科学论坛在省人民大会堂举行，国家自然科学基金委主任、中国科学院院士杨卫作《创新驱动发展与基础研究》专题报告。

4月 省自然科学基金办召开了由全体同志参加的专题学习日活动，省科技厅周益民副巡视员参加了学习活动并给予了工作指导。活动由支部书记鲁文革主持。大家紧密围绕深入学习领会"四个全面"战略布局和《中共中央 国务院关于深化体制机制改革 加快实施创新驱动发展战略的若干意见》(中发〔2015〕8号)，进一步统一思想认识。

4月 全省科学技术奖励大会召开，291项优秀科技成果被授予2014年度浙江省科学技术奖，其中一等奖28项、二等奖98项、三等奖165项。

5月 浙江省自然科学基金依托单位管理员培训班暨之江科学论坛——"十三五"国家基础研究发展战略报告会在杭州临安顺利召开，此次会议由省自然科学基金委员会办公室主办，省科技人才交流中心和浙江农林大学承办，来自全省180多家省自然科学基金依托单位的240多名科研管理部门负责人、管理员等参加了此次会议。

6月 省科技厅副巡视员周益民和省自然科学基金办主任鲁文革一起拜访了国家自然科学基金委计划局孟宪平局长、王长锐副局长等领导，汇报了浙江"两化"融合联合基金实施工作的进展情况，并同分管联合基金的处室负责人进行了交流。

7月 为纪念中国共产党成立94周年，省自然科学基金办党支部召开了专题组织生活会。会议由省自然科学基金办党支部书记鲁文革主持，省科技厅副巡视员周益民到会并讲授"三严三实"主题党课，省自然科学基金办全体党员干部参会。

7月 根据国家自然科学基金委计划局的有关建议，由周益民副巡视员牵头，省自然科学基金办在前期调研、建议征集、专家论证的基础上，陆续组织召开了"高端工业自动化""工业信息物理融合""智能制造""智慧城市""智慧海洋""电子商务"六大领域的联合基金项目指南起草工作专家咨询论证会。

10月 省科技厅副巡视员周益民莅临省自然科学基金办指导工作，基金办主任吴正光和副主任林思达分别作了"十三五"和2016工作安排的报告和"十二五"和2015工作总结的报告。

10月 省科技厅副巡视员周益民在省自然科学基金办吴正光主任和相关人员的陪同下赴温州医科大学和温州大学调研各单位"十二五"期间基础研究发展状况和"十三五"发展战略。

12月 2015年度国家自然科学基金委员会—浙江"两化"融合联合基金项目评审会和管委会会议在杭州开幕，同期举行的还有国家自然科学基金委与辽宁、山西的联合基金项目评审会。来自国家自然科学基金委、浙江省科技厅以及全国各地的专家学者近150人参加了评审会议。浙江省科技厅厅长周国辉、国家自然科学基金委员会副主任高瑞平出席开幕式并致辞。

二〇一六年

1月 国家科学技术奖励大会在北京召开，揭晓2015年度国家科学技术奖。浙江省共有28项科技成果获国家科学技术奖。其中，以浙江省为主完成的项目有8项，参与完成的有20项。在以浙江省为主完成的获奖项目中，含国家科技进步奖一等奖1项、创新团队奖1项、二等奖5项，国家自然科学奖二等奖1项。

1月　省科技厅发布《关于聘任第七届浙江省自然科学基金委员会委员的通知》。经省政府同意，第七届浙江省自然科学基金委员会由25名委员组成，任期5年。

1月　第七届浙江省自然科学基金委员会第一次全体会议在杭州召开，会议由浙江省科技厅副巡视员、省基金委副主任委员周益民主持，省科技厅厅长、省基金办主任委员周国辉和来自全省高校院所的新一届委员会委员参加会议。

1月　省自然科学基金办组织召开2017年度项目申请通告的高校科研院所座谈会，充分听取科研人员和科研管理部门的意见建议，力争做好2017年度资助工作。会议由省基金办主任吴正光主持，全省10余家高校科研院所代表参加会议。

1月　浙江省共有55家单位获得1788项国家自然科学基金项目资助，争取直接经费9.20亿元(总经费约10.8亿元)，在北京、上海、江苏、广东、湖北之后位居第6位，较“十一五”提高1位。“十二五”期间共获得国家自然科学基金经费约50.5亿元，立项8602项，分别是“十一五”的3.0倍和1.5倍左右。

2月　省自然科学基金办全体人员分别从优化基金资源配置、加强联合基金组织实施、完善项目中后期管理、完善科研经费使用和管理、促进基础研究成果转化等方面进行了汇报，周益民副巡视员作了重要指示。

3月　省科技厅党组成员、省纪委驻省科技厅纪检组组长郭丽华，省纪委驻省科技厅纪检组副组长曹保华、孙春芳等一行莅临省自然科学基金办调研，并检查指导党风廉政建设工作。

3月　全省科学技术奖励大会召开，表彰了2015年度省科学技术奖获得者。王建安、潘德炉、程式华3位专家获省科学技术重大贡献奖；291项成果获省科学技术奖，其中一等奖28项、二等奖93项、三等奖170项。

3月　省科技厅副巡视员周益民带领省自然科学基金办主任吴正光等同志一行4人，专程赴国家自然科学基金委就两化融合联合基金等事宜进行工作商谈。双方围绕两化融合联合基金运行和管理、“十三五”期间国家和地方基础研究发展规划、基础研究成果的转化和应用等问题进行了深入的交流和探讨。

3月　2016年度浙江省自然科学基金依托单位管理员培训班在浙江安吉举办。省科技厅副巡视员周益民，国家自然科学基金委员会计划局项目处处长谢焕瑛，浙江科技学院副校长万健，省自然科学基金办主任吴正光、副主任林思达和来自全省180余家依托单位的共200多名管理员参加了此次培训班。

5月　浙江省自然科学基金办主任吴正光带队赴北京市自然科学基金办开展调研工作，北京市自然科学基金办主任王红主持座谈。

6月　省科技厅副巡视员周益民、省自然科学基金办主任吴正光等一行赴绍兴文理学院调研基础研究工作。

6月　2017年度“两化”融合联合基金项目申报指南专家论证会在杭州召开，并对六大领域的项目申报指南进行进一步的修改、完善。

7月　河南省科技厅基础研究处副处长单新民、自然科学专项基金管理办公室副调研员张延宏等一行4人到省自然科学基金办调研，就省自然科学基金项目信息系统建设、项目管理等工作与省自然科学基金办相关人员进行了交流座谈。

8月　国家自然科学基金委计划局会同湖南省科技厅举办了《科学基金项目成果转化数

据分析与政策研究》项目研讨会。会议围绕基础研究成果转化界定和内涵、数据选取等问题进行讨论和交流，提出了相关意见和建议，并部署了项目后续的具体工作。

8月　省自然科学基金办召开了杰出青年科学基金项目会议评审会。省基金办共邀请了83位省内知名专家对8个学科领域的73个入围项目进行了会议评审。会议评审经投票确定了50项拟资助项目。

二〇一七年

1月　2016年度国家科学技术奖励大会在北京召开。中国科学院物理研究所赵忠贤院士和中国中医科学院屠呦呦研究员，分别获得国家最高科学技术奖。浙江共有26项科技成果获得国家科学技术奖，其中以浙江为主完成的有13项，参与完成的有13项。浙江大学主持完成的获奖成果有9项，获奖数居全国高校前茅。以浙江为主完成的获奖项目包括国家科学技术进步奖创新团队奖1项、国家自然科学奖二等奖2项、国家技术发明奖二等奖4项、国家科学技术进步奖二等奖6项。

3月　“科学基金项目成果转化数据分析与政策研究”课题研讨与专家咨询会在浙江召开。国家自然科学基金委员会计划局成果与评估处处长刘权、北京市自然科学基金委员会办公室主任王红、科技部评估中心评估部副部长闫冬、浙江省自然科学基金委员会办公室主任助理胡军勇、浙江大学工业技术转化研究院院长赵荣祥、浙江大学科学技术研究院基础研究与海外项目部部长项品辉以及课题组其他成员参加了本次会议。

3月　北京市自然科学基金办主任王红、基金办研究发展部主任刘苹苹等一行3人到浙江省自然基金办调研。省自然科学基金办吴正光主任、林思达副主任及相关人员出席。

3月　2017年度浙江省基础公益研究计划依托单位管理员培训班在湖州举办。来自全省200余家依托单位的250多名科研管理人员参加了此次培训班。

4月　2016年度浙江省科学技术奖励大会在浙江省人民大会堂举行。280项科技成果获省科学技术奖，其中一等奖28项、二等奖84项、三等奖168项。获奖项目中，自然科学奖18项，技术发明奖18项，科技进步奖244项。

5月　省自然科学基金办党支部召开了“勇立潮头建新功，党员干部当先锋”学习讨论会，省自然科学基金办全体党员同志参加了此次会议。

6月　省自然科学基金办党支部全体同志赴滨江海创园“5050计划”加速器项目调研学习。

7月　省自然科学基金办党支部召开专题学习会，深入学习省第十四次党代会精神，支部书记吴正光主持会议。

7月　浙江省与中国工程院在杭州签署科技合作协议。根据合作协议，双方将在重大战略研究咨询，推进“五水共治”等重大民生工程，推进信息经济、智能制造等战略性新兴产业发展，推进人工智能2.0和工业4.0的发展，推进浙江省国家科技成果转移转化示范区、浙江省国家信息经济示范区、杭州国家自主创新示范区、杭州城西科创大走廊等科技创新大平台建设，推动院士专家工作站健康发展，推进各类创新载体建设发展，开展学术活动、加强学术引领和加强人才团队建设等方面开展深度合作，加快浙江创新型省份和科技强省建设。

8月　省自然科学基金杰青和重大项目答辩评审会在杭州召开。经项目申请人答辩、专家投票、现场计票并公布评审结果，最终确定了拟资助项目69项，其中省杰青项目62项，重大项目7项。

8月　国家自然科学基金委公布了2017年度国家杰出青年科学基金和优秀青年科学基金建议资助项目申请人名单。本年度浙江省共获得国家杰出青年基金项目9项，研究领域包括生命科学、医学、量子物理、化工、材料等，位居全国第4位；获得国家优秀青年基金项目26项。总体上看，获得本年度国家杰青、优青项目的负责人中，其中约70%曾获得过省自然科学基金的前期资助，彰显出省自然科学基金“种子基金”的作用。

8月　2017年度国家自然科学基金委员会-浙江省人民政府“两化”融合联合基金管委会会议在山西省太原市召开，省科技厅周国辉厅长和国家自然科学基金委高瑞平副主任就进一步加强联合基金顶层设计和管理，更好吸引和集聚全国优质资源，促进浙江基础研究发展，服务浙江经济发展和产业转型升级等问题，进行了深入的交流。

9月　由省政府、浙江大学、阿里巴巴集团共同出资打造，以网络信息、人工智能为研究方向的之江实验室，在杭州人工智能小镇挂牌成立。

9月　浙江省材料学科领域基础研究发展调研座谈会在浙江理工大学召开，浙江省自然科学基金委员会办公室宣晓冬、徐敏、陈登，浙江大学、浙江工业大学、浙江理工大学、中科院宁波材料所等11所高校和科研院所的材料学科专家参加了本次调研座谈会。

10月　省自然科学基金办组成调研组，赴广东省科技厅和深圳市科技创新委员会开展调研工作。在省自然科学基金成立30周年之际，省科技厅、省自然科学基金委决定开展进一步做好省自然科学基金组织实施工作的调研，本次广东、深圳调研是省自然科学基金组织实施工作的调研的重要组成部分。

10月　省基金办党支部召开“学哲学用哲学”专题学习会，重温《实践论》《矛盾论》，支部书记吴正光主持会议。

11月　浙江中地大科技园开园仪式在杭州青山湖科技城举行。中国科学院院士金振民，中国科学院院士杨树锋，中国工程院院士李家彪，中国地质大学（武汉）校长王焰新，浙江省科技厅厅长周国辉，浙江省地质勘查局局长、中国地质大学（武汉）浙江研究院理事长林天宁等出席活动。浙江中地大科技园的正式投用，标志着青山湖科技城投用院所项目达到20个，预计到年底投用院所项目将达到23个以上。

11月　省自然科学基金办党支部赴嘉兴闻泰科技股份有限公司、嘉兴学院等单位开展“学习红船精神，服务基础研究”主题党建活动。

12月　浙江省生命科学领域基础研究发展调研工作研讨会于2017年12月13日在浙江省自然科学基金办召开。此次调研是在浙江省持续推动基础科研发展，不断加大科研投入的背景下，由省自然科学基金委发起，并委托中国计量大学叶子弘教授团队主持开展的。省自然科学基金委员会委员、浙江农林大学校党委书记、项目咨询专家周国模，省自然科学基金委研究员宣晓冬，项目管理专家、副研究员钱昊出席会议。会议同时邀请浙江大学、中国水稻研究所等省内16家单位共27名专家参会。此次会议是调研工作承上启下的重要会议。

12月　省部共建眼视光学和视觉科学国家重点实验室揭牌仪式暨建设工作推进会在温州医科大学隆重举行。浙江省委常委、温州市委书记周江勇，科技部基础研究司副司长郭志伟，浙江省科技厅党组书记、厅长周国辉，温州市委副书记、市长张耕，温州医科大学主要领导等出席会议。会上，周江勇、郭志伟共同为眼视光学和视觉科学国家重点实验室揭牌，郭志伟宣读批复文件并讲话，周国辉代表实验室主管单位讲话。

12月　“浙江省医学基础研究重点领域与方向发展规划专家研讨会”在杭州隆重召开。浙江大学医学院易平课题组、省自然科学基金办林思达副主任和来自浙江大学、温州医科大学、浙江中医药大学等多家高校、科研院所的医学研究领域的20余名国内省内顶级专家参加了本次研讨会。参与本次规划草案组织协调、调研与汇总执笔相关人员列席了会议。本次会议为下一步制定和完善“浙江省医学基础研究重点领域与方向发展规划”提供了保障。

12月　省自然科学基金办组成调研组，赴陕西省自然科学基金办开展调研工作，陕西省自然科学基金办主任郭文奇主持座谈。此次赴陕西调研作为浙江省自然科学基金成立30周年组织实施工作调研的重要组成部分，旨在学习陕西省推动基础研究发展的先进经验，加强兄弟省份之间基础研究管理的合作交流，围绕前瞻性、基础性、引领性的基础研究工作目标，提供顶层设计和过程管理的借鉴和思路。

附录2　基础研究各种数据汇总

附录2-1　人才类

附表2-1-1　浙江省“两院”院士名单

序号	当选年份	院士姓名	工作单位	备注
1	1980	唐孝威	浙江大学	中国科学院院士
2	1991	曹楚南	浙江大学	中国科学院院士
3	1991	陈子元	浙江大学	中国科学院院士
4	1991	沈家骢	浙江大学	中国科学院院士
5	1991	毛江森	浙江医学科学院	中国科学院院士
6	1991	阙端麟	浙江大学	中国科学院院士
7	1991	苏纪兰	国家海洋局第二海洋研究所	中国科学院院士
8	1991	路甬祥	浙江大学	中国科学院院士 （1994年中国工程院院士）
9	1994	巴德年	浙江大学	中国工程院院士
10	1994	汪槱生	浙江大学	中国工程院院士
11	1994	路甬祥	浙江大学	中国工程院院士
12	1995	沈之荃	浙江大学	中国科学院院士
13	1995	孙优贤	浙江大学	中国工程院院士
14	1995	岑可法	浙江大学	中国工程院院士
15	1995	高从堦	杭州水处理技术研究开发中心有限公司	中国工程院院士
16	1997	董石麟	浙江大学	中国工程院院士
17	1997	侯虞均	浙江大学	中国科学院院士
18	1997	金翔龙	国家海洋局第二海洋研究所	中国工程院院士
19	1997	潘云鹤	浙江大学	中国工程院院士
20	1997	沈寅初	浙江工业大学	中国工程院院士
21	1999	韩祯祥	浙江大学	中国科学院院士
22	2001	张泽	浙江大学	中国科学院院士

续表

序号	当选年份	院士姓名	工作单位	备注
23	2001	郑树森	浙江大学	中国工程院院士
24	2001	宫先仪	杭州应用声学研究所、浙江大学	中国工程院院士
25	2001	潘德炉	国家海洋局第二海洋研究所	中国工程院院士
26	2003	朱位秋	浙江大学	中国科学院院士
27	2003	杨卫	浙江大学	中国科学院院士
28	2003	陈宗懋	中国农业科学院茶叶研究所	中国工程院院士
29	2003	叶奇蓁	核电秦山联营有限公司	中国工程院院士
30	2005	麻生明	浙江大学	中国科学院院士
31	2005	程泰宁	杭州中联程泰宁建筑设计研究院有限公司	中国工程院院士
32	2005	李兰娟	浙江省卫生厅、浙江大学	中国工程院院士
33	2007	段树民	浙江大学	中国科学院院士
34	2007	李大鹏	浙江中医药大学、浙江康莱特集团	中国工程院院士
35	2007	谭建荣	浙江大学	中国工程院院士
36	2007	许庆瑞	浙江大学	中国工程院院士
37	2009	王陇德	浙江大学	中国工程院院士
38	2011	陈剑平	浙江省农业科学院	中国工程院院士
39	2011	龚晓南	浙江大学	中国工程院院士
40	2013	杨华勇	浙江大学	中国工程院院士
41	2013	杨小牛	中国电子科技集团公司第三十六研究所	中国工程院院士
42	2015	陈纯	浙江大学	中国工程院院士
43	2015	李家彪	国家海洋局第二海洋研究所	中国工程院院士
44	2015	罗民兴	浙江大学	中国科学院院士
45	2015	杨树锋	浙江大学	中国科学院院士
46	2015	陈云敏	浙江大学	中国科学院院士
47	2015	陈大可	国家海洋局第二海洋研究所	中国科学院院士
48	2017	郑裕国	浙江工业大学	中国工程院院士
49	2017	朱利中	浙江大学	中国工程院院士
50	2017	吴朝晖	浙江大学	中国科学院院士
51	2017	杨德仁	浙江大学	中国科学院院士

注：路甬祥兼具中国科学院院士和中国工程院院士身份，实际为50人。

资料来源：中国科学院网站、中国工程院网站。

附表2-1-2 浙江省内“长江学者奖励计划”特聘教授名单

序号	学科	姓名	所在单位	受聘年份	批次（类型）
1	工程热物理	骆仲泱	浙江大学	1998	第一批（特聘教授）
2	光学工程	何赛灵	浙江大学	1998	第一批（特聘教授）
3	应用数学	林芳华	浙江大学	1999	第二批（讲座教授）
4	控制理论与控制工程	褚健	浙江大学	1999	第二批（特聘教授）
5	电力电子与电力传动	彭方正	浙江大学	1999	第二批（特聘教授）
6	基础数学	励建书	浙江大学	1999	第二批（讲座教授）
7	工程热物理	樊建人	浙江大学	2000	第三批（特聘教授）
8	材料物理与化学	杨德仁	浙江大学	2000	第三批（特聘教授）
9	药学	赵昱	浙江大学	2000	第三批（特聘教授）
10	凝聚态物理	李有泉	浙江大学	2000	第三批（特聘教授）
11	计算机应用技术	叶修梓	浙江大学	2000	第三批（特聘教授）
12	基础数学	周向宇	浙江大学	2001	第四批（特聘教授）
13	农业昆虫与害虫防治	冯明光	浙江大学	2001	第四批（特聘教授）
14	肿瘤学	胡讯	浙江大学	2001	第四批（特聘教授）
15	电力系统自动化	曹一家	浙江大学	2001	第四批（特聘教授）
16	理论物理	郑波	浙江大学	2001	第四批（特聘教授）
17	计算数学	郑耀	浙江大学	2001	第四批（特聘教授）
18	化学工程	李伯耿	浙江大学	2001	第四批（特聘教授）
19	有机化学	麻生明	浙江大学	2001	第四批（特聘教授）
20	材料学	陈湘明	浙江大学	2002	第五批（特聘教授）
21	传染病	王明海	浙江大学	2002	第五批（特聘教授）
22	热能工程	严建华	浙江大学	2002	第五批（特聘教授）
23	有机化学	戴伟民	浙江大学	2002	第五批（特聘教授）
24	植物营养学	杨肖娥	浙江大学	2002	第五批（特聘教授）
25	肿瘤学	于晓方	浙江大学	2002	第五批（特聘教授）
26	计算机应用技术	鲍虎军	浙江大学	2002	第五批（特聘教授）
27	分子流行病学	吴息凤	浙江大学	2004	第六批（讲座教授）
28	分子材料加工工程	郑强	浙江大学	2004	第六批（特聘教授）
29	化学工程	朱世平	浙江大学	2004	第六批（讲座教授）
30	基础数学	罗锋	浙江大学	2004	第六批（讲座教授）
31	生物物理	华跃进	浙江大学	2004	第六批（特聘教授）
32	凝聚态物理	许祝安	浙江大学	2004	第六批（特聘教授）
33	光学工程	何建军	浙江大学	2005	第七批（特聘教授）
34	肿瘤学	王荣福	浙江大学	2005	第七批（特聘教授）
35	岩土工程	陈云敏	浙江大学	2005	第七批（特聘教授）

续表

序号	学科	姓名	所在单位	受聘年份	批次（类型）
36	机械电子工程	杨华勇	浙江大学	2005	第七批（特聘教授）
37	物理化学	唐睿康	浙江大学	2005	第七批（特聘教授）
38	植物病理学	周雪平	浙江大学	2005	第七批（特聘教授）
39	物理学	罗民兴	浙江大学	2006	第八批（特聘教授）
40	蔬菜学	喻景权	浙江大学	2006	第八批（特聘教授）
41	构造地质学	李正祥	浙江大学	2006	第八批（讲座教授）
42	凝聚态物理	刘荧	浙江大学	2006	第八批（讲座教授）
43	材料学	蒋建中	浙江大学	2006	第八批（特聘教授）
44	凝聚态物理	袁辉球	浙江大学	2008	2007年度（特聘教授）
45	计算机应用技术	周昆	浙江大学	2008	2007年度（特聘教授）
46	经济学	王汝渠	浙江大学	2008	2007年度（讲座教授）
47	材料化学工程	严玉山	浙江大学	2008	2007年度（讲座教授）
48	核技术及应用	甘剑英	浙江大学	2008	2007年度（讲座教授）
49	高分子化学与物理	高长有	浙江大学	2008	2007年度（特聘教授）
50	土壤学	徐建明	浙江大学	2008	2007年度（特聘教授）
51	发育生物学	彭金荣	浙江大学	2008	2007年度（特聘教授）
52	理论物理	陈启瑾	浙江大学	2009	2008年度（特聘教授）
53	工程热物理	成少安	浙江大学	2009	2008年度（特聘教授）
54	光学工程	刘旭	浙江大学	2009	2008年度（特聘教授）
55	呼吸病学	沈华浩	浙江大学	2009	2008年度（特聘教授）
56	电力电子与电力传动	盛况	浙江大学	2009	2008年度（特聘教授）
57	农业机械化工程	应义斌	浙江大学	2009	2008年度（特聘教授）
58	计算机应用	庄越挺	浙江大学	2009	2008年度（特聘教授）
59	电子科学与技术	Juin J Liou	浙江大学	2009	2008年度（讲座教授）
60	生物物理学	沈炳辉	浙江大学	2009	2008年度（讲座教授）
61	区域经济学	宋顺锋	浙江大学	2009	2008年度（讲座教授）
62	外科学（骨移植）	郑铭豪	浙江大学	2009	2008年度（讲座教授）
63	数学（代数几何学）	左康	浙江大学	2009	2008年度（讲座教授）
64	工程热物理	高翔	浙江大学	2010	2009年度（特聘教授）
65	农业昆虫与害虫防治	陈学新	浙江大学	2010	2009年度（特聘教授）
66	预防兽医学	周继勇	浙江大学	2010	2009年度（特聘教授）
67	植物营养学	郑绍建	浙江大学	2010	2009年度（特聘教授）
68	应用数学	葛根年	浙江大学	2010	2009年度（特聘教授）
69	话语语言学	施旭	浙江大学	2010	2009年度（特聘教授）
70	外科学	蔡秀君	浙江大学	2010	2009年度（特聘教授）
71	麻醉学	方向明	浙江大学	2010	2009年度（特聘教授）

续表

序号	学科	姓名	所在单位	受聘年份	批次（类型）
72	环境工程	吴忠标	浙江大学	2010	2009年度（特聘教授）
73	工业催化	李小年	浙江工业大学	2010	2009年度（特聘教授）
74	机械电子工程	姚斌	浙江大学	2010	2009年度（讲座教授）
75	产业经济学	陈勇民	浙江大学	2010	2009年度（讲座教授）
76	蔬菜学	陈志祥	浙江大学	2010	2009年度（讲座教授）
77	比较教育及东亚研究学	莫家豪	浙江大学	2010	2009年度（讲座教授）
78	凝聚态物理	斯其苗	浙江大学	2010	2009年度（讲座教授）
79	控制科学与工程	LT Biegler	浙江大学	2010	2009年度（讲座教授）
80	微电子学与固体电子学	余滨	浙江大学	2010	2009年度（讲座教授）
81	控制科学与工程	周武元	浙江大学	2010	2009年度（讲座教授）
82	外科学（器官移植）	戴一凡	浙江大学	2010	2009年度（讲座教授）
83	外科学	梁廷波	浙江大学	2013	2011年度（特聘教授）
84	材料物理与化学	钱国栋	浙江大学	2013	2011年度（特聘教授）
85	制冷及低温工程	邱利民	浙江大学	2013	2011年度（特聘教授）
86	化工过程机械	郑津洋	浙江大学	2013	2011年度（特聘教授）
87	机械制造及其自动化	陈本永	浙江理工大学	2013	2011年度（特聘教授）
88	控制理论与控制工程	Steven H. Low	浙江大学	2013	2011年度（讲座教授）
89	食品科学	康景轩	浙江大学	2013	2011年度（讲座教授）
90	通信与信息系统	刘坚能	浙江大学	2013	2011年度（讲座教授）
91	药理学	陈忠	浙江大学	2013	2012年度（特聘教授）
92	应用心理学	沈模卫	浙江大学	2013	2012年度（特聘教授）
93	控制理论与控制工程	苏宏业	浙江大学	2013	2012年度（特聘教授）
94	光学工程（光电子学）	童利民	浙江大学	2013	2012年度（特聘教授）
95	政治学理论	郁建兴	浙江大学	2013	2012年度（特聘教授）
96	高等教育学	眭依凡	浙江师范大学	2013	2012年度（特聘教授）
97	计算机软件与理论	黄铭钧	浙江大学	2013	2012年度（讲座教授）
98	电磁场与微波技术	陈红胜	浙江大学	2015	2013、2014年度（特聘教授）
99	国际贸易学	黄先海	浙江大学	2015	2013、2014年度（特聘教授）
100	神经生物学	李晓明	浙江大学	2015	2013、2014年度（特聘教授）
101	材料学	潘洪革	浙江大学	2015	2013、2014年度（特聘教授）
102	应用化学	申有青	浙江大学	2015	2013、2014年度（特聘教授）

续表

序号	学科	姓名	所在单位	受聘年份	批次（类型）
103	分子影像	田梅	浙江大学	2015	2013、2014年度（特聘教授）
104	汉语言文字学（汉语史）	王云路	浙江大学	2015	2013、2014年度（特聘教授）
105	管理科学与工程	吴晓波	浙江大学	2015	2013、2014年度（特聘教授）
106	外科学（普外）	徐骁	浙江大学	2015	2013、2014年度（特聘教授）
107	非洲研究	刘鸿武	浙江师范大学	2015	2013、2014年度（特聘教授）
108	农业经济管理	Hong Holly Wang	浙江大学	2015	2013、2014年度（讲座教授）
109	控制理论与控制工程	Junshan Zhang	浙江大学	2015	2013、2014年度（讲座教授）
110	细胞生物学	Peter ten Dijke	浙江大学	2015	2013、2014年度（讲座教授）
111	蔬菜学	甘苏生	浙江大学	2015	2013、2014年度（讲座教授）
112	病理学与病理生理学	魏文毅	浙江大学	2015	2013、2014年度（讲座教授）
113	控制理论与控制工程	陈积明	浙江大学	2016	2015年度（特聘教授）
114	固体力学	陈伟球	浙江大学	2016	2015年度（特聘教授）
115	神经生物学	胡海岚	浙江大学	2016	2015年度（特聘教授）
116	材料学	计剑	浙江大学	2016	2015年度（特聘教授）
117	机械电子工程	居冰峰	浙江大学	2016	2015年度（特聘教授）
118	岩土工程	王立忠	浙江大学	2016	2015年度（特聘教授）
119	建筑艺术设计	王澍	中国美术学院	2016	2015年度（特聘教授）
120	环境科学	陈宝梁	浙江大学	2017	2016年度（特聘教授）
121	机械电子工程	徐兵	浙江大学	2017	2016年度（特聘教授）
122	比较教育学	徐小洲	浙江大学	2017	2016年度（特聘教授）

资料来源：教育部长江学者奖励计划网站、教育部科技发展中心网站。

附表2-1-3　浙江省国家杰出、优秀青年科学基金项目获得者名单

序号	年份	姓名	所属单位	备注
1	1994	樊建人	浙江大学	杰出青年
2	1994	谭建荣	浙江大学	杰出青年
3	1995	冯明光	浙江大学	杰出青年
4	1996	马利庄	浙江大学	杰出青年
5	1997	褚健	浙江大学	杰出青年
6	1997	吴平	浙江大学	杰出青年
7	1998	林芳华	浙江大学	杰出青年
8	1999	林建忠	浙江大学	杰出青年
9	1999	杨肖娥	浙江大学	杰出青年
10	1999	鲍虎军	浙江大学	杰出青年
11	2000	骆仲泱	浙江大学	杰出青年
12	2000	苏宏业	浙江大学	杰出青年
13	2000	陈湘明	浙江大学	杰出青年
14	2000	何振立	浙江大学	杰出青年
15	2001	周雪平	浙江大学	杰出青年
16	2001	李伯耿	浙江大学	杰出青年
17	2001	朱利中	浙江大学	杰出青年
18	2001	郑强	浙江大学	杰出青年
19	2002	许祝安	浙江大学	杰出青年
20	2002	李有泉	浙江大学	杰出青年
21	2002	陈红征	浙江大学	杰出青年
22	2002	曹一家	浙江大学	杰出青年
23	2002	杨德仁	浙江大学	杰出青年
24	2002	郑耀	浙江大学	杰出青年
25	2002	杨卫军	浙江大学	杰出青年
26	2002	曾苏	浙江大学	杰出青年
27	2002	陈劲	浙江大学	杰出青年
28	2002	刘维屏	浙江工业大学	杰出青年
29	2002	陈剑平	浙江省农业科学院	杰出青年
30	2003	郑波	浙江大学	杰出青年
31	2003	方盛国	浙江大学	杰出青年
32	2003	喻景权	浙江大学	杰出青年
33	2003	刘建新	浙江大学	杰出青年
34	2004	罗民兴	浙江大学	杰出青年
35	2004	于晓方	浙江大学	杰出青年

续表

序号	年份	姓名	所属单位	备注
36	2004	沈志成	浙江大学	杰出青年
37	2004	蒋建中	浙江大学	杰出青年
38	2004	杨华勇	浙江大学	杰出青年
39	2004	陈云敏	浙江大学	杰出青年
40	2004	童利民	浙江大学	杰出青年
41	2004	华跃进	浙江大学	杰出青年
42	2004	高长有	浙江大学	杰出青年
43	2004	徐建明	浙江大学	杰出青年
44	2004	钱前	中国水稻研究所	杰出青年
45	2005	许宜铭	浙江大学	杰出青年
46	2005	庄越挺	浙江大学	杰出青年
47	2005	周俊虎	浙江大学	杰出青年
48	2005	吴朝晖	浙江大学	杰出青年
49	2005	叶旭东	浙江大学	杰出青年
50	2005	俞立	浙江工业大学	杰出青年
51	2006	何赛灵	浙江大学	杰出青年
52	2006	陈学新	浙江大学	杰出青年
53	2006	郑绍建	浙江大学	杰出青年
54	2006	周继勇	浙江大学	杰出青年
55	2006	钱国栋	浙江大学	杰出青年
56	2006	徐志康	浙江大学	杰出青年
57	2006	盛光遥	浙江工业大学	杰出青年
58	2007	陈伟球	浙江大学	杰出青年
59	2007	陈忠	浙江大学	杰出青年
60	2007	王平	浙江大学	杰出青年
61	2007	何建军	浙江大学	杰出青年
62	2007	厉力华	杭州电子科技大学	杰出青年
63	2008	邱利民	浙江大学	杰出青年
64	2008	葛根年	浙江大学	杰出青年
65	2008	方群	浙江大学	杰出青年
66	2008	彭金荣	浙江大学	杰出青年
67	2008	沈华浩	浙江大学	杰出青年
68	2008	应义斌	浙江大学	杰出青年
69	2008	方向明	浙江大学	杰出青年
70	2008	申有青	浙江大学	杰出青年
71	2008	周昆	浙江大学	杰出青年

续表

序号	年份	姓名	所属单位	备注
72	2008	沈宝龙	中国科学院宁波材料技术与工程研究所	杰出青年
73	2009	林强	浙江大学	杰出青年
74	2009	梁延波	浙江大学	杰出青年
75	2009	林福呈	浙江大学	杰出青年
76	2010	黄志龙	浙江大学	杰出青年
77	2010	张泰华	浙江工业大学	杰出青年
78	2010	王晓光	浙江大学	杰出青年
79	2010	潘远江	浙江大学	杰出青年
80	2010	肖磊	浙江大学	杰出青年
81	2010	叶恭银	浙江大学	杰出青年
82	2010	汪以真	浙江大学	杰出青年
83	2010	潘洪革	浙江大学	杰出青年
84	2010	黄少铭	温州大学	杰出青年
85	2010	计剑	浙江大学	杰出青年
86	2010	蔡袁强	温州大学	杰出青年
87	2010	罗尧治	浙江大学	杰出青年
88	2011	冯波	浙江大学	杰出青年
89	2011	黄飞鹤	浙江大学	杰出青年
90	2011	罗英武	浙江大学	杰出青年
91	2011	金勇丰	浙江大学	杰出青年
92	2011	周天华	浙江大学	杰出青年
93	2011	王桂华	国家海洋局第二海洋研究所	杰出青年
94	2011	高翔	浙江大学	杰出青年
95	2011	何晓飞	浙江大学	杰出青年
96	2011	欧阳宏伟	浙江大学	杰出青年
97	2012	张立新	浙江大学	杰出青年
98	2012	胡海岚	浙江大学	杰出青年
99	2012	王福俤	浙江大学	杰出青年
100	2012	盛况	浙江大学	杰出青年
101	2012	陈仁朋	浙江大学	杰出青年
102	2012	李晓明	浙江大学	杰出青年
103	2013	高超	浙江大学	杰出青年
104	2013	鲁林荣	浙江大学	杰出青年
105	2013	黄俊	浙江大学	杰出青年
106	2013	王立忠	浙江大学	杰出青年
107	2014	陈宝梁	浙江大学	杰出青年

续表

序号	年份	姓名	所属单位	备注
108	2014	居冰峰	浙江大学	杰出青年
109	2014	仇旻	浙江大学	杰出青年
110	2014	鲁仁全	杭州电子科技大学	杰出青年
111	2014	张宏	浙江大学	杰出青年
112	2015	曲绍兴	浙江大学	杰出青年
113	2015	林道辉	浙江大学	杰出青年
114	2015	吴传德	浙江大学	杰出青年
115	2015	王靖岱	浙江大学	杰出青年
116	2015	马忠华	浙江大学	杰出青年
117	2015	叶升	浙江大学	杰出青年
118	2015	李秦川	浙江理工大学	杰出青年
119	2015	李润伟	中国科学院宁波材料技术与工程研究所	杰出青年
120	2015	刘华锋	浙江大学	杰出青年
121	2015	金仲和	浙江大学	杰出青年
122	2015	霍宝锋	浙江大学	杰出青年
123	2015	鞠振宇	杭州师范大学	杰出青年
124	2016	谢涛	浙江大学	杰出青年
125	2016	唐睿康	浙江大学	杰出青年
126	2016	王建国	浙江工业大学	杰出青年
127	2016	李寒莹	浙江大学	杰出青年
128	2016	詹良通	浙江大学	杰出青年
129	2016	陈红胜	浙江大学	杰出青年
130	2016	吴飞	浙江大学	杰出青年
131	2016	沈颖	浙江大学	杰出青年
132	2016	杨波	浙江大学	杰出青年
133	2016	徐骁	浙江大学	杰出青年
134	2017	王宏涛	浙江大学	杰出青年
135	2017	王浩华	浙江大学	杰出青年
136	2017	邢华斌	浙江大学	杰出青年
137	2017	徐平龙	浙江大学	杰出青年
138	2017	朱铁军	浙江大学	杰出青年
139	2017	王树荣	浙江大学	杰出青年
140	2017	张朝阳	浙江大学	杰出青年
141	2017	戴道锌	浙江大学	杰出青年
142	2017	田梅	浙江大学	杰出青年
143	2012	曲绍兴	浙江大学	优秀青年

续表

序号	年份	姓名	所属单位	备注
144	2012	王浩华	浙江大学	优秀青年
145	2012	吴普训	宁波大学	优秀青年
146	2012	范杰	浙江大学	优秀青年
147	2012	苏彬	浙江大学	优秀青年
148	2012	邢华斌	浙江大学	优秀青年
149	2012	李正和	浙江大学	优秀青年
150	2012	汪洌	浙江大学	优秀青年
151	2012	杨建立	浙江大学	优秀青年
152	2012	刘永锋	浙江大学	优秀青年
153	2012	金传洪	浙江大学	优秀青年
154	2012	李寒莹	浙江大学	优秀青年
155	2012	邹俊	浙江大学	优秀青年
156	2012	罗坤	浙江大学	优秀青年
157	2012	李武华	浙江大学	优秀青年
158	2012	边学成	浙江大学	优秀青年
159	2012	吴建营	浙江大学	优秀青年
160	2012	张昭	浙江师范大学	优秀青年
161	2012	蔡登	浙江大学	优秀青年
162	2012	陈积明	浙江大学	优秀青年
163	2012	刘妹琴	浙江大学	优秀青年
164	2012	皮孝东	浙江大学	优秀青年
165	2012	鞠振宇	杭州师范大学	优秀青年
166	2012	邱利焱	浙江大学	优秀青年
167	2013	吕朝锋	浙江大学	优秀青年
168	2013	王宏涛	浙江大学	优秀青年
169	2013	杜滨阳	浙江大学	优秀青年
170	2013	王从敏	浙江大学	优秀青年
171	2013	杨坤	浙江大学	优秀青年
172	2013	易文	浙江大学	优秀青年
173	2013	周欣悦	浙江大学	优秀青年
174	2013	汪方炜	浙江大学	优秀青年
175	2013	易可可	浙江省农业科学院	优秀青年
176	2013	何艳	浙江大学	优秀青年
177	2013	何贤强	国家海洋局第二海洋研究所	优秀青年
178	2013	马列	浙江大学	优秀青年
179	2013	冯毅雄	浙江大学	优秀青年

续表

序号	年份	姓名	所属单位	备注
180	2013	杨仲轩	浙江大学	优秀青年
181	2013	许威威	杭州师范大学	优秀青年
182	2013	陈红胜	浙江大学	优秀青年
183	2013	朱永群	浙江大学	优秀青年
184	2013	陈玮琳	浙江大学	优秀青年
185	2014	冯涛	浙江大学	优秀青年
186	2014	王凯	浙江大学	优秀青年
187	2014	史炳锋	浙江大学	优秀青年
188	2014	孟祥举	浙江大学	优秀青年
189	2014	潘鹏举	浙江大学	优秀青年
190	2014	吕镇梅	浙江大学	优秀青年
191	2014	程磊	浙江大学	优秀青年
192	2014	赵斌	浙江大学	优秀青年
193	2014	施积炎	浙江大学	优秀青年
194	2014	曹龙	浙江大学	优秀青年
195	2014	杜娟	中国科学院宁波材料技术与工程研究所	优秀青年
196	2014	张建	中国科学院宁波材料技术与工程研究所	优秀青年
197	2014	王智化	浙江大学	优秀青年
198	2014	陈为	浙江大学	优秀青年
199	2014	赵春晖	浙江大学	优秀青年
200	2014	余学功	浙江大学	优秀青年
201	2014	戴道锌	浙江大学	优秀青年
202	2014	余路阳	浙江大学	优秀青年
203	2014	周翔天	温州医科大学	优秀青年
204	2014	应颂敏	浙江大学	优秀青年
205	2015	贾义霞	浙江工业大学	优秀青年
206	2015	张兴旺	浙江大学	优秀青年
207	2015	王迪	浙江大学	优秀青年
208	2015	陈伟	浙江大学	优秀青年
209	2015	王立铭	浙江大学	优秀青年
210	2015	徐海君	浙江大学	优秀青年
211	2015	李成华	宁波大学	优秀青年
212	2015	梁新强	浙江大学	优秀青年
213	2015	张辉	浙江大学	优秀青年
214	2015	詹清峰	中国科学院宁波材料技术与工程研究所	优秀青年
215	2015	汪爱英	中国科学院宁波材料技术与工程研究所	优秀青年

续表

序号	年份	姓名	所属单位	备注
216	2015	金一政	浙江大学	优秀青年
217	2015	唐建斌	浙江大学	优秀青年
218	2015	万灵书	浙江大学	优秀青年
219	2015	吴新科	浙江大学	优秀青年
220	2015	段元锋	浙江大学	优秀青年
221	2015	闫东明	浙江大学	优秀青年
222	2015	高云君	浙江大学	优秀青年
223	2015	黄劲	浙江大学	优秀青年
224	2015	杨翼	浙江大学	优秀青年
225	2015	龚渭华	浙江大学	优秀青年
226	2015	金子兵	温州医科大学	优秀青年
227	2015	陈晓	浙江大学	优秀青年
228	2016	王晓光	浙江大学	优秀青年
229	2016	宋吉舟	浙江大学	优秀青年
230	2016	吕琳媛	杭州师范大学	优秀青年
231	2016	丁寒锋	浙江大学	优秀青年
232	2016	王勇	浙江大学	优秀青年
233	2016	程党国	浙江大学	优秀青年
234	2016	李砚硕	宁波大学	优秀青年
235	2016	梁岩	浙江大学	优秀青年
236	2016	汪浩	浙江大学	优秀青年
237	2016	佟超	浙江大学	优秀青年
238	2016	黄健华	浙江大学	优秀青年
239	2016	金崇伟	浙江大学	优秀青年
240	2016	王佳堃	浙江大学	优秀青年
241	2016	李卫军	浙江大学	优秀青年
242	2016	马天宇	浙江大学	优秀青年
243	2016	贺永	浙江大学	优秀青年
244	2016	年珩	浙江大学	优秀青年
245	2016	王军	温州大学	优秀青年
246	2016	李庆华	浙江大学	优秀青年
247	2016	邵枫	宁波大学	优秀青年
248	2016	俞俊	杭州电子科技大学	优秀青年
249	2016	胡新央	浙江大学	优秀青年
250	2016	楼敏	浙江大学	优秀青年
251	2016	梁广	温州医科大学	优秀青年

续表

序号	年份	姓名	所属单位	备注
252	2017	李敬源	浙江大学	优秀青年
253	2017	李昌治	浙江大学	优秀青年
254	2017	隋梅花	浙江省人民医院	优秀青年
255	2017	鲍宗必	浙江大学	优秀青年
256	2017	袁志林	中国林业科学研究院亚热带林业研究所	优秀青年
257	2017	马欢	浙江大学	优秀青年
258	2017	郭国骥	浙江大学	优秀青年
259	2017	殷学仁	浙江大学	优秀青年
260	2017	周琦	浙江大学	优秀青年
261	2017	单体中	浙江大学	优秀青年
262	2017	刘杏梅	浙江大学	优秀青年
263	2017	贾晓静	浙江大学	优秀青年
264	2017	吴巧燕	国家海洋局第二海洋研究所	优秀青年
265	2017	姜银珠	浙江大学	优秀青年
266	2017	陶新永	浙江工业大学	优秀青年
267	2017	柏浩	浙江大学	优秀青年
268	2017	薄拯	浙江大学	优秀青年
269	2017	罗国清	杭州电子科技大学	优秀青年
270	2017	瞿逢重	浙江大学	优秀青年
271	2017	葛志强	浙江大学	优秀青年
272	2017	刘钢	中国科学院宁波材料技术与工程研究所	优秀青年
273	2017	徐承富	浙江大学	优秀青年
274	2017	孟卓贤	浙江大学	优秀青年
275	2017	肖健	温州医科大学	优秀青年
276	2017	张海涛	浙江大学	优秀青年
277	2017	胡薇薇	浙江大学	优秀青年

资料来源：国家自然科学基金委网站。

附表2-1-4 浙江省杰出青年科学基金项目获得者(原省自然科学基金青年科技人才和杰出青年团队)名单

序号	年份	项目批准号	项目名称	项目负责人	单位
1	1996	R96001	刘勇研究小组	刘勇	浙江工业大学
2	1996	R96002	林建忠研究小组	林建忠	浙江科技学院
3	1996	R96003	叶高翔研究小组	叶高翔	浙江大学
4	1996	R96004	陈剑平研究小组	陈剑平	浙江省农业科学院
5	1996	R96005	徐子伟研究小组	徐子伟	浙江省农业科学院
6	1996	R96006	瞿佳研究小组	瞿佳	温州医科大学
7	1996	R96007	钱建兴研究小组	钱建兴	国家海洋局第二海洋研究所
8	1996	R96008	潘双厦研究小组	潘双夏	浙江大学
9	1996	R96009	陈云敏研究小组	陈云敏	浙江大学
10	1996	R96010	刘旭研究小组	刘旭	浙江大学
11	1997	R97011	楼森岳研究小组	楼森岳	宁波大学
12	1997	R97012	李小年研究小组	李小年	浙江工业大学
13	1997	R97013	周雪平研究小组	周雪平	浙江大学
14	1997	R97014	骆仲泱研究小组	骆仲泱	浙江大学
15	1997	R97015	文福栓研究小组	文福栓	浙江大学
16	1997	R97016	曾苏研究小组	曾苏	浙江大学
17	1997	R97017	流形上分析中若干问题的研究(续)	陈杰诚	浙江大学
18	1997	R97018	生物多样性在稻田害虫可持续治理中的应用	俞晓平	浙江省农业科学院
19	1997	R97019	计翔研究小组	计翔	杭州师范大学
20	1997	R97020	程式华研究小组	程式华	中国水稻研究所
21	1997	R97021	王坚研究小组	王坚	浙江大学
22	1998	R98022	陈一新研究小组	陈一新	浙江大学
23	1998	R98023	杨肖娥研究小组	杨肖娥	浙江大学
24	1998	R98024	刘小川研究小组	刘小川	中国水稻研究所
25	1998	R98025	叶金云研究小组	叶金云	浙江省淡水水产研究所
26	1998	R98026	陈江华研究小组	陈江华	浙江大学
27	1998	R98027	熊耀康研究小组	熊耀康	浙江中医学院(今浙江中医药大学)
28	1998	R98028	陈湘明研究小组	陈湘明	浙江大学
29	1998	R98029	林强研究小组	林强	浙江大学
30	1998	R98030	何湘宁研究小组	何湘宁	浙江大学
31	1998	R98031	高增梁研究小组	高增梁	浙江工业大学
32	1999	R99032	徐建明研究小组	徐建明	浙江大学
33	1999	R99033	朱利中研究小组	朱利中	浙江大学

续表

序号	年份	项目批准号	项目名称	项目负责人	单位
34	1999	R99034	郑岳青研究小组	郑岳青	宁波大学
35	1999	R99035	吕晓男研究小组	吕晓男	浙江省农业科学院
36	1999	R99036	罗利军研究小组	罗利军	中国水稻研究所
37	1999	R99037	汪奎宏研究小组	汪奎宏	浙江省林业科学研究院
38	1999	R99038	夏强研究小组	夏强	浙江大学
39	1999	R99039	秦会斌研究小组	秦会斌	杭州电子科技大学
40	1999	R99040	杨华勇研究小组	杨华勇	浙江大学
41	1999	R99041	池勇研究小组	池勇	浙江大学
42	2000	R00042	中药活性物质快速筛选的现代组合化学方法研究	潘远江	浙江大学
43	2000	R00043	乙腈的甲烷催化氧化甲基化制丙烯腈	罗孟飞	浙江师范大学
44	2000	R00044	连作障碍中的自毒作用发生机理及其克服途径的研究	喻景权	浙江大学
45	2000	R00045	茶树培养细胞功能性天然产物的生物合成与调控研究	成浩	中国农业科学院茶叶研究所
46	2000	R00046	AB2型钛基贮氢电极合金研究	潘洪革	浙江大学
47	2000	R00047	环境净化纤维的研究	陈文兴	浙江理工大学
48	2000	R00048	智能多用户虚拟环境	潘志庚	浙江大学
49	2000	R00049	数据驱动型非线性并行学习系统研究	赵杰煜	宁波大学
50	2000	R00050	养阴通脑冲剂中活性物质对脑缺血性损伤保护作用的研究	万海同	浙江中医学院
51	2001	R01051	维生素类产品产业化过程中的相关基础研究	李浩然	浙江大学
52	2001	R01052	共聚物和共混物的正电子谱学研究	齐陈泽	绍兴文理学院
53	2001	R01053	猪肠道抗菌肽结构与功能的关系及其基因表达的研究	汪以真	浙江大学
54	2001	R01054	戊型肝炎病毒结构蛋白质基因的真核表达及多肽疫苗的研	陈勇	浙江省医学科学院
55	2001	R01055	苦参碱等诱导大肠癌细胞凋亡的NF-κB途径和COX-2表达研究	黄建	浙江大学
56	2001	R01056	用电化学方法制备CoPtW纳米永久磁性薄膜和微型磁体	葛洪良	中国计量学院
57	2001	R01057	网络多媒体技术中的多视域视频图像编码方法研究	蒋刚毅	宁波大学
58	2001	R01058	基于智能MAS的嵌入式多模式综合身份认证系统的研究	吴朝晖	浙江大学

续表

序号	年份	项目批准号	项目名称	项目负责人	单位
59	2002	R02059	微型藻类新型高效生物活性物质的解明	严小军	宁波大学
60	2002	R02060	液相电脉冲等离子体催化氧化难降解有机废水	雷乐成	浙江大学
61	2002	R02061	MBL基因多态与儿童感染的分子机理研究	尚世强	浙江大学
62	2002	R02062	胚胎神经干细胞脑内移植对成年大鼠出血性脑损伤的治疗作用	诸葛启训	温州医科大学
63	2002	R02063	支持QoS的开放可编程路由器体系结构和管理协议研究	王伟明	浙江工商大学
64	2002	R02064	基于多分辨率随机场及矢量熵约束的三维非刚体运动估计	汪亚明	浙江理工大学
65	2002	R02065	转sit1基因水稻超高产种质创制及其应用	钱前	中国水稻研究所
66	2002	R02066	光电信息功能材料A级表面化学机械抛光(CMP)基础研究	袁巨龙	浙江工业大学
67	2002	R02067	基于GPS和GIS的农田信息快速采集关键技术和设备的研究	何勇	浙江大学
68	2002	R02068	超微电路的工作原理研究	陈斌	杭州师范大学
69	2002	R02069	含缺陷半导体表面上纳米晶体微观生长的实验及模拟研究	吴锋民	浙江师范大学
70	2002	R02070	用于人体假手的触觉、滑觉及假手的肌电控制研究	罗志增	杭州电子科技大学
71	2003	R203018	含有活性单元的聚合物光电材料的合成与性质研究	张瑞丰	宁波大学
72	2003	R203154	SiO_2表面引发控制活性聚合生长嵌段共聚物	来国桥	杭州师范大学
73	2003	R303145	禽细胞因子与传染性支气管炎病毒核酸免疫的研究	周继勇	浙江大学
74	2003	R303420	特形竹秆形形成的分子调控	汤定钦	浙江农林大学
75	2003	R303489	内寄生蜂毒液的生理功能及其重要生理活性物质基因的克隆	叶恭银	浙江大学
76	2003	R303759	TRAIL基因重组卡介苗的构建及对膀胱肿瘤杀伤作用的研究	沈周俊	浙江大学
77	2003	R303779	脑内组胺神经系统的维持与癫痫的发生和治疗	陈忠	浙江大学
78	2003	R303838	先天性心脏病室间隔缺损致病相关基因的实验研究	杨德业	温州医科大学

续表

序号	年份	项目批准号	项目名称	项目负责人	单位
79	2003	R503042	固体吸附式制冷系统的性能优化与智能控制	姜周曙	杭州电子科技大学
80	2003	R503170	提高离心泵汽蚀性能的关键技术基础研究	朱祖超	浙江理工大学
81	2003	R503197	基于磁悬浮原理实现大范围纳米级运动的方法研究	陈本永	浙江理工大学
82	2003	R503198	区域电力系统公共费用公理定价	甘德强	浙江大学
83	2003	R503223	多相聚合物体系相结构的调控机理与吸波材料的设计	张诚	浙江工业大学
84	2003	R603046	采用可编程GPU加速的高质量动态可视化技术	王毅刚	杭州电子科技大学
85	2003	R603240	大批量定制环境下产品进化设计理论与方法研究	张树有	浙江大学
86	2004	R104096	李海峰、刘向东、郑臻荣研究小组	李海峰、刘向东、郑臻荣	浙江大学
87	2004	R104129	祝长生研究小组	祝长生	浙江大学
88	2004	R104154	何赛灵研究小组	何赛灵	浙江大学
89	2004	R104247	邓益民研究小组	邓益民	宁波大学
90	2004	R104265	陈小余研究小组	陈小余	中国计量学院
91	2004	R104315	王健、王静、卢山鹰等研究小组	王健、王静、卢山鹰	杭州电子科技大学
92	2004	R104506	阮健研究小组	阮健	浙江工业大学
93	2004	R204204	胡汛研究小组	胡汛	浙江大学
94	2004	R204232	黄河研究小组	黄河	浙江大学
95	2004	R204233	邱利焱研究小组	邱利焱	浙江大学
96	2004	R204306	郭潮潭研究小组	郭潮潭	浙江省医学科学院
97	2004	R304098	王君晖研究小组	王君晖	浙江大学
98	2004	R304103	汪俏梅研究小组	汪俏梅	浙江大学
99	2004	R304451	韩宝瑜研究小组	韩宝瑜	中国农业科学院茶叶研究所
100	2004	R304466	傅强研究小组	傅强	中国水稻研究所
101	2004	R304482	胡培松研究小组	胡培松	中国水稻研究所
102	2004	R404047	章林溪研究小组	章林溪	温州师范学院(今温州大学)
103	2004	R404066	姚菊明研究小组	姚菊明	浙江理工大学
104	2004	R404108	盛嘉伟研究小组	盛嘉伟	浙江工业大学
105	2004	R404109	吕萍、王彦广研究小组	吕萍、王彦广	浙江大学

续表

序号	年份	项目批准号	项目名称	项目负责人	单位
106	2004	R504011	赵淑江研究小组	赵淑江	浙江海洋学院（今浙江海洋大学）
107	2004	R504040	黄大吉研究小组	黄大吉	国家海洋局第二海洋研究所
108	2004	R504139	吴嘉平研究小组	吴嘉平	浙江大学
109	2004	R604001	葛根年研究小组	葛根年	浙江大学
110	2004	R604294	李金昌研究小组	李金昌	浙江工商大学
111	2005	R105008	傅新研究小组	傅新	浙江大学
112	2005	R105248	赵吉祥研究小组	赵吉祥	中国计量学院
113	2005	R105253	冉立新、李凯研究小组	冉立新、李凯	浙江大学
114	2005	R105341	韦巍研究小组	韦巍	浙江大学
115	2005	R105431	金小刚研究小组	金小刚	浙江大学
116	2005	R105473	章坚武、李光球、张品研究小组	章坚武、李光球、张品	杭州电子科技大学
117	2005	R105614	夏银水研究小组	夏银水	宁波大学
118	2005	R205066	张宏研究小组	张宏	浙江大学
119	2005	R205075	蔡秀军研究小组	蔡秀军	浙江大学
120	2005	R205120	杨波研究小组	杨波	浙江大学
121	2005	R205291	周天华研究小组	周天华	浙江大学
122	2005	R205319	陈坤研究小组	陈坤	浙江大学
123	2005	R205505	王平研究小组	王平	浙江大学
124	2005	R205739	周翔天研究小组	周翔天	温州医科大学
125	2005	R305035	张才乔研究小组	张才乔	浙江大学
126	2005	R305064	涂巨民、潘刚、于秋菊研究小组	涂巨民、潘刚、于秋菊	浙江大学
127	2005	R305078	卢升高研究小组	卢升高	浙江大学
128	2005	R305227	蒋立希研究小组	蒋立希	浙江大学
129	2005	R305333	张德民研究小组	张德民	宁波大学
130	2005	R405031	宋仁国研究小组	宋仁国	浙江工业大学
131	2005	R405066	陈万芝、周宏伟研究小组	陈万芝、周宏伟	浙江大学
132	2005	R405097	李宝兴研究小组	李宝兴	杭州师范大学
133	2005	R405465	郑旭明、夏敏研究小组	郑旭明、夏敏	浙江理工大学
134	2005	R505024	陈欣研究小组	陈欣	浙江大学
135	2005	R505085	阮建云研究小组	阮建云	中国农业科学院茶叶研究所
136	2006	R106449	冯结青研究小组	冯结青	浙江大学

续表

序号	年份	项目批准号	项目名称	项目负责人	单位
137	2006	R106745	文成林研究小组	文成林	杭州电子科技大学
138	2006	R106768	沈希研究小组	沈希	浙江工业大学
139	2006	R206007	王建安研究小组	王建安	浙江大学
140	2006	R206016	欧阳宏伟研究小组	欧阳宏伟	浙江大学
141	2006	R206018	沈颖研究小组	沈颖	浙江大学
142	2006	R206060	滕理送、蔡真、曹江研究小组	滕理送、蔡真、曹江	浙江大学
143	2006	R206439	叶益萍研究小组	叶益萍	浙江省医学科学院
144	2006	R306011	章明奎研究小组	章明奎	浙江大学
145	2006	R306202	邬飞波研究小组	邬飞波	浙江大学
146	2006	R306285	庄杰云研究小组	庄杰云	中国水稻研究所
147	2006	R306302	郭龙彪研究小组	郭龙彪	中国水稻研究所
148	2006	R306425	顾青研究小组	顾青	浙江工商大学
149	2006	R406007	徐时清研究小组	徐时清	中国计量学院
150	2006	R406209	吴传德研究小组	吴传德	浙江大学
151	2006	R406378	章鹏飞、吴静研究小组	章鹏飞、吴静	杭州师范大学
152	2006	R506054	丁平、于明坚研究小组	丁平、于明坚	浙江大学
153	2006	R606316	陆文聪、胡剑峰研究小组	陆文聪、胡剑峰	浙江大学
154	2007	R107062	郭创新研究团队	郭创新	浙江大学
155	2007	R107167	徐文研究小组	徐文	浙江大学
156	2007	R107377	乐孜纯研究团队	乐孜纯	浙江工业大学
157	2007	R107481	隋文泉、赵学安研究团队	隋文泉、赵学安	浙江大学
158	2007	R107532	周昊、周劲松、蒋旭光研究团队	周昊、周劲松、蒋旭光	浙江大学
159	2007	R107635	金英子研究团队	金英子	浙江理工大学
160	2007	R107725	陈文华研究团队	陈文华	浙江理工大学
161	2007	R207067	金永堂研究团队	金永堂	浙江大学
162	2007	R207119	胡红杰、刘华锋研究团队	胡红杰、刘华锋	浙江大学
163	2007	R207153	邵吉民研究团队	邵吉民	浙江大学
164	2007	R207443	夏大静研究团队	夏大静	浙江大学
165	2007	R207609	李永泉、陈新研究团队	李永泉、陈新	浙江大学

续表

序号	年份	项目批准号	项目名称	项目负责人	单位
166	2007	R207722	李范珠研究团队	李范珠	浙江中医药大学
167	2007	R307095	周伟军、宋文坚研究团队	周伟军、宋文坚	浙江大学
168	2007	R307131	吴建利、柴荣耀研究团队	吴建利、柴荣耀	中国水稻研究所
169	2007	R307153	倪吾钟研究团队	倪吾钟	浙江大学
170	2007	R307396	蔡新忠、郑经武、谢艳研究团队	蔡新忠、郑经武、谢艳	浙江大学
171	2007	R307605	滕元文研究小组	滕元文	浙江大学
172	2007	R407042	王琦、吴韬、王章野研究小组	王琦、吴韬、王章野	浙江大学
173	2007	R407087	唐睿康研究团队	唐睿康	浙江大学
174	2007	R407106	张玉红、林旭锋研究团队	张玉红、林旭锋	浙江大学
175	2007	R507212	童裳伦研究团队	童裳伦	浙江大学
176	2007	R507719	浙江蔬菜DEHP污染状况、累积DEHP种间差异及重污染品种细胞特性	杜琪珍	浙江工商大学
177	2008	R1080069	方攸同研究团队	方攸同	浙江大学
178	2008	R1080087	董新永研究团队	董新永	中国计量学院
179	2008	R1080089	江全元研究团队	江全元	浙江大学
180	2008	R1080101	方梦祥研究团队	方梦祥	浙江大学
181	2008	R1080193	戴道锌研究团队	戴道锌	浙江大学
182	2008	R1080320	陈红胜研究团队	陈红胜	浙江大学
183	2008	R1080363	袁行飞研究团队	袁行飞	浙江大学
184	2008	R1080568	居冰峰研究团队	居冰峰	浙江大学
185	2008	R1080819	蔡袁强研究团队	蔡袁强	温州大学
186	2008	R2080029	曹倩研究团队	曹倩	浙江大学
187	2008	R2080100	王丽萍研究团队	王丽萍	浙江工业大学
188	2008	R2080326	何俏军研究团队	何俏军	浙江大学
189	2008	R2080328	徐茂军研究团队	徐茂军	浙江工商大学
190	2008	R2080407	高基民研究团队	高基民	温州医科大学
191	2008	R2080452	刘颖斌研究团队	刘颖斌	浙江大学
192	2008	R2080693	范骁辉研究团队	范骁辉	浙江大学
193	2008	R3080016	包劲松研究团队	包劲松	浙江大学
194	2008	R3080027	孙红祥研究团队	孙红祥	浙江大学
195	2008	R3080306	苏松坤研究团队	苏松坤	浙江大学
196	2008	R3080360	朱祝军研究团队	朱祝军	浙江农林大学

续表

序号	年份	项目批准号	项目名称	项目负责人	单位
197	2008	R4080061	黄建国研究团队	黄建国	浙江大学
198	2008	R4080084	朱伟东研究团队	朱伟东	浙江师范大学
199	2008	R4080110	吕秀阳研究团队	吕秀阳	浙江大学
200	2008	R4080124	朱岩研究团队	朱岩	浙江大学
201	2008	R5080004	杜卫国研究团队	杜卫国	杭州师范大学
202	2008	R5080124	孙永革研究团队	孙永革	浙江大学
203	2008	R6080403	李仁旺研究团队	李仁旺	浙江理工大学
204	2008	R7080380	李润伟研究团队	李润伟	中国科学院宁波材料技术与工程研究所
205	2009	R1090052	马龙华研究团队	马龙华	浙江大学
206	2009	R1090134	李秦川研究团队	李秦川	浙江理工大学
207	2009	R1090138	游林研究团队	游林	杭州电子科技大学
208	2009	R1090168	赵道木研究团队	赵道木	浙江大学
209	2009	R1090244	蒋云良研究团队	蒋云良	湖州师范学院
210	2009	R1090354	章献民研究团队	章献民	浙江大学
211	2009	R1090453	杨灿军研究团队	杨灿军	浙江大学
212	2009	R1090569	王卫红研究团队	王卫红	浙江工业大学
213	2009	R1090674	杨庆华研究团队	杨庆华	浙江工业大学
214	2009	R1090833	彭旭东研究团队	彭旭东	浙江工业大学
215	2009	R2090074	朱永良研究团队	朱永良	浙江大学
216	2009	R2090176	高建青研究团队	高建青	浙江大学
217	2009	R2090202	鲁林荣研究团队	鲁林荣	浙江大学
218	2009	R2090259	严敏研究团队	严敏	浙江大学
219	2009	R2090266	江克文研究团队	江克文	浙江大学
220	2009	R2090353	袁瑛研究团队	袁瑛	浙江大学
221	2009	R2090377	张鸿坤研究团队	张鸿坤	浙江大学
222	2009	R2090392	钱文斌研究团队	钱文斌	浙江大学
223	2009	R2090488	江米足研究团队	江米足	浙江大学
224	2009	R2090550	李校堃研究团队	李校堃	温州医科大学
225	2009	R2091137	吴哲褒研究团队	吴哲褒	温州医科大学
226	2009	R3090023	曾大力研究团队	曾大力	中国水稻研究所
227	2009	R3090070	卓仁英研究团队	卓仁英	中国林业科学研究院亚热带林业研究所
228	2009	R3090177	金勇丰研究团队	金勇丰	浙江大学
229	2009	R3090229	寿惠霞研究团队	寿惠霞	浙江大学
230	2009	R3090330	励建荣研究团队	励建荣	浙江工商大学
231	2009	R3090332	胡福良研究团队	胡福良	浙江大学

续表

序号	年份	项目批准号	项目名称	项目负责人	单位
232	2009	R3090394	尹军峰研究团队	尹军峰	中国农业科学院茶叶研究所
233	2009	R4090041	徐志南研究团队	徐志南	浙江大学
234	2009	R4090055	马向阳研究团队	马向阳	浙江大学
235	2009	R4090058	唐为华研究团队	唐为华	浙江理工大学
236	2009	R4090099	王正宝研究团队	王正宝	浙江大学
237	2009	R4090137	黄少铭研究团队	黄少铭	温州大学
238	2009	R4090358	何潮洪研究团队	何潮洪	浙江大学
239	2009	R5090033	徐新华研究团队	徐新华	浙江大学
240	2009	R5090230	陈建孟研究团队	陈建孟	浙江工业大学
241	2009	R6090034	苏中根研究团队	苏中根	浙江大学
242	2009	R6090109	周勇研究团队	周勇	浙江师范大学
243	2009	R6090113	袁辉球研究团队	袁辉球	浙江大学
244	2009	R6090360	郭斌研究团队	郭斌	浙江大学
245	2009	R6090717	潘孝胤研究团队	潘孝胤	宁波大学
246	2010	R1100002	超超临界汽轮发电机组转子轴系弯扭耦合振动研究	焦卫东	嘉兴学院
247	2010	R1100015	高速超精多轴运动系统非线性测量与精确建模方法研究	严天宏	中国计量学院
248	2010	R1100065	质子交换膜燃料电池催化层优化的机理和实验研究	胡桂林	浙江科技学院
249	2010	R1100093	深海服役管道失稳机制及灾变控制	王立忠	浙江大学
250	2010	R1100234	基于混沌智能优化方法和鲁棒估计的多模型目标跟踪技术	刘妹琴	浙江大学
251	2010	R1100300	考虑碳氢燃料裂解吸热反应的超临界传热研究	孟华	浙江大学
252	2010	R1100324	认知传感器网络资源分配与算法研究	陈积明	浙江大学
253	2010	R1100395	利用火焰成像光谱同时在线测量三维温度场、颗粒浓度场和气体组分场	王飞	浙江大学
254	2010	R1100468	碳化硅电力电子器件	盛况	浙江大学
255	2010	R1100530	离心泵不稳定性及其控制研究	崔宝玲	浙江理工大学
256	2010	R1100716	基于量化反馈的无线网络控制系统基础理论研究	鲁仁全	杭州电子科技大学
257	2010	R1101263	稀土掺杂硫系基质光子晶体光纤设计、制备及性能研究	戴世勋	宁波大学
258	2010	R2100014	基于光-酶诱导银杏叶中抗氧化活性成分的生物合成机制研究	田景奎	浙江大学

续表

序号	年份	项目批准号	项目名称	项目负责人	单位
259	2010	R2100071	Bcr/Abl＋肿瘤细胞获得性耐药过程中一个新的凋亡穿梭分子hBex1作用蛋白鉴定	丁克峰	浙江大学
260	2010	R2100145	TGF-β信号通路在小鼠卵母细胞发育过程中的作用和机理研究	范衡宇	浙江大学
261	2010	R2100213	CD 9表达与硼替佐米治疗多发性骨髓瘤产生的耐药性关系的机制研究	胡晓彤	浙江大学
262	2010	R2100226	新型HIV-1宿主因子的筛选和作用机理研究	王英杰	浙江大学
263	2010	R2100281	PEP-19关联信号途径调控及抗脑微血管损伤药物新靶点发现	韩峰	浙江大学
264	2010	R2100439	药物阻断心肌hERG钾离子通道导致毒副作用的分子机制	叶升	浙江大学
265	2010	R2100528	肿瘤诱导的CD11b＋Gr-1＋髓系抑制性细胞的表观遗传学调控机制研究	王青青	浙江大学
266	2010	R2100555	纳米材料致机体损伤及其分子机制研究	杨军	浙江大学
267	2010	R2101054	纳米仿生原始细胞构建—自然力驱动自反应催化体系研究及有机生命形成过程探索	王晟	浙江理工大学
268	2010	R2101166	宏观组织工程化食道的体外构建及动物体内实验	竺亚斌	宁波大学
269	2010	R2101405	免疫指纹图谱对肺癌的诊断以及分子分型的应用	王孝举	浙江省医学科学院
270	2010	R3100100	水稻叶形基因的分子育种利用研究	张光恒	中国水稻研究所
271	2010	R3100105	膜脂和热应激蛋白对鱼类精子抗冻能力的影响	董巧香	温州医科大学
272	2010	R3100175	植物Clathrin复合体介导生长素输出载体PIN内吞的生物学研究	潘建伟	浙江师范大学
273	2010	R3100692	烟粉虱诱导植物释放挥发物吸引天敌的分子机制研究	张蓬军	浙江省农业科学院
274	2010	R4100009	基于穴状三桥大环主体分子机器的制备	黄飞鹤	浙江大学
275	2010	R4100049	纳米稀土氧化物仿生结构及其电化学生物传感器	缪煜清	浙江师范大学
276	2010	R4100133	化工过程鲁棒自适应控制变量参数化动态优化研究	刘兴高	浙江大学
277	2010	R4100194	石墨烯复合电极材料的制备及其电化学性能研究	刘兆平	中国科学院宁波材料技术与工程研究所

续表

序号	年份	项目批准号	项目名称	项目负责人	单位
278	2010	R4100242	SiC纳米阵列精细调控与设计及其电子发射特性研究	杨为佑	宁波工程学院
279	2010	R4100364	主族金属离子(s、p)激光材料的研究	夏海平	宁波大学
280	2010	R4100436	端面并层间定位修饰制备粘土基复合功能催化剂的研究	周春晖	浙江工业大学
281	2010	R5100044	稻田土壤秸秆生物质炭稳定性研究	吴伟祥	浙江大学
282	2010	R5100105	土壤中生物碳对多环芳烃的吸附—锁定作用及阻控原理	陈宝梁	浙江大学
283	2010	R5100140	星陆双基遥感土壤表层含水量同化反演方法研究	史舟	浙江大学
284	2010	R5100266	太阳能驱动的光电催化降解有机污染物耦合制氢新体系构建与调控	丛燕青	浙江工商大学
285	2010	R6100119	多治疗方法自适应设计及非平稳系统的逼近与应用	张立新	浙江大学
286	2010	R6100325	纳米结构金属材料力学性能研究	曲绍兴	浙江大学
287	2010	R7100297	大型项目调度多目标鲁棒优化的模型与算法研究	寿涌毅	浙江大学
288	2010	R7100372	浙江省产业转型升级中行业协会的作用及其实现机制研究	郁建兴	浙江大学
289	2011	R1110003	面向下一代高频高速无线通信的集成天线研究	罗国清	杭州电子科技大学
290	2011	R1110006	视频内容管理关键技术研究	陆哲明	浙江大学
291	2011	R1110033	大推力双边型永磁直线伺服电机的关键技术研究	卢琴芬	浙江大学
292	2011	R1110089	生物质分级转化为高品位液体燃料的基础研究	王树荣	浙江大学
293	2011	R1110261	复杂生物网络集中的频繁模式挖掘技术研究	刘文斌	温州大学
294	2011	R1110377	支持复杂机电装备产品系统层创新的设计与仿真集成研究	刘玉生	浙江大学
295	2011	R1110416	宽带移动多用户空时频分集传输理论与技术研究	郑紫微	宁波大学
296	2011	R1110443	分数阶非线性系统的渐近稳定性	齐冬莲	浙江大学
297	2011	R1110502	可重构全自动蔬菜嫁接机器人的关键技术研究	武传宇	浙江理工大学
298	2011	R1110646	高速列车空心车轴多楔同步精密轧制成形理论研究	束学道	宁波大学

续表

序号	年份	项目批准号	项目名称	项目负责人	单位
299	2011	R1110679	机器人自主视觉行为规划和复杂环境三维建模	陈胜勇	浙江工业大学
300	2011	R1111149	燃料电池双极板表面微结构的功能设计及其制造基础研究	文东辉	浙江工业大学
301	2011	R2110025	联合使用C16多肽与神经营养因子多靶点治疗多发性硬化的研究	韩曙	浙江大学
302	2011	R2110125	HOTAIR表观遗传调控肝癌侵袭转移的分子机制研究	吴健	浙江大学
303	2011	R2110159	解偶联蛋白在非酒精性脂肪性肝炎中的作用机制与miRNA调控网络研究	金希	浙江大学
304	2011	R2110231	新型砷代谢产物对急性早幼粒细胞NB4细胞系分化及PML-RARα融合蛋白的影响研究	那仁满都拉	浙江大学
305	2011	R2110269	CDC42调控间充质干细胞成软骨的发育机制研究	吴希美	浙江大学
306	2011	R2110297	新型AChE抑制剂-H_3受体拮抗剂/反向激动剂的设计、合成和药理学研究	盛荣	浙江大学
307	2011	R2110298	转录因子ThPOK在T细胞分化发育中的作用及调控机制	汪浏	浙江大学
308	2011	R2110323	Caveolin-1与Nrf2的相互反应及其对急性肺损伤的调控机制研究	陈志华	浙江大学
309	2011	R2110374	多孔纯钛表面纳米掺杂羟基磷灰石薄层的制备及生物学评价	何福明	浙江大学
310	2011	R2110503	受Dicer调节的非编码RNA在慢性乙型病毒性肝炎恶性转化过程中的作用	唐开福	温州医科大学
311	2011	R2110569	DNA损伤检验点蛋白TopBP1在FA信号通路中的作用及分子机理研究	黄俊	浙江大学
312	2011	R2110588	TRAF6催化具激酶激活活性的多泛素链合成的机制	夏总平	浙江大学
313	2011	R3110049	寄生蜂多DNA病毒的基因表达及其对寄主小菜蛾脑激素肽的调控	时敏	浙江大学
314	2011	R3110085	甘氨酸亚铁对仔猪小肠吸收关键跨膜转运蛋白影响机制研究	冯杰	浙江大学
315	2011	R3110096	希瓦氏菌呼吸转换调控的机制研究	高海春	浙江大学
316	2011	R3110131	肝脏干细胞激活的分子机制研究	仓勇	浙江大学
317	2011	R3110155	腈水解酶序列、结构与功能关系及催化机理研究	柳志强	浙江工业大学
318	2011	R3110209	SlMAPK参与高温下番茄果实类胡萝卜素代谢调控的机制研究	卢钢	浙江大学

续表

序号	年份	项目批准号	项目名称	项目负责人	单位
319	2011	R3110345	对虾鲜度表征蛋白的筛选与特性研究	王彦波	浙江工商大学
320	2011	R4110021	功能性笼型硅氧烷低聚物在制备高性能芯片粘接膜中的多重作用研究	李勇进	杭州师范大学
321	2011	R4110030	洁净能源用大规模、高质量、厚度均匀的石墨烯薄膜的可控生长	徐明生	浙江大学
322	2011	R4110055	官能化2-亚胺基氧杂环丁烷的构建及其重排反应	马成	浙江大学
323	2011	R4110092	利用计算设计提高酯酶手性选择性的基础研究	于洪巍	浙江大学
324	2011	R4110175	功能化石墨烯的液晶行为研究	高超	浙江大学
325	2011	R4110189	用于印刷电子的ZnO基纳米晶：成分、结构与能带工程研究	金一政	浙江大学
326	2011	R4110195	β-D-阿拉伯呋喃糖苷的合成研究	朱向明	浙江师范大学
327	2011	R4110199	伴有水解缩合反应的细乳液聚合机理及动力学模型化	单国荣	浙江大学
328	2011	R4110294	过渡金属催化C-H键对C-杂不饱和键的加成反应研究	成江	温州大学
329	2011	R4110345	硼、氮掺杂碳纳米管负载金铂、金钯加氢催化的理论与实验研究	王建国	浙江工业大学
330	2011	R5110004	表面改性对纳米材料的聚合沉降性能及吸附水中典型污染物性能的影响	杨坤	浙江大学
331	2011	R5110012	不同降雨条件下土壤侵蚀机理研究	冉启华	浙江大学
332	2011	R5110031	土壤铜分子形态转化和吸收耦合的根尖微环境调控机制	施积炎	浙江大学
333	2011	R5110036	基于非模态项分解和固有模态识别技术的海洋立管结构瞬态振动特性研究	陈正寿	浙江海洋学院（今浙江海洋大学）
334	2011	R5110079	稻田中多环芳烃迁移转运的界面脱毒机制及其在污染修复中的应用	何艳	浙江大学
335	2011	R5110215	海底天然气水合物的形成与破坏对全球气候变化的调控作用研究	韩喜球	国家海洋局第二海洋研究所
336	2011	R5110230	纳米金比色法快速检测重金属污染离子研究	吴爱国	中国科学院宁波材料技术与工程研究所
337	2011	R6110115	低维磁电功能材料的性能调控研究	王杰	浙江大学
338	2011	R6110132	产业集群情境下企业超本地网络嵌入、知识重构与能力跃迁	魏江	浙江大学
339	2011	R6110175	有限温度下的低维冷原子性质研究	高先龙	浙江师范大学
340	2011	R6110362	极速高气压热处理新技术及其在氮化物强磁研发中的应用	司平占	中国计量学院

续表

序号	年份	项目批准号	项目名称	项目负责人	单位
341	2011	R6110518	关于f(T)引力理论的研究	吴普训	宁波大学
342	2012	LR12A01001	若干组合优化问题的算法设计与分析	谈之奕	浙江大学
343	2012	LR12A01002	各种时空背景上的非线性波动方程的若干研究	王成波	浙江大学
344	2012	LR12A02001	磁电材料复合结构中的声波传播与声波器件研究	杜建科	宁波大学
345	2012	LR12A04001	超导量子器件退相干机理的研究及其调控效率的提升	王浩华	浙江大学
346	2012	LR12A04002	拓扑绝缘体的掺杂机制研究	王勇	浙江大学
347	2012	LR12A04003	新型铁基超导材料的第一性原理研究	曹超	杭州师范大学
348	2012	LR12B01001	新型碳材料-金属富勒烯的结构与功能研究	杨华	中国计量学院
349	2012	LR12B02001	1-卤-1-硫代烯烃的立体选择性合成及其三取代烯烃的构建	朱钢国	浙江师范大学
350	2012	LR12B03001	基于喷墨打印合成和贪婪算法高通量组合优化复合金属氧化物催化剂	范杰	浙江大学
351	2012	LR12B04001	探索自组织形成聚合物纳米腔激光的机理研究	李盛	浙江师范大学
352	2012	LR12B04002	原子转移自由基聚合制备圆柱状大分子做为新一代药物输送与控制释放材料	唐华东	浙江工业大学
353	2012	LR12B05001	基因损伤碱基缺失的靶向识别生物传感研究	邵勇	浙江师范大学
354	2012	LR12B06001	具有定向排列结构环糊精的分离膜设计与制备	张林	浙江大学
355	2012	LR12B06002	多位点离子液体调控SO_2捕集行为的研究	王从敏	浙江大学
356	2012	LR12B06003	新型混合模式抗体分离的作用机制和过程优化研究	林东强	浙江大学
357	2012	LR12B07001	人造纳米颗粒与藻细胞相互作用机制及影响因素	林道辉	浙江大学
358	2012	LR12B07002	钱塘江水域典型环境内分泌干扰物水质基准研究	赵美蓉	浙江工业大学
359	2012	LR12C02001	抗癌药用植物八角莲属遗传多样性形成与遗传资源保护研究	邱英雄	浙江大学
360	2012	LR12C02002	油菜素内酯调控植物开花的分子机理研究	邓志平	浙江省农业科学院

续表

序号	年份	项目批准号	项目名称	项目负责人	单位
361	2012	LR12C03001	蚜虫专性病原真菌在“蚜—菌—蜂”体系中的竞争策略和生态位研究	陈春	中国计量学院
362	2012	LR12C05001	分子伴侣 GroEL 主动帮助核酮糖-1,5-二磷酸羧化酶复性折叠的机制	蔺宗	浙江清华长三角研究院
363	2012	LR12C06001	超级杂交稻杂种优势新主效 QTL 的精细定位和育种应用	高振宇	中国水稻研究所
364	2012	LR12C07001	微小 RNA 在 Hippo 通路失调致癌中的作用	赵斌	浙江大学
365	2012	LR12C09001	孕期感染诱发子代自闭症的神经环路异常突触消除机理研究	周煜东	浙江大学
366	2012	LR12C13001	亲环素 OsCYP2 互作蛋白鉴定及调控水稻耐盐分子机制研究	阮松林	杭州市农业科学研究院
367	2012	LR12C14001	利用模式生物酵母(Saccharomyces cerevisiae)和系统生物学方法鉴定双生病毒复制相关寄主因子的功能	李正和	浙江大学
368	2012	LR12C15001	水稻根构型调控机制及应用研究	易可可	浙江省农业科学院
369	2012	LR12C16001	竹亚科LTR反转录转座子的分布和增殖模式及对宿主基因组进化的影响	周明兵	浙江农林大学
370	2012	LR12C18001	HGF 调控循环内皮祖细胞参与 PAH 肉鸡模型肺血管丛样病变形成的机制研究	谭勋	浙江大学
371	2012	LR12C20001	绿茶多酚对膳食丙烯酰胺及其生物标志物基因毒性的防护作用及机制研究	章宇	浙江大学
372	2012	LR12D01001	水稻土中有机质介导的多氯联苯加速脱氯机制研究	沈超峰	浙江大学
373	2012	LR12E01001	NiMnSn/Sb 合金的马氏体相变相关的磁滞、磁制冷性能的研究	杜娟	中国科学院宁波材料技术与工程研究所
374	2012	LR12E02001	结构与功能仿生型纳米生物骨骼材料制备及生物矿化机理研究	董文钧	浙江理工大学
375	2012	LR12E02002	微波合成半导体照明用氮化物荧光粉的化学反应动力学、微结构演变及发光特性研究	黄庆	中国科学院宁波材料技术与工程研究所
376	2012	LR12E05001	宽频带角振动校准装置基本理论及相关技术问题的研究	何闻	浙江大学
377	2012	LR12E05002	水稻钵苗有序移栽机构的构型综合与参数优化研究	俞高红	浙江理工大学
378	2012	LR12E06001	液体雾化及蒸发的若干关键基础问题研究	罗坤	浙江大学

续表

序号	年份	项目批准号	项目名称	项目负责人	单位
379	2012	LR12E08001	内部钢筋锈蚀与外围约束状态对钢筋与混凝土粘结性能的耦合影响机理研究	赵羽习	浙江大学
380	2012	LR12F01001	基于传感器网络的分布式稀疏信息处理研究	李春光	浙江大学
381	2012	LR12F01002	利用移动性增强网络容量的理论与技术的研究	张朝阳	浙江大学
382	2012	LR12F02001	无线移动网络环境下三维模型编码与跨层优化传输技术研究	杨柏林	浙江工商大学
383	2012	LR12F02002	协作式认知无线网络的多信道感知与调度优化	魏贵义	浙江工商大学
384	2012	LR12F03001	心脏影像数据-临床诊断指标体系的转化机理的关键基础理论研究	刘华锋	浙江大学
385	2012	LR12F03002	高倍多率采样不确定时滞系统的建模与控制	毛维杰	浙江大学
386	2012	LR12F04001	衬底对石墨烯电学和光学特性的影响及其量子建模研究	徐杨	浙江大学
387	2012	LR12F05001	基于ATR技术的电控导模共振吸收型高速太赫兹调制器研究	李九生	中国计量学院
388	2012	LR12G02001	制度空间演化、战略生态与新创企业的生成/成长	谢洪明	浙江工业大学
389	2012	LR12G03001	晋升竞标赛、分税制改革与中国需求结构失衡:理论、证据与政策	方红生	浙江大学
390	2012	LR12H01001	Gabs/磷酸化信号通路介导气道炎症和气道重构的分子机制研究	王凯	浙江大学
391	2012	LR12H01002	内皮祖细胞移植对受损肺血管内皮的保护及其信号转导机制	王兴祥	浙江大学
392	2012	LR12H01003	NOD2/RIP2信号通路介导的天然免疫在宿主抵御金黄色葡萄球菌感染中的作用	徐峰	浙江大学
393	2012	LR12H06001	腰椎三维运动模拟途径与生物力学行为差异的研究	王向阳	温州医科大学
394	2012	LR12H08001	高危骨髓增生异常综合征Wnt信号通路调控异常的机制研究及新疗法的探索	佟红艳	浙江大学
395	2012	LR12H09001	颅内铁沉积参与脑白质高信号发病及进展的机制研究	楼敏	浙江大学
396	2012	LR12H16001	可能新抑癌基因CXXC4在肿瘤发生过程中的表达调控及其作用机制	金洪传	浙江大学

续表

序号	年份	项目批准号	项目名称	项目负责人	单位
397	2012	LR12H26001	IRGM 基因新突变体在抵抗结核分枝杆菌侵袭中的作用和机制研究	丁世萍	浙江大学
398	2012	LR12H27001	黄芪与川芎主要活性物质配伍的体内相互作用与抗脑缺血性损伤效应的相关研究	杨洁红	浙江中医药大学
399	2012	LR12H28001	大黄素对胰腺癌转移及其新生血管形成的作用及机制	林胜璋	浙江大学
400	2013	LR13A010001	基于代数数论观点的分形的几何分类研究	奚李峰	浙江万里学院
401	2013	LR13A020001	软/硬材料组合结构的热力耦合行为特性及其调控机理	吕朝锋	浙江大学
402	2013	LR13A020002	复合磁电材料共振交叠模式下巨磁电效应及磁—力—热—电多物理场耦合机理研究	周浩淼	中国计量学院
403	2013	LR13A050001	神经生物系统中的非平衡态现象、建模及动力学研究	张雪娟	浙江师范大学
404	2013	LR13B030001	基于碳氮材料纳米催化剂的制备及应用研究	王勇	浙江大学
405	2013	LR13B030002	以功能性高分子为媒介合成大孔高分散型 Ni-Ru 甲烷化催化剂	姚楠	浙江工业大学
406	2013	LR13B040001	仿生纳米复合高分子水凝胶制备及其结构与生物功能调控	付俊	中国科学院宁波材料技术与工程研究所
407	2013	LR13B050001	可视化阵列传感技术在食品安全检测中的应用研究	林恒伟	中国科学院宁波材料技术与工程研究所
408	2013	LR13B060001	离子液体-分子溶剂液液两相体系的界面结构及传递特性	邢华斌	浙江大学
409	2013	LR13B070001	土壤铁锰矿物调控常用抗菌剂三氯生转化为二噁英及其机制	林坤德	浙江工业大学
410	2013	LR13B070002	卤素协同掺杂的多维微结构 TiO_2 可见光催化还原 Cr(VI)	宋爽	浙江工业大学
411	2013	LR13C010001	全基因组鉴定罗伯茨绿僵菌致病、根际定植和发育相关基因及功能研究	方卫国	浙江大学
412	2013	LR13C020001	植物分子相互作用网络数据资源与分析工具	陈新	浙江大学
413	2013	LR13C050001	病原微生物与宿主相互作用的分子机制	朱永群	浙江大学
414	2013	LR13C060001	调控微小 RNA miR156 表达的分子机理研究	吴刚	浙江农林大学
415	2013	LR13C070001	蛋白激酶 Plk1、Aurora B 和 Haspin 协同调控细胞有丝分裂的分子机制	汪方炜	浙江大学

续表

序号	年份	项目批准号	项目名称	项目负责人	单位
416	2013	LR13C080001	蛋白磷酸酶1负向调控TLRs信号效应及其相关分子机制	王晓健	浙江大学
417	2013	LR13C090001	果蝇幼虫本能偏好行为决定的神经机制	龚哲峰	浙江大学
418	2013	LR13C130001	镉诱导番茄硝、铵积累变化的分子生理过程及其对减少番茄镉吸收的贡献	金崇伟	浙江大学
419	2013	LR13C130002	生长素转运蛋白调控水稻根系发育的分子机制	齐艳华	浙江大学
420	2013	LR13C140001	水稻细菌性褐条病菌VI型分泌系统的鉴定研究	李斌	浙江大学
421	2013	LR13C160001	山核桃嫁接成活过程中质膜水通道蛋白CcPIP的分子生理功能研究	郑炳松	浙江农林大学
422	2013	LR13C200001	过氧化氢介导的细胞程序性死亡在竹笋木质化中的作用与调控	罗自生	浙江大学
423	2013	LR13C200002	食药用真菌生物合成白桦脂酸的关键酶鉴定、分子功能及脂质代谢干扰活性研究	陈启和	浙江大学
424	2013	LR13D010001	不同堆肥阶段猪粪施田后重金属形态变化及迁移转化特征	刘杏梅	浙江大学
425	2013	LR13E020001	有机生色团在金属-有机框架材料中的组装及其非线性光学性能研究	崔元靖	浙江大学
426	2013	LR13E020002	碳基复合材料可控构筑及高效储能微观机制研究	陶新永	浙江工业大学
427	2013	LR13E030001	有机小分子光伏材料的设计、合成与性能研究	施敏敏	浙江大学
428	2013	LR13E040001	基于光纤传感的浅海嵌入型天然气管道泄漏实时检测方法	王强	中国计量学院
429	2013	LR13E050001	超高速加工关键力学本构问题研究	高重阳	浙江大学
430	2013	LR13E050002	机械系统个性化故障诊断基础研究	向家伟	温州大学
431	2013	LR13E080001	轨道交通及高速铁路预应力混凝土桥梁服役应力监测与安全预警	段元锋	浙江大学
432	2013	LR13E080002	填埋场覆盖土层中甲烷氧化介导的非甲烷类挥发性有机物迁移转化行为及调控机制	何若	浙江大学
433	2013	LR13F020001	面向在线商业日志数据的可视分析新方法研究	陈为	浙江大学
434	2013	LR13F020002	大规模云服务平台性能分析模型与预测方法研究	尹建伟	浙江大学

续表

序号	年份	项目批准号	项目名称	项目负责人	单位
435	2013	LR13F020003	匿名代理重加密中的关键技术的研究	邵俊	浙江工商大学
436	2013	LR13F020004	基于目标群组建模和连续—离散问题联合优化的多目标跟踪	肖江剑	中国科学院宁波材料技术与工程研究所
437	2013	LR13F030001	面向间歇过程的多元统计监测理论与方法研究	赵春晖	浙江大学
438	2013	LR13F030002	基于局部信息交互的分布式协同估计理论及应用研究	林志赟	浙江大学
439	2013	LR13F030003	一体化多传感融合视觉里程估计方法研究	刘勇	浙江大学
440	2013	LR13F040001	氧化物双电层薄膜晶体管及其应用	万青	中国科学院宁波材料技术与工程研究所
441	2013	LR13G010001	面向小样本偏态分布数据的案例多元计算违约风险预测建模	李辉	浙江师范大学
442	2013	LR13G020001	3PL关系管理对物流合作、外包与绩效的影响：一项跨文化研究	霍宝锋	浙江大学
443	2013	LR13H020001	单纯IL-6和IL-21双信号阻断后出现移植物长期耐受	龚渭华	浙江大学
444	2013	LR13H020002	三维结构上研究压力对平滑肌细胞分化转换的调控作用及其机制	祝建洪	温州医科大学
445	2013	LR13H020003	冠心病的表观基因组学研究	段世伟	宁波大学
446	2013	LR13H030001	骨髓间充质干细胞移植治疗肝衰竭的机制研究	李君	浙江大学
447	2013	LR13H060001	体内和体外实验研究CTGF蛋白在类风湿性关节炎血管生成中的作用机制	王建光	温州医科大学
448	2013	LR13H090001	调控PV中间神经元对Aβ诱导的病理变化的影响	孙秉贵	浙江大学
449	2013	LR13H090002	NIPBL基因在Cornelia de Lange综合征认知障碍中的作用和机制研究	邹朝春	浙江大学
450	2013	LR13H110001	以硬皮病角质形成细胞为模型研究蛋白质核质转运障碍的机制和功能	满孝勇	浙江大学
451	2013	LR13H120001	RP9基因变异患者来源诱导多能干细胞的基因修复和致病机理研究	金子兵	温州医科大学
452	2013	LR13H160001	特定HLA-G异构体分子(HLA-G1～G7)在卵巢癌肿瘤免疫中的机制研究	颜卫华	浙江省台州医院
453	2013	LR13H180001	恐惧记忆的获得与消退神经受体分子影像研究	田梅	浙江大学
454	2013	LR13H180002	基于微纳米电极阵列传感的生物电子舌研究	刘清君	浙江大学

续表

序号	年份	项目批准号	项目名称	项目负责人	单位
455	2013	LR13H250001	端粒和PGC1α信号通路在造血干细胞衰老和人类疾病中的作用	鞠振宇	杭州师范大学
456	2013	LR13H270001	基于协同学复杂系统理论的麻黄汤组分配伍机制研究	何昱	浙江中医药大学
457	2014	LR14A010001	分形插值函数的性质及相关问题	阮火军	浙江大学
458	2014	LR14A040001	非常规超导体奇异配对对称性及其输运性质研究	许晓峰	杭州师范大学
459	2014	LR14A040002	基于实现宽波长连续可调单相荧光材料的微结构调控研究	邓德刚	中国计量学院
460	2014	LR14B010001	可见光驱动的二元异质纳米管复合光催化剂的设计、制备与性能研究	胡勇	浙江师范大学
461	2014	LR14B020001	新型催化不对称傅克反应研究	贾义霞	浙江工业大学
462	2014	LR14B020002	醇的绿色活化方法研究及其在碳-碳和碳-杂化合物合成中的应用	徐清	温州大学
463	2014	LR14B030001	多手性中心新型配体的合成及其不对称催化反应研究	徐利文	杭州师范大学
464	2014	LR14B040001	刺激响应高分子刷接枝金纳米颗粒的有序组装及其传感应用研究	陈涛	中国科学院宁波材料技术与工程研究所
465	2014	LR14B050001	硅纳米孔的功能化与生物传感	苏彬	浙江大学
466	2014	LR14B060001	颗粒脉动机制和多相流反应器性能调控的研究	王靖岱	浙江大学
467	2014	LR14B060002	含氮碳载过渡金属催化剂上氧还原反应的原位研究	秦海英	杭州电子科技大学
468	2014	LR14B070001	手性除草剂对拟南芥光合作用环式电子传递链的对映体选择性	钱海丰	浙江工业大学
469	2014	LR14C020001	灌浆期高温影响稻米品质和产量的分子机理及应用研究	朱英	浙江省农业科学院
470	2014	LR14C030001	厌氧条件下水稻田铵态氮转化的微生物学过程	程磊	浙江大学
471	2014	LR14C040001	鱼类重要免疫基因家族成员的分子进化机制研究	徐田军	浙江海洋大学
472	2014	LR14C040002	基于寄主植物—瘿—昆虫形态和DNA条形码的华东瘿蜂科疑难属种系统学研究	王义平	浙江农林大学
473	2014	LR14C070001	泛素连接酶RNF12调控乳腺癌转移的作用和机理	张龙	浙江大学
474	2014	LR14C090001	触觉和痛觉相关机械门控通道的作用机制研究	康利军	浙江大学

续表

序号	年份	项目批准号	项目名称	项目负责人	单位
475	2014	LR14C130001	生长素响应因子ARF18基因调控种子发育和抗旱的分子机理研究	孙玉强	杭州师范大学
476	2014	LR14C150001	超积累植物东南景天体内镉的区隔化过程及其调控机制	卢玲丽	浙江大学
477	2014	LR14C160001	遥感机理协同模型模拟的毛竹林净初级生产力反演及多尺度响应	杜华强	浙江农林大学
478	2014	LR14C160002	调控山核桃成花的microRNA的挖掘与功能分析	王正加	浙江农林大学
479	2014	LR14C180001	动物戊型肝炎病毒细胞受体的研究	黄耀伟	浙江大学
480	2014	LR14C190001	基于miRNA调控网络的刺参腐皮综合征发生机制解析	李成华	宁波大学
481	2014	LR14D030001	溢油沉积物中氮循环关键环节微生物的多样性与功能及其贡献	吕镇梅	浙江大学
482	2014	LR14E010001	镧铁硅合金的定向凝固组织控制和磁制冷性能研究	刘剑	中国科学院宁波材料技术与工程研究所
483	2014	LR14E020001	超薄碳材料液体分离膜的制备、性能调控及传输机理研究	彭新生	浙江大学
484	2014	LR14E020002	单壁碳纳米管生长过程的原位拉曼光谱研究	项荣	浙江大学
485	2014	LR14E020003	掺Tm3＋重金属氟氧化物玻璃光纤设计及飞秒激光性能研究	张军杰	中国计量学院
486	2014	LR14E020004	新型杂化金属有机骨架材料设计及其电子结构与构效关系的研究	陈亮	中国科学院宁波材料技术与工程研究所
487	2014	LR14E030001	采用石墨烯调控高分子溶液的流变行为与静电纺丝工艺性	宋义虎	浙江大学
488	2014	LR14E030002	离子型有机小分子和中性前体合成及其光电器件界面性能研究	方俊锋	中国科学院宁波材料技术与工程研究所
489	2014	LR14E050001	制药釜用气膜密封时变热流润滑理论与端面设计研究	白少先	浙江工业大学
490	2014	LR14E050002	层叠自热型醇类制氢微重整器反应载体的热耦合设计及多尺度制造	梅德庆	浙江大学
491	2014	LR14E050003	支持创新设计的机械产品正向设计理论、方法及应用研究	冯毅雄	浙江大学
492	2014	LR14E060001	CNTs-复合催化剂降解焚烧烟气中二噁英实现近零排放的机理研究	陆胜勇	浙江大学
493	2014	LR14E060002	微藻固定CO_2制取油气清洁燃料	程军	浙江大学
494	2014	LR14E080001	高表面能三维TiO_2的卤素协同调控及其可见光催化降解氯酚类污染物	何志桥	浙江工业大学

续表

序号	年份	项目批准号	项目名称	项目负责人	单位
495	2014	LR14E080002	纳米改性超高性能钢纤维混凝土多尺度实验、模拟和优化	杨贞军	浙江大学
496	2014	LR14E090001	基于TIGGE和遥感信息的城市洪水预报新方法研究	许月萍	浙江大学
497	2014	LR14E090002	Swash zone泥沙运动机理的研究	刘海江	浙江大学
498	2014	LR14F020001	Petri网信标计算及可控性研究	王寿光	浙江工商大学
499	2014	LR14F020002	车辆GPS大数据的处理及可视分析方法研究	梁荣华	浙江工业大学
500	2014	LR14F020003	交通模型和交通大数据融合理论及抗差应用研究	夏莹杰	杭州师范大学
501	2014	LR14F030001	先进太阳能应用系统的极值搜索控制问题与方法	刘光宇	杭州电子科技大学
502	2014	LR14F040001	锗基新沟道材料CMOS器件研究	赵毅	浙江大学
503	2014	LR14G030001	动态经济中的最优公共投资规则与最优税收结构研究	金戈	浙江财经大学
504	2014	LR14H010001	细胞自噬在大气颗粒物暴露致哮喘气道炎症中的作用	王苹莉	浙江大学
505	2014	LR14H020001	microRNA-214在调控干细胞向血管平滑肌细胞分化及血管损伤修复中的作用机制研究	张力	浙江大学
506	2014	LR14H020002	线粒体分裂/融合蛋白SUMO修饰异常在缺血性血管疾病发生中的作用和机制研究	余路阳	浙江大学
507	2014	LR14H030001	脂氧素A4连接HO-1信号通路下调胰腺炎过度炎症反应的机制研究	周蒙滔	温州医科大学
508	2014	LR14H040001	BNC1对卵母细胞发育及卵巢衰老的调节机制研究	张丹	浙江大学
509	2014	LR14H060001	肌腱相关转录因子SCX协同MKX在肌腱干细胞鉴定及分化调控中的功能及其机制研究	陈晓	浙江大学
510	2014	LR14H090001	应用源于诱导多能干细胞(iPS细胞)的神经元研究C型尼曼—匹克病(NPC)的神经退行性变特征及其新药研发	徐妙	浙江大学
511	2014	LR14H100001	MINK1在调节Th17细胞分化及自身免疫性脑脊髓炎中的功能及机制研究	王迪	浙江大学
512	2014	LR14H160001	染色体脆性位点在肿瘤细胞中的修复机制研究	应颂敏	浙江大学
513	2015	LR15A010001	正倒向随机偏微分方程及其应用	孟庆欣	湖州师范学院
514	2015	LR15A020001	可延展柔性电子器件的高效转移印刷机理研究	宋吉舟	浙江大学

续表

序号	年份	项目批准号	项目名称	项目负责人	单位
515	2015	LR15A040001	新型块材稀磁半导体的制备和物性研究	宁凡龙	浙江大学
516	2015	LR15B010001	红外响应的上转换/半导体复合纳米材料的设计、合成及催化性能研究	李正全	浙江师范大学
517	2015	LR15B020001	DIIS催化P-S反应机制研究及在仿生构建抗肿瘤吐根碱衍生物中的应用	邹宏斌	浙江大学
518	2015	LR15B020002	基于稠杂芳烃构建的氟化、硫化反应及应用研究	张兴国	温州大学
519	2015	LR15B030001	多孔催化材料的设计策略	孟祥举	浙江大学
520	2015	LR15B030002	单分子场效应晶体管的电化学构筑和性能研究	周小顺	浙江师范大学
521	2015	LR15B040001	稀土催化合成多嵌段聚合物新方法——Janus聚合基础研究	凌君	浙江大学
522	2015	LR15B060001	离子对结构分离膜	安全福	浙江大学
523	2015	LR15B070001	环境内分泌干扰物的类/抗皮质激素作用研究	刘璟	浙江大学
524	2015	LR15C020001	水杨酸5-羟化酶S5H的鉴定及其在叶片衰老和抗病过程中的功能研究	张可伟	浙江师范大学
525	2015	LR15C050001	蛋白O-GlcNAc糖基化修饰调控肿瘤细胞代谢和生长的机制研究	易文	浙江大学
526	2015	LR15C060001	原始生殖细胞早期发育过程中染色体结构重排过程及其功能研究	贾俊岭	浙江大学
527	2015	LR15C070001	Rubicon对自噬性细胞死亡的调控作用及其与肿瘤发生的关系	孙启明	浙江大学
528	2015	LR15C090001	大脑视差功能构筑在形成立体视觉中的作用机制研究	陈岗	浙江大学
529	2015	LR15C130001	野生大麦耐旱种质的鉴定与相关基因及其调控网络分析	戴飞	浙江大学
530	2015	LR15C140001	烟粉虱唾液蛋白Apyrase，BtQ0F1和BtQ911调控植物防御反应的分子机理	王晓伟	浙江大学
531	2015	LR15C160001	竹笋采后木质化进程中木聚糖合成代谢及其调控机制	宋丽丽	浙江农林大学
532	2015	LR15C200001	Nrf2-ARE通路介导的桂花苯乙醇苷干预机体氧化应激损伤的机理研究	陆柏益	浙江大学
533	2015	LR15C200002	蔗糖代谢在桃果实采后低温及真菌交叉胁迫中的作用机制研究	邵兴锋	宁波大学
534	2015	LR15D060001	台风降雨的日变化研究	吴巧燕	国家海洋局第二海洋研究所

续表

序号	年份	项目批准号	项目名称	项目负责人	单位
535	2015	LR15E010001	热梯度场诱导无稀土Mn基永磁体晶体取向生长及其控制	张朋越	中国计量学院
536	2015	LR15E020001	白光LED用透明玻璃陶瓷材料研究	陈大钦	杭州电子科技大学
537	2015	LR15E030001	有机复合双极性光电功能材料	吴刚	浙江大学
538	2015	LR15E030002	仿生多功能冠脉支架涂层材料的研究	任科峰	浙江大学
539	2015	LR15E050001	高速空化射流水下裂蚀技术基础研究	邹俊	浙江大学
540	2015	LR15E050002	基于穿戴式传感器系统的糖尿病足定量评价与生物力学信息反馈运动康复方法研究	刘涛	浙江大学
541	2015	LR15E050003	复杂曲面金属构件上的精确图形化超疏水微结构制备技术研究	曹宇	温州大学
542	2015	LR15E060001	高转速深低温泵全尺寸汽蚀特性研究	张小斌	浙江大学
543	2015	LR15E080001	时间效应对砂土抗液化强度影响规律与定量评价	周燕国	浙江大学
544	2015	LR15E090001	CRE钢筋防腐蚀涂层在海工混凝土结构中应用关键技术研究	闫东明	浙江大学
545	2015	LR15E090002	变化环境条件下社会水循环通量驱动机制与规律研究	鲁仕宝	浙江财经大学
546	2015	LR15F010001	多天线全双工中继通信理论与方法	钟财军	浙江大学
547	2015	LR15F010002	绿色MIMO多跳无线网络保障QoS的鲁棒跨层资源分配	徐伟强	浙江理工大学
548	2015	LR15F020001	脑机融合智能系统的体系结构与计算方法研究	潘纲	浙江大学
549	2015	LR15F020002	基于多模态深度特征学习的角色姿态恢复研究	俞俊	杭州电子科技大学
550	2015	LR15F040001	基于场效应的纳米孔单分子生物电荷传感器件原理及关键技术	刘旸	浙江大学
551	2015	LR15F040002	基于氧化物纳米忆阻器的神经突触仿生器件研究	诸葛飞	中国科学院宁波材料技术与工程研究所
552	2015	LR15F050001	人工有序光学超表面的科学构造及其应用研究	马云贵	浙江大学
553	2015	LR15F050002	面向集成微波光子学的硅基调制和探测技术研究	余辉	浙江大学
554	2015	LR15F050003	基于荧光强度比的温度传感器用稀土掺杂氧氟微晶玻璃光纤的研究	赵士龙	中国计量学院
555	2015	LR15G010001	调度问题复杂性及其优化算法	季敏	浙江工商大学
556	2015	LR15G030001	多方法整合的浙江省地表水氮污染源解析及其管理调控研究	谷保静	浙江大学

续表

序号	年份	项目批准号	项目名称	项目负责人	单位
557	2015	LR15H020001	基于人诱导多能干细胞技术的Brugada综合征疾病模型建立与分子机制研究	梁平	浙江大学
558	2015	LR15H030001	黄嘌呤氧化酶调节非酒精性脂肪性肝病发生发展的分子机制	徐承富	浙江大学
559	2015	LR15H030002	自身免疫性肝病肠道菌群宏基因组及宏转录组关联研究	秦楠	浙江大学
560	2015	LR15H030003	4-羟基壬烯醛诱导的脂肪功能紊乱在酒精性肝病发病中的作用机制研究	窦晓兵	浙江中医药大学
561	2015	LR15H040001	蛋白质泛素化在男性精母细胞减数分裂中的调控	陆林宇	浙江大学
562	2015	LR15H080001	CXCR4介导的自噬信号通路在白血病细胞耐药发生中的作用机制研究	陈烨	浙江大学
563	2015	LR15H100001	Neddylation修饰对调节性T细胞发生和功能的调控作用及机制研究	陶然	杭州医学院
564	2015	LR15H160001	miR-9/CCNG1相关信号通路在卵巢癌耐药中的作用	李晓	浙江大学
565	2015	LR15H190001	病原细菌生物素代谢调控的多样性研究	冯友军	浙江大学
566	2015	LR15H300001	天然产物抑制剂的合成新策略探索及其化学生物学研究	张逢质	浙江工业大学
567	2015	LR15H310001	脑缺血损伤中Nix磷酸化修饰在线粒体选择性自噬中的作用及机制研究	张翔南	浙江大学
568	2016	LR16A010001	非平稳空间数据统计推断的方法与理论研究	张荣茂	浙江大学
569	2016	LR16A020001	活性软材料界面的分子黏附动力学研究	钱劲	浙江大学
570	2016	LR16A020002	应用于尺度谱演变问题的通用泰勒展开矩方法研究	于明州	中国计量学院
571	2016	LR16A040001	非互易电磁超介质和超表面的设计与特性研究	刘士阳	浙江师范大学
572	2016	LR16A050001	网络高传播影响力节点和节点群的识别方法	吕琳媛	杭州师范大学
573	2016	LR16B010001	多孔锆基金属有机框架材料的合成与稳定性和甲烷存储性能研究	何亚兵	浙江师范大学
574	2016	LR16B010002	掺杂碳量子点基复合光催化剂的设计及在光催化有机还原反应中的应用研究	马德琨	温州大学
575	2016	LR16B020001	乙烯基苯酚的烯烃双官能团化反应研究及其在天然产物全合成中的应用	丁寒锋	浙江大学

续表

序号	年份	项目批准号	项目名称	项目负责人	单位
576	2016	LR16B020002	钯催化的碳氢活化碳基化合成杂环	吴小锋	浙江理工大学
577	2016	LR16B030001	竹基碳材料催化生物质转化研究	张建	中国科学院宁波材料技术与工程研究所
578	2016	LR16B040001	催化二硫化碳与环氧化物区域和链节选择性共聚及其机理研究	张兴宏	浙江大学
579	2016	LR16B040002	新型界面修饰材料及其高效聚合物太阳电池研究	葛子义	中国科学院宁波材料技术与工程研究所
580	2016	LR16B060001	纳米结构无机固体电解质的合成及全固态锂硫电池中的性能研究	林展	浙江大学
581	2016	LR16B070001	胶体磷在保护性耕作及多样化轮作稻田土壤中的储存与释放机制	梁新强	浙江大学
582	2016	LR16B070002	基于肠道菌群和脂质代谢变化研究环境相关浓度三种典型杀菌剂的毒理机制	靳远祥	浙江工业大学
583	2016	LR16C020001	几丁质受体与结瘤因子受体蛋白降解调控的分子机理	梁岩	浙江大学
584	2016	LR16C050001	mTOR 信号通路新型抑制因子 DEPTOR 在乳腺癌发生中的作用研究	赵永超	浙江大学
585	2016	LR16C050002	聚合酶转换调控细胞跨损伤 DNA 合成的机制研究	赵烨	浙江大学
586	2016	LR16C060001	水稻小分子 RNA 介导 DNA 甲基化调控机制研究	武亮	浙江大学
587	2016	LR16C070001	线粒体蛋白调控神经系统稳态的研究	佟超	浙江大学
588	2016	LR16C090001	突触活性调控神经元基因表达的机制研究	邱爽	浙江大学
589	2016	LR16C090002	自然语音及音乐的神经编码	丁鼐	浙江大学
590	2016	LR16C120001	LIS1 基因缺失导致肝癌发生的机理研究	宋海	浙江大学
591	2016	LR16C130001	RNase H2 调控水稻抵御低温损伤的分子机理研究	朱丽	中国水稻研究所
592	2016	LR16C140001	褐飞虱 FoxO 转录因子调控间接飞行肌可塑性发育的分子机制研究	徐海君	浙江大学
593	2016	LR16C150001	乙烯响应因子调控果实采后质地的机制研究	殷学仁	浙江大学
594	2016	LR16C170001	巨噬细胞调控仔猪铁代谢稳态的分子机制研究	杜华华	浙江大学
595	2016	LR16C170002	奶牛小肠寡肽吸收机制研究	刘红云	浙江大学

续表

序号	年份	项目批准号	项目名称	项目负责人	单位
596	2016	LR16C190001	基于分子印迹荧光材料的养殖环境中典型内分泌干扰物响应及消除机理研究	史西志	宁波大学
597	2016	LR16C200001	柑橘果实提取物新橙皮苷和佛手柑素降糖分子机制研究	李鲜	浙江大学
598	2016	LR16D060001	东海跨陆架交换过程、机理及其对近海缺氧的影响	周锋	国家海洋局第二海洋研究所
599	2016	LR16E010001	具有空间分辨的原位腐蚀电化学基础研究	曹发和	浙江大学
600	2016	LR16E010002	金属配位氢化物储氢材料的性能调控及其机理	刘永锋	浙江大学
601	2016	LR16E020001	硒化锡多晶材料的电声输运机制与热电性能优化	蒋俊	中国科学院宁波材料技术与工程研究所
602	2016	LR16E030001	抑制肿瘤细胞迁移的纳米微粒研究	毛峥伟	浙江大学
603	2016	LR16E030002	高性能多组分高分子材料	上官勇刚	浙江大学
604	2016	LR16E030003	结晶驱动的两亲性嵌段共聚物物理凝胶化及温敏性凝胶制备	潘鹏举	浙江大学
605	2016	LR16E050001	薄壳流固耦合冲击振动产生传播机理与动态识别方法	谭大鹏	浙江工业大学
606	2016	LR16E060001	工业锅炉烟气污染物活性分子催化氧化深层控制的关键问题研究	王智化	浙江大学
607	2016	LR16E070001	即插即用型新能源直流微网运行控制的基础研究	李武华	浙江大学
608	2016	LR16E080001	基于微纳米技术的高强高韧海洋结构新材料	李庆华	浙江大学
609	2016	LR16E080002	环境荷载与车辆荷载耦合条件下铁路路基的长期耐久性研究	边学成	浙江大学
610	2016	LR16E080003	稳定化 Fe/FeS 纳米颗粒修复地下水中三氯乙烯的研究	何锋	浙江工业大学
611	2016	LR16E090001	风暴潮过程中水沙运动及岸滩侵蚀的相互作用机理研究	贺治国	浙江大学
612	2016	LR16E090002	紊流自由面流动与海洋结构的流固耦合精细化模拟	赵西增	浙江大学
613	2016	LR16F010001	基于统计模型的图像域多尺度双能CT分解技术研究	牛田野	浙江大学
614	2016	LR16F010002	毫米波蜂窝网移动终端室外高精度定位与跟踪	史治国	浙江大学
615	2016	LR16F010003	面向5G网络的多用户调度及中继选择研究	钱丽萍	浙江工业大学

续表

序号	年份	项目批准号	项目名称	项目负责人	单位
616	2016	LR16F020001	物联网中多阶段系统设计和在线资源优化研究	贺诗波	浙江大学
617	2016	LR16F020002	面向复杂流动计算的并行自适应非结构网格生成方法研究	陈建军	浙江大学
618	2016	LR16F020003	几何计算与等几何分析的交叉融合研究	徐岗	杭州电子科技大学
619	2016	LR16F030001	网络化广义时滞系统的控制理论	吴争光	浙江大学
620	2016	LR16F030002	“电动出租车——充换电站”系统的优化与调控	杨再跃	浙江大学
621	2016	LR16F030003	随机切换系统无源分析与控制研究	陈云	杭州电子科技大学
622	2016	LR16F030004	有约束/无约束预测控制的状态扩展综合方法与线性规划优化研究	张日东	杭州电子科技大学
623	2016	LR16F030005	网络化系统分布式控制理论与方法研究	张文安	浙江工业大学
624	2016	LR16F040001	基于非晶氧化物半导体薄膜的全透明互补倒相器研究	吕建国	浙江大学
625	2016	LR16F040002	有机物—硅异质结高效杂化太阳能电池研究	叶继春	中国科学院宁波材料技术与工程研究所
626	2016	LR16F050001	基于时空门控编码的超分辨光学显微方法及技术	匡翠方	浙江大学
627	2016	LR16F050002	基于二维材料的硅基光存储理论及关键技术研究	郝然	浙江大学
628	2016	LR16G020001	在线社交网络对消费者购买行为的影响:价值衡量及分析模型研究	陈熹	浙江大学
629	2016	LR16H040001	HDAC3介导的组蛋白去乙酰化修饰及其转录调控在环境内分泌干扰物DEHP导致卵巢颗粒细胞功能障碍中的作用机制研究	曲凡	浙江大学
630	2016	LR16H090001	TRPM2调控自噬功能及其在短暂性脑缺血/复灌引发神经元死亡中的作用机制研究	杨巍	浙江大学
631	2016	LR16H160001	自噬在炎症相关性结直肠癌发生发展中的作用及机制研究	韩卫东	浙江大学
632	2016	LR16H160002	系列新型阿霉素纳米前药的制备及其克服肿瘤耐药性的研究	隋梅花	杭州医学院
633	2016	LR16H180001	基于“干细胞穿衣”的心肌再生修复治疗系统	王本	浙江大学
634	2016	LR16H190001	淋病奈瑟菌耐药性分子流行病及抗性机理的研究	Stijnvander Veen	浙江大学

续表

序号	年份	项目批准号	项目名称	项目负责人	单位
635	2016	LR16H260001	高脂膳食致肠道微生态失衡诱导NAFLD的代谢机理研究	王保红	浙江大学
636	2016	LR16H270001	丹红注射液延长t-PA治疗急性脑缺血时间窗及减毒机制研究	张宇燕	浙江中医药大学
637	2016	LR16H280001	基于线粒体功能调控的生脉方抗心力衰竭药效物质及作用机制研究	王毅	浙江大学
638	2016	LR16H300001	他克莫司及其衍生物高效生物合成与转运通路的构建	江辉	浙江大学
639	2016	LR16H310001	以姜黄素为先导的MD2抑制剂的发现及其在胰岛素抵抗中的药理作用研究	梁广	温州医科大学
640	2017	LR17A010001	非线性流体力学方程组的数学理论	张挺	浙江大学
641	2017	LR17A050001	反应扩散系统中自驱动马达的设计和运动特性研究	陈江星	杭州电子科技大学
642	2017	LR17B020001	惰性sp3碳氢键选择性活化及其合成应用	史炳锋	浙江大学
643	2017	LR17B060001	金属—有机骨架材料孔结构调控与低碳烃异构体吸附分离性能	鲍宗必	浙江大学
644	2017	LR17B060002	不饱和脂肪酸原位加氢和脱羧的双金属协同催化机理及耦合机制研究	傅杰	浙江大学
645	2017	LR17B060003	分级结构光电催化电极的制备及性能研究	张兴旺	浙江大学
646	2017	LR17B070001	甲烷厌氧氧化耦合六价铬生物还原过程研究	赵和平	浙江大学
647	2017	LR17C090001	Lin28对成体神经干细胞与神经发生的调控机制	谷岩	浙江大学
648	2017	LR17C110001	红细胞铁稳态的维持与调控机制	陈才勇	浙江大学
649	2017	LR17C120001	化学生物学手段调控内胚层前体细胞转分化和胰岛细胞分化成熟	祝赛勇	浙江大学
650	2017	LR17C130001	HD-Zip转录因子对水稻镉积累与转运的分子调控网络解析	丁艳菲	中国计量学院
651	2017	LR17C140001	活性氧激活组蛋白表观修饰诱导小麦赤霉病菌DON毒素合成的机制研究	陈云	浙江大学
652	2017	LR17C140002	S. diastatochromogenes1628高产丰加霉素分子机理研究与代谢工程改造	马正	中国计量学院
653	2017	LR17C160001	绿茶酚类涩感物呈味效应及其调控基础研究	许勇泉	中国农业科学院茶叶研究所

续表

序号	年份	项目批准号	项目名称	项目负责人	单位
654	2017	LR17C170001	Lkb1对猪肌内脂肪和皮下脂肪前体细胞分化聚酯的差异调控机制研究	单体中	浙江大学
655	2017	LR17C200001	瓯柑果实黄酮类化合物抗肿瘤效应评价及其作用机理研究	孙崇德	浙江大学
656	2017	LR17D060001	赤杆菌科微生物分类与演化研究	许学伟	国家海洋局第二海洋研究所
657	2017	LR17E020001	阻变信息材料与器件	刘钢	中国科学院宁波材料技术与工程研究所
658	2017	LR17E030001	高效实用有机和钙钛矿太阳电池中分子—材料—器件集成化调控策略	李昌治	浙江大学
659	2017	LR17E050001	器官芯片的增材制造	贺永	浙江大学
660	2017	LR17E050002	基于剪切增稠原理的高效精密抛光技术应用基础研究	吕冰海	浙江工业大学
661	2017	LR17E060001	面向储热的纳米复合相变材料多尺度热质输运研究	范利武	浙江大学
662	2017	LR17E060002	微纳米结构界面热质输运机理及传递强化	薄拯	浙江大学
663	2017	LR17E080001	张拉整体结构的拓扑找形研究	许贤	浙江大学
664	2017	LR17E080002	融合移动互联大数据的交通态势演化机理与管控方法	陈喜群	浙江大学
665	2017	LR17F010001	无线网络中基于业务和环境感知的资源和能量跨层优化	王玮	浙江大学
666	2017	LR17F010002	基于安全通信的蜂窝网络数据分流无线资源管理关键技术研究	吴远	浙江工业大学
667	2017	LR17F030001	基于Lp范数-多任务稀疏表示的目标跟踪研究	张笑钦	温州大学
668	2017	LR17F030002	工业预测控制系统经济性能评估研究	谢磊	浙江大学
669	2017	LR17F030003	基于冗余度的网络化控制理论与方法研究	冯宇	浙江工业大学
670	2017	LR17F030004	约束非线性系统经济模型预测控制理论与方法研究	何德峰	浙江工业大学
671	2017	LR17F030005	基于非线性可观测度理论的自适应估计融合方法	葛泉波	杭州电子科技大学
672	2017	LR17F030006	HEVC快速模式选择算法研究	颜成钢	杭州电子科技大学
673	2017	LR17F040001	增强型GaN功率晶体管新结构与关键技术研究	王颖	杭州电子科技大学
674	2017	LR17F040002	非晶氧化物半导体薄膜晶体管材料改进、逻辑门和存储器优化设计与物理建模研究	戴明志	中国科学院宁波材料技术与工程研究所

续表

序号	年份	项目批准号	项目名称	项目负责人	单位
675	2017	LR17F050001	基于1560—1700nm近红外波段激发和辐射的活体荧光成像技术	钱骏	浙江大学
676	2017	LR17F050002	微纳三场耦合光学非线性新效应及器件研究	杨青	浙江大学
677	2017	LR17G010001	运输服务网络设计优化及应用研究	白瑞斌	宁波诺丁汉大学
678	2017	LR17G020001	社会创业过程机制:基于双重底线领导力模型	苗青	浙江大学
679	2017	LR17H070001	汉族人骨质疏松症相关表型的罕见变异和及其远程基因调控研究	郑厚峰	杭州师范大学
680	2017	LR17H080001	利用单细胞组学方法解析人造血干细胞的再生机制	郭国骥	浙江大学
681	2017	LR17H090001	GPR177稳定神经突触的作用及机制研究	沈承勇	浙江大学
682	2017	LR17H090002	前额叶皮层抑制性神经元在焦虑行为调控中的作用	徐晗	浙江大学
683	2017	LR17H160001	少突前体细胞在高级别胶质瘤发生与演进过程中的功能研究	刘冲	浙江大学
684	2017	LR17H180001	基于磁/石墨烯纳米复合支架构建青光眼治疗新思路	刘勇	温州医科大学
685	2017	LR17H190001	弓形虫TgAtg8-TgAtg3蛋白—蛋白相互作用小分子抑制剂的筛选及生物学特性研究	谭峰	温州医科大学
686	2017	LR17H260001	Toll样受体3参与调控PM2.5诱发肝脏胰岛素抵抗和脂质代谢紊乱的机制研究	刘翠清	浙江中医药大学
687	2017	LR17H270001	趋化因子CCL3参与慢性炎症痛的机制及电针的双重干预作用研究	刘伯一	浙江中医药大学
688	2017	LR17H300001	裂环达玛烷型三萜抗糖尿病构效关系和作用机制的研究	甘礼社	浙江大学
689	2017	LR17H310001	通过精准调控谷氨酸能神经元促进慢性脑缺血后白质修复的研究	胡薇薇	浙江大学
690	2018	LR18A010001	动力系统中的一些均值分布问题	叶和溪	浙江大学
691	2018	LR18A010002	Finsler几何中具有特殊几何性质的度量	李本伶	宁波大学
692	2018	LR18A020001	多功能软机器与智能机构力学研究	李铁风	浙江大学
693	2018	LR18A040001	重费米子体系的超导和量子临界研究	路欣	浙江大学
694	2018	LR18A050001	复杂网络重构及计算传播方法	张子柯	杭州师范大学
695	2018	LR18B020001	基于异种自由基配对的分子机器的合成与可逆驱动	李昊	浙江大学

续表

序号	年份	项目批准号	项目名称	项目负责人	单位
696	2018	LR18B030001	钠离子电池"转化—合金化"型负极材料储钠机制及电化学性能研究	姜银珠	浙江大学
697	2018	LR18B030002	负载型金属纳米催化材料的设计与开发	王亮	浙江大学
698	2018	LR18B030003	对称破缺金属材料的显微结构、生长机制和催化性质	朱艺涵	浙江工业大学
699	2018	LR18B040001	基于自催化单体的抗菌聚酯的合成与性能研究	朱蔚璞	浙江大学
700	2018	LR18B050001	聚集诱导磷光金属纳米簇的设计合成及基于时间门控发光技术的生物传感和成像应用	钱兆生	浙江师范大学
701	2018	LR18B060001	分子筛孔道对金属活性中心结构的调控及其C-H键选择性氧化机理研究	程党国	浙江大学
702	2018	LR18B060002	分子筛膜材料与应用	李砚硕	宁波大学
703	2018	LR18B070001	新型可见光电催化体系设计及其在重金属—有机复合污染控制中的应用	王齐	浙江工商大学
704	2018	LR18C020001	MAPK级联信号调控侧根发育的机制研究	徐娟	浙江大学
705	2018	LR18C040001	盐度通过神经内分泌因子调控鱼类免疫系统	陆新江	宁波大学
706	2018	LR18C050001	26S蛋白酶体调控的系统性研究	郭行	浙江大学
707	2018	LR18C060001	哺乳动物基因组中新型DNA修饰的鉴定和功能研究	沈立	浙江大学
708	2018	LR18C060002	非编码RNA调控与功能	林爱福	浙江大学
709	2018	LR18C070001	蛋白磷酸酶在同源重组修复中的分子机制研究	刘婷	浙江大学
710	2018	LR18C090001	Neogenin在星形胶质细胞Kir4.1和AQP4极性分布和维持中作用及其机制	黄智慧	温州医科大学
711	2018	LR18C130001	基于新型二维材料的太赫兹波调制机理及超微量物质波谱检测研究	谢丽娟	浙江大学
712	2018	LR18C140001	寄生蜂调控寄主昆虫产卵量减少的分子机制研究	黄健华	浙江大学
713	2018	LR18C160001	外源碳对毛竹林土壤有机碳库周转与稳定性的影响机制	李永夫	浙江农林大学
714	2018	LR18C200001	鱼油n-3多不饱和脂肪酸抗衰老的分子途径及端粒—DNA—线粒体轴调控机制	焦晶晶	浙江大学

续表

序号	年份	项目批准号	项目名称	项目负责人	单位
715	2018	LR18C200002	树莓花色苷防护氨基甲酸乙酯所致氧化应激损伤的分子机理研究	陈卫	浙江大学
716	2018	LR18C200003	胶原纤维去组装行为对酱猪蹄质构与风味吸附能力的影响研究	曹锦轩	宁波大学
717	2018	LR18D010001	区域生态资产、生态系统生产总值与生态效益核算的理论、技术方法与应用示范	杨武	浙江大学
718	2018	LR18D060001	边缘海海—气二氧化碳通量的卫星遥感反演研究	白雁	国家海洋局第二海洋研究所
719	2018	LR18E010001	过渡族金属单原子掺杂复合材料结构解析、多重电磁极化效应及宽频带微波吸收特性研究	张雪峰	杭州电子科技大学
720	2018	LR18E010002	铁基超稳非晶合金的制备和软磁特性研究	王军强	中国科学院宁波材料技术与工程研究所
721	2018	LR18E020001	高效聚硫离子转化催化剂的设计合成及对锂硫电池的性能增强机理研究	杨植	温州大学
722	2018	LR18E030001	高分子可逆形状记忆效应的数字化光编译	赵骞	浙江大学
723	2018	LR18E030002	化疗与免疫治疗一体化药物输送系统的构建和抗癌研究	唐建斌	浙江大学
724	2018	LR18E050001	编织复合材料预成型体制造及其增强机理研究	吴震宇	浙江理工大学
725	2018	LR18E050002	基于折纸技术的新型管道变形机制与驱动方法	张征	浙江工业大学
726	2018	LR18E050003	柔性自适应动态平衡系统的冲击动载协调分配问题的基础研究	李研彪	浙江工业大学
727	2018	LR18E060001	光热协同 CO_2 和 H_2O 合成碳氢燃料热动力学与能质传输	张彦威	浙江大学
728	2018	LR18E070001	基于氮化镓功率器件的MHz高效高密度DC—DC变流方法研究	吴新科	浙江大学
729	2018	LR18E080001	多向耦合动应力路径下海涂围垦区欠固结软粘土长期循环应变累积特性及现场实测研究	王军	温州大学
730	2018	LR18F010001	新型自隐形材料研究	叶德信	浙江大学
731	2018	LR18F010002	多模态3D视觉舒适度建模及其在评价与增强中的应用	邵枫	宁波大学
732	2018	LR18F020001	行为大数据的可视分析	巫英才	浙江大学
733	2018	LR18F020002	复杂动态虚拟环境跨平台高保真实时呈现理论、技术与系统研究	王锐	浙江大学

续表

序号	年份	项目批准号	项目名称	项目负责人	单位
734	2018	LR18F020003	移动边缘环境下的服务供应与选用研究	邓水光	浙江大学
735	2018	LR18F030001	工业大数据驱动的厂级过程建模与分析关键技术研究	葛志强	浙江大学
736	2018	LR18F040001	高性能低功耗隧穿场效应晶体管技术研究	张睿	浙江大学
737	2018	LR18F040002	基于质子协同调控效应的氧化物仿生突触晶体管	竺立强	中国科学院宁波材料技术与工程研究所
738	2018	LR18F050001	高性能少铅有机钙钛矿太阳能电池的研究	杨旸	浙江大学
739	2018	LR18F050002	中红外全硫系玻璃空芯布拉格光纤挤压制备及其性能研究	王训四	宁波大学
740	2018	LR18G030001	中国能源技术偏向的形成机理及动态演进研究	陈宇峰	浙江工商大学
741	2018	LR18H030001	钙调磷酸酶抑制剂诱导肝脏糖脂代谢稳态失衡的分子机制研究	凌琪	浙江大学
742	2018	LR18H090001	脆性X染色体智力低下蛋白在发育过程突触修剪中的作用	汪浩	浙江大学
743	2018	LR18H090002	新型GABA能长投射神经元在大脑发育和疾病中的作用	陈家东	浙江大学
744	2018	LR18H150001	靶向双重递送bFGF/DTX的脂质体丝素凝胶治疗脊髓损伤作用研究	肖健	温州医科大学
745	2018	LR18H160001	KDM6A调控的异源自噬在感染相关性膀胱癌化学预防中的作用及其机制研究	隋新兵	浙江大学
746	2018	LR18H160002	PARK2蛋白乙酰化调控的细胞线粒体自噬抗宫颈癌的作用及机制研究	张建宾	杭州医学院
747	2018	LR18H160003	抗炎策略防治结肠癌的作用机制和药物新靶点研究	王怡	温州医科大学
748	2018	LR18H180001	细胞内分子的光学操控与同步动态成像	许迎科	浙江大学
749	2018	LR18H190001	宿主miRNA调控单纯疱疹病毒I型潜伏与激活的作用与机制研究	潘冬立	浙江大学
750	2018	LR18H300001	动态示踪脑血管硝化应激损伤的探针研究及其在新型药物筛选模型中的应用	李新	浙江大学
751	2018	LR18H300002	离子键诱导抗炎药物分子自组装小分子水凝胶在眼局部给药的研究	李星熠	温州医科大学

资料来源：浙江省自然科学基金委员会办公室。

附录2-2 项目类

附表2-2-1 浙江省获得的国家自然科学基金重大、创新研究群体科学基金、重点项目清单

序号	年份	项目名称	编号	项目类型	经费/万元	负责人	承担单位
1	2010	农业害虫生物防治的基础研究	31021003	创新研究群体科学基金	500	刘树生	浙江大学
2	2011	人工肝与肝移植治疗终末期肝病的基础应用研究	81121002	创新研究群体科学基金	600	郑树森	浙江大学
3	2012	机电液系统基础研究	51221004	创新研究群体科学基金	600	谭建荣	浙江大学
4	2012	稻类遗传育种学	31221004	创新研究群体科学基金	600	钱前	中国水稻研究所
5	2012	突触和神经环路调控的分子机制及其在神经精神疾病中的作用	81221003	创新研究群体科学基金	600	段树民	浙江大学
6	2013	智能材料和结构的力学与控制	11321202	创新研究群体科学基金	600	陈伟球	浙江大学
7	2013	海洋动力环境的监测和预测研究	41321004	创新研究群体科学基金	600	陈大可	国家海洋局第二海洋研究所
8	2013	农业害虫生物防治的基础研究	31321063	创新研究群体科学基金	600	刘树生	浙江大学
9	2014	人工肝与肝移植治疗终末期肝病的基础应用研究	81421062	创新研究群体项目	600	郑树森	浙江大学
10	2015	稻类遗传育种学	31521064	创新研究群体项目	525	钱前	中国水稻研究所
11	2015	机电液系统基础研究	51521064	创新研究群体项目	525	谭建荣	浙江大学
12	2015	突触和神经环路调控的分子机制及其在神经精神疾病中的作用	81521062	创新研究群体项目	525	段树民	浙江大学
13	2016	智能材料和结构的力学与控制	11621062	创新研究群体项目	525	陈伟球	浙江大学
14	2016	偏微分方程反问题的理论、计算与应用	11621101	创新研究群体项目	735	包刚	浙江大学
15	2016	有机污染物环境界面行为与调控技术原理	21621005	创新研究群体项目	1050	陈宝梁	浙江大学
16	2016	海洋动力环境的监测和预测研究	41621064	创新研究群体项目	525	陈大可	国家海洋局第二海洋研究所

续表

序号	年份	项目名称	编号	项目类型	经费/万元	负责人	承担单位
17	2016	复杂组分固体燃料热转化机理及清洁利用	51621005	创新研究群体项目	1050	严建华	浙江大学
18	2016	复杂石化过程建模和优化控制理论、技术及应用	61621002	创新研究群体项目	1050	苏宏业	浙江大学
19	2017	土壤污染过程与修复原理	41721001	创新研究群体项目	1050	徐建明	浙江大学
20	2017	半导体光电材料的微纳结构和器件	61721005	创新研究群体项目	1050	杨德仁	浙江大学
21	2017	人工肝与肝移植治疗终末期肝病的基础应用研究	81721091	创新研究群体项目	525	郑树森	浙江大学
22	2008	多尺度结构金属材料强韧化机制计算与模拟	50890175	重大项目	150	黄志龙	浙江大学
23	2009	有机/无机复合光伏材料微纳结构调控与性能研究	50990063	重大项目	175	陈红征	浙江大学
24	2010	碳氮铁耦合作用下的水稻土中典型污染物迁移转化与微生物学机制	41090284	重大项目	168	徐建明	浙江大学
25	2010	新型拓扑高分子的高效合成	21090352	重大项目	208	申有青	浙江大学
26	2010	上皮间质转化在结直肠癌转移中的作用及机制	81090420	重大项目	1000	来茂德	浙江大学
27	2010	结直肠癌细胞和微环境相互作用及其对EMT的调控	81090421	重大项目	500	来茂德	浙江大学
28	2010	上皮细胞转分化过程的生理调控机制	31090360	重大项目	1000	冯新华	浙江大学
29	2010	上皮细胞转分化的发生、维持和逆转的分子机制	31090361	重大项目	460	冯新华	浙江大学
30	2010	层状电磁符合材料与结构的动力学特性及其调控机理	11090333	重大项目	150	陈伟球	浙江大学
31	2011	非常规超导体合成以及输运性质和热力学等性质研究	11190023	重大项目	440	许祝安	浙江大学
32	2011	微环境诱导细胞极性铸换与迁移的新机制及新技术研究	31190060	重大项目	1500	段树民	浙江大学
33	2011	规模化自组织传感网在碳排放和碳汇监测中的典型应用	61190114	重大项目	300	周国模	浙江农林大学
34	2011	规模型无线传感器网络可定位性理论与非测距定位方法	61190113	重大项目	200	戴国骏	杭州电子科技大学
35	2011	微环境-细胞交互作用诱导细胞迁移的信号转导机理	31190061	重大项目	720	段树民	浙江大学
36	2012	长波红外探测材料与器件性能表征研究	61290305	重大项目	136	吴惠桢	浙江大学

续表

序号	年份	项目名称	编号	项目类型	经费/万元	负责人	承担单位
37	2012	大型高炉高性能运行控制的基础理论与关键技术研究	61290320	重大项目	2000	孙优贤	浙江大学
38	2012	大型高炉高性能运行控制的实验验证平台构建及应用验证	61290321	重大项目	784	孙优贤	浙江大学
39	2013	亚埃尺度下新能源相关材料表界面结构与性能的研究	51390474	重大项目	200	王勇	浙江大学
40	2013	气固湍流燃烧的多尺度耦合机理研究	51390493	重大项目	232	罗坤	浙江大学
41	2013	媒介昆虫传播双生病毒的分子机制	31390421	重大项目	600	刘树生	浙江大学
42	2013	固体燃料颗粒在多尺度耦合条件下的动力学特性	51390491	重大项目	660	樊建人	浙江大学
43	2013	气固湍流燃烧的多尺度耦合特性与机理	51390490	重大项目	1500	樊建人	浙江大学
44	2014	制造精度和装配误差对功能形面性能的影响机理	51490663	重大项目	340	谭建荣	浙江大学
45	2014	多时间尺度下大容量电力电子混杂系统运行匹配规律研究	51490682	重大项目	400	何湘宁	浙江大学
46	2014	代际均衡与多元共治——老龄社会的社会支持体系研究	71490733	重大项目	240	何文炯	浙江大学
47	2014	急性肺损伤时肺部炎症信号传导通路中的关键节点	81490532	重大项目	276	沈华浩	浙江大学
48	2015	炼油生产过程全局优化运行的实验平台与应用验证	61590925	重大项目	315.75	卢建刚	浙江大学
49	2016	ENSO的变异机理和可预测性研究	41690120	重大项目	1661.7	陈大可	国家海洋局第二海洋研究所
50	2016	厄尔尼诺多样性的产生机制	41690121	重大项目	671.5	陈大可	国家海洋局第二海洋研究所
51	2016	ENSO可预测性评估及预测实验	41690124	重大项目	326.4	唐佑民	国家海洋局第二海洋研究所
52	2017	磷脂酰肌醇-3-磷酸介导自噬前体形成和生长延伸的分子机制研究	31790402	重大项目	444	刘伟	浙江大学
53	2017	单相室温磁电耦合新材料设计、制备及性能调控	51790493	重大项目	354	陈湘明	浙江大学
54	2017	苛刻动态条件下橡胶复合材料的微观结构演变与非线性粘弹机制	51790503	重大项目	400	郑强	浙江大学
55	2017	高速移动环境下多层域协同智能感知与数据融合	61790571	重大项目	302.4	陈积明	浙江大学
56	2017	肠道微生态影响慢性重大炎症性肠肝疾病的机制研究	81790630	重大项目	1511.8	李兰娟	浙江大学

续表

序号	年份	项目名称	编号	项目类型	经费/万元	负责人	承担单位
57	2017	肠道微生态影响“肠肝对话”的机制研究	81790631	重大项目	438	李兰娟	浙江大学
58	2017	肠道稳态调控肝脏炎症和免疫反应的机制研究	81790634	重大项目	357.8	高海女	浙江大学
59	1996	渤海生态系统动力学与生物资源持续利用	49790010	重大研究计划	500	苏纪兰	国家海洋局第二海洋研究所
60	1996	对虾早期发育阶段数量变动与栖息地关键过程关系的研究	49790010子课题	重大研究计划	110	苏纪兰	国家海洋局第二海洋研究所
61	2001	芳杂环高分子稀土螯合物软磁性材料制备	90101006	重大研究计划	25	孙维林	浙江大学
62	2001	酞菁基光伏极性反转半导体纳米复合材料	90101008	重大研究计划	25	孙景志	浙江大学
63	2001	光通信波段高效无机-有机复合有源平面	90101007	重大研究计划	24	钱国栋	浙江大学
64	2001	标准模型和标准模型外新物理的系统理论分析	90103009	重大研究计划	15	罗民兴	浙江大学
65	2001	光子带隙材料及其应用	90101024	重大研究计划	140	何赛灵	浙江大学
66	2001	硅基铌酸锂光电信息功能薄膜的研究	90101009	重大研究计划	24	何军辉	浙江大学
67	2002	可重用媒体信息处理优化SoC体系结构及片上总线研究	90207005	重大研究计划	30	虞露	浙江大学
68	2002	能带可调的氧化锌基异质结构生长及光电器件应用研究	90201038	重大研究计划	160	叶志镇	浙江大学
69	2002	用于中药保肝药物筛选及肝毒性评价的方法学研究	90209053	重大研究计划	23	孟琴	浙江大学
70	2002	快速热处理(HP)对大直径掺氮直拉硅片氧沉淀和内吸杂的作用	90207024	重大研究计划	35	马向阳	浙江大学
71	2002	改性纳米二氧化钛光催化剂的固定化技术研究	90206007	重大研究计划	24	雷乐成	浙江大学
72	2002	纳米微囊药物与自沉积过程	90206006	重大研究计划	24	高长有	浙江大学
73	2002	方剂复杂组效关系辨识方法学与计算理论研究	90209005	重大研究计划	100	程翼宇	浙江大学
74	2002	非对易量子场论和弦理论的非微扰研究	90203003	重大研究计划	21	陈一新	浙江大学
75	2002	稀土酞菁/纳米管阵列有序复合红外探测材料	90201009	重大研究计划	24	陈红征	浙江大学
76	2003	南海基础生产力结构的物理-生物海洋学耦合过程及其对碳循环的影响	90211021	重大研究计划	140	宁修仁	国家海洋局第二海洋研究所

续表

序号	年份	项目名称	编号	项目类型	经费/万元	负责人	承担单位
77	2003	光敏微像素象限阵列和磁敏线阵列融合型CMOS数模混合传感器集成电路	90307009	重大研究计划	25	朱大中	浙江大学
78	2003	数字信号处理器芯片的高层功耗分析方法以及低功耗设计技术的研究	90307002	重大研究计划	25	张明	浙江大学
79	2003	低维无序磁性系统的物理特性的蒙特卡罗研究	90303010	重大研究计划	25	应和平	浙江大学
80	2003	快速热处理下大直径单晶硅中过渡族金属行为的研究	90307010	重大研究计划	30	杨德仁	浙江大学
81	2004	空天飞行器推进系统的并行燃烧模拟	90405003	重大研究计划	33	郑耀	浙江大学
82	2004	纳米仿生涂层组合TGF-β材料的生物学特性研究	90406011	重大研究计划	23	严伟祺	浙江大学
83	2004	低维强关联多体系统中的量子相变及相关物理问题的研究	90403020	重大研究计划	25	戴建辉	浙江大学
84	2004	MFe204/(Sr，Ba)Nb206系磁电复相陶瓷及其介电异常	90401023	重大研究计划	24	陈湘明	浙江大学
85	2004	生物分子模板方法合成导电纳米线并用于生物检测的研究	90406016	重大研究计划	24	陈建荣	浙江师范大学
86	2004	四逆汤有效活性成分及其代谢产物的药代动力学研究	90409012	重大研究计划	35	李范珠	浙江中医药大学
87	2005	真核生物mRNA 3′末端poly(A)前非模板核苷酸序列信息的发现、形成机制及功能研究	90508007	重大研究计划	40	金勇丰	浙江大学
88	2005	D-膜动力学及其相关的弦宇宙学问题的研究	90503009	重大研究计划	30	陈一新	浙江大学
89	2006	太阳能光催化降解生活污水协同制氢的研究	90610005	重大研究计划	30	张兴旺	浙江大学
90	2006	优质ZnO基多元合金制备及其p型掺杂研究	90601003	重大研究计划	30	叶志镇	浙江大学
91	2006	生物质能源(生物柴油/甘油)有效利用的基础研究	90610002	重大研究计划	30	侯昭胤	浙江大学
92	2006	西部生物质高品位液化基础研究	90610035	重大研究计划	150	骆仲泱	浙江大学
93	2007	软件可信性需求分析及其过程控制与管理模式研究	90718038	重大研究计划	50	熊伟	浙江大学
94	2007	平肝潜阳方与高血压肝阳上亢证相应实验研究	90709026	重大研究计划	35	吕圭源	浙江中医药大学
95	2008	南海北部基础生物生产过程及其对碳循环的调控研究-深化与集成	90711006	重大研究计划	190	宁修仁、蔡昱明	国家海洋局第二海洋研究所

续表

序号	年份	项目名称	编号	项目类型	经费/万元	负责人	承担单位
96	2008	基于诱导ES细胞定向分化的化合物库构建和信号转导分子事件发现	90813026	重大研究计划	60	俞永平	浙江大学
97	2008	基于常微分方程的程序死锁检测研究	90818013	重大研究计划	50	丁佐华	浙江理工大学
98	2008	基于模型和规约的无线传感器网络应用系统验证方法	90818010	重大研究计划	50	李光辉	浙江农林大学
99	2009	面向互联网的跨媒体挖掘与搜索引擎	90920303	重大研究计划	280	庄越挺	浙江大学
100	2009	基于神经管理学的非常规突发事件下“氛围—个体—群体”与“生理—心理—行为”多层耦合规律和组合干预研究	90924304	重大研究计划	150	马庆国	浙江大学
101	2009	基于组群信息刷新的非常规突发事件资源配置优化决策研究	90924023	重大研究计划	35	刘南	浙江大学
102	2009	大面积、高深-宽比微纳结构(HARMS)的超精密在线测量基础技术研究	90923031	重大研究计划	50	居冰峰	浙江大学
103	2009	基于向量式有限元的强地震动场作用下大跨度斜拉桥的倒塌模式与模式控制研究	90915008	重大研究计划	50	段元锋	浙江大学
104	2009	Sr基充满型钨青铜铌酸盐铁电与弛豫铁电陶瓷新体系的结构与性能	90922024	重大研究计划	50	陈湘明	浙江大学
105	2009	新型铁基超导体的结构设计、制备与表征	90922002/A040206	重大研究计划	50	曹光旱	浙江大学
106	2009	基于法拉第旋光效应的激光偏振干涉纳米测量原理与方法	90923026/E051102	重大研究计划	50	陈本永	浙江理工大学
107	2010	半导体耦合量子态及红外发光增强研究	91021020/A040210	重大研究计划	70	吴惠桢	浙江大学
108	2010	大肠癌干细胞MAPK/AKT信号途径相关miRXAs功能鉴定及表观遗传调控研究	91019005/C06	重大研究计划	60	黄建	浙江大学
109	2010	三桥穴醚分子机器的设计、制备与应用	91027006/B020506	重大研究计划	60	黄飞鹤	浙江大学
110	2010	低氧在非可控性炎症促进肿瘤恶性转化中的作用研究	91029745/H3105	重大研究计划	60	何俏军	浙江大学
111	2010	浸没流场及纳米气泡对45纳米光刻分辨率的影响	91023015/E050202	重大研究计划	50	傅新	浙江大学
112	2010	骨髓基质炎性因子在成纤维细胞与多发性骨髓瘤关系中的作用与机理研究	91029740/H1616	重大研究计划	60	蔡真	浙江大学

续表

序号	年份	项目名称	编号	项目类型	经费/万元	负责人	承担单位
113	2010	高超飞行器基于多源信息检测识别与跟踪若干问题研究	91016020	重大研究计划	70	文成林	杭州电子科技大学
114	2010	连接B[a]P/B[a]PDE诱导的肺慢性炎症微环境至肺癌发生发展的分子机制	91029706	重大研究计划	60	高基民	温州医科大学
115	2010	南海西南次海盆中脊3D地震成像及其构造演化	91028006	重大研究计划	450	李家彪	国家海洋局第二海洋研究所
116	2011	南海北部物质搬运与沉积的海洋动力机制	91128204	重大研究计划	420	陈大可	海洋二所
117	2011	外周免疫刺激诱发的初级视觉感觉环路重构	91132712	重大研究计划	80	周煜东	浙江大学
118	2011	基于新型超分子识别材料发热元素锶与铯色谱分离新技术新方法	91126021	重大研究计划	82	张安运	浙江大学
119	2011	磁约束核聚变等离子体微观湍流输运的大规模平行模拟	91130031	重大研究计划	70	肖湧	浙江大学
120	2011	双相情感障碍的功能环路与人格特点-情感皮层认知与脑干反射研究	91132715	重大研究计划	70	王伟	浙江大学
121	2011	生物矿化中的自组装及硬组织仿生修复	91127003	重大研究计划	70	唐睿康	浙江大学
122	2011	海马新生神经元在Aβ诱导的神经环路障碍中的作用	91132713	重大研究计划	80	孙秉贵	浙江大学
123	2011	精神分裂症易感因子神经调节素-1及其受体ErbB4对大脑皮层神经环路的调节	91132714	重大研究计划	80	李晓明	浙江大学
124	2011	支持无人驾驶车辆的交通标识图文识别与理解	91120302	重大研究计划	280	蔡登	浙江大学
125	2011	复杂介质中波传播反问题的理论分析、计算方法及应用	91130004	重大研究计划	300	包刚	浙江大学
126	2011	大基元晶体的制备及表征	91122022	重大研究计划	50	李超荣	浙江理工大学
127	2011	MOF基主客体电荷转移型晶态光敏材料的研究	91122012	重大研究计划	50	韩磊	宁波大学
128	2011	可调控手性分子组装体的设计、制备及其催化性能研究	91127010	重大研究计划	70	吴静	杭州师范大学
129	2011	南海北部“生物泵”全深度锚系观测及调控机制研究	91128212	重大研究计划	320	陈建芳	国家海洋局第二海洋研究所
130	2011	通过调控构筑基元的几何构型实现超分子聚合物的可控聚合	91127032	重大研究计划	70	尹守春	杭州师范大学

续表

序号	年份	项目名称	编号	项目类型	经费/万元	负责人	承担单位
131	2011	指导专家组调研和组织学术交流会费用	91132000	重大研究计划	200	段树民	浙江大学
132	2012	基于fMRI的前颞叶切除术后记忆重塑机制的研究	91232701	重大研究计划	60	朱君明	浙江大学
133	2012	多视野高维复杂数据融合降维方法与理论研究	91230112	重大研究计划	65	张振跃	浙江大学
134	2012	炎症恶性转化的肠癌内源性分子调控网络的建立	91229104	重大研究计划	90	张苏展	浙江大学
135	2012	突触亚群形成及其环路功能组建与情感障碍行为的基础	91232303	重大研究计划	300	罗建红	浙江大学
136	2012	ES细胞衍生肝组织TGF-β-micro RNA炎症绩路调控肝癌发生研究新体系	91229124	重大研究计划	110	楼宜嘉	浙江大学
137	2012	利用新颖微纳结构提高光伏和光热伏太阳能电池的效率	91233208	重大研究计划	300	何赛灵	浙江大学
138	2012	基于Gabl关联信号转导缺陷的脑胆碱能神经环路损伤机制及药物调控	91232705	重大研究计划	70	韩峰	浙江大学
139	2012	有机纳米晶体/无机纳米晶体有序复合光伏材料与器件	91233114	重大研究计划	80	陈红征	浙江大学
140	2012	基于UPy/NAPy相互作用的超分子胶囊的构筑与性质研究(一)	91227105	重大研究计划	75	杨勇	浙江理工大学
141	2012	南海西南次海盆残余扩张中心MORB研究:对地幔源区性质和海底扩张历史的约束	91228101	重大研究计划	100	韩喜球	国家海洋局第二海洋研究所
142	2012	指导专家组调研和组织学术交流会费用	91232000	重大研究计划	200	段树民	浙江大学
143	2012	南海中南礼乐断裂的海底地震仪探测与研究	91228205	重大研究计划	300	阮爱国	海洋二所
144	2013	MAPK级联信号在植物生长发育过程中对生长素合成的调节	91317303	重大研究计划	180	张舒群	浙江大学
145	2013	基质金属蛋白酶-8在调控干细胞向血管平滑肌细胞分化及血管损伤修复中的作用机制研究	91339102	重大研究计划	80	张力	浙江大学
146	2013	ZnO发光二极管研制与发光效率提升机制研究	91333203	重大研究计划	350	叶志镇	浙江大学
147	2013	高温高压鼓泡塔中气泡群运动的实验观察与数学模拟	91334105	重大研究计划	75	李希	浙江大学

续表

序号	年份	项目名称	编号	项目类型	经费/万元	负责人	承担单位
148	2013	非光滑凸优化问题的快速算法及其在图像分析中的应用	91330105	重大研究计划	65	孔德兴	浙江大学
149	2013	癫痫异常网络导致认知行为障碍的分子基础	91332202	重大研究计划	300	陈忠	浙江大学
150	2013	食欲素介导的神经环路异常导致抑郁症发病机理研究	91332102	重大研究计划	60	包爱民	浙江大学
151	2013	负载贵金属催化剂表界面介尺度结构及作用机制研究	91334103	重大研究计划	75	王建国	浙江工业大学
152	2013	水稻株高及分蘖调控因子DTL1的分离及功能分析	91335103	重大研究计划	100	于彦春	杭州师范大学
153	2013	矩阵恢复的稀疏正则化算法及其应用	91330118	重大研究计划	65	曹飞龙	中国计量大学
154	2013	生长素极性输出载体PIN内吞与极性定位分子调控机理	91317304	重大研究计划	200	潘建伟	浙江师范大学
155	2013	水稻叶形建成调控网络及其理想株型育种利用研究	91335105	重大研究计划	100	张光恒	中国水稻研究所
156	2013	指导专家组调研和组织学术交流会费用	91332000	重大研究计划	200	段树民	浙江大学
157	2014	核用SiC_f/SiC复合材料结构设计与离子辐照评价	91426304	重大研究计划	1000	黄庆	中国科学院宁波材料技术与工程研究所
158	2014	南海深层西边界流的观测与模拟	91428206	重大研究计划	300	王桂华	国家海洋局第二海洋研究所
159	2014	IL-32及其触发的细胞因子网络在多发性骨髓瘤发生发展中的作用及机制研究	91429302	重大研究计划	100	蔡真	浙江大学
160	2014	指导专家组调研和组织学术交流会费用	91432000	重大研究计划	200	段树民	浙江大学
161	2014	缰核在抑郁症中的作用机制-基于分子、细胞、神经网络和行为水平的研究	91432108	重大研究计划	240	胡海岚	浙江大学
162	2014	前额叶皮层抑制性微环路在社交恐惧记忆调控中的作用	91432110	重大研究计划	80	徐晗	浙江大学
163	2014	基底外侧杏仁核抑制性神经环路的构建及其在恐惧中的作用和机制	91432306	重大研究计划	500	李晓明	浙江大学
164	2014	高性能、低成本新型量子点发光二极管的研究	91433204	重大研究计划	350	彭笑刚	浙江大学
165	2014	离子液体气-液界面结构和界面传递的机制和调控	91434115	重大研究计划	80	任其龙	浙江大学

续表

序号	年份	项目名称	编号	项目类型	经费/万元	负责人	承担单位
166	2014	多级孔分子筛催化裂解的介尺度现象及其作用机理研究	91434123	重大研究计划	80	程党国	浙江大学
167	2014	气固流化床中颗粒涡的形成、演化及其调控的机制研究	91434205	重大研究计划	300	王靖岱	浙江大学
168	2014	水稻枝梗形成的调控网络及其高产育种应用	91435105	重大研究计划	100	曾大力	中国水稻研究所
169	2014	作物株型发育与籽粒形成之间遗传互作调控网络解析新算法及其应用研究	91435111	重大研究计划	100	樊龙江	浙江大学
170	2014	FGF21改善动脉粥样硬化病变小鼠血管功能的潜在机制研究	91439123	重大研究计划	80	林灼锋	温州医科大学
171	2014	超燃冲压发动机给料的化学调控及其与湍流燃烧耦合	91441109	重大研究计划	80	方文军	浙江大学
172	2014	转录因子IRF4在固有淋巴细胞ILC介导的炎症性肠病中的调控机制研究	91442101	重大研究计划	90	汪洌	浙江大学
173	2014	mTOR-PP2A调控肿瘤相关巨噬细胞转化在胰腺癌中的作用研究	91442115	重大研究计划	90	白雪莉	浙江大学
174	2015	CRL4调控的DNA去甲基化与去甲基化DNA结合蛋白CXXC1在小鼠受精卵基因组重编程中的作用	91519313	重大研究计划	75	范衡宇	浙江大学
175	2015	主客体识别驱动的自组装及功能	91527301	重大研究计划	370	黄飞鹤	浙江大学
176	2015	波传播反问题的理论分析、计算方法及应用	91530116	重大研究计划	75	包刚	浙江大学
177	2015	沉淀法制备催化剂中介尺度行为研究及数理模型建立	91534113	重大研究计划	79	李小年	浙江工业大学
178	2015	芳环加氢炭负载型多相催化剂的多尺度设计及研制	91534114	重大研究计划	80	王勇	浙江大学
179	2015	气液固三相流鼓泡反应器中介尺度固液湍流与气泡诱导湍流耦合与调控机理研究	91534118	重大研究计划	67	杨晓钢	宁波诺丁汉大学
180	2015	超级稻增产基因的聚合和分子设计育种研究	91535205	重大研究计划	250	钱前	中国水稻研究所
181	2015	空基通信与导航定位融合设计方法研究	91538103	重大研究计划	80	赵民建	浙江大学
182	2015	microRNA-214在干细胞向平滑肌细胞分化和血管重构中的表观遗传机制	91539103	重大研究计划	80	朱建华	浙江大学

续表

序号	年份	项目名称	编号	项目类型	经费/万元	负责人	承担单位
183	2015	长非编码RNA及其蛋白复合物在TGF-β/Smad信号传导中的功能与机制	91540205	重大研究计划	290	冯新华	浙江大学
184	2015	燃烧室/涡轮耦合计算及其在热斑机理研究中的应用	91541108	重大研究计划	65	王高峰	浙江大学
185	2015	航空发动机燃烧不稳定性的数值模拟研究	91541202	重大研究计划	260	樊建人	浙江大学
186	2015	SPRY1对银屑病皮肤固有免疫的影响及机制研究	91542124	重大研究计划	70	满孝勇	浙江大学
187	2015	肝脏树突状细胞在移植肝区域免疫中的作用及机制研究	91542205	重大研究计划	280	郑树森	浙江大学
188	2015	针对碳基能源转化利用的沸石分子筛催化材料的设计合成	91545111	重大研究计划	70	孟祥举	浙江大学
189	2015	以丙烷选择性氧化制丙烯反应为导向的介孔复合金属氧化物催化剂的快速开发与设计	91545113	重大研究计划	85	范杰	浙江大学
190	2015	社交网络对产品和信息扩散的影响研究:网络结构,多模网络和环境因素	91546107	重大研究计划	43	陈熹	浙江大学
191	2015	气候与下垫面协同变化下的径流响应及其不确定性研究	91547106	重大研究计划	82	许月萍	浙江大学
192	2016	波传播反问题的数学分析、计算方法及应用	91630309	重大研究计划	250	包刚	浙江大学
193	2016	医学影像配准与融合的建模和算法	91630311	重大研究计划	250	孔德兴	浙江大学
194	2016	指导专家组调研和组织学术交流会费用	91632000	重大研究计划	200	段树民	浙江大学
195	2016	胆碱能神经元在恐惧条件化中调控前额叶皮层神经元活性与集群同步化机制的研究	91632105	重大研究计划	60	奚望	浙江大学
196	2016	基于人脑标本的阿尔茨海默病和精神分裂症的神经环路多模态跨尺度融合研究	91632109	重大研究计划	100	钟健晖	浙江大学
197	2016	高温电气转化池中介尺度结构和过程耦合机理的研究	91634102	重大研究计划	67	袁金良	宁波大学
198	2016	生物质流化床气化炉内介尺度结构和气化性能的研究	91634103	重大研究计划	67	库晓珂	浙江大学
199	2016	介尺度气泡流动结构的声学表征方法研究	91634110	重大研究计划	67	吴大转	浙江大学

续表

序号	年份	项目名称	编号	项目类型	经费/万元	负责人	承担单位
200	2016	高性能、低成本的多尺度孔道与结构催化材料	91634201	重大研究计划	300	肖丰收	浙江大学
201	2016	极性分子的精密光谱测量和激光冷却	91636104	重大研究计划	75	颜波	浙江大学
202	2016	以CXCR7为靶点改善EPCs功能治疗糖尿病缺血性血管疾病的效应和机制	91639111	重大研究计划	65	谭毅	温州医科大学
203	2016	具有催化功能的非编码RNA的结构与作用机制研究	91640104	重大研究计划	80	任艾明	浙江大学
204	2016	二穗短柄草长非编码RNA LNR2在光周期介导开花调控中的功能研究	91640109	重大研究计划	83	武亮	浙江大学
205	2016	航空煤油超临界压力部分预混湍流燃烧不稳定性的大涡模拟研究	91641108	重大研究计划	60	孟华	浙江大学
206	2016	嗜酸性粒细胞调控肺局部免疫反应的作用和分子机制研究	91642202	重大研究计划	200	李雯	浙江大学
207	2016	Exosome/TLR4通路在细颗粒物诱发血压升高中的作用机制	91643103	重大研究计划	82	刘翠清	浙江中医药大学
208	2016	大气细颗粒物与内皮细胞一氧化氮合成酶交互作用的分子机制研究	91643107	重大研究计划	79	庄树林	浙江大学
209	2016	垃圾焚烧厂细颗粒物暴露引发机体氧化-还原稳态失衡的分子机制及毒理效应研究	91643110	重大研究计划	90	王秀君	浙江大学
210	2016	原子尺度下甲烷完全燃烧过程中Pd基催化剂的结构演变与催化性能的原位电镜研究	91645103	重大研究计划	75	王勇	浙江大学
211	2016	沸石担载金属催化材料在生物质加氢反应中的选择性调控	91645105	重大研究计划	75	王亮	浙江大学
212	2016	澜沧江水沙变化及两相流力学机制	91647209	重大研究计划	325	孙志林	浙江大学
213	2016	溶酶体ATP酶ATP13A2在帕金森氏病运动及行为障碍中的作用机制	91649205	重大研究计划	230	刘俊平	杭州师范大学
214	2017	超级稻增产基因的聚合及分子设计育种利用研究	91735304	重大研究计划	450	钱前	中国水稻研究所
215	2017	铯原子介质中高阶模纠缠态在量子精密测量中应用	91736209	重大研究计划	360	张俊香	浙江大学
216	2017	反义长链非编码RNA Dscam1AS调控Dscam1可变剪接及其作用机制研究	91740104	重大研究计划	100	金勇丰	浙江大学
217	2017	肿瘤耐药相关lncRNA的自噬依赖性表达调控及其意义	91740106	重大研究计划	100	金洪传	浙江大学

续表

序号	年份	项目名称	编号	项目类型	经费/万元	负责人	承担单位
218	2017	植物环状RNA可变剪切的鉴定、形成机制及其在生长发育过程中的作用研究	91740108	重大研究计划	100	樊龙江	浙江大学
219	2017	正义lncRNA PET在靶基因翻译过程中的分子调控机制及功能研究	91740205	重大研究计划	300	周天华	浙江大学
220	2017	新基因Miga调控线粒体内质网相互作用的分子机制研究	91754103	重大研究计划	85	佟超	浙江大学
221	2017	能量匮乏条件下Mec1/ATR在细胞核、线粒体、自噬体和溶酶体/液泡互作过程中的功能及其分子机制的研究	91754107	重大研究计划	85	易聪	浙江大学
222	2017	介导线粒体和内质网互作的分子机器动态调控机制	91754111	重大研究计划	85	徐素宏	浙江大学
223	2017	Rab2＋膜泡介导的高尔基体与自噬小体互作的分子机制	91754113	重大研究计划	85	孙启明	浙江大学
224	1991	南海中北部海区环流“配合”性合作调查研究	49156003	重点项目	17	苏纪兰	海洋二所
225	1997	黄东海人海气旋爆发性发展过程的海气相互作用研究	47936200	重点项目	100	袁耀初	海洋二所
226	1999	大时滞系统理论及应用	69934030	重点项目	90	褚健	浙江大学
227	2000	超大规模集成电路(ULSI)用硅材中的杂质和缺陷的基础研究	50032010	重点项目	130	杨德仁	浙江大学
228	2000	水土流失的生态血液规律及其监控途径	30030030	重点项目	105	王兆骞	浙江大学
229	2000	虚拟现实中基于图象的建模和绘制	60033010	重点项目	110	石教英	浙江大学
230	2001	新型趋化因子MTP-2R及新型受体CCR-X1的功能及其机理研究	30130170	重点项目	145	王建莉	浙江大学
231	2001	新型稀土系氢材料的探索与机理研究	50131040	重点项目	120	雷永泉	浙江大学
232	2001	电磁场对细胞的作用位点和作用机制以及对其干预和应用	50137030	重点项目	150	姜槐	浙江大学
233	2002	昆虫对有毒化学物质的分子适应及其机理	30230070	重点项目	170	程家安	浙江大学
234	2002	设施园艺作物连作中土壤环境变化规律及其可持续利用的研究	30230250	重点项目	200	喻景全	浙江大学
235	2002	气固两相湍流拟序结构的直接数值模拟和实验研究	50236030	重点项目	100	樊建人	浙江大学

续表

序号	年份	项目名称	编号	项目类型	经费/万元	负责人	承担单位
236	2002	电力电子系统集成理论与若干关键技术研究	50237030	重点项目	150	钱照明	浙江大学
237	2002	基于人与组织多层互动匹配的企业家成长机制与创业环境	70232010	重点项目	90	王重鸣	浙江大学
238	2002	中国人力资本投资与劳动力市场管理研究	70233003	重点项目	90	姚先国	浙江大学
239	2003	极端环境下耐辐射球菌的适应机理及DNA修复和抗逆性新基因的发现	30330020	重点项目	125	华跃进	浙江大学
240	2003	微波介质陶瓷的关键基础问题	50332030	重点项目	140	陈湘明	浙江大学
241	2003	仿生医用高分子材料的研究	50333020	重点项目	100	胡巧玲	浙江大学
242	2003	机电产品创新设计的理论、方法、技术及其应用的研究	50335040	重点项目	120	冯培恩	浙江大学
243	2003	非线性随机动力学与控制的哈密顿理论体系及其应用	10332030	重点项目	160	朱位秋	浙江大学
244	2003	工业废水处理过程中的化工新技术与新方法研究	20336030	重点项目	160	雷乐成	浙江大学
245	2004	多源信息融合的基础理论和方法	60434020	重点项目	170	薛安克	杭州电子科技大学
246	2004	稀土新型催化剂和可控聚合反映研究	20434020	重点项目	150	沈之荃	浙江大学
247	2004	智能微胶囊的制备、特异识别与填充释放	20434030	重点项目	150	高长有	浙江大学
248	2004	有翅蚜迁飞传播虫霉流行病的能力与行为模式研究	30430150	重点项目	125	冯明光	浙江大学
249	2004	卵子发生过程中等位基因特异性甲基化修饰的表现遗传控制机制	30430370	重点项目	130	罗琛	浙江大学
250	2004	原癌基因RON在细支气管肺泡发病机制中的作用	30430700	重点项目	130	王明海	浙江大学
251	2004	消化系统恶性肿瘤蛋白质指纹图谱诊断模型的建立及蛋白质肿瘤标志物的筛选与鉴定	30430730	重点项目	130	郑树	浙江大学
252	2004	重金属在土壤-微生物-根系微界面迁移转化的分子机制	40432004	重点项目	130	陈英旭	浙江大学
253	2004	有机-无机半导体有序复合光电功能材料的研究	50433020	重点项目	200	陈红征	浙江大学
254	2004	大型航空整体结构件加工变形机理及精度保障技术	50535020	重点项目	140	柯映林	浙江大学
255	2004	基于化合物半导体材料高速光开关的研究	60436020	重点项目	180	王明华	浙江大学

续表

序号	年份	项目名称	编号	项目类型	经费/万元	负责人	承担单位
256	2004	Ⅳ-Ⅵ族半导体低维机构的光、磁学特性及其中红外激光器研究	10434090	重点项目	100	吴惠桢	浙江大学
257	2004	油料作物高油种质资源创制的机理及其应用	30430450	重点项目	125	陈锦清	浙江省农业科学院
258	2005	异向介质理论与应用基础研究	60531020	重点项目	200	孔金瓯	国际电磁科学院浙江大学分院
259	2005	双生病毒与番茄互作的分子机理研究	30530520	重点项目	150	周雪平	浙江大学
260	2005	无机基有机杂化非线性光学材料的基础研究	50332030	重点项目	200	钱国栋	浙江大学
261	2005	稳定优质的P型ZNO可控生长与同质ZNO-LED电致发光	50532060	重点项目	200	叶志镇	浙江大学
262	2005	氯盐侵蚀环境的混凝土结构耐久性设计与评估基础理论研究	50538070	重点项目	200	金伟良	浙江大学
263	2005	城市垃圾填埋场固、液、气相互作用及土力学机理	50538080	重点项目	220	陈云敏	浙江大学
264	2005	蛋白质结构的分子场建模、表达与分析	60533050	重点项目	200	彭群生	浙江大学
265	2005	远程沉浸式虚拟奥运博物馆关键技术研究	60533080	重点项目	150	潘志庚	浙江大学
266	2005	跨媒体海量信息的综合检索与智能技术的研究	60533090	重点项目	180	潘云鹤	浙江大学
267	2005	基于机器视觉传感器的月球车导航和控制	60534070	重点项目	180	刘济林	浙江大学
268	2005	燃煤锅炉关键参量检测与燃烧控制中的基础理论研究	60534030	重点项目	200	岑可法	浙江大学
269	2005	先进陶瓷精密高效加工技术基础研究	50535040	重点项目	150	袁巨龙	浙江工业大学
270	2006	可逆性人源性永生化肝细胞系的构建及其在生物型人工肝中的应用	30630023	重点项目	110	李兰娟	浙江大学
271	2006	植物镉超积累作用的生理化机制	30630046	重点项目	120	杨肖娥	浙江大学
272	2006	青藏高原一年生野生大麦特异基因的鉴定、发掘与利用研究	30630047	重点项目	145	张国平	浙江大学
273	2006	深海热液原位长期化学观测方法与系统研究	40637037	重点项目	180	陈鹰	浙江大学
274	2006	新型张力空间结构体系的基础理论和共性基础研究	50638050	重点项目	200	董石麟	浙江大学

续表

序号	年份	项目名称	编号	项目类型	经费/万元	负责人	承担单位
275	2006	高分子电解质材料在工程应用中的基础问题研究	50633030	重点项目	140	郑强	浙江大学
276	2006	超常颗粒多相流动力学模型	10632070	重点项目	200	林建忠	浙江大学
277	2007	土壤典型有机污染物界面过程及修复技术原理	20737002	重点项目	180	朱利中	浙江大学
278	2007	扬子鳄种群衰退的分子机理研究	30730019	重点项目	170	方盛国	浙江大学
279	2007	植被密度调控指数影响应水分梯度变化的规律及其根冠整合驱动机制研究	30730020	重点项目	150	王根轩	浙江大学
280	2007	NMDA受体亚型装配、膜运输及功能差异的分子机制研究	30730038	重点项目	160	罗建红	浙江大学
281	2007	媒介昆虫—病毒—植物互作加剧生物入侵的过程和生理机制	30730061	重点项目	160	刘树生	浙江大学
282	2007	肝移植术后免疫调节网络在乙肝病毒免疫逃逸中的机制研究	30730085	重点项目	155	郑树森	浙江大学
283	2007	海底热液口环境下甲壳类的特殊生命形式和分子机理	40730212	重点项目	165	杨卫军	浙江大学
284	2007	高性能热电材料的非平衡态制备科学和电声输运协调	50731006	重点项目	170	赵新兵	浙江大学
285	2007	海洋流体动能利用机械装备应用基础研究	50735004	重点项目	160	李伟	浙江大学
286	2007	气固两相湍流与燃烧相互作用的直接数值模拟和实验研究	50736006	重点项目	190	樊建人	浙江大学
287	2007	复杂产品虚拟样机多领域集成建模和协同模拟分析研究	60736019	重点项目	200	高曙明	浙江大学
288	2007	可有效降低大型生产过程能耗的控制理论与方法	60736021	重点项目	200	孙优贤	浙江大学
289	2007	基于人与组织匹配的组织变革行为与战略决策机制研究	70732001	重点项目	100	王重鸣	浙江大学
290	2008	基于多源卫星观测的热带海洋模拟和短期气候预测研究	40730843	重点项目	175	陈大可	海洋二所
291	2008	细胞壁耐铝的分子生理机制研究	30830076	重点项目	185	郑绍建	浙江大学
292	2008	非编码小RNA在对虾免疫中作用的分子机制	30330034	重点项目	175	章晓波	浙江大学
293	2008	复杂多相聚合物材料制备的活性/可控聚合的反应工程基础	20836007	重点项目	210	詹晓力	浙江大学
294	2008	多铁性材料的多物理场耦合力学研究	10S32009	重点项目	200	杨卫	浙江大学

续表

序号	年份	项目名称	编号	项目类型	经费/万元	负责人	承担单位
295	2008	大直径直拉硅单晶缺陷工程的基础研究	50332006	重点项目	200	杨德仁	浙江大学
296	2008	基于创新研究观念与创新研究方法的中国近代建筑史研究	50333007	重点项目	170	杨秉德	浙江大学
297	2008	复杂机电产品质量特性多尺度耦合理论与预防性控制技术	50S35008	重点项目	210	谭建荣	浙江大学
298	2008	持久性有毒有机物的环境过程、独立效应及其对映体选择性	20837002	重点项目	200	刘维屏	浙江大学
299	2008	海水法燃煤烟气脱硫的过程强化研究	2083600S	重点项目	220	雷乐成	浙江大学
300	2008	现代混凝土结构施工期性能的基础研究	50S33008	重点项目	200	金贤玉	浙江大学
301	2008	新型生物相容性心血管植入材料的研究	50830106	重点项目	200	计剑	浙江大学
302	2008	基于主客体分子识别的超分子聚合与大分子自组装	20834004	重点项目	220	黄飞鹤	浙江大学
303	2008	耐辐射球菌中DNA修复蛋白互作网络研究	30330006	重点项目	180	华跃进	浙江大学
304	2008	世界菝葜科植物的系统发育与生物地理学研究	30330011	重点项目	170	傅承新	浙江大学
305	2008	基于整合调节的中药配伍多目标优化方法字研究	30S30121	重点项目	165	程翼宇	浙江大学
306	2008	电子铁电体与巨介电材料的关键基问题及新体系探索	50832005	重点项目	180	陈湘明	浙江大学
307	2008	常微分方程与动力系统的分支理论和应用	10331003	重点项目	135	李继彬	浙江师范大学
308	2009	天然活性同系物选择性萃取分离的应用基础研究	20936005/30603	重点项目	200	任其龙	浙江大学
309	2009	基于非均相活性聚合过程建模的共聚物序列结构的可控制造	20936006	重点项目	160	李伯耿	浙江大学
310	2009	调控细胞迁移与分化的梯度医用高分子材料研究	20934003	重点项目	180	高长有	浙江大学
311	2009	生防真菌适应季节性逆境的分子生态机制研究	30930018	重点项目	180	冯明光	浙江大学
312	2009	基于数据的三维计算机动画理论与方法	60933007	重点项目	200	冯结青	浙江大学
313	2010	植入式脑机接口的信息解剖和交互的基础理论与关键技术	61031002	重点项目	240	郑筱祥	浙江大学

续表

序号	年份	项目名称	编号	项目类型	经费/万元	负责人	承担单位
314	2010	抗体分离过程中的介质、方法和集成化研究	21036005	重点项目	240	姚善泾	浙江大学
315	2010	杂环化合物合成中的新反应和新方法	21032005	重点项目	240	王彦广	浙江大学
316	2010	纳米尺度传导型表面等离激元生化传感的机理和芯片集成研究	61036012	重点项目	240	童利民	浙江大学
317	2010	中枢组胺及其受体对脑缺血后星形胶质细胞功能和胶质疤痕形成的作用及其机制研究	81030061	重点项目	240	陈忠	浙江大学
318	2010	基于ERFs基因家族成员的果蔬保鲜生物学机理研究	31030052	重点项目	200	陈昆松	浙江大学
319	2010	分子筛及其膜材料的吸附、扩散与分离性能研究	21036006	重点项目	240	朱伟东	浙江师范大学
320	2011	典型土壤环境界面复合污染过程及调控原理	21137003	重点项目	300	朱利中	浙江大学
321	2011	大气环境中材料薄液膜腐蚀的电化学基础理论研究	51131005	重点项目	300	张鉴清	浙江大学
322	2011	表面层层自组装膜载药新型人工晶状体构建及其对LECs增生、迁移和转分化抑制的多重机制和相关信号通路研究	3113001S	重点项目	260	姚克	浙江大学
323	2011	地带性土壤中天然纳米颗粒的表征及其对典型有机污染物关键界面过程的调控作用与机制	41130532	重点项目	280	徐建明	浙江大学
324	2011	经济结构转型、研发网络化情境下企业技术创新能力演化规律研究	71132007	重点项目	220	魏江	浙江大学
325	2011	多层结构过程控制系统性能实时监控、评估与优化	61134007	重点项目	290	苏宏业	浙江大学
326	2011	气道慢性炎症性疾病中HDAC2与炎症小体调控Th17/中性粒细胞的分子机制研究	31130001	重点项目	280	沈华浩	浙江大学
327	2011	集成有源及微纳集总参数元件的Mctamatcrial研究	61131002	重点项目	290	冉立新	浙江大学
328	2011	量子场论高阶微扰计算新方法的研究	11135006	重点项目	260	罗民兴	浙江大学
329	2011	创伤性休克致小肠粘膜免疫损伤:LPDCs的作用及机制研究	31130007	重点项目	240	梁廷波	浙江大学
330	2011	警报素HNP1-3在始动脓毒症致多脏器损伤中的作用、机制及其干预治疗的研究	31130036	重点项目	280	方向明	浙江大学

续表

序号	年份	项目名称	编号	项目类型	经费/万元	负责人	承担单位
331	2011	气固两相湍流边界层流动特性及多场多尺度耦合机理的研究	51136006	重点项目	290	樊建人	浙江大学
332	2011	环境催化纤维多场驱动下消除有机污染物的研究	51133006	重点项目	290	陈文兴	浙江理工大学
333	2011	亚微米及纳米颗粒两相湍流的研究	11132008	重点项目	280	林建忠	中国计量学院
334	2011	端粒、p53和mTOR信号分子在骨髓衰竭性疾病中的作用	81130074	重点项目	260	鞠振宇	杭州师范大学
335	2011	基于双逻辑的低功耗IP核设计基础理论与关键技术	61131001	重点项目	300	夏银水	宁波大学
336	2012	猪圆环病毒2与宿主细胞骨架蛋白相互作用的分子机制	31230072	重点项目	315	周继勇	浙江大学
337	2012	原位外场作用下“原子结构及亚埃分辨率”凝聚态体系力学等物理性质尺寸效应研究	11234011	重点项目	360	张泽	浙江大学
338	2012	快速鉴定微量药物杂质和代谢物结构的质谱裂解规律及新方法研究	81230080	重点项目	280	曾苏	浙江大学
339	2012	鲍曼不动杆菌主要抗菌药物耐药机制研究	81230039	重点项目	280	俞云松	浙江大学
340	2012	静电流化床的流场结构及过程强化的研究	21236007	重点项目	300	阳永荣	浙江大学
341	2012	中国企业自主创新与技术追赶理论研究:模式、机制与动态演化	71232013	重点项目	240	吴晓波	浙江大学
342	2012	长江三角洲地区低碳今村人居环境营建体系研究	51238011	重点项目	260	王竹	浙江大学
343	2012	基于并行分布策略的中国企业组织变革与文化融合机制研究	71232012	重点项目	300	王重鸣	浙江大学
344	2012	低成本高性能沸石分子筛膜的构建与分离系统优化	21236006	重点项目	300	王正宝	浙江大学
345	2012	抗原提呈细胞分化发育功能调控及参与炎症性自身免疫性疾病的表观遗传机制研究	81230074	重点项目	270	王青青	浙江大学
346	2012	核-壳界面构造与量子点光学性质单分散	21233005	重点项目	300	彭笑刚	浙江大学
347	2012	过渡金属催化的基于不饱和键的反应方法学研究	21232006	重点项目	300	麻生明	浙江大学
348	2012	解偶联蛋白家族在非酒精性脂肪性肝病慢性化过程中的作用及其机制研究	81230012	重点项目	270	厉有名	浙江大学

续表

序号	年份	项目名称	编号	项目类型	经费/万元	负责人	承担单位
349	2012	PTPX21基因突变和NKG2D为核心的免疫网络失衡在急性淋巴细胞白血病异基因干细胞移植后复发中的作用及机制	81230014	重点项目	270	黄河	浙江大学
350	2012	铁电氧化物一维单晶纳米材料的基础问题研究	51232006	重点项目	290	韩高荣	浙江大学
351	2012	环境变化对扬子鳄种群性比影响的分子机制	31230010	重点项目	290	方盛国	浙江大学
352	2012	膜翅目昆虫的系统发育与寄生习性进化	31230063	重点项目	285	陈学新	浙江大学
353	2012	探索式可视分析的基础理论与方法	61232012	重点项目	275	陈为	浙江大学
354	2012	GeFi模拟方法的发展及其对托克马克聚变等离子体物理的应用	11235009	重点项目	300	陈骝	浙江大学
355	2012	多维度新型异相Fenton-like催化剂及催化膜材料的设计、合成	21236008	重点项目	300	张国亮	浙江工业大学
356	2012	复杂动载下软弱土地基机场跑道长期运营沉降机理与灾变控制研究	51238009	重点项目	300	蔡袁强	温州大学
357	2013	高填充纳米粒子/橡胶体系的形态结构与流变行为	51333004	重点项目	311	郑强	浙江大学
358	2013	利用异源基因组渗入系和AB-QTL分析发掘青藏高原野生大麦特异种质	31330055	重点项目	287	张国平	浙江大学
359	2013	多能源储能系统构建理论、控制和设计方法	51337009	重点项目	300	徐德鸿	浙江大学
360	2013	多级孔道结构对催化反应的扩散调控基础研究	21333009	重点项目	310	肖丰收	浙江大学
361	2013	植物代生态随有效水分变化的物理生理生化定量规律研究	31330010	重点项目	290	王根轩	浙江大学
362	2013	肌肉铁稳态代的生理及分子机制	31330036	重点项目	308	王福俤	浙江大学
363	2013	城市交通供需结构演化机理与调控方法	51338008	重点项目	300	王殿海	浙江大学
364	2013	Def-Capn3蛋白降解新途径调控肝脏发育和再生的分子机制研究	31330050	重点项目	311	彭金荣	浙江大学
365	2013	SCX+NES+肌腱干细胞亚群分化的转录调控研究	81330041	重点项目	290	欧阳宏伟	浙江大学
366	2013	生物质热化学转化为高品位能源的基础问题研究	51336008	重点项目	280	骆仲泱	浙江大学
367	2013	转录因子OsERF3介导的水稻抗虫机理研究	31330065	重点项目	292	娄永根	浙江大学

续表

序号	年份	项目名称	编号	项目类型	经费/万元	负责人	承担单位
368	2013	肠道稳态变化与肝病重症化的因果关系及相互作用机制研究	81330011	重点项目	290	李兰娟	浙江大学
369	2013	新型仿生自扩展可降解心血管医用植入材料的研究	51333005	重点项目	300	计剑	浙江大学
370	2013	农业产业组织体系与农民合作社发展:以农民合作组织发展为中心的农业产业组织体系创新与优化研究	71333011	重点项目	220	黄祖辉	浙江大学
371	2013	核修饰基因调控母系遗传性耳聋发病机制及听觉功能重建的策略研究	81330024	重点项目	290	管敏鑫	浙江大学
372	2013	海底盾构隧道岩土工程设计理论与对策	51338009	重点项目	300	龚晓南	浙江大学
373	2013	基于宽带受激辐射的纳米光学成像技术研究	61335003	重点项目	260	丁志华	浙江大学
374	2013	单相室温多铁性材料的关键基础问题与新体系探究	51332006	重点项目	300	陈湘明	浙江大学
375	2013	帕米尔弧形构造带东北缘的扩展过程及构造与沉积响应	41330207	重点项目	310	陈汉林	浙江大学
376	2013	基于体感的新型互动计算理论、方法与关键技术的研究与应用	61332017	重点项目	300	潘志庚	杭州师范大学
377	2013	PRRT2突变相关发作性疾病的发病机制及卡马西平的干预机制	81330025	重点项目	290	吴志英	浙江大学
378	2013	城市排水管网系统的建模、优化运行与控制方法及应用	61333009	重点项目	310	薛安克	杭州电子科技大学
379	2013	硅基太赫兹通信集成电路基础理论与关键技术	61331006	重点项目	300	孙玲玲	杭州电子科技大学
380	2013	海洋航行体表面调控与仿生减阻机理	51335010	重点项目	320	薛群基	中国科学院宁波材料技术与工程研究所
381	2014	智能结构的非线性随机动力学与最优控制	11432012	重点项目	380	朱位秋	浙江大学
382	2014	面向复杂流动和几何的各向异性混合网格的并行及自适应生成方法	11432013	重点项目	330	郑耀	浙江大学
383	2014	适合容错量子计算的高性能超导量子比特的研制与调控	11434008	重点项目	370	王浩华	浙江大学
384	2014	非线性系统的对称性理论研究及其工程化应用	11435005	重点项目	340	楼森岳	宁波大学
385	2014	时空本质与相关效应的研究	11435006	重点项目	330	余洪伟	宁波大学

续表

序号	年份	项目名称	编号	项目类型	经费/万元	负责人	承担单位
386	2014	基于主客体分子识别的响应性高分子自组装体	21434005	重点项目	360	黄飞鹤	浙江大学
387	2014	智能响应性梯度医用高分子及其调控细胞迁移行为研究	21434006	重点项目	360	高长有	浙江大学
388	2014	多相微流控分析新方法的研究	21435004	重点项目	350	方群	浙江大学
389	2014	离子液体为介质分离低碳烃混合物的基础研究	21436010	重点项目	360	任其龙	浙江大学
390	2014	Z环收缩的能量转化及其精密调控机制研究	31430019	重点项目	325	叶升	浙江大学
391	2014	前额叶皮层非parvalbumin阳性GABA能神经元的发育与神经调节素1对其功能的调控	31430034	重点项目	322	李晓明	浙江大学
392	2014	竞争RNA二级结构调控互斥可变剪接的新机制研究	31430050	重点项目	330	金勇丰	浙江大学
393	2014	番茄低温弱光逆境应答中油菜素内酯的抗逆调控机制	31430076	重点项目	325	喻景权	浙江大学
394	2014	miRNA在对虾-病毒互作中的作用机理	31430089	重点项目	332	章晓波	浙江大学
395	2014	电磁波激励条件下多尺度异质功能结构中多物理过程耦合建模与高效算法研究	61431014	重点项目	320	尹文言	浙江大学
396	2014	双目视觉特性计算模型与三维视频视觉体验质量评价和处理	61431015	重点项目	320	虞露	浙江大学
397	2014	无源感知网络基础理论与关键技术	61432015	重点项目	350	朱艺华	浙江工业大学
398	2014	车用燃料电池系统与车辆动力学系统一体化建模与控制方法	61433013	重点项目	365	陈剑	浙江大学
399	2014	新型硫系玻璃光纤制备及其非线性应用	61435009	重点项目	361	戴世勋	宁波大学
400	2014	全球价值链与中国贸易竞争力研究	71433002	重点项目	240	葛嬴	浙江大学
401	2014	基于质量链协同的食品安全控制策略研究	71433006	重点项目	260	王海燕	浙江工商大学
402	2014	第四视皮层的功能结构和选择性注意的认知神经机制	81430010	重点项目	340	Anna Wang Roe	浙江大学
403	2014	胆道内多模态分子磁共振导航/射频增强恶性肿瘤介入基因治疗的基础研究	81430040	重点项目	320	杨晓明	浙江大学

续表

序号	年份	项目名称	编号	项目类型	经费/万元	负责人	承担单位
404	2014	抗体偶联药物细胞代谢动力学对药效学的作用机理研究	81430081	重点项目	320	陈枢青	浙江大学
405	2015	格的数学结构及其在编码与密码学中的应用	11531002	重点项目	230	陈豪	杭州电子科技大学
406	2015	子流形与曲率流	11531012	重点项目	230	许洪伟	浙江大学
407	2015	小波框架的构造及其在压缩感知领域中的应用	11531013	重点项目	230	李松	浙江大学
408	2015	非光滑随机系统动力学研究	11532011	重点项目	290	黄志龙	浙江大学
409	2015	基于质谱技术的有机反应中间体分析研究	21532005	重点项目	300	潘远江	浙江大学
410	2015	基于可控表界面工程的聚合物纳滤膜研究	21534009	重点项目	300	徐志康	浙江大学
411	2015	多相多组分聚烯烃产品在聚合过程中的结构调控	21536011	重点项目	298	李伯耿	浙江大学
412	2015	Msn家族激酶在Th17细胞分化及自身免疫炎症中的功能及机制研究	31530019	重点项目	287	鲁林荣	浙江大学
413	2015	铁稳态代谢感应新基因功能及分子机制研究	31530034	重点项目	274	王福俤	浙江大学
414	2015	自噬蛋白乙酰化修饰在自噬膜泡形成中的功能和调控	31530040	重点项目	285	刘伟	浙江大学
415	2015	扬子鳄冬眠生态习性的分子机制	31530087	重点项目	266	方盛国	浙江大学
416	2015	近135年印度洋偶极子集合预报试验及可预报性研究	41530961	重点项目	290	唐佑民	国家海洋局第二海洋研究所
417	2015	铸造晶体硅的杂质与缺陷	51532007	重点项目	290	杨德仁	浙江大学
418	2015	石墨烯纤维的结构调控及其与性能的关系研究	51533008	重点项目	290	高超	浙江大学
419	2015	离心泵内部流动不稳定机理及其控制策略研究	51536008	重点项目	300	朱祖超	浙江理工大学
420	2015	多重不确定因素下的智能电网风险调度理论与方法研究	51537010	重点项目	270	郭创新	浙江大学
421	2015	基于水声传感网络的海洋环境参数获取与处理	61531017	重点项目	290	楊子江	浙江大学
422	2015	多功能生物医学传感检测光电子集成芯片研究	61535010	重点项目	290	何建军	浙江大学
423	2015	肺泡微环境磷酸酶Shp2信号复合体调控上皮损伤介导肺纤维化的分子机制研究	81530001	重点项目	273	柯越海	浙江大学

续表

序号	年份	项目名称	编号	项目类型	经费/万元	负责人	承担单位
424	2015	抑癌基因FBW7在TGF-β引起肺上皮衰老中的角色	81530039	重点项目	273	刘俊平	杭州师范大学
425	2015	痢疾杆菌效应蛋白调节宿主信号通路的致病机制研究	81530068	重点项目	273	朱永群	浙江大学
426	2015	一个新型的共刺激通路B7-H5/CD28H在胰腺癌微环境中的免疫编辑作用及机制研究	81530079	重点项目	274	梁廷波	浙江大学
427	2016	非线性可积系统的几何结构与奇性分析	11631007	重点项目	230	屈长征	宁波大学
428	2016	主动转子系统动力学的建模、分析及控制理论	11632015	重点项目	300	祝长生	浙江大学
429	2016	非牛顿流体颗粒悬浮流及雾化射流的研究	11632016	重点项目	310	林建忠	中国计量大学
430	2016	多功能多嵌段共聚物的理性设计与可控制备	21636008	重点项目	294	罗英武	浙江大学
431	2016	水稻褐飞虱境外虫源不同种群遗传分化和迁飞分子标记研究	31630057	重点项目	279	张传溪	浙江大学
432	2016	寄生蜂PDVs对寄主小菜蛾脑神经肽的调控	31630060	重点项目	282	陈学新	浙江大学
433	2016	枇杷果实采后冷害木质化的多转录因子协同调控机制	31630067	重点项目	275	陈昆松	浙江大学
434	2016	仔猪肠道物理屏障对脂肪酸代谢的影响及抗菌肽调控机制研究	31630075	重点项目	274	汪以真	浙江大学
435	2016	传染性法氏囊病病毒蛋白VP3调控病毒复制的自噬调控机制研究	31630077	重点项目	276	周继勇	浙江大学
436	2016	病原诱导鱼类适应性免疫活化的共刺激信号途径与调节机制	31630083	重点项目	265	邵建忠	浙江大学
437	2016	Dscam转录本5'端高度多样性的发现和调控机制及其功能研究	31630089	重点项目	269	金勇丰	浙江大学
438	2016	地幔源区中的水与大陆溢流玄武岩的形成：以塔里木早二叠世玄武岩为例	41630205	重点项目	300	夏群科	浙江大学
439	2016	呋喃类难降解有机污染物的降解菌与共生菌互作抗逆机制研究	41630637	重点项目	292	吕镇梅	浙江大学
440	2016	有序微孔材料的光子功能构筑基础研究	51632008	重点项目	285	钱国栋	浙江大学
441	2016	深低温精馏过程强化机理研究	51636007	重点项目	280	邱利民	浙江大学
442	2016	非平稳荷载高功率密度永磁电机可靠性设计的理论与方法	51637009	重点项目	300	方攸同	浙江大学

续表

序号	年份	项目名称	编号	项目类型	经费/万元	负责人	承担单位
443	2016	混凝土结构全寿命周期耐久性能提升与控制的基础理论研究	51638013	重点项目	300	金伟良	浙江大学
444	2016	面向海洋环境的毫米波通信模块及平面集成关键技术研究	61631012	重点项目	250	黄季甫	宁波大学
445	2016	全断面大型掘进装备集成控制与优化运行理论及应用	61633019	重点项目	265	毛维杰	浙江大学
446	2016	基于近场强耦合效应的新型纳米激光器研究	61635009	重点项目	270	童利民	浙江大学
447	2016	基于互联网金融模式的结构性理财产品风险度量及应用研究	71631005	重点项目	230	陈荣达	浙江财经大学
448	2016	围产期营养因素对早产儿肺血管发育的调控机制及干预策略	81630037	重点项目	278	杜立中	浙江大学
449	2016	异常腺苷A2A受体信号为选择性保护氧诱导视网膜病变的新干预靶点	81630040	重点项目	280	陈江帆	温州医科大学
450	2016	退行性骨关节炎的亚型识别和再生研究	81630065	重点项目	278	欧阳宏伟	浙江大学
451	2016	FBXW7与LSD1非降解结合调节DNA损伤修复和肺癌形成的作用及机理	81630076	重点项目	278	孙毅	浙江大学
452	2016	角质形成细胞在银屑病发病机制中的作用研究	81630082	重点项目	278	郑敏	浙江大学
453	2016	Caspase-1介导的突触剥离在小儿热惊厥发生中的作用及其特异性拮抗剂的研究	81630098	重点项目	278	陈忠	浙江大学
454	2016	基于药物代谢与生物效应关联的补阳还五汤类方与缺血性中风气虚血瘀证相关的生物学基础研究	81630105	重点项目	275	万海同	浙江中医药大学
455	2017	随机环境的概率模型研究	11731012	重点项目	250	张立新	浙江大学
456	2017	非富勒烯有机太阳能电池中给/受体协同优化与高性能器件	21734008	重点项目	300	陈红征	浙江大学
457	2017	面向分子筛分的新型多孔骨架材料及复合膜应用基础研究	21736009	重点项目	300	张国亮	浙江工业大学
458	2017	链霉菌次级代谢调控通路的时序调控机制研究	31730002	重点项目	286	李永泉	浙江大学
459	2017	一个颠覆植物铝敏感性的类受体激酶的功能解析	31730006	重点项目	302	郑绍建	浙江大学
460	2017	Ufmylation修饰在端粒酶生物学功能调控中的作用和机制研究	31730020	重点项目	311	丛羽生	杭州师范大学

续表

序号	年份	项目名称	编号	项目类型	经费/万元	负责人	承担单位
461	2017	SRAD在DNA双链断裂损伤修复途径选择中的作用及其机制	31730021	重点项目	290	黄俊	浙江大学
462	2017	SMAD4酪氨酸磷酸化调控细胞功能的分子机制	31730057	重点项目	323	冯新华	浙江大学
463	2017	极端环境下卤虫异染色质调控胚胎休眠及细胞静息机制	31730084	重点项目	304	杨卫军	浙江大学
464	2017	大洋上层环流的位涡均一化理论研究	41730535	重点项目	314	陈大可	国家海洋局第二海洋研究所
465	2017	北太平洋铁的来源与传输及其对上层海洋生态系统的影响	41730536	重点项目	320	柴扉	国家海洋局第二海洋研究所
466	2017	植物/植被水分经济与碳经济与其区域分异规律研究—从干旱区到湿润区	41730638	重点项目	325	李彦	浙江农林大学
467	2017	增强相非均匀分布钛基复合材料设计理论及强韧化机理	51731009	重点项目	300	彭华新	浙江大学
468	2017	面向肿瘤精准诊疗的影像基因组学方法研究	61731008	重点项目	290	厉力华	杭州电子科技大学
469	2017	用于海洋的数字相控阵可重配置电路与系统研究	61731019	重点项目	280	徐志伟	浙江大学
470	2017	服装电子商务中的真实感建模与体验	61732015	重点项目	285	冯结青	浙江大学
471	2017	大数据学习的多通道虚拟环境自动构建	61732016	重点项目	305	许威威	浙江大学
472	2017	深穿透多尺度光遗传学精准操控方法研究	61735016	重点项目	280	斯科	浙江大学
473	2017	基于移频机制的宽场非标记超分辨成像新方法研究	61735017	重点项目	280	刘旭	浙江大学
474	2017	“互联网＋”嵌入企业协同创新生态系统研究:新范式与创新行为	71732008	重点项目	240	魏江	浙江大学
475	2017	提升基层医疗卫生服务能力研究	71734005	重点项目	245	郁建兴	浙江大学
476	2017	CD44/CD49d介导骨髓微环境庇护和MIRL抵抗穿孔素/颗粒酶杀伤途径在CAR T细胞治疗后急性淋巴细胞白血病CD19阳性复发中的作用和机制	81730008	重点项目	295	黄河	浙江大学
477	2017	下丘脑-垂体-睾丸轴对间质干细胞的调节以及其异常导致性功能低下的机制研究	81730042	重点项目	280	葛仁山	温州医科大学

续表

序号	年份	项目名称	编号	项目类型	经费/万元	负责人	承担单位
478	2017	胆固醇感受器SCAP/SREBP2/Insig-1在NLRP3炎症小体活化及其相关炎症代谢性疾病中的功能和机制研究	81730047	重点项目	293	王迪	浙江大学
479	2017	代谢重塑介导肝肿瘤细胞与免疫微环境相互作用的机制与功能	81730069	重点项目	290	赵斌	浙江大学
480	2017	基于硝化应激信号网络调控的脑卒中治疗药物靶标发现与药理学确证	81730101	重点项目	300	韩峰	浙江大学
481	2017	基于循证医学证据的中药榄香烯治疗肺癌靶标发现及逆转TKI耐药机制探究	81730108	重点项目	290	谢恬	杭州师范大学

资料来源：国家自然科学基金委网站。

附表2-2-2 以浙江省为主获得的国家级科技奖励项目清单

附表2-2-2-1 以浙江省为主获得的国家技术发明奖项目清单

序号	年份	获奖项目名称	主要完成人	完成单位	级别
1	2017	燃煤机组超低排放关键技术研发及应用	高翔、吴国潮、朱松强、郑成航、胡达清、岑可法	浙江大学浙江省能源集团有限公司浙江天地环保科技有限公司	一等
2	2017	超高速数码喷印设备关键技术研发及应用	陈耀武、汪鹏君、周华、葛晨文、田翔、周凡	浙江大学、宁波大学、浙江理工大学、杭州宏华数码科技股份有限公司	二等
3	2016	管外降膜式液相增黏反应器创制及熔体直纺涤纶工业丝新技术	陈文兴、金革、严旭明、刘雄、王建辉、张先明	浙江理工大学、浙江古纤道新材料股份有限公司、扬州惠通化工技术有限公司	二等
4	2016	重要脂溶性营养素超微化制造关键技术创新及产业化	陈志荣、仇丹、尹红、陈建峰、石立芳、李建东	浙江大学、宁波工程学院、北京化工大学、浙江新和成股份有限公司	二等
5	2016	基于声发射监控的聚烯烃流化床反应器新技术	阳永荣、王靖岱、蒋斌波、黄正梁、廖祖维、杨宝柱	浙江大学、中国石油化工股份有限公司齐鲁分公司	二等
6	2016	低功耗高性能软磁复合材料及关键制备技术	严密、吴琛、王新华、何时金、柯昕、张瑞标	浙江大学、横店集团东磁股份有限公司、浙江东睦科达磁电有限公司、天通控股股份有限公司	二等
7	2014	新型红外硫系玻璃制备关键技术及应用	聂秋华、戴世勋、徐铁峰、沈祥、王训四、姜杰	宁波大学、云南北方驰宏光电有限公司	二等
8	2014	深低温回热制冷关键技术及应用	陈国邦、邱利民、甘智华、金滔、黄永华、朱魁章	浙江大学、合肥低温电子研究所、中国电子科技集团公司第十六研究所	二等
9	2014	汽车电子嵌入式平台技术及应用	吴朝晖、李骏、吴成明、杨国青、陈文强、李红	浙江大学、中国第一汽车集团公司（第一汽车制造厂）、浙江吉利汽车研究院有限公司	二等
10	2013	传染性法氏囊病的防控新技术构建及其应用	周继勇、于涟、荣俊、杜元钊、刘爵、程太平	浙江大学、长江大学、青岛易邦生物工程有限公司、北京市农林科学院	二等
11	2013	钕铁硼晶界组织重构及低成本高性能磁体生产关键技术	严密、罗伟、马天宇、樊熊飞、姚宇良、王新华	浙江大学、浙江英洛华磁业有限公司、宁波科宁达工业有限公司	二等
12	2013	飞机数字化装配若干关键技术及装备	柯映林、李江雄、蒋君侠、方强、董辉跃、刘刚	浙江大学	二等

续表

序号	年份	获奖项目名称	主要完成人	完成单位	级别
13	2012	全有机溶剂中化学—酶法高效制备手性菊酯关键技术及产业化	杨立荣、吴坚平、徐刚、张伟华、杨泽华、徐永晨	浙江大学、常州康美化工有限公司	二等
14	2011	后期功能型超级杂交稻育种技术及应用	程式华、曹立勇、庄杰云、占小登、倪建平、吴伟明	中国水稻研究所	二等
15	2011	基于粗糙度系数快速测量技术的岩体结构面抗剪强度评价与应用	杜时贵、罗战友、胡晓飞、屠雄刚、黄曼、马小杰	绍兴文理学院、浙江科技学院、浙江工业职业技术学院、浙江建设职业技术学院	二等
16	2010	脂溶性维生素及类胡萝卜素的绿色合成新工艺及产业化	李浩然、陈志荣、胡柏剡、王从敏、胡兴邦、黄国东	浙江大学、浙江新和成股份有限公司	二等
17	2010	亚胺培南/西司他丁钠化学—酶法合成关键技术及产业化	郑裕国、沈寅初、郑仁朝、白骅、杨仲毅、杨志清	浙江工业大学、浙江海正药业股份有限公司	二等
18	2009	邮资机关键技术及其应用	张立彬、史伟民、胥芳、占红武、叶宝荣、姜子法	浙江工业大学、浙江理工大学、浙江省邮政科学研究所、杭州浙江工大普特科技有限公司	二等
19	2009	深海极端环境探测与采样装备技术	陈鹰、杨灿军、顾临怡、叶瑛、李世伦、金波	浙江大学、杭州电子科技大学	二等
20	2009	新一代控制系统高性能现场总线——EPA	褚健、金建祥、冯冬芹、于海斌、仲崇权、王平	浙江大学、浙江中控技术股份有限公司、中国科学院沈阳自动化研究所、大连理工大学、重庆邮电大学	二等
21	2009	聚四氟乙烯复合膜共拉伸制备方法与层压覆膜技术	郭玉海、张建春、张卫东、陈建勇、张华鹏、张华	浙江理工大学、总后军需装备研究所、北京化工大学	二等
22	2009	食品功能因子高效分离与制备中的分子修饰与吸附分离耦合技术	任其龙、杨亦文、吴平东、苏云、苏宝根、黄梅	浙江大学	二等
23	2008	高纯度井冈霉素生物催化生产井冈霉醇胺的产业化技术开发	郑裕国、沈寅初、陈小龙、薛亚平、裘国寅、傅业件	浙江工业大学、浙江钱江生物化学股份有限公司	二等
24	2008	废旧沥青再循环利用的成套关键技术	杨林江、张起森、吴超凡、汤薇、聂忆华、胡君明	浙江兰亭高科有限公司、长沙理工大学、湖南省交通科学研究院	二等
25	2008	基于计算机视觉的水果品质智能化实时检测分级技术与装备	应义斌、王剑平、饶秀勤、蒋焕煜、徐惠荣、陈永兴	浙江大学、杭州杭挂机电有限公司	二等
26	2008	电厂锅炉多种污染物协同脱除半干法烟气净化技术	骆仲泱、高翔、岑可法、倪明江、周劲松、方梦祥	浙江大学	二等

续表

序号	年份	获奖项目名称	主要完成人	完成单位	级别
27	2007	纺织品数码喷印系统及其应用	陈纯、金小团、杨诚、葛晨文、李卫明、卜佳俊	浙江大学	二等
28	2007	环锭紧密集聚纺系统关键技术研究及应用	竺韵德、程隆棣、周小平、邬建明、俞建勇、俞雨金	宁波韵升股份有限公司、东华大学	二等
29	2007	替代光气、氯化亚砜等有毒有害原料的绿色化学技术开发及推广应用	苏为科、夏建胜、李永曙、李峰、梁现蕊、谢媛媛	浙江工业大学、	二等
30	2007	激光合成波长纳米位移测量方法及应用	陈本永、李达成、周砚江、张丽琼、罗剑波、孙政荣	浙江理工大学	二等
31	2007	高速插秧机的机构创新、机理研究和产品研制	赵匀、陈建能、俞高红、曾联、李革、武传宇	浙江理工大学、	二等
32	2007	刨切微薄竹生产技术与应用	李延军、杜春贵、刘志坤、林海、林勇、庄启程	浙江农林大学、	二等
33	2006	LB多向变位桥梁伸缩装置	徐斌、吕忠达等	路宝集团	二等
34	2006	超临界二氧化碳萃取中药有效成分产业化应用技术	李大鹏	浙江中医药大学	二等
35	2004	家蚕“生物反应器”生产生物制品的方法	张耀洲、吴祥甫、金勇丰	浙江大学	二等
36	2003	高密度全显像数码仿真彩色丝织技术	李加林、金耀、王砚江、朱彦、屠永坚、付葵	浙江理工大学、浙江巴贝集团、杭州应用工程技术学院	二等
37	2001	刮吸手术解剖法的简历与多功能手术解剖器的研制	彭淑牖、彭承宏、蔡秀军、苏英、牟一平、江献川	浙江大学、浙江大学医学院附属邵逸夫医院、浙江大学医学院附属第二医院	二等
38	1997	煤水混合物异重床结团燃烧技术	岑可法	浙江大学	二等
39	1997	内腔式高亮度小发散角新光束CO_2激光器	王绍民	浙江大学	三等
40	1997	梳状二亲结构高性能降凝剂	戚国荣	浙江大学	三等
41	1997	内循环挡板型（UL）反应器在五万吨丙烯腈装置上的应用试验	戴擎镰	浙江大学	三等
42	1997	并联逆变中频感应加热电源直接自激起动技术	张仲超	浙江大学	四等
43	1997	防蚀多层减反射膜	顾培夫	浙江大学	四等
44	1996	聚丙烯中空纤维微孔膜的制备新方法及其氨/水分离新工艺	徐又一	浙江大学	三等

续表

序号	年份	获奖项目名称	主要完成人	完成单位	级别
45	1996	聚丙烯系塑料制品用的多功能底漆制造技术	林贤福	浙江大学	四等
46	1995	王浆蜂蜜双高产这农大1号意蜂品种的培育	陈盛禄	浙江大学	二等
47	1995	ZG-9000型显微高速摄影系统	郑增荣	浙江大学	四等
48	1995	制造高压超纯氢的储氢合金和氢净化压缩技术	王启东	浙江大学	四等
49	1993	三感觉智能抓取系统	何发昌、罗志增、卲远、毛希祥、寿庆丰	杭州电子科技大学	三等
50	1993	马尾松花粉的采集及储存技术	朱德俊	中国林业科学研究院亚热带林业研究所	四等
51	1993	辊式炉前燃烧成型装置	张学宏	浙江大学	四等
52	1992	Ka波段电介质参数测试仪	倪尔瑚	浙江大学	四等
53	1991	PC型模糊控制器	杜维	浙江大学	四等
54	1991	螺旋板式蜂窝点发酵冷却夹套	林兴华、蒋家羚、孙国有	浙江大学	四等
55	1991	地基基床系数的现场测定及消振新方法	李翼祺	浙江大学	三等
56	1990	用杭州紫金土仿制南宋官窑瓷	叶宏明、叶国珍等	浙江大学	二等
57	1990	高级翠青釉瓷及尖晶石型Fe-Cr发色技术	叶宏明、叶国珍等	浙江大学	三等
58	1989	含稀土桩帽用铸钢	李志章	浙江大学	三等
59	1989	低压降比调节阀	张玉润、祝和云、金建祥	浙江大学	三等
60	1989	低热值石煤的预热层燃技术与装置	岑可法	浙江大学	四等
61	1988	减压充氮直拉硅单晶技术	李立本、阙瑞麟	浙江大学	二等

附表2-2-2-2 历年以浙江省为主获得的国家自然科学奖获得清单

序号	年份	项目名称	主要完成人	完成单位	级别
1	2016	荧光传感金属-有机框架材料结构设计及功能构筑	钱国栋、崔元靖、杨雨、徐绘、王智宇	浙江大学	二等
2	2016	高增益电力变换调控机理与拓扑构造理论	何湘宁、李武华、杨波、张军明、钱照明	浙江大学	二等
3	2015	混凝土结构裂缝扩展过程双K断裂理论及控裂性能提升基础研究	徐世烺、梁坚凝、李庆华、吕朝锋、李庚英	浙江大学、大连理工大学、大连理工大学、汕头大学	二等
4	2014	双生病毒种类鉴定、分子变异及致病机理研究	周雪平、谢旗、陶小荣、崔晓峰、张钟徽	浙江大学、中国科学院遗传与发育生物学研究所	二等
5	2013	典型有机污染物多介质界面行为与调控原理	朱利中、陈宝梁、杨坤、林道辉	浙江大学	二等
6	2013	复杂对象的几何表示和计算理论与方法	鲍虎军、周昆、刘利刚、张纪文、蔺宏伟	浙江大学	二等
7	2013	一维纳米半导体材料的可控生长及其机理	杨德仁、张辉、杜宁、沙健、马向阳	浙江大学	二等
8	2012	低维强关联电子系统中的奇异自旋性质理论研究	王玉鹏、曹俊鹏、张平、陈澍、戴建辉	浙江大学、中国科学院物理研究所、北京应用物理与计算数学研究所	二等
9	2012	非线性应力波传播理论进展及应用	王礼立、任辉启、虞吉林、周风华、吴祥云	宁波大学、总参工程兵科研三所、中国科学技术大学、宁波大学、总参工程兵研究三所	二等
10	2007	ZnO基材料生长、P型掺杂与室温电致发光研究	叶志镇、吴惠桢、吕建国、朱丽萍、黄靖云	浙江大学	二等
11	2007	复杂非线性电力系统的稳定控制与智能优化理论与方法的研究	曹一家、叶旭东、韩祯祥、甘德强、江全元	浙江大学	二等
12	2006	蔬菜作物对非生物逆境应答的生理机制及其调控	喻景权、朱祝军、周艳虹、李英	浙江大学、浙江农林大学	二等
13	2005	掺碳直拉硅单晶氮及相关缺陷的研究	杨德仁、马向阳、李东升、余学功、李立本	浙江大学	二等
14	2005	工程气固两相流动中若干关键基础问题的研究	樊建人、岑可法、周昊、倪明江、骆仲泱	浙江大学	二等
15	2002	随机激励的耗散的哈密顿系统理论	朱位秋、黄志龙、雷鹰、应祖光、杨勇勤	浙江大学、中国石油大学	二等
16	2002	轨道简并强关联系统的SU(4)理论	李有泉、马启欣、施大宁、张富春、顾世建	浙江大学、南京航空航天大学	二等
17	1995	稻飞虱鸣声信息行为及机制	张志涛	中国水稻研究所、国船舶工业总公司第715研究所	四等

续表

序号	年份	项目名称	主要完成人	完成单位	级别
18	1995	非线性二阶偏微分方程、理论与应用	董光昌	浙江大学	四等
19	1995	光学与光电子薄膜理论与微结构的研究	唐晋发	浙江大学	四等
20	1995	数字电路设计理论的三层次研究	吴训威	浙江大学	四等
21	1991	列阵光学	王绍民	浙江大学	四等
22	1991	马丁-侯状态方程的发展和应用	侯虞钧	浙江大学	四等
23	1991	计算机图形生成和几何造型研究	梁友栋	浙江大学	三等
24	1989	列阵光学	王绍民	浙江大学	二等

附表2-2-2-3 历年以浙江省为主获得的国家科技进步奖项目清单

序号	年份	项目名称	主要完成人	主要完成单位	级别
1	2017	以防控人感染H7N9禽流感为代表的新发传染病防治体系重大创新和技术突破	李兰娟、舒跃龙、管铁、冯子健、袁国勇、高福、袁正宏、王宇、余宏杰、王大燕、高海女、王辰、郑树森、杨仕贵、杨维中、曹彬、陈鸿霖、李群、朱华晨、周剑芳、刘翟、高荣保、吴南屏、胡芸文、姚航平、张曦、俞亮、郑书发、吴凡、卢洪洲、王嘉、夏时畅、崔大伟、白天、梁伟峰、林赞育、武桂珍、揭志军、郭静、杜启泓、盛吉芳、刁宏燕、向妮娟、杨益大、赵翔、汤灵玲、邹淑梅、余斐、朱丹华	浙江大学医学院附属第一医院、中国疾病预防控制中心病毒病预防控制所、中国疾病预防控制中心、汕头大学、香港大学、复旦大学、中国科学院微生物研究所、上海市疾病预防控制中心、上海市第五人民医院、首都医科大学附属北京朝阳医院、浙江省疾病预防控制中心	特等
2	2017	竹林生态系统碳汇监测与增汇减排关键技术及应用	周国模、范少辉、姜培坤、杜华强、施拥军、单胜道、钟哲科、楼一平、李永夫、郑蓉	浙江农林大学、国际竹藤中心、中国林业科学研究院亚热带林业研究所、国家林业局竹子研究开发中心、浙江科技学院、中国绿色碳汇基金会、福建省林业科学研究院	二等
3	2017	《阿优》的科普动画创新与跨媒体传播	马舒建、李小方、曹小卉、秦德继	浙江省	二等
4	2017	《数学传奇——那些难以企及的人物》	蔡天新	浙江省	二等
5	2017	电能表智能化计量检定技术与应用	黄金娟	国网浙江省电力公司	二等
6	2017	干坚果贮藏与加工保质关键技术及产业化	郜海燕、陈杭君、宁正祥、陈先保、穆宏磊、梁嘉臻、吕金刚、房祥军、赵文革、令博	浙江省农业科学院、华南理工大学、洽洽食品股份有限公司、西北农林科技大学、广东广益科技实业有限公司、四川徽记食品股份有限公司、杭州姚生记食品有限公司	二等
7	2017	工业排放烟气用聚四氟乙烯基过滤材料关键技术及产业化	郭玉海、徐志梁、陈美玉、朱海霖、王峰、郑帼、唐红艳、周存、陈建勇、姜学梁	浙江理工大学、浙江格尔泰斯环保特材科技股份有限公司、西安工程大学、天津工业大学、浙江宇邦滤材科技有限公司	二等

续表

序号	年份	项目名称	主要完成人	主要完成单位	级别
8	2017	危险废物回转式多段热解焚烧及污染物协同控制关键技术	严建华、蒋旭光、李晓东、张文辉、池涌、陆胜勇、王琦、黄群星、马增益、李丽	浙江大学、杭州大地环保工程有限公司、中国市政工程华北设计研究总院有限公司、中国环境科学研究院、浙江物华天宝能源环保有限公司	二等
9	2016	浙江大学能源清洁利用创新团队	倪明江、严建华、骆仲泱、樊建人、高翔、周俊虎、周昊、周劲松、池涌、王智化、王树荣、黄群星、薄拯、张彦威、岑可法	浙江大学	创新团队
10	2016	金枪鱼质量保真与精深加工关键技术及产业化	郑斌、罗红宇、邓尚贵、郑道昌、杨会成、劳敏军、王加斌、陈小娥、王斌、周宇芳	浙江海洋学院、浙江省海洋开发研究院、浙江大洋世家股份有限公司、浙江兴业集团有限公司、海力生集团有限公司	二等
11	2016	支持工业互联网的全自动电脑针织横机装备关键技术及产业化	朱信忠、孙平范、李立军、吕恕、赵建民、吴启亮、徐慧英、胡跃勇、龚小云、刘越	浙江师范大学、宁波慈星股份有限公司、固高科技(深圳)有限公司	二等
12	2016	高性能玻璃纤维低成本大规模生产技术与成套装备开发	张毓强、曹国荣、杨国明、邢文忠、顾桂江、章林、何寿喜、张燕、张志坚、叶凤林	巨石集团有限公司	二等
13	2016	大功率船用齿轮箱传动与推进系统关键技术研究及应用	童水光、刘伟辉、颜克君、翁震平、从飞云、宋斌、程向东、唐登海、翁燕祥、赵俊渝	浙江大学、杭州前进齿轮箱集团股份有限公司、重庆齿轮箱有限责任公司、中国船舶科学研究中心(中国船舶重工集团公司第七〇二研究所)、无锡东方长风船用推进器有限公司	二等
14	2016	高安全成套专用控制装置及系统	王文海、黄建民、孙优贤、贾廷纲、陈积明、程鹏、许大庆、费敏锐、杨炯、朱武标	浙江大学、上海电气集团股份有限公司、上海三菱电梯有限公司、杭州优稳自动化系统有限公司、上海大学	二等
15	2016	设施蔬菜连作障碍防控关键技术及其应用	喻景权、周艳虹、王秀峰、孙治强、吴凤芝、张明方、师恺、王汉荣、陈双臣、魏珉	浙江大学、山东农业大学、河南农业大学、东北农业大学、浙江省农业科学院、河南科技大学、上海威敌生化(南昌)有限公司	二等

续表

序号	年份	项目名称	主要完成人	主要完成单位	级别
16	2015	浙江大学医学院附属第一医院终末期肝病综合诊治创新团队	郑树森、李兰娟、王伟林、陈智、徐骁、张珉、沈岩、周琳、吴健、徐凯进、严盛、俞军、杜维波、李君、胡振华	浙江大学	创新团队
17	2015	小分子靶向抗癌药盐酸埃克替尼开发研究、产业化和推广应用	丁列明、石远凯、孙燕、黄岩、张力、胡蓓、刘晓晴、张玲、胡云雁、周建英、赵琼、张树才、秦叔逵、张沂平、王东	贝达药业股份有限公司，中国医学科学院肿瘤医院，中山大学肿瘤防治中心（中山大学附属肿瘤医院、中山大学肿瘤研究所），中国医学科学院北京协和医院，浙江大学医学院附属第一医院（浙江省第一医院），中国人民解放军第三〇七医院，上海市肺科医院（上海市职业病防治医院），浙江省肿瘤医院，首都医科大学附属北京胸科医院，中国人民解放军第三军医大学第三附属医院	一等
18	2015	晚粳稻核心种质测21的创制与新品种定向培育应用	姚海根、张小明、姚坚、何祖华、石建尧、鲍根良、王淑珍、叶胜海、徐红星、管耀祖、孙祥良	浙江省农业科学院、嘉兴农科院、中科院上海生命科学研究院	二等
19	2015	南方特色干果良种选育与高效培育关键技术	黄坚钦、姚小华、戴文圣、吴家胜、王正加、王开良、李永荣、郑炳松、傅松玲、夏国华	浙江农林大学、中国林业科学研究院亚热带林业研究所、南京绿宙薄壳山核桃科技有限公司、安徽农业大学	二等
20	2015	异基因造血干细胞移植关键技术创新与推广应用	黄河、罗依、蔡真、王金福、肖浩文、施继敏、谭亚敏、林茂芳、来晓瑜、赵妍敏、金爱云、胡晓蓉、于晓虹	浙江大学	二等
21	2015	植物—环境信息快速感知与物联网实时监控技术及装备	何勇、杨信廷、史舟、刘飞、田宏武、罗斌、聂鹏程、冯雷、邵咏妮、张洪	浙江大学、北京农业信息技术研究中心、北京派得伟业科技发展有限公司、浙江睿洋科技有限公司、北京农业智能装备技术研究中心	二等

续表

序号	年份	项目名称	主要完成人	主要完成单位	级别
22	2015	中国海大陆架划界关键技术研究及应用	李家彪、刘保华、郝天珧、吴自银、黎明碧、方银霞、阳凡林、游庆瑜、郑彦鹏、杨鹰	国家海洋局第二海洋研究所、国家海洋局第一海洋研究所、国家海洋信息中心、国家海洋局第三海洋研究所、中国科学院地质与地球物理研究所、山东科技大学	二等
23	2014	东海区重要渔业资源可持续利用关键技术研究与示范	吴常文、程家骅、徐汉祥、戴天元、汤建华、张秋华、俞存根、李圣法、周永东、王伟定	浙江海洋学院、中国水产科学研究院东海水产研究所、浙江省海洋水产研究所、福建省水产研究所、江苏省海洋水产研究所、农业部东海区渔政局(中华人民共和国东海区渔政局)	二等
24	2014	污泥搅动型间接热干化和复合循环流化床清洁焚烧集成技术	严建华、池涌、王飞、俞保云、金余其、俞敏人、黄群星、李晓东、陆胜勇	浙江大学、天通吉成机器技术有限公司、嘉兴新嘉爱斯热电有限公司、天华化工机械及自动化研究设计院有限公司、南通万达锅炉有限公司、浙江物华天宝能源环保有限公司	二等
25	2014	阿卡波糖原料和制剂生产关键技术及产业化	郑裕国、李邦良、何璧梅、孙敏、吴晖、王远山、王亚军、周鲁谨、姚忠立、张颖	浙江工业大学、成都学院、华东医药股份有限公司、杭州中美华东制药有限公司、杭州华东医药集团新药研究院有限公司	二等
26	2014	重要植物病原物分子检测技术、种类鉴定及其在口岸检疫中应用	陈剑平、陈炯、陈先锋、顾建锋、段维军、郑红英、闻伟刚、程晔、崔俊霞、张慧丽	浙江省农业科学院、宁波检验检疫科学技术研究院、宁波大学	二等
27	2014	超级稻高产栽培关键技术及区域化集成应用	朱德峰、张洪程、潘晓华、邹应斌、侯立刚、黄庆、郑家国、吴文革、陈惠哲、霍中洋	中国水稻研究所、扬州大学、江西农业大学、湖南农业大学、吉林省农业科学院、广东省农业科学院水稻研究所、四川省农业科学院作物研究所	二等
28	2014	终末期肾病肾脏替代治疗关键技术创新与推广应用	陈江华、吴建永、寿张飞、方红、袁静、张萍、黄洪锋、姜虹、张晓辉、彭文翰	浙江大学	二等
29	2013	重症肝病诊治的理论创新与技术突破	李兰娟、郑树森、陈智、李君、王英杰、徐凯进、徐骁、陈瑜、刁宏燕、杜维波、王伟林、姚航平、吴健、曹红翠、潘小平	浙江大学	一等

续表

序号	年份	项目名称	主要完成人	主要完成单位	级别
30	2013	高端控制装备及系统的设计开发平台研究与应用	孙优贤、王文海、杨春节、刘兴高、黄建民、卢建刚、贾廷纲、沈新荣、徐正国、吴平、嵇月强、张益南、闫正兵、周伟、吴铁军	浙江大学、上海电气集团股份有限公司、杭州优稳自动化系统有限公司、杭州哲达科技股份有限公司	一等
31	2013	杨梅枇杷果实贮藏物流核心技术研发及其集成应用	陈昆松、徐昌杰、孙钧、孙崇德、李莉、张泽煌、江国良、郑金土、张波、王康强	浙江大学、浙江省农业厅经济作物管理局、四川省农业科学院园艺研究所、福建省农业科学院果树研究所、全国农业技术推广服务中心、宁波市林特科技推广中心、仙居县林业特产开发服务中心	二等
32	2013	长期循环动载下饱和软弱土地基灾变控制技术及应用	蔡袁强、高玉峰、王军、徐长节、刘吉福、孙宏磊、杨仲轩、郑建国、尹敬泽、黄腾	浙江大学、中国铁建港航局集团有限公司、温州大学、河海大学、广东省公路建设有限公司、机械工业勘察设计研究院	二等
33	2013	支气管哮喘分子发病机制及诊治新技术应用	沈华浩、钟南山、郑劲平、吴善东、王凯、李雯、陈爱欢、王苹莉、徐军、李靖	浙江大学医学院附属第二医院、广州医学院第一附属医院、杭州浙大迪迅生物基因工程有限公司	二等
34	2013	近海复杂水体环境的卫星遥感关键技术研究及应用	潘德炉、毛志华、蒋兴伟、何贤强、韩庚辰、苏奋振、刘仁义、翁光明、陆建新、王其茂	国家海洋局第二海洋研究所、国家卫星海洋应用中心、中国科学院地理科学与资源研究所、国家海洋环境监测中心、浙江大学、国家海洋局东海分局、浙江省海洋监测预报中心	二等
35	2012	盾构装备自主设计制造关键技术及产业化	杨华勇、洪开荣、张闵庆、韩亚丽、魏建华、杨磊、李建斌、龚国芳、黄圣、谢海波、张志国、刘振宇、黄健、陈馈、应群伟	浙江大学、上海隧道工程股份有限公司、中铁隧道集团有限公司、中铁隧道装备制造有限公司、杭州锅炉集团股份有限公司	一等
36	2012	优质早籼高效育种技术研创及新品种选育应用	胡培松、赵正洪、唐绍清、黄发松、王建龙、罗炬、周斌、张世辉、应杰政、吕燕梅	中国水稻研究所、湖南省水稻研究所、湖南金健米业股份有限公司	二等
37	2012	林木育苗新技术	张建国、许洋、王军辉、张俊佩、裴东、许传森、谢耀坚、袁冬明、徐虎智、毛向红	中国林业科学研究院林业研究所、国家林业局桉树研究开发中心、浙江宁波鄞州区林业技术管理服务站、河北省林业科学研究院	二等

续表

序号	年份	项目名称	主要完成人	主要完成单位	级别
38	2012	中华鳖良种选育及推广	龚金泉	杭州金达龚老汉特种水产有限公司	二等
39	2012	激光表面复合强化与再制造关键技术及其应用	姚建华、楼程华、叶钟、张群莉、沈红卫、陈智君、胡晓冬、孔凡志、骆芳、袁能军	浙江工业大学、杭州汽轮机股份有限公司、上海电气电站设备有限公司、杭州博华激光技术有限公司、浙江栋斌橡机螺杆有限公司	二等
40	2012	湿法高效脱硫及硝汞控制一体化关键技术与应用	高翔、骆仲泱、倪明江、岑可法、周劲松、王树荣、余春江、张涌新、朱燕群、文雅	浙江大学、浙江蓝天求是环保集团有限公司、浙江浙大网新机电工程有限公司、蓝天环保设备工程股份有限公司、广东电网公司电力科学研究院	二等
41	2012	炼油化工重大工程自动化控制与优化一体化系统关键技术研究	褚健、金建祥、苏宏业、黄文君、古勇、施一明、金晓明、裘坤、叶建位、张清	浙江大学、浙江中控技术股份有限公司	二等
42	2012	城市固体废弃物填埋场环境土力学机理与灾害防控关键技术及应用	陈云敏、詹良通、柯瀚、朱斌、王琦、王艳明、李育超、林伟岸、兰吉武、刘淑玲	浙江大学、中国市政工程华北设计研究总院、上海市政工程设计研究总院(集团)有限公司	二等
43	2012	心肌梗死后心肌组织修复和功能重建的机制研究及临床应用	王建安、陈绍良、戴建武、高传玉、魏盟、李占全、胡新央、赵颖军、陈冰、刘彦	浙江大学、南京市第一医院、中国科学院遗传与发育生物学研究所、河南省人民医院、上海交通大学附属第六人民医院、辽宁省人民医院	二等
44	2012	畜禽粪便沼气处理清洁发展机制方法学和技术开发与应用	董红敏、李玉娥、董泰丽、李倩、董仁杰、陈洪波、韦志洪、周行雨、朱志平、万运帆	中国农业科学院农业环境与可持续发展研究所、中国农业大学、杭州能源环境工程有限公司、山东民和牧业股份有限公司、中国社会科学院城市发展与环境研究所、清华大学、恩施土家族苗族自治州农业技术推广中心	二等
45	2011	万向基于汽车零部件及系统的“三位一体”创新体系建设		万向集团公司	二等
46	2011	复杂装备与工艺工装集成数字化设计关键技术及系列产品开发	谭建荣、张树有、王米成、叶盛、王珏、刘振宇、冯毅雄、伊国栋、裘乐淼、徐敬华	浙江大学、杭州鸿雁电器有限公司、海天塑机集团有限公司、浙江申达机器制造股份有限公司	二等

续表

序号	年份	项目名称	主要完成人	主要完成单位	级别
47	2011	跨行业的嵌入式系统软件平台SMART及其应用	陈纯、卜佳俊、应放天、陈刚、鲁东明、陈天洲、史烈、沈炜、季白杨、李志华	浙江大学	二等
48	2011	强潮海域跨海大桥建设关键技术	吕忠达、王仁贵、谭国顺、朱瑶宏、方明山、林原、高宗余、干伟忠、陈艾荣、金伟良	杭州湾大桥工程指挥部、中交公路规划设计院有限公司、中铁大桥局股份有限公司、中铁大桥勘测设计院有限公司、中铁二局股份有限公司、宁波工程学院、浙江省水利河口研究院	二等
49	2011	急性髓细胞白血病生物学特征研究及化疗新方案的创建和推广应用	金洁、钱文斌、徐荣臻、吴德沛、孟海涛、娄引军、黄健、童茵、佟红艳、童向民	浙江大学、苏州大学	二等
50	2011	从毒瘀虚论治系统性红斑狼疮的增效减毒方案构建与应用	范永升、温成平、姜泉、苏励、吴华香、刘维、谢志军、李秀央、李永伟、王新昌	浙江中医药大学、中国中医科学院广安门医院、上海中医药大学附属龙华医院、浙江大学医学院附属第二医院、天津中医药大学第一附属医院、浙江大学	二等
51	2011	微创脊柱外科新技术的研究与临床应用	池永龙、徐华梓、高伟阳、戴力扬、王向阳、倪文飞、林焱、黄其杉、毛方敏	温州医科大学附属第二医院、上海交通大学医学院附属新华医院	二等
52	2011	卵巢癌进展机制及其阻遏策略的研究与应用	谢幸、马丁、崔恒、吕卫国、王世宣、昌晓红、陈怀增、王常玉、冯捷、虞和永	浙江大学、华中科技大学同济医学院附属同济医院、北京大学人民医院	二等
53	2010	水稻重要种质创新及其应用	钱前、朱旭东、程式华、曾大力、杨长登、郭龙彪、李西明、胡慧英、曹立勇、张光恒	中国水稻研究所	二等
54	2010	东南部区域森林生态体系快速构建技术	江波、周国模、袁位高、叶功富、余树全、张方秋、张金池、周志春、李土生、朱锦茹	浙江省林业科学研究院、浙江农林大学、福建省林业科学研究院、广东省林业科学研究院、南京林业大学、中国林业科学研究院亚热带林业研究所、浙江省林业生态工程管理中心	二等
55	2010	核电站密封新技术、新产品及应用	励行根、王晓江、宋炜、蔡仁良、牛艳颖、陈宝成、李江、励洁、励勇、辛培梅	宁波天生密封件有限公司、中国核电工程有限公司	二等

续表

序号	年份	项目名称	主要完成人	主要完成单位	级别
56	2010	百万册数字图书馆的多媒体技术和智能服务系统	庄越挺、潘云鹤、高文、黄铁军、吴江琴、田永鸿、竺海康、肖珑、秦曾复、洪修平	浙江大学、北京大学、中国科学院研究生院、复旦大学、南京大学、中国人民大学、四川大学	二等
57	2010	面向大规模城域监控的流媒体关键技术及装备	陈耀武、季向阳、汪鹏君、余福荣、丁贵广、段会龙、田翔、蒋荣欣、马汉杰、周凡	浙江大学、清华大学、宁波大学、杭州华三通信技术有限公司、南昌航空大学	二等
58	2010	大功率中速船用柴油机关键技术研究及产业化	吴　杰、俞小莉、冯志敏、沈瑜铭、娄华、金传培、杨国华、王炳辉、冯立泉、周佩琴	宁波中策动力机电集团有限公司、浙江大学、宁波大学、天津市三焱电渣钢有限公司	二等
59	2010	提高出生人口质量的生殖技术创建、体系优化与临床推广应用	黄荷凤、陈子江、刘嘉茵、林俊、吕时铭、金帆、朱依敏、董旻岳、徐晨明、翁炳焕	浙江大学、山东大学、南京医科大学	二等
60	2010	面向现代服务业的钱塘平台软件研制及产业化应用	吴朝晖、尹建伟、吴健、李莹、邓水光、范径武、季白杨、陈华钧、蒋建圣、杨建华	浙江大学、恒生电子股份有限公司、信雅达系统工程股份有限公司	二等
61	2009	竹炭生产关键技术、应用机理及系列产品开发	张齐生、周建斌、张文标、马灵飞、鲍滨福、陈文照、陆继圣、邵千钧、叶良明、钱俊	浙江农林大学、南京林业大学、遂昌县文照竹炭有限公司、衢州民心炭业有限公司、福建农林大学、浙江富来森中竹科技股份有限公司、浙江建中竹业科技有限公司	二等
62	2009	鲟鱼繁育及养殖产业化技术与应用	孙大江、庄平、曲秋芝、章龙珍、王斌、马国军、张涛、李来好、叶维钧、朱华	中国水产科学研究院黑龙江水产研究所、中国水产科学研究院东海水产研究所、杭州千岛湖鲟龙科技开发有限公司、中国水产科学研究院南海水产研究所、中国水产科学研究院长江水产研究所、华东师范大学、北京市水产科学研究所	二等
63	2009	吉利战略转型的技术体系创新工程建设		浙江吉利控股集团有限公司	二等
64	2009	水煤浆代油洁净燃烧技术及产业化应用	岑可法、周俊虎、刘建忠、曹欣玉、黄镇宇、程军、周志军、杨卫娟、王智化、张彦威	浙江大学、浙江百能科技有限公司	二等

续表

序号	年份	项目名称	主要完成人	主要完成单位	级别
65	2009	自主知识产权32位嵌入式CPU系列及其数字电视等领域SOC产业化应用	严晓浪、张明、郑茳、葛海通、肖佐楠、黄智杰、张培勇、孟建熠、匡启和、黄凯	浙江大学、杭州国芯科技有限公司、苏州国芯科技有限公司、杭州中天微系统有限公司	二等
66	2009	原位抽取热湿法在线紫外/可见光纤光谱气体分析系统研制及产业化	王健、韩双来、叶华俊、顾海涛、孙斌强、王欣、谢正春、杨松杰、翁兴彪、刘伟宁	杭州电子科技大学、聚光科技(杭州)有限公司	二等
67	2009	低温共烧片式多层微波陶瓷微型频率器件产业化关键技术	杨辉、陆德龙、张启龙、朱玉良、厉鲁卫、胡元云、王家邦、沈永增、郭兴忠、许赛卿	浙江大学、浙江正原电气股份有限公司、浙江工业大学	二等
68	2009	结构性软弱土地基灾变控制关键技术与工程应用	陈云敏、陈仁朋、凌道盛、朱瑞燕、周燕国、童建国、朱斌、柯瀚、詹良通、黄博	浙江大学、浙江省电力设计院	二等
69	2009	畜禽养殖废弃物生态循环利用与污染减控综合技术	陈英旭、常志州、郑平、黄武、邓良伟、李延、吴伟祥、徐向阳、石伟勇、泮进明	浙江大学、浙江省沼气太阳能科学研究所、江苏省农业科学院、福建农林大学	二等
70	2009	当归提取物治疗高血压病的作用机制与临床研究	吕圭源、陈素红、潘智敏、陈建真、葛卫红、宋玉良、李万里、石森林、陈子江、俞巧仙	浙江中医药大学、温州医科大学	二等
71	2009	无线多媒体通信传输与终端系统关键技术的创新及应用	何加铭、曹志刚、郑紫微、蒋刚毅、徐铁峰、聂秋华、李有明、徐立华、郑坚江、王泰雷	宁波大学、清华大学、大连海事大学、宁波波导股份有限公司、奥克斯集团有限公司、上海优思通信科技有限公司、宁波新然电子信息科技发展有限公司	二等
72	2009	腹腔镜技术在肝胆胰脾外科的临床研究及应用	蔡秀军、彭淑牖、虞洪、梁霄、王先法、王一帆、洪德飞、魏琪、朱玲华、李立波	浙江大学	二等
73	2009	单纯性近视防治的临床研究及应用	瞿佳、胡诞宁、吕帆、周翔天、王勤美、蒋丽琴、闫东升、沈梅晓、周仲楼、王教	温州医科大学	二等
74	2008	节能型饮用水深度处理系列设备的研发与产业化	叶建荣、徐志康、陆茵、李明举、诸惠昌、苏艺杰、宋德华、黄小军、万灵书、张春云	宁波沁园集团有限公司、宁波大学、浙江大学	二等

续表

序号	年份	项目名称	主要完成人	主要完成单位	级别
75	2008	纳米硅复合薄膜的快速沉积及节能镀膜玻璃产业化关键技术	韩高荣、杜丕一、宋晨路、翁文剑、杨辉、沈鸽、张溪文、赵高凌、徐刚、刘涌	浙江大学、杭州蓝星新材料技术有限公司	二等
76	2007	规模化猪禽环保养殖业关键技术研究与示范	徐子伟、李永明、邓波、冯尚连、薛智勇、楼洪兴、刘敏华、周立明、华卫东、费笛波	浙江省农业科学院、浙江绿嘉园牧业有限公司、宁波舜大股份有限公司	二等
77	2007	基于丝素反应特性调控原理的蚕丝高色牢度染色技术开发及产业化	邵建中、沈一峰、王柏忠、张青山、赵之毅、刘今强、林鹤鸣、王海平、杨爱琴、郑今欢	浙江理工大学、杭州喜得宝集团有限公司、浙江丝绸科技有限公司(浙江丝绸科学研究院)	二等
78	2007	新型有机膨润土机器在污染控制中的应用	朱利中、陈宝梁、雷乐成、沈学优、王春伟、李济吾、田森林、苏玉红、葛渊数	浙江大学、浙江华特实业集团华特化工有限公司	二等
79	2007	感染微生态学建立及应用研究	李兰娟、俞云松、吴仲文、周志慧、盛吉芳、马伟杭、陈亚岗、王建国、陈春雷、萨晓婴	浙江大学、浙江华特实业集团华特化工有限公司	二等
80	2007	工厂化农业(园艺)关键技术研究与示范	李天来、陈殿奎、申茂向、陈日远、余纪柱、马承伟、张志斌、张福墁、徐志豪、邹志荣	沈阳农业大学、北京市农林科学院、华南农业大学、上海市农业科学院、浙江农业科学院、中国农业大学、中国农业科学院蔬菜花卉研究所	二等
81	2007	白内障发病的相关机制与防治研究	姚克、申屠形超、叶娟、徐雯、徐志康、陈佩卿、吴任毅、孙朝晖、王凯军、汤霞靖	浙江大学、浙江华特实业集团华特化工有限公司	二等
82	2007	Leber遗传性视神经并研究	瞿佳、管敏鑫、周翔天、童绛、韦企平、胡咏斌、孙艳红、赵福新、吕帆、陈洁	温州医科大学、福建医科大学附属第一医院、北京中医药大学东方医院	二等
83	2007	环锭紧密集聚纺系统关键技术研究及应用	竺韵德、程隆棣、周小平、邬建明、俞建勇、俞雨金	宁波德昌紧密纺织机械有限公司、东华大学	二等
84	2007	朱鹮拯救与保护研究	路宝忠、丁长青、余晓平、王万云、刘冬平、卢西荣、翟天庆、席咏梅、张跃明、丁海华	山西朱鹮保护观察站、中国科学院动物研究所、陕西省动物研究所、陕西省自然保护区和野生动物管理站、中国林业科学研究院森林生态环境与保护研究所、陕西师范大学、浙江大学	二等

续表

序号	年份	项目名称	主要完成人	主要完成单位	级别
85	2007	全合成大尺寸光纤预制棒	吴兴坤、王建沂、卢卫民、吴海港、曹松峰、张立永、李群星、杨军勇、陈海斌、羊荣金	富通集团有限公司	二等
86	2006	海水生物活饵料和全熟膨化私聊的关键技术创新与产业化	严小军、吴天星、张邦辉、徐善良、骆其军、裴鲁青、黄勃、徐继林、刘宝忠、陆裕肖	宁波大学、宁波天邦股份有限公司、浙江大学、中国科学院海洋研究所	二等
87	2006	激光在线气体分析系统	王健、陈人、王欣、顾海涛、曾宏桦、刘罡、熊志才、张涛、佘检求、叶华俊	杭州电子科技大学、聚光科技(杭州)有限公司	二等
88	2006	全集成新一代工业自动化系统	孙优贤、王文海、皮道映、薛安克、曹永岩、黄逢时、杨春杰、林长枝、沈德堂、储消和	浙江大学、浙江浙大中自集成控制股份有限公司、杭州电子科技大学	二等
89	2006	生活垃圾循环流化床清洁焚烧发电集成技术	倪明江、严建华、岑可法、池涌、李晓东、蒋旭光、马增益、高翔、王飞、浦兴国	浙江大学	二等
90	2005	印水型水稻不育细胞的发掘及应用	张彗廉、邓应德、彭应财、沈希宏、干明福、方洪民、易俊章、沈月新、张国良、陈金节、熊伟,何国威	中国水稻研究所	一等
91	2005	禾谷多黏菌机器传播的小麦病毒种类、发生规律和综合防治技术应用	陈剑平、周益军、陈炯、程兆榜、程晔、侯庆树、郑滔、范永坚、刁春友、张国彦	浙江省农业科学院、江苏省农业科学院、江苏省植物保护站、河南省植物保护植物检疫站、安徽省植物保护总站	二等
92	2005	LR6 数码网电池盒生产线的研发及产业化	谢红卫、钱靖、朱效铭、钟华、吴思朝、虞琪、杨上华、王正雍、童奇波、龚彪	中银(宁波)电池有限公司	二等
93	2005	全自动电脑调浆系统	许光明、柴展、金成春、张东升、徐海江、蔡冬强、周卢、黄雷、郭杭、李乐君	杭州开源电脑技术有限公司	二等
94	2005	年产 3000 吨高质量毒死蜱技术开发与应用	徐振元、许丹倩、戴金贵、朱国念、陈敏、杨宏武、程敬丽、赵新勇、徐国钱、徐群辉	浙江工业大学、浙江新农化工有限公司、浙江大学	二等
95	2005	纳米磁电子信息功能材料	张怀武、兰中文、刘颖力、余中、钟智勇、苏桦、石玉、唐晓丽、贾利军、杨青慧	杭州电子科技大学、聚光科技(杭州)有限公司	二等

续表

序号	年份	项目名称	主要完成人	主要完成单位	级别
96	2005	我国大肠癌高危人群防治的基础与临床应用研究	郑树、张苏展、陈坤、袁瑛、蔡善荣、董琦、邓甬川、黄建、王林波、沈永洲	浙江大学、海宁市肿瘤研究所、嘉善县肿瘤防治所	二等
97	2004	我国水稻黑条矮缩病和玉米粗缩病病原、发生规律机器持续控制技术	陈剑平、周益军、陈声祥、范永坚、张恒木、朱叶芹、蒋学辉、程兆榜、孙国昌、勾建军	浙江省农业科学院、江苏省农业科学院、浙江省植物保护总站、江苏省植物保护站、河北省植保总站、山东省植物保护总站	二等
98	2004	超级稻协优9308选育、超高产生理基础研究及生产集成技术示范推广	程式华、陈深广、闵绍楷、朱德峰、王熹、孙永飞、叶曙光、赵剑群、吕和法、郑加诚	中国水稻研究所、浙江省新昌县农业局、浙江省温州市种子公司、浙江省农业厅、浙江省乐清市农业局、浙江省诸暨市农业技术推广中心	二等
99	2004	丝胶蛋白质结构调控及提高生丝产、质量新技术	陈文兴、凌荣根、吴鹤龄、陈建勇、胡智文、刘冠峰、邵建中、尤奇、陈时若、陈钟	浙江理工大学	二等
100	2004	大批量定制的技术体系及其在国产重要装备设计中的应用研究	谭建荣、祁国宁、张树有、顾新建、韩永生、刘晓冰、毛绍融、钱江、黄哲人、吴捷	浙江大学、中国科学院软件研究所、大连理工大学	二等
101	2004	小型农业作业机关键技术及产品开发	张立彬、胥芳、计时鸣、张宪、赵章风	浙江工业大学	二等
102	2004	可调煤粉浓淡低NOx燃烧及低负荷稳燃技术	周俊虎、曹欣玉、刘建忠、岑可法、池作和、周昊、蒋啸、赵翔、黄镇宇、周志军	浙江大学、浙江镇海发电有限责任公司	二等
103	2004	计算机辅助产品创新设计的技术与系统	潘云鹤、陈纯、门素琴、庄越挺、吴朝晖、孙守迁、许端清、鲁东明、陈刚、郑扣根	浙江大学、浙江省杭嘉湖技术开发公司	二等
104	2004	循环半干法烟气脱琉及垃圾焚烧尾气处理技术与装备	舒英钢、葛介龙、傅伯和、王志华、沈志昂、章烨、周钧忠、赵琴霞、廖为宏、江善强	浙江菲达环保科技股份有限公司	二等
105	2004	中药质量计算分析技术及其在参麦注射液工业生产中应用	程翼宇、黎豫杭、吴永江、许正宇、瞿海斌、田燕华、范骁辉、马珠凤、陈闽军、张善飞	浙江大学、正大青春宝药业有限公司	二等

续表

序号	年份	项目名称	主要完成人	主要完成单位	级别
106	2004	蚕砂提取物研制中药Ⅱ类新药生血宁片	魏克民、刘朝胜、浦锦宝、裘维焰、祝永强、陈云亮、应栩华、金建中、刘雪莉	浙江省中医药研究院、杭州天龙蚕业资源科技开发公司、红桃开集团股份有限公司	二等
107	2004	捆绑式胰肠吻合术的临床及实验研究	彭淑牖、蔡秀军、牟一平、吴育连、彭承宏、刘颖斌、曹利平、李江涛、王建伟、许斌	浙江大学	二等
108	2004	离清晰度液晶投影显示技术及系统	刘旭、李海峰、顾培夫、唐晋发、刘向东、郑臻荣、章岳光、叶辉	浙江大学	二等
109	2003	非木材纤维造纸用变性淀粉系列产品	姚献平、郑丽萍、夏华林、许敏、林龙平、郑金芳、龚关善、叶持平、何峰、陆伟	杭州市化工研究所、杭州纸友科技有限公司	二等
110	2003	电液比例节能型电梯液压速度控制技术	杨华勇、徐兵、周华、傅新、龚国芳、邱敏秀、徐立、郑建军、林建杰、王亮	浙江大学、杭州华泰机电液技术工程公司	二等
111	2003	高等级公路路面沥青改性、乳化关键技术与生产装备研制	杨林江、金海山、任世民、闻伟良、吴文军、王伟峰、庄亚坤、蒋亚君、杨周红、范红	浙江兰亭高科沥青有限公司	二等
112	2003	非亲缘异基因骨髓移植临床研究	黄河、林茂芳、孟海涛、蔡真、金洁、严力行、钱文斌、胡晓蓉、金爱云、李黎	浙江大学	二等
113	2002	用酶技术开发大麦及高麸型饲粮及其产业化研究	徐子伟、许梓荣、孙建义、钱玉英、李卫芬、邓波、钱利纯、刘敏华、余东游、李孝辉	浙江大学、浙江省农业科学院	二等
114	2002	新一代桑树配套品种农桑系列的育成与推广	林寿康、计东风、吕志强、沈国新、周勤、马秀康、楼黎静、周金钱、吴海平、徐家萍	浙江省农业科学院、浙江省农业厅经济作物管理局、湖州市蚕业管理总站	二等
115	2002	草甘膦副产氯甲烷用于甲基氯硅烷单体合成新工艺	季诚建、任不凡、周曙光、胡跃华、翁路平、胡江、张柏青、王桂仙	浙江新安化工集团股份有限公司	二等
116	2002	青蒿琥酯预防日本血吸虫病优化方案及推广应用的研究	李思温、吴玲娟、张绍基、戴裕海、林丹丹、徐明生、刘旭、张世清、易志辉、徐潘生	浙江省医学科学院寄生虫病研究所、江西省寄生虫病研究所、安徽省血吸虫病防治研究所、湖北省血吸虫病防治研究所、广西壮族自治区桂林制药	二等

续表

序号	年份	项目名称	主要完成人	主要完成单位	级别
117	2001	我国大麦黄花叶病毒株系鉴定、抗源筛选、抗病品种应用及其分子生物学研究	陈剑平、陈炯、朱凤台、施农农、程晔、陈和、陈健、李安生、郑滔、黄如鑫	浙江省农业科学院、江苏沿海地区农业科学研究所	二等
118	2001	煤的优化配置、催化洁净燃烧及产业化应用	岑可法、裘兴言、曹欣玉、董文彬、周俊虎、姚强、潘许芳、刘建忠、邵鸿元、程军	浙江省煤炭集团公司、浙江大学	二等
119	2001	宋代龙泉青瓷工艺恢复和产品开发	叶宏明、李国桢、郭演义、张福康、周仁、李家治、叶培华、周绍达、叶国珍、沈世耕	浙江省轻工业公司	二等
120	2001	高纯三氟甲苯系列产品研究与开发	徐振元、许丹倩、卜鲁周、陈静华、王凯泉、韩经龙、赵鑫平、王国荣	浙江工业大学、浙江省东阳市化工二厂	二等
121	2001	宝新1500mm不锈钢纵切机组和横切机组	张勇安、赵兵、刘安、谢世明、任玉成、刘培志、高文辉、袁爱华、龚治强、宋连庆	宁波宝新不锈钢有限公司等	二等
122	2000	高效转化、肉质改良、资源开发型全价饲料的研发与产业化	许梓荣、汪以真、邹晓庭、孙建义、夏枚生、王敏奇、屠友金、占秀安、冯杰、钱利纯	浙江大学、浙江一星饲料集团有限责任公司、浙江欣欣饲料股份有限公司	二等
123	2000	氯乙烯类多相(共)聚合反应工程研究及工业应用	潘祖仁、翁志学、黄志明、刘龙孝、包永忠、单国荣、罗英武	浙江大学	二等
124	2000	氯乙烯路线联产HFC-152a和HCFC-142b中试技术	杜国浩、毛汉卿、刘明华、郭心正、翟洪达、何帮井、马鑫明、裘霞敏、尚金漫、何俊	浙江省化工研究院	二等
125	2000	低比转速高扬程高速离心泵的理论设计与工业化应用	朱祖超、王乐勤、汪希萱、陈鹰、金庆明、黄敦回	浙江大学、浙江苍南特种泵有限公司	二等
126	2000	现场总线控制系统	褚健、孙优贤、金建祥、施一明、黄文君、王为民、郭豪杰、钟国庆、熊菊秀、裘峰	浙江大学、浙江浙大中控技术有限公司	二等
127	2000	真空激光自动监测大坝变形技术	王绍民、夏诚、陈昌林、夏强、应成仁、夏正坚、赵道术、李维平、夏刚、朱精敏	浙江大学、长春市朝阳监测技术研究所、丰满发电厂	二等
128	2000	薏苡仁酯制剂及其抗癌作用机理和临床研究	李大鹏、黄洁敏、吴良村、姜丽丽、李炳生、施建英	浙江省中医院	二等

续表

序号	年份	项目名称	主要完成人	主要完成单位	级别
129	2000	天然d-α-维生素E工艺技术创新	李春波、邵斌、周增龙、徐金龙、吕春雷、吕志强、马文金、艾晓岳、潘一斌	浙江医药股份有限公司新昌制药厂	二等
130	1999	高产、多抗、中优质早籼新品种浙733	蔡国海、裘伯钦、金庆生等	浙江省农业科学院作物所	三等
131	1998	耐瘠耐酸、高产优质春大豆新品种浙春2号的选育与应用	朱文英、朱丹华、毛利豪、竺庆如、罗英、王家楠、王心溶、何水德、朱申龙	浙江省农业科学院作物研究所、浙江省种子公司、江西省农业科学院旱作所、福建省三明市农业科学研究所、四川省种子公司	二等
132	1998	人工肝支持系统治疗重型病毒性肝炎的研究	李兰娟、黄建荣、陈江华、朱琮、陈月美、干梦九、寿张飞、吴建永、程瑛	浙江医科大学附属第一医院	二等
133	1997	2,2′-二氨基联苄二磷酸盐低压液相催化加氢新工艺开发及推广	王纪康、严巍、徐振元、胡康森、王桂林、陈思根、张光耀、胡立平、叶明荣	浙江工业大学、浙江武义化工实业总公司、温州电化集团公司、张家港市联合化工厂	二等
134	1997	米非司酮配伍前列腺素终止早孕的药代动力学及系统临床研究	桑国卫、邵庆翔、贺昌海、乌毓明、庄留琪、翁梨驹、杜明昆、吴熙瑞、郑淑蓉	浙江省医学科学院、上海市计划生育科学研究所、北京协和医院、上海市计划生育技术指导所、北京市朝阳医院、上海医科大学附属妇产科医院、同济医科大学生殖医学中心	二等
135	1997	材料力学	刘鸿文、林建兴、曹曼玲、吴向	浙江大学	二等
136	1996	毛竹林养分循环规律及其应用的研究	傅懋毅、方敏瑜、谢锦忠、刘仲君、李岱一、李龙有、曹群根、胡正坚、李旭明	中国林科院亚热带林业研究所	二等
137	1996	地基中瑞利波传播特性研究及工程应用	吴世明等	浙江大学	二等
138	1996	胰十二指肠及肾一期联合移植	郑树森等	浙江大学	二等
139	1996	马尾松造林区优良种源选择	荣文琛、王泽有、韦元荣、汪企明、刘立德	中国林科院亚热带林业研究所	三等
140	1996	新型空间结构的强度、稳定性和动力性能的研究	董石麟等	浙江大学	三等
141	1996	印花图案自动分色描稿处理系统(CAPSP)	陈纯等	浙江大学	三等
142	1996	水稻三化螟预测预报与防治对策研究	程家安等	浙江大学	三等

续表

序号	年份	项目名称	主要完成人	主要完成单位	级别
143	1995	中国竹子主要害虫的研究	徐天森、吕若清、王浩杰、胡增坚、樊厚德、刘有洪、赵锦年、杨国荣、叶定仙	中国林科院亚热带林业研究所	三等
144	1995	云南化工厂1000吨/年百菌清工业性试验项目	王樟茂等	浙江大学	二等
145	1995	液压挖掘机现代设计理论、方法和技术的研究和应用	冯培恩等	浙江大学	三等
146	1995	《钢结构设计规范》国家标准（GBJ 17—88）	夏志斌等	浙江大学	三等
147	1995	CAT解决大型电站锅炉结焦问题的试验研究	岑可法等	浙江大学	三等
148	1995	新农用标记化合物和同位素示踪新技术	孙锦荷等	浙江大学	三等
149	1995	大麦和性花叶病毒在禾谷多黏菌介体内发现和增殖的证明	陈剑平、M. J. Adams、A. G. Swaby、阮义理	浙江省农业科学院病毒实验室	一等
150	1995	罐藏黄桃熟期配套品种选育	汪祖华、王逢寿、宗学普、胡征龄、傅穗芬、汤秀莲、张桂茶、吴顺法、刘桂林、张克斌	浙江省农业科学院园艺研究所、杭州市果树所、象山县林特局	三等
151	1995	早熟大白菜“早熟5号”的选育和推广应用	韦顺恋等	浙江省农业科学院	三等
152	1993	育成高产、优质、多抗杂交水稻新组合汕优10号	叶复初、陈玉虎、章善庆、应存山、张增勤、孙宝龙、刘小川、熊振民、蔡洪法、曹之琼、陈昆荣、陈深广、方红明、刘守坎、许德信、林作平	中国水稻研究所	一等
153	1993	钢锭轧前处理过程计算机控制	吕勇哉等	浙江大学	二等
154	1993	不同类型区域县级农村能源综合建设试点研究	施德铭、朱德俊、焦庆余、罗振涛、任元才、戴秀章、魏秀章、魏太昌、彭嵩植	浙江大学	二等
155	1993	《天马》通用型集成式专家系统开发环境	陆汝钤等	浙江大学	二等
156	1993	纹织CAD系统	陈希矛等	浙江大学	三等
157	1993	微悬浮糊树脂聚合工艺技术开发	陈武扬等	浙江大学	三等
158	1993	食用酒精提纯技术	周金汉等	浙江大学	三等

续表

序号	年份	项目名称	主要完成人	主要完成单位	级别
159	1993	涂料专用搅拌釜优化研究、开发和系列产品设计	朱九龄等	浙江大学	三等
160	1993	建筑地基处理技术规范	张永钧等	浙江大学	三等
161	1993	麻疹疫苗免疫持久性及流行病学的研究	王信子等	浙江大学	三等
162	1993	化学致癌物和抗致癌物检测技术的基础和应用研究	余应年等	浙江大学	三等
163	1993	无症状结肠癌人群筛检方案的建立与评析	郑树等	浙江大学	三等
164	1993	稀土催化剂在高分子合成中的应用研究	沈之荃等	浙江大学	三等
165	1993	蔬菜种质资源的搜集、研究和利用	戚春章、张世德、赵桂芬、陈学群、杨南方、吴国顺、张继仁、齐英书、李佩华 等	浙工省农业科学院	二等
166	1992	旋转喷雾干法烟气脱硫技术研究	谭天恩等	浙江大学	二等
167	1992	装潢图案创作智能CAD系统的研究	潘云鹤等	浙江大学	二等
168	1992	化工旋转机械整机全速动平衡原理和方法的研究	周保堂等	浙江大学	三等
169	1992	国家农作物种质资源数据库系统	孔繁胜等	浙江大学	三等
170	1992	娃哈哈儿童营养液	朱寿民等	浙江大学	二等
171	1992	中国1∶100万土地资源图的编制与研究	何绍箕等	浙江大学	二等
172	1991	离心通风机内流理论及设计计算系统的研究与应用	沈天耀等	浙江大学	一等
173	1991	小型拖拉机检测调整节能技术推广	奚文天等	浙江大学	三等
174	1990	浙江省微机控制电话网路系统	钱守廉等	杭州市电信局、浙江省邮电局信息中心等	三等
175	1989	我国主栽桑树配套系列品种荷叶白、团头荷叶白、桐乡青和湖桑197的选育与推广	林寿康、施炳坤、周占梅、周荣椿、杨今后、夏明炯、陈清奇、孙晓霞、周水良、李根祥、李作舟、高似彩、顾静珊、杨新华	浙江省农科院蚕桑所、中国农业科学院蚕业研究所、浙江省农业厅经济作物管理局、江苏省丝绸总公司蚕桑生产部	二等

资料来源：科技部网站、国家科学技术奖励工作办公室网站。

附表2-2-3 浙江自然科学基金重点(重大)项目清单

序号	年份	项目批号	题目	承担单位	负责人
1	1999	ZD9901	基于资源节约与环境保护的浙江省可持续发展战略研究	浙江工业大学	吴添祖
2	1999	ZD9902	通过营养调控提高猪鸡肉质的研究	浙江大学	许梓荣
3	1999	ZD9903	东海油气田甲烷在温和条件下催化的应用基础研究	浙江大学	郑小明
4	1999	ZD9904	胸腺肽al的高效表达及纯化的基础研究	浙江大学	陈智
5	1999	ZD9905	连续工业过程多变量鲁棒控制理论及应用	杭州电子科技大学	薛安克
6	2000	ZD0002	电磁(光子)晶体天线的研究	浙江大学	何赛灵
7	2000	ZD0004	果实后熟软化分子生理机理及其调控	浙江大学	陈昆松
8	2000	ZD0007	人参二醇等中药成分诱导造血相关基因表达谱	浙江省中医院	高瑞兰
9	2000	ZD0011	籽粒蛋白质/油脂含量比率的反义PEP基因调控及机理	浙江省农业科学院	陈锦清
10	2000	ZD0015	超深亚微米及超高速ASIC互连驱动布局布线技术研究	杭州电子科技大学	孙玲玲
11	2000	ZD0016	白首乌新C21体类成分的抗肿瘤作用及其作用机制的研究	浙江省医学科学院	张如松
12	2000	ZD0024	纳米碳化钨材料的微结构及催化性能研究	浙江工业大学	马淳安
13	2001	ZA0105	减毒沙门氏菌为载体的鸡新城疫和法氏囊病基因免疫研究	浙江大学	方维焕
14	2001	ZA0106	稻米品质性状功能基因及分子育种研究	浙江大学、中国水稻研究所	吴平、李西明
15	2001	ZA0108	鸡新城疫病毒F基因腺病毒重组体的构建及其表达研究	浙江省农业科学院	徐辉
16	2001	ZB0106	酶基因克隆技术裂解有效霉素制备糖苷酶抑制剂药物的研究	浙江工业大学	郑裕国
17	2001	ZB0110	大肠癌相关新基因(SNC6和SNC19)的功能蛋白质组研究	浙江大学	张苏展
18	2001	ZC0101	酞菁类纳米复合光导材料及其单层光导体	浙江大学	陈红征
19	2001	ZD0101	大规格安全组建新理论和快速安全公钥机制新技术及应用	杭州电子科技大学	陈勤
20	2001	ZD0102	有机材料光纤拉曼放大器的研究	中国计量学院	金尚忠
21	2001	ZD0107	基于生物免疫系统的机器人群协同作业研究	浙江大学	韦巍
22	2001	ZD0108	基于Agent的软件开发技术的研究	浙江师范大学	赵建民

续表

序号	年份	项目批号	题目	承担单位	负责人
23	2001	ZE0102	绿色合成含卤芳胺基础研究	浙江工业大学	许丹倩
24	2001	ZE0103	城市富营养湖泊水生态系统的修复技术及其机理	浙江大学	朱荫湄
25	2001	ZE0108	城市大气气溶胶污染特征及其预警系统研究	浙江省环境保护科学设计研究院	谭湘萍
26	2002	ZA0204	竹转基因的分子遗传技术基础研究	中国林业科学研究院亚热带林业研究所	顾小平
27	2002	ZA0207	浙江省植物线状病毒的种类分子鉴定和基因组学研究	浙江省农业科学院	陈炯
28	2002	ZA0208	山核桃品质、产量遗传基础及优化控制	浙江农林大学	黄坚钦
29	2002	ZA0213	用植物生物反应器表达CagA蛋白防治Hp的新技术研究	中国水稻研究所	付亚萍
30	2002	ZA0218	竹子全株现代生物利用深加工集成技术的应用基础研究	浙江大学	张英
31	2002	ZB0202	近视相关细胞、生物活性物质和基因的研究	温州医科大学	瞿佳
32	2002	ZB0203	葛根素作为ERT代用品治疗雌激素撤退相关疾病的基础研究	浙江省医学科学院	郑高利
33	2002	ZB0205	中药复方有效部位研究(夏桑菊方为例)	浙江中医学院	吕圭源
34	2002	ZB0212	同种异体肝移植受者免疫耐受预测体系的建立	浙江大学	郑树森
35	2002	ZB0214	先天性白内障致病基因的定位和克隆	浙江大学	姚克
36	2002	ZC0203	铝表面定向非晶态碳纳米棒阵列膜的制备及其性能研究	浙江理工大学	郭绍义
37	2002	ZC0204	有机物体系高性能分离膜及其应用的基础研究	浙江工商大学	蔡邦肖
38	2002	ZC0207	丝素与反应性染料键合性能研究及高色牢度染色工艺设计	浙江理工大学	邵建中
39	2002	ZD0205	光化学复合敏感的模式识别与集成处理系统研究	杭州电子科技大学	庞全
40	2002	ZD0212	基于视频流的人体运动跟踪、识别和智能角色再生	浙江大学	庄越挺
41	2002	ZE0204	浙江省滩涂围垦对湿地生态系统的影响与围垦模式研究	浙江师范大学	鲍毅新
42	2002	ZE0208	工业油罐罐底油泥湍动流场分析及无害化资源化处理技术	浙江大学	王乐勤
43	2002	ZE0214	生物质资源水解及产物分离之绿色高效方法的研究	浙江大学	任其龙
44	2003	Z203067	金属有机配合物非线性光学材料的研究	宁波大学	郑岳青

续表

序号	年份	项目批号	题目	承担单位	负责人
45	2003	Z203111	饮用水中微量有毒有害有机物的污染水平、变化规律及健康风险	浙江大学	朱利中
46	2003	Z303407	甘蓝型油菜油份和蛋白质QTL的饱和定位以及高油基因的转育研究	浙江省农业科学院	赵坚义
47	2003	Z203067	农业有机废弃物中的碳在棚室栽培生态系统中的循环研究	浙江大学	章永松
48	2003	Z203111	破骨细胞抑制剂在激素性股骨头坏死发生中的作用研究	浙江省中医院	童培建
49	2003	Z303407	哮喘骨髓祖细胞造血因子受体的表达和调控	浙江大学	沈华浩
50	2003	Z303465	手性N-苄基哌啶类的立体选择性吸收代谢与构效关系研究	浙江大学	胡永洲
51	2003	Z303656	自然界人、畜流感病毒基因重组的研究	浙江省疾控中心	卢亦愚
52	2003	Z303761	面向小批量多品种小型农业作业机可重构设计方法的研究	浙江工业大学	张立彬
53	2003	Z303835	自激励脉动强化技术工程应用设计原理研究	浙江工业大学	钟英杰
54	2003	Z303909	高效能分离膜开拓研究——渗透气化膜表面性质与传质过程的关系	浙江理工大学	王新平
55	2003	Z503054	应用于快速模具制造技术的紫外光固化材料的表面/界面性质研究	浙江工业大学	王德海
56	2003	Z503122	生物体结构和功能在体光学相干层析成像技术与应用研究	浙江大学	丁志华
57	2003	Z503201	基于互联网的图案协同CAD/CAM关键技术研究	浙江大学	陈纯
58	2003	Z503236	多媒介偏振光传感与时空转换测量方法研究	浙江大学	李伟
59	2003	Z603003	智能Avatar的自主行为、情感与动画	浙江师范大学	陈中育
60	2004	Z104252	移动宽带无线接入(MBWA)系统关键技术研究	浙江大学	张朝阳
61	2004	Z104267	网络计算环境下的知识处理方法研究	浙江大学	姚敏
62	2004	Z104314	大型电站锅炉炉内过程的计算机虚拟现实系统的研究	浙江大学	樊建人
63	2004	Z104441	功率集成系统芯片(PSoC)设计方法学及相关技术研究	浙江大学	何湘宁
64	2004	Z104608	信息驱动的制鞋数字化生产关键技术研究	浙江理工大学	胡旭东
65	2004	Z104621	基于IC工艺的薄膜变压器及其传输特性	杭州电子科技大学	秦会斌

续表

序号	年份	项目批号	题目	承担单位	负责人
66	2004	Z204033	体外“归巢样”培养界面对骨髓干细胞向胰岛样细胞分化的影响	浙江大学	吴育连
67	2004	Z204198	磷酸二酯酶4在呼吸系统炎症性疾病发病中的作用	浙江大学	陈季强
68	2004	Z204267	家蚕表达hGM-CSF口服吸收协同蛋白因子的分子生物学	浙江理工大学	张耀洲
69	2004	Z204424	养阴通脑颗粒中活性物质抗脑缺血作用的优化组合研究	浙江中医学院	万海同
70	2004	Z204492	线粒体基因组与Leber氏病相关性研究	温州医科大学	管敏鑫
71	2004	Z304076	采用同源重组技术选育优质纯生啤酒酿造菌株的研究	浙江大学	何国庆
72	2004	Z304104	水稻籽粒重金属低积累基因型的筛选与安全生产技术研究	浙江大学	张国平
73	2004	Z304414	早竹林分出笋和开花相关基因克隆及功能研究	浙江省林业科学研究院	华锡奇
74	2004	Z304422	水稻恶苗病抗性的遗传及分子机理的研究	中国水稻研究所	杨长登
75	2004	Z304432	转录因子WRI1表达调控提高油料作物种子含油量研究	浙江省农业科学院	黄锐之
76	2004	Z404105	新型离子色谱固定相研究	浙江大学	朱岩
77	2004	Z404114	原位凝胶仿病毒基因载运系统的研究	浙江大学	计剑
78	2004	Z404383	铈基氧化物电解质氧缺位和导电性能研究	浙江师范大学	罗孟飞
79	2004	Z404403	数码仿真彩色丝织技术的织物色彩学问题的研究	浙江理工大学	李加林
80	2004	Z504009	基于表面等离子共振原理的双光束检测技术与实验研究	浙江大学	王晓萍
81	2004	Z504032	耐高温高比表面材料在高性能汽车尾气净化催化剂中的应用基础研究	浙江大学	周仁贤
82	2004	Z504107	交错流A/O法膜生物反应器处理含油废水的应用机理研究	浙江科技学院	朱文芳
83	2004	Z504219	植物超积累锌及其修复污染环境的机理研究	浙江大学	叶正钱
84	2004	Z604342	基于企业集群的虚拟组织及其全面供应链管理研究	宁波大学	叶飞帆
85	2005	Z105034	新型环保制冷剂的重要基础数据及关键应用技术研究	浙江大学	陈光明
86	2005	Z105185	位置感知计算的关键问题研究	浙江工业大学	朱艺华
87	2005	Z105391	移动GIS平台关键技术研究	浙江工业大学	王卫红

续表

序号	年份	项目批号	题目	承担单位	负责人
88	2005	Z105528	压电换能器和超声聚能器谐振频率数控修正方法	杭州电子科技大学	张云电
89	2005	Z105706	产品原理创新、机构动力学建模和优化设计理论与方法的研究	浙江理工大学	赵匀
90	2005	Z205166	人鼠嵌合型CD19基因工程抗体及其靶向杀伤研究	浙江大学	汤永民
91	2005	Z205170	免疫调节细胞异常外周分化与卵巢癌免疫反击	浙江大学	谢幸
92	2005	Z205321	中枢组胺在帕金森病中的发病作用及抗组胺药物的干预	浙江大学	罗建红
93	2005	Z205618	靶向肿瘤干细胞的基因-病毒载体系统的研制及治疗作用	浙江理工大学	钱其军
94	2005	Z205735	豚鼠近视动物模型基因表达谱的动态研究	温州医科大学	吕帆
95	2005	Z205755	应用噬菌体展示技术筛选以成纤维细胞生长因子受体为靶标的活性先导短肽	温州医科大学	李校堃
96	2005	Z305036	必需氨基酸与二肽营养模式对奶牛乳腺细胞酪蛋白合成的影响	浙江大学	吴跃明
97	2005	Z305039	生物信息学辅助快速克隆鱼类重要免疫功能基因及其功能研究	浙江大学	邵健忠
98	2005	Z305054	酶降解热压法竹刨花板自生胶合机理研究	浙江农林大学	金春德
99	2005	Z305165	水稻黑条矮缩病毒基因的致病性研究	浙江省农业科学院	张恒木
100	2005	Z305650	提高Bt抗虫转基因水稻安全性的技术研究	浙江省农业科学院	张小明
101	2005	Z405037	PKB抑制剂库分子多样性导向组合固相合成及活性筛选	浙江大学	俞永平
102	2005	Z405507	离子液体应用于有机水溶液分离的研究	浙江工业大学	计建炳
103	2005	Z505011	江河水体典型POPs的分布和扩散特性及迁移规律研究	中国计量学院	梁国伟
104	2005	Z505050	大气环境中可吸入颗粒物迁移和沉积特性对人体呼吸机制的影响研究	浙江科技学院	林江
105	2005	Z505060	分子氧的电化学催化激活用于水相中绿色合成的基础研究	浙江大学	吴祖成
106	2005	Z505319	浙江省饮用水水库蓝藻发生特点及其生态毒理效应研究	宁波大学	陆开宏
107	2005	Z605131	钙钛矿结构庞磁电阻锰氧化物微纳米尺度下的物理特性	浙江理工大学	唐为华
108	2006	Z106280	纳米测量机润滑气膜稳定机理的研究	中国计量学院	李东升

续表

序号	年份	项目批号	题目	承担单位	负责人
109	2006	Z106335	智能GIS景观辅助规划平台关键技术研究	湖州师范学院	蒋云良
110	2006	Z106524	基于绿色设计的气流纺纱装备关键技术基础研究	浙江理工大学	武传宇
111	2006	Z106543	基于高速电液阀的发动机电液变气门控制系统研究	浙江大学	金波
112	2006	Z106727	自组织网络中动态层次管理模型与信息处理算法研究	浙江工商大学	凌云
113	2006	Z106829	新一代开放架构网络件体系结构、关键技术及标准协议的研究	浙江工商大学	王伟明
114	2006	Z106853	大行程精密工件台流体动力驱动的机理研究	中国计量学院	许宏
115	2006	Z206034	血管生成素激活的血管内皮细胞中特异小RNA的鉴定和功能分析	浙江大学	许正平
116	2006	Z206436	肿瘤特异性抗原鉴定及肿瘤特异性调节细胞的研究	浙江大学	王荣福
117	2006	Z206492	人参有效成分KBA抑制白血病干细胞增殖、诱导凋亡及信号途径的研究	浙江中医药大学	高瑞兰
118	2006	Z206510	天然来源新型抗肿瘤药物先导的快速识别研究	浙江大学	潘远江
119	2006	Z106519	微液滴喷射冷却芯片系统的研制	浙江大学	应济
120	2006	Z206842	LGR4在视觉系统发育中的功能和意义研究	温州医科大学	屠理理
121	2006	Z306010	Rac GTPase基因对枇杷果实冷胁迫木质化的调控	浙江大学	徐昌杰
122	2006	Z306031	寄生蜂携带因子PDVs调控寄主昆虫的分子机理	浙江大学	陈学新
123	2006	Z306077	超高油双低甘蓝型油菜新种质的创制	浙江省农业科学院	吴关庭
124	2006	Z306260	土壤生态系统中农药降解质粒转移与降解功能强化机制	浙江大学	虞云龙
125	2006	Z306300	水稻耐汞基因的克隆及其功能和调控机理研究	浙江师范大学	杨玲
126	2006	Z306394	茶树挥发性互利素的释放规律及其对天敌的诱集效应	中国农业科学院茶叶研究所	董文霞
127	2006	Z306401	植物离子通道型谷氨酸受体基因功能和表达特性的研究	宁波大学	朱世华
128	2006	Z406018	具有聚集诱导发光性能的高效率发光材料	浙江大学	孙景志
129	2006	Z406092	新型透明薄膜晶体管研究	浙江大学	吴惠桢

续表

序号	年份	项目批号	题目	承担单位	负责人
130	2006	Z406142	甘油仿生氧化纳米催化材料的可控制备和功能化研究	浙江大学	侯昭胤
131	2006	Z406180	抗肿瘤药物的肝靶向微胶囊静电自组装制备及性质研究	浙江大学	吴起
132	2006	Z406260	聚合物微孔膜材料表面的可控接枝聚合与抗污染性能优化	浙江大学	徐志康
133	2006	Z506039	土壤PCBs污染风险分子评价及联合修复研究	浙江大学	朱荫湄
134	2006	Z506070	浙江省典型持久性有机污染物调查及其生态风险的研究	浙江工业大学	刘维屏
135	2007	Z107332	大气中悬浮颗粒及其有害污染物形成、分布和迁移规律的研究	浙江大学	罗坤
136	2007	Z107416	面向绿色设计的复杂产品可拆卸设计方法与应用研究	浙江大学	张树有
137	2007	Z107497	面向机电装备设计资源高效重用的三维CAD模型检索研究	浙江大学	高曙明
138	2007	Z107517	基于液-固两相磨粒流的模具结构化表面精密加工机理与实现方法研究	浙江工业大学	计时鸣
139	2007	Z207021	卵母细胞体外成熟对基因表达影响评估及其与表遗传重新编程联系研究	浙江大学	金帆
140	2007	Z207289	低频电刺激中央区梨状皮质对癫痫发病的作用机制	浙江大学	陈忠
141	2007	Z207489	细胞核靶向非病毒基因给药系统研究	浙江大学	杜永忠
142	2007	Z207572	新型纳米转基因载体作用于神经胶质瘤的研究	浙江大学	汤谷平
143	2007	Z307394	农药污染对蔬菜的生理效应和降解过程调控新机制	浙江大学	周艳虹
144	2007	Z307440	用cDNA基因芯片和抑制差减杂交的方法分析果实在生防菌处理下的基因表达变化	浙江大学	郑晓冬
145	2007	Z307451	疣粒野生稻高抗广谱白叶枯病新基因的鉴定与利用	浙江省农业科学院	严成其
146	2007	Z307534	山核桃成花机理及其调控技术研究	浙江农林大学	黄坚钦
147	2007	Z307536	驱动蛋白KIFC1在嘉庚蛸精子的顶体形成及核形态建成中作用的分子机制	宁波大学	竺俊全
148	2007	Z407010	基因工程酵母发酵植物纤维原料水解液生产燃料酒精	浙江大学	夏黎明
149	2007	Z407029	同时测定单细胞内活性氧各组分含量并用于癌症早期诊断的研究	浙江大学	殷学锋

续表

序号	年份	项目批号	题目	承担单位	负责人
150	2007	Z407036	金属串分子导线的尺度控制与接点设计	浙江大学	朱龙观
151	2007	Z407371	纳米晶体PbSe量子点光纤材料的关键问题研究及其在光纤放大器中的应用	浙江工业大学	程成
152	2007	Z507024	太湖水质遥感监测机理与关键技术研究	国家海洋局第二海洋研究所	马荣华
153	2007	Z507093	纳米颗粒与持久性有毒物质的复合水环境行为及植物毒性	浙江大学	林道辉
154	2007	Z507721	城镇污水生物脱氮除磷工艺参数优化的基础理论研究	浙江工商大学	孙培德
155	2007	Z607126	浙江省水资源优化配置和水环境保护补偿机制研究	浙江大学	韩洪云
156	2008	D1080038	45纳米光刻机浸液控制单元技术研究	浙江大学	龚国芳
157	2008	D1080667	重载、高频电液激振技术基础研究	浙江工业大学	阮健
158	2008	D1080780	低功耗气体动力型纺织装备动力学基础理论研究	浙江理工大学	胡旭东
159	2008	D1080807	自然和谐交互关键技术研究	宁波大学	赵杰煜
160	2008	D2080011	IGFBP-rP1基因的表达调控及其与相关分子作用的结构研究	浙江大学	朱益民
161	2008	D2080515	海洛因复吸的行为学和神经生物学机制研究	宁波大学	周文华
162	2008	D2080910	线粒体糖尿病分子分型和致病机理的研究	温州医科大学	吕建新
163	2008	D3080039	蜘蛛丝转基因家蚕品种资源的基础研究	浙江大学	缪云根
164	2008	D3080282	控制水稻褐飞虱的新型分子靶标发掘及绿色农药的分子设计	浙江大学	娄永根
165	2008	D3080388	斜纹夜蛾中候选嗅觉相关蛋白的表达和功能鉴定	温州医科大学	诸葛启钏
166	2008	D4080489	高性能电流变液智能材料研究	中国科学院宁波材料技术与工程研究所	许高杰
167	2008	D7080064	代数与组合学中若干前沿基础课题研究(重大项目:核心数学中的若干前沿问题)	浙江大学	李方
168	2008	D7080080	多复变数全纯映射和函数空间	湖州师范学院	刘太顺
169	2008	Z1080030	数字全息三维显微成像术及其像质的研究	浙江师范大学	王辉
170	2008	Z1080232	移动图形计算中的若干关键技术研究	浙江工商大学	王勋
171	2008	Z1080300	基于分子模拟计算和AFM实验验证的纳米免疫生物传感器的设计研究	浙江大学	叶学松

续表

序号	年份	项目批号	题目	承担单位	负责人
172	2008	Z1080339	面向复杂成型装备的模具动态监视方法与关键技术研究	浙江大学	施岳定
173	2008	Z1080537	高精度超磁致伸缩驱动器热变形控制新方法及应用基础研究	浙江大学	邬义杰
174	2008	Z1080625	磁性复合磨粒化学机械抛光技术研究	浙江工业大学	彭伟
175	2008	Z1080702	基于二层NN族与不整则多分辨率Gibbs场的非刚性视觉分析研究	浙江理工大学	汪亚明
176	2008	Z1080979	多目标跟踪的智能监控多媒体传感网络关键理论和技术	杭州电子科技大学	戴国骏
177	2008	Z2080207	烟酸受体HM74a信号转导和内吞分子机制的研究	浙江大学	周耐明
178	2008	Z2080266	新型持久性有机污染物多溴二苯醚环境风险的评价	温州医科大学	黄长江
179	2008	Z2080283	转化的脂肪干细胞在小体积肝移植中肝细胞替代效应及其机制研究	浙江大学	梁廷波
180	2008	Z2080514	基于蛋白组学的早期胃癌模型的建立与应用	浙江省人民医院	叶再元
181	2008	Z2080985	基于激光微孔技术构建活性真皮基质及复合皮移植研究	温州医科大学	林才
182	2008	Z2080988	线粒体ATP敏感钾通道在大鼠缺氧性肺动脉重建中的作用	温州医科大学	陈成水
183	2008	Z3080065	微生物源免疫诱导蛋白IRP1的活性肽鉴定及其调控抗病反应的机理	浙江大学	宋凤鸣
184	2008	Z3080241	防扩散转基因水稻的比较功能基因组学研究	浙江大学	高其康
185	2008	Z3080437	气候变化导致褐飞虱暴发的生态学机制	浙江省农业科学院	吕仲贤
186	2008	Z4080021	二元协同纳米超点阵光电材料的基础研究	浙江大学	王智宇
187	2008	Z4080032	生物基甘油选择性生物催化合成手性环氧氯丙烷的应用基础研究	浙江工业大学	胡忠策
188	2008	Z4080070	选择性催化氧化法分解烟气中二噁英的催化剂研究	浙江大学	杨杭生
189	2008	Z4080347	宽禁带氧化物半导体纳米线的原位掺杂及其器件应用	中国科学院宁波材料技术与工程研究所	万青
190	2008	Z4080352	多物理场耦合作用下多相流管道易结晶组分流动沉积预测研究	浙江理工大学	偶国富
191	2008	Z5080048	基于综合流域管理的风险分析和评价技术研究	浙江大学	楼章华

续表

序号	年份	项目批号	题目	承担单位	负责人
192	2008	Z5080175	浙江滨海平原地面沉降时空发展预测与控制研究	浙江大学	谢康和
193	2008	Z5080203	畜禽养殖废弃物污染关键过程与控制机制研究	浙江农林大学	单胜道
194	2008	Z5080207	稀土与碘共掺杂介孔TiO_2光催化剂的制备及其降解氯酚类化合物机理	浙江工业大学	宋爽
195	2008	Z5080241	基岩港湾型潮汐汊道的动力地貌演化与稳定性研究——以浦坝港和铁港(象山港湾顶)为例	国家海洋局第二海洋研究所	贾建军
196	2008	Z7080203	关联无序下无损耗超导强电输运	浙江师范大学	陈庆虎
197	2009	Z1090357	Web服务组合的可靠性计算研究	浙江理工大学	丁佐华
198	2009	Z1090373	面向车载燃料电池的醇类重整制氢微反应器设计与制造基础研究	浙江大学	梅德庆
199	2009	Z1090423	基于标准神经网络模型的织机经纱张力控制策略研究	浙江大学	张森林
200	2009	Z1090459	大规模森林生态景观的虚拟仿真关键技术研究	浙江工业大学	范菁
201	2009	Z1090461	多源异质工程文档的内容理解与语义检索	浙江大学	林兰芬
202	2009	Z1090532	海藻核诱变富集油脂及制取生物柴油的机理研究	浙江大学	程军
203	2009	Z1090590	基于语义数据信息理论的逆向工程CAD建模新方法研究	浙江大学	陈子辰
204	2009	Z1090622	低功耗SoC设计方法及其在智能计量芯片中的应用	宁波大学	夏银水
205	2009	Z1090630	大规模医学图像数据处理算法平台的关键技术研究	浙江工业大学	梁荣华
206	2009	Z1091027	复杂载荷作用下结构疲劳全寿命预测新模型研究	浙江工业大学	高增梁
207	2009	Z1091077	三维数据采编在雕塑学科建设与创作实践中的应用	中国美术学院	龙翔
208	2009	Z1091224	基于概念漂移特征发现的数据流挖掘方法研究	浙江工商大学	琚春华
209	2009	Z2090042	调节性Exosome对自身免疫性疾病的治疗及其机制研究	浙江大学	王建莉
210	2009	Z2090053	p53-MDM2信号通路参与维甲酸诱导的细胞分化的分子过程研究	浙江大学	杨波
211	2009	Z2090056	肿瘤基因端粒酶逆转录酶的表达调控及其相关新型肿瘤靶点的研究	浙江大学	何超

续表

序号	年份	项目批号	题目	承担单位	负责人
212	2009	Z2090127	β-catenin介导的突触后信号对突触前分化和功能的可逆性调控	浙江大学	李晓明
213	2009	Z2090200	氢气抗氧化损伤作用及其治疗蛛网膜下腔出血后脑血管痉挛机制的研究	浙江大学	张建民
214	2009	Z2090299	卵巢癌化疗反应基因标志物辨识研究	杭州电子科技大学	厉力华
215	2009	Z2090356	saRNAs上调前列腺癌中若干肿瘤抑制基因表达的机制研究	浙江大学	谢立平
216	2009	Z2090955	环境雌激素对神经元树突发育和突触发生的影响	浙江师范大学	徐晓虹
217	2009	Z2091224	基于组合微透析方法的参附汤药效物质基础研究	浙江中医药大学	熊耀康
218	2009	Z3090039	水稻条纹病毒编码的SP蛋白的寄主互作因子鉴定及互作机理	浙江大学	吴建祥
219	2009	Z3090189	木材酸性蒸汽蒸煮热磨制造无胶纤维板的胶合机理研究	浙江农林大学	金春德
220	2009	Z3090191	蝶蛹金小蜂寄生及其毒液对寄主细胞免疫相关基因表达的作用机理	浙江大学	叶恭银
221	2009	Z3090295	基于高光谱成像技术的植物养分及非生物胁迫下的生理信息快速检测机理和方法研究	浙江大学	何勇
222	2009	Z3090301	脉冲式超高压杀菌和食品营养品质存留机理的研究	浙江大学	朱松明
223	2009	Z3090461	舟山眼镜蛇卵大小-数量非线性权衡连续谱的研究	杭州师范大学	计翔
224	2009	Z4090177	用于药物传递的模板组装微胶囊的结构设计与功能优化	浙江大学	高长有
225	2009	Z4090204	原位纳米复合金属硅化物热电材料的可控制备和性能优化	浙江大学	赵新兵
226	2009	Z4090225	水解酶催化氮杂环、醛、酯三组份多米诺反应及其催化机理研究	浙江大学	林贤福
227	2009	Z4090327	亚临界流体模拟移动床色谱拆分手性药物的应用基础研究	浙江大学	任其龙
228	2009	Z4090462	场诱导链式自组装接枝合成低缺陷超长一维纳米材料	中国计量学院	葛洪良
229	2009	Z4090612	精细化学品绿色制造关键酶的分子催化机理与适应性改造研究	浙江工业大学	郑裕国
230	2009	Z5090031	土壤-作物系统中有机污染物迁移积累的过程调控及机制	浙江大学	朱利中

续表

序号	年份	项目批号	题目	承担单位	负责人
231	2009	Z5090089	入侵植物竞争进化机制的比较生物地理学研究	浙江大学	陈欣
232	2009	Z5090273	拟除虫菊酯对小鼠生殖内分泌干扰毒理的对映体选择性研究	浙江工业大学	傅正伟
233	2009	Z6090125	高维非线性随机动力学系统的响应与稳定性	浙江大学	黄志龙
234	2009	Z6090130	复杂金融动力学系统的时空关联和大波动相关特性研究	浙江大学	郑波
235	2009	Z6090150	图的结构和若干参数的研究	浙江师范大学	王维凡
236	2009	Z6090556	人造血管内血液复杂渗流机理研究	浙江师范大学	吴锋民
237	2009	Z6090572	无标度广义产品开发过程网格簇及其在浙江省汽配行业中应用研究	浙江理工大学	莫灿林
238	2010	Z1100016	地铁运营环境下考虑隧道施工影响的软土变形机理与长期沉降研究	浙江大学城市学院	魏新江
239	2010	Z1100221	微流控燃料电池的可更新高效电荷载体反应器研究	浙江大学	杨健
240	2010	Z1100455	无线网络中基于随机网络编码的节能与可靠信息传递理论与方法	浙江工业大学	朱艺华
241	2010	Z1100475	高速列车仿生降噪设计与摩擦界面动力学研究	浙江大学	汪久根
242	2010	Z1100822	海量不确定数据的高维索引与概率查询的原理与技术研究	杭州电子科技大学	胡华
243	2010	Z1101048	基于特征和几何拓扑信息的医学图像分割关键技术研究	台州学院	赵小明
244	2010	Z1101243	基于视频图像的移动平台人机交互技术研究	浙江工商大学	彭浩宇
245	2010	Z1101340	无线网络环境下三维图形计算技术研究	浙江工商大学	江照意
246	2010	Z2100065	病理性近视全基因组关联研究定位易感基因及功能研究	温州医科大学	周翔天
247	2010	Z2100086	纳米材料调控干细胞向肌腱系分化的机制研究	浙江大学	欧阳宏伟
248	2010	Z2100097	调控 ALT 相关 PML 小体形成蛋白质作用网络的研究	浙江大学	黄河
249	2010	Z2100133	慢性紧张型头痛内表型研究	浙江大学	陈炜
250	2010	Z2100237	β整合素的表达变化与脓毒症心脏损伤的关系研究	浙江医院	严静
251	2010	Z2100247	NudC/LIS1/Dynein 通路在细胞迁移中的作用及分子机制研究	浙江大学	周天华

续表

序号	年份	项目批号	题目	承担单位	负责人
252	2010	Z2100366	CSO-SA靶向复合纳米胶束逆转大肠癌干细胞耐药研究	浙江大学	黄建
253	2010	Z2100435	桦木醇类新化合物挖掘与抗肿瘤活性研究	温州大学	阎秀峰
254	2010	Z2100730	miRNA在星形胶质细胞发育中的调控作用	杭州师范大学	邱猛生
255	2010	Z2100751	基于功能化噬菌体的高通量、多尺度和多参量肿瘤诊断新技术	杭州师范大学	黄志坚
256	2010	Z2100853	脂氧素A4干预TNF-α介导的炎症通路和死亡通路保护胰腺炎肺损伤的机制研究	温州医科大学	周蒙滔
257	2010	Z2100950	广州管圆线虫发育生物学与宿主调控相关性研究	温州医科大学	潘长旺
258	2010	Z2100973	间充质干细胞对白癜风皮损区CD8+T细胞免疫调节分子机制的研究	杭州市第三人民医院	许爱娥
259	2010	Z2100979	外周阿片系统参与RA疼痛调制及电针的干预效应	浙江中医药大学	方剑乔
260	2010	Z2101201	基于药物相互作用的养阴通脑颗粒中活性物质配伍对脑缺血性损伤保护机制的研究	浙江中医药大学	万海同
261	2010	Z2101211	奖赏环路ERK信号转导途径介导丙泊酚精神依赖性的机制	温州医科大学	连庆泉
262	2010	Z2101431	microRNA在非小细胞肺癌转移中的调控作用及其临床应用研究	湖州师范学院	戴利成
263	2010	Z3100041	濒危木本药材厚朴繁殖生物学特征及濒危机制研究	中国林业科学研究院亚热带林业研究所	杨志玲
264	2010	Z3100071	断奶应激损伤仔猪肠上皮细胞紧密连接的信号转导机制	浙江大学	胡彩虹
265	2010	Z3100089	水稻穗形建成调控基因的克隆及其分子机理研究	浙江大学	石春海
266	2010	Z3100130	赤霉素信号传导对拟南芥(与油菜)种子油脂代谢的影响及其分子机制	浙江大学	蒋立希
267	2010	Z3100150	不同类型作物种子对系统性荧光化学物质吸收的特性及防伪研究	浙江大学	胡晋
268	2010	Z3100171	转录因子EIN3/EILs调控果实乙烯合成的生物学机制	浙江大学	陈昆松
269	2010	Z3100211	白蚁高效转化利用木质纤维素的机理研究	浙江大学	莫建初

续表

序号	年份	项目批号	题目	承担单位	负责人
270	2010	Z3100296	CvBV和DsIV基因组的测定、结构分析及生物学特性的研究	浙江大学	陈学新
271	2010	Z3100327	水稻镉胁迫应答相关miR166、miR390和miR268的功能解析	中国计量学院	朱诚
272	2010	Z3100366	丛生竹遗传转化体系的建立	浙江农林大学	林新春
273	2010	Z3100473	基于转录组学的茶树冷驯化机制研究	中国农业科学院茶叶研究所	王新超
274	2010	Z3100533	新型手性固定相的制备及在水产品手性药物残留选择性行为研究中的应用	浙江海洋学院	王阳光
275	2010	Z3100565	海洋微藻脂组学研究	宁波大学	严小军
276	2010	Z3100592	油菜A7-含油量QTL区间3个重要候选基因的克隆和功能分析	浙江省农业科学院	赵坚义
277	2010	Z3100594	水稻-褐飞虱-共生菌互作体系中类黄酮的作用及其机制	中国计量学院	俞晓平
278	2010	Z4100016	以"全硅烷"为特征的环保、高效涂层(装)防护新体系的构建与机理	浙江大学	胡吉明
279	2010	Z4100030	基于宽带太阳光谱调制的稀土掺杂硅酸盐纳米微晶玻璃研制	中国计量学院	徐时清
280	2010	Z4100038	纳米仿生酶复合体的组装与应用	浙江大学	吴传德
281	2010	Z4100291	新型体型二茂铁基高分子的合成及其在储氢及燃速催化中应用的研究	浙江大学	王立
282	2010	Z4100351	PTA生产过程中杂质生成/转移机理与减排技术研究	浙江大学	李希
283	2010	Z4100463	聚合物薄膜表面玻璃化转变行为及其影响因素的研究	浙江理工大学	王新平
284	2010	Z4100743	知识驱动建模方法及其在聚合过程中的应用	浙江工业大学	潘海天
285	2010	Z4100790	双金属负载的核壳结构纳米碳化钨复合催化材料的制备及电化学性能研究	浙江工业大学	马淳安
286	2010	Z4100798	组织工程支架用玉米醇溶蛋白纳米纤维多孔膜的研究	浙江理工大学	熊杰
287	2010	Z5100053	边缘效应对千岛湖岛屿上植物和鸟类群落结构的影响	浙江大学	于明坚
288	2010	Z5100116	类光合作用资源化利用CO_2的催化剂制备及催化机理研究	浙江大学	吴忠标
289	2010	Z5100155	基于挥发物温室内蔬菜虫害的电子鼻检测机理研究	浙江大学	王俊
290	2010	Z5100294	TiO2/硅藻土微放电脱除烟气中PAHs的机理研究	浙江工商大学	吴祖良

续表

序号	年份	项目批号	题目	承担单位	负责人
291	2010	Z6100077	弯曲时空量子效应和时空量子涨落研究	宁波大学	余洪伟
292	2010	Z6100117	金属氧化物半导体纳米线晶体管研究	浙江大学	吴惠桢
293	2010	Z6100217	流体力学及相关问题中确定和随机的数学理论	浙江大学	方道元
294	2010	Z7100508	政府善治与大学的主体性培育	浙江大学城市学院	宣勇
295	2011	Z1110057	基于纳米碳管薄膜制备技术的大面积场发射显示器的研究	浙江大学	王淼
296	2011	Z1110123	带有超空泡的气液两相流流动机理研究及水中航行体超空泡减阻技术开发	浙江理工大学	施红辉
297	2011	Z1110154	群组动画关键技术研究	浙江大学	金小刚
298	2011	Z1110168	基于表面声波的细胞粉碎器的研究	浙江大学	骆季奎
299	2011	Z1110189	血泵流体动压支承悬浮机理及血液相容性研究	浙江大学	阮晓东
300	2011	Z1110190	异型腔计量泵优化设计与实验	浙江大学	鲁阳
301	2011	Z1110196	利用同步辐射LIGA技术开展光热微驱动器的研究和应用	浙江大学	张冬仙
302	2011	Z1110222	基于热致声原理的隧道LED照明系统散热机理研究	浙江大学	黄志义
303	2011	Z1110276	单电极无跳模调谐半导体激光器研制	浙江大学	何建军
304	2011	Z1110330	CMOS工艺兼容的表面等离子激元微纳器件及集成技术的基础研究	浙江大学	李尔平
305	2011	Z1110393	基于声操纵的三维自动微装配理论与实践研究	浙江大学	杨克己
306	2011	Z1110551	主观性文本的情感倾向性分析方法研究	浙江工商大学	厉小军
307	2011	Z1110695	自激热声脉动强化传热的机理研究	浙江科技学院	郑友取
308	2011	Z1110741	基于改进Unscented卡尔曼滤波的电池组非线性动态模型与SOC联合在线估计	杭州电子科技大学	高明煜
309	2011	Z1110750	压电选针单元动力学建模与自检测方法的研究	浙江理工大学	袁嫣红
310	2011	Z1110794	圆柱滚子超精密加工新方法的研究	浙江工业大学	袁巨龙
311	2011	Z1110893	含电动汽车并网的智能微电网关键技术研究	浙江工业大学	张有兵
312	2011	Z1110937	GaN HEMT毫米波单片集成功率放大器关键技术研究	杭州电子科技大学	程知群
313	2011	Z1111051	基于关联增量模型的广域离散多摄像机系统目标交接关键技术研究	浙江工商大学	王慧燕
314	2011	Z1111219	三值钟控传输绝热数字集成电路设计技术研究	宁波大学	汪鹏君

续表

序号	年份	项目批号	题目	承担单位	负责人
315	2011	Z2110006	人巨细胞病毒长独特序列128功能及其作用	浙江大学	尚世强
316	2011	Z2110056	“miR-29-TF-E6、E7”在人乳头瘤病毒癌基因致癌中的作用及分子机制研究	浙江大学	吕卫国
317	2011	Z2110059	细胞内外前B细胞克隆增强因子在脑缺血急性损伤中的作用研究	浙江大学	张纬萍
318	2011	Z2110063	人类卵子发生的表观遗传重编程及其调控机制研究	浙江大学	黄荷凤
319	2011	Z2110230	监测诱导多功能干细胞(iPSC)治疗的双模式分子影像技术开发	浙江大学	张宏
320	2011	Z2110449	基于调控胶质细胞糖代谢防治癫痫的药物新靶标研究	浙江大学	连晓媛
321	2011	Z2110521	基于Solexa测序的全基因组启动子区DNA甲基化检测方法的研发	温州医科大学	孙中生
322	2011	Z2110591	信号转导蛋白Smad7在肿瘤转移中的作用和分子机理	浙江大学	冯新华
323	2011	Z2110655	有机小分子诱导胚胎干细胞定向分化为类肝细胞及作用机理研究	浙江大学	俞永平
324	2011	Z2110700	MicroRNA在大脑皮质投射神经元发育中的表达和功能	温州医科大学	陈捷光
325	2011	Z2111261	TGF-β信号通路参与骨性关节炎发病的分子机制研究	浙江中医药大学	陈棣
326	2011	Z3110004	植物根毛细胞形成及伸长的重要功能基因RHF的克隆和功能鉴定	浙江大学	甘银波
327	2011	Z3110054	青藏高原一年生野生大麦啤用品质特异基因的鉴定与利用研究	浙江大学	张国平
328	2011	Z3110057	赤霉病菌毒素合成调控途径上药靶的挖掘和利用	浙江大学	马忠华
329	2011	Z3110115	家禽肝-卵巢轴对卵黄沉积和胚胎发育调控作用的研究	浙江大学	张才乔
330	2011	Z3110211	乳酸菌胞外多糖的硒化修饰及其免疫调节作用机制研究	宁波大学	潘道东
331	2011	Z3110223	高含水率木(竹)材胶接及机理研究	浙江农林大学	刘志坤
332	2011	Z3110399	新型乳酸菌细菌素生物合成的基因调控机制	浙江工商大学	顾青
333	2011	Z3110443	植物细胞钙感受体响应酸雨的分子机理研究	杭州师范大学	裴真明
334	2011	Z3110482	曼氏无针乌贼黑色素形成与调控的分子机理研究	宁波大学	王春琳

续表

序号	年份	项目批号	题目	承担单位	负责人
335	2011	Z3110487	木质纤维素的结构调控及脱除海洋蛋白水解液中重金属的应用研究	浙江海洋学院	欧阳小琨
336	2011	Z3110509	水稻BR相关基因DLH(t)的功能分析与育种利用	浙江省农业科学院	汪得凯
337	2011	Z4110019	基于表面纳米结构的微流控循环肿瘤细胞分析系统	浙江大学	王敏
338	2011	Z4110040	渗流型纳米导电相/介电相复合高性能介电薄膜的原位形成制备及性能研究	浙江大学	杜丕一
339	2011	Z4110056	通过内旋转受阻诱导荧光增强标记方法研究大分子的近程结构变化	浙江大学	孙景志
340	2011	Z4110072	基于Gd_2O_3:Ce^{3+}高性能闪烁玻璃的研究	宁波大学	张约品
341	2011	Z4110126	催化剂的相转变对氧电化学还原过程的作用研究	浙江大学	李洲鹏
342	2011	Z4110186	生物质能微生物电催化转化的机制研究	浙江大学	成少安
343	2011	Z4110347	白光LED用新型高效单晶荧光材料中若干基础科学问题研究	温州大学	向卫东
344	2011	Z4110503	激光诱导击穿光谱中等离子状态及定量分析研究	杭州电子科技大学	季振国
345	2011	Z5110094	生物脱氮过程特性及其微生物学机理研究	浙江大学	郑平
346	2011	Z6110033	一类稀土过渡金属氧化物的电子结构和新奇量子态	杭州师范大学	戴建辉
347	2011	Z6110066	基于全球产业链治理的我国农业产业安全研究	浙江大学	马述忠
348	2011	Z6110203	专业市场演化博弈机制与转型升级研究——以“中国小商品城”和“中国轻纺城”为例	浙江师范大学	陆立军
349	2011	Z6110334	面向复杂产品设计的可拓自适应知识服务研究	浙江理工大学	潘旭伟
350	2011	Z6110519	政府投入与医院效率的监管设计：基于取消药品加成和增设药事服务费	浙江工商大学	许冰
351	2011	Z6110786	图的染色及其应用	浙江师范大学	朱绪鼎
352	2012	LZ12B02001	新型糖肽类抗生素Mannopeptimycin ε的仿生合成及多样化合成	浙江大学	史炳锋
353	2012	LZ12B03001	多功能固体催化剂活性中心的组装和功能优化	浙江大学	侯昭胤
354	2012	LZ12B07001	有机-重金属复合污染土壤的增效植物修复技术原理	浙江大学	周文军

续表

序号	年份	项目批号	题目	承担单位	负责人
355	2012	LZ12C01001	纳他霉素次级代谢调控的分子机制研究	浙江大学	李永泉
356	2012	LZ12C03001	亚热带湿地水体水华发生与演变的时空动力学机理研究	温州大学	赵敏
357	2012	LZ12C05001	参与真核信息RNA降解的蛋白复合体的结构与功能研究	浙江大学	宋海卫
358	2012	LZ12C12001	转录因子MITF调控眼视网膜色素上皮细胞增殖与分化的机理研究	温州医科大学	侯陵
359	2012	LZ12C12002	LIM转录因子Islet-1与哺乳动物牙齿发育中的遗传学控制	杭州师范大学	张遵义
360	2012	LZ12C13001	基于伴侣分子的植物(长)脂肪酸定向调控研究	浙江省农业科学院	沈国新
361	2012	LZ12C14001	三种农药对斑马鱼和非洲爪蟾内分泌效应的比较毒理学研究	浙江大学	朱国念
362	2012	LZ12C14002	番茄抗叶霉病基因*Cf-4*和*Cf-9*的转录调控分子机理解析	浙江大学	蔡新忠
363	2012	LZ12C15001	异源small RNA在诱导芸薹属蔬菜遗传变异中的调控作用机制研究	浙江大学	陈利萍
364	2012	LZ12C16001	喜树体内喜树碱合成的环境诱导机制	浙江农林大学	吴家胜
365	2012	LZ12C16002	竹醋液高值化用于无毒驱蚊剂的活性成分筛选和作用机理	浙江农林大学	马建义
366	2012	LZ12C16003	雷竹林生态系统植硅体碳汇及其对有机物覆盖的响应机制	浙江农林大学	姜培坤
367	2012	LZ12C16004	β-乳球蛋白-儿茶素类化合物纳米粒形成机理及活性增效研究	浙江工商大学	杜琪珍
368	2012	LZ12C17001	重组蜘蛛丝蛋白纳米支架的设计及其羟基磷灰石复合体的研究	浙江大学	杨明英
369	2012	LZ12C19001	泥蚶生长性状关键调控基因研究	浙江万里学院	林志华
370	2012	LZ12E05001	复杂曲面高效抛光新技术的研究	浙江工业大学	吕冰海
371	2012	LZ12E05002	颤振球磨机运动耦合层流粉碎机理研究	浙江工业大学	孙毅
372	2012	LZ12E05003	“薄壁切削-单点渐进成形”复合加工理论与技术研究	浙江工业大学	王秋成
373	2012	LZ12E05004	空间铰接式伸展臂创新设计及其工作可靠性仿真研究	浙江理工大学	胡明
374	2012	LZ12E06001	碳纳米管阵列热界面材料的研究	浙江大学	应济
375	2012	LZ12E06002	煤粉和生物质在大型电站锅炉中混烧的应用基础研究	浙江大学	周昊
376	2012	LZ12E07001	智能电网态势感知与可视化的应用理论与关键技术研究	杭州电子科技大学	章坚民
377	2012	LZ12E07002	智能电网风险调度理论与方法研究	浙江大学	郭创新

续表

序号	年份	项目批号	题目	承担单位	负责人
378	2012	LZ12E07003	模块化光伏并网发电系统关键技术的研究	浙江工业大学	南余荣
379	2012	LZ12E08001	运营环境下海底沉管隧道灾变机理及试验研究	浙江大学城市学院	魏纲
380	2012	LZ12E08002	二氧化碳吸附富集分离新技术的基础研究	浙江大学	施耀
381	2012	LZ12E08003	基于压磁效应的高速铁路钢轨疲劳损伤机理的实验与理论研究	浙江大学	包胜
382	2012	LZ12E09001	岩土体多尺度力学行为及其灾变渐进演化的数值模拟研究	浙江大学	凌道盛
383	2012	LZ12F01001	实际忆阻器的电路模型和FPGA细胞模型及其应用研究	杭州电子科技大学	王光义
384	2012	LZ12F02001	复杂装备产品系统创新设计中多域耦合的自动识别与建模研究	丽水学院	叶晓平
385	2012	LZ12F02002	基于过程式文法推理的三维建筑几何计算研究	浙江大学	张宏鑫
386	2012	LZ12F02003	复杂动态社会网络上的传染病演化建模问题研究	浙江大学	金小刚
387	2012	LZ12F02004	基于形状先验的遥感目标可信识别技术研究	杭州师范大学	袁贞明
388	2012	LZ12F02005	云计算中具有隐私保护的认证机制研究	杭州师范大学	谢琪
389	2012	LZ12F03001	自旋以及伊藤型随机量子系统的分析与控制	杭州电子科技大学	周绍生
390	2012	LZ12F03002	多源复杂系统的信息融合与粒计算研究	浙江海洋学院	吴伟志
391	2012	LZ12F03003	基于模块化技术的复杂机械产品设计制造方法研究	浙江理工大学	鲁玉军
392	2012	LZ12F04001	硅通孔三维转接板的电磁建模与分析	浙江大学	魏兴昌
393	2012	LZ12F04002	基于硅上锗的材料生长与光电器件的研究	浙江大学	叶辉
394	2012	LZ12G02001	第四方物流与第四代港口的耦合发展研究	浙江财经大学	赵广华
395	2012	LZ12G03001	民间金融系统性风险生成机制与管理——金融经济周期理论的扩展应用	宁波大学	陈昆亭
396	2012	LZ12G03002	浙江省自主创新政策的供给演进、绩效评估与优化方案研究	浙江大学	范柏乃
397	2012	LZ12G03003	基于环境协调发展框架下浙江农产品质量安全管理长效机制研究	浙江大学	周洁红

续表

序号	年份	项目批号	题目	承担单位	负责人
398	2012	LZ12H03001	CRF及其受体通过调控TLRs触发树突状细胞异常免疫应答促进肠易激综合征形成	浙江中医药大学	吕宾
399	2012	LZ12H07001	炎症因子协同膈下迷走神经影响中枢神经递质与术后疲劳关系的研究	温州医科大学	余震
400	2012	LZ12H08001	儿童噬血细胞综合征新突变基因及其致病机理研究	浙江大学	汤永民
401	2012	LZ12H12001	酵母NDI1基因治疗Leber's遗传性视神经病变的基础研究	温州医科大学	白益东
402	2012	LZ12H14001	牙本质粘接的耐久性研究	浙江大学	傅柏平
403	2012	LZ12H16001	肺癌细胞中转录因子Nrf2网络结构及生物学功能研究	浙江大学	王秀君
404	2012	LZ12H16002	新型抗体-磁介导纳米磁化瘤细胞的双重靶向杀伤作用机制研究	浙江大学	严伟琪
405	2012	LZ12H16003	靶向DNA复制环节的人工microRNA用于肝癌基因治疗的实验研究	浙江省医学科学院	贾振宇
406	2012	LZ12H16004	胃癌外周血基因标志物的筛选与鉴定	浙江省人民医院	邵钦树
407	2012	LZ12H26001	新抗氧化应激信号通路Sirt1/Nrf2/ARE的确立及在百草枯中毒肺损伤治疗中的应用价值	温州医科大学	卢中秋
408	2012	LZ12H27001	激素性股骨头坏死基于软骨Wnt/β-catenin信号通路的发病机理及右归饮的干预机制研究	浙江中医药大学	肖鲁伟
409	2012	LZ12H31001	S-亚硝基谷胱甘肽调控胚胎干细胞定向分化过程Ca^{2+}穿梭运动特征与毒理学机制	浙江大学	楼宜嘉
410	2013	LZ13A010001	代数中的组合方法及其应用研究	浙江大学	李方
411	2013	LZ13A010002	Minkowski时空中的类时极值子流形	浙江大学	孔德兴
412	2013	LZ13A010003	基于样条有限元的多重空间迭代算法研究	杭州师范大学	韩丹夫
413	2013	LZ13A040001	强关联费米系统中的非常规配对现象及赝能隙理论研究	浙江大学	陈启瑾
414	2013	LZ13A040002	超导比特量子态制备与相干操纵研究	杭州师范大学	杨垂平
415	2013	LZ13B020001	基于荧光标记的糖基杂环类分子的设计、合成及抗肿瘤活性研究	杭州师范大学	章鹏飞
416	2013	LZ13B030001	高效催化不对称还原反应及其在手性药物合成中的应用	杭州师范大学	吴静
417	2013	LZ13B060001	丁烯氧化脱氢反应核壳型催化剂的构筑及协同作用机制研究	浙江大学	陈丰秋

续表

序号	年份	项目批号	题目	承担单位	负责人
418	2013	LZ13B060002	乳酸菌谷氨酸脱羧酶的构效关系研究及分子改造	浙江大学宁波理工学院	梅乐和
419	2013	LZ13B070001	全氟辛烷磺酸致斑马鱼肠管发育毒性的分子机制	温州医科大学	黄长江
420	2013	LZ13C030001	体型适应驱动植被碳代谢响应气候温湿度变化的定量规律研究	浙江大学	王根轩
421	2013	LZ13C030002	中华鳖性别决定的种群间差异及其分子机制	杭州师范大学	杜卫国
422	2013	LZ13C090001	人脑功能连接组：频率、零模型、可重复性和再测信度的方法学评价研究	杭州师范大学	王金辉
423	2013	LZ13C120001	抑癌基因p53异构体△113p53在DNA双链断裂修复中作用研究	浙江大学	陈军
424	2013	LZ13C130001	水稻SSIIa翻译后调控对支链淀粉结构与糊化温度的影响	浙江大学	包劲松
425	2013	LZ13C160001	油质蛋白Oleosin调控木本油料植物特殊油脂合成的分子机理研究	中国林业科学研究院亚热带林业研究所	汪阳东
426	2013	LZ13C160002	高油经济树种山核桃成油基因互作的研究	浙江农林大学	曾燕如
427	2013	LZ13C160003	竹材细胞壁热改性作用机理及表征	浙江农林大学	李延军
428	2013	LZ13C180001	皂苷佐剂对局部组织先天性免疫微环境的调控作用及其机制研究	浙江大学	孙红祥
429	2013	LZ13C190001	细胞因子LECT2在香鱼抗细菌感染免疫中的作用及机制	宁波大学	陈炯
430	2013	LZ13D010001	质粒pDOD在土壤中的转移与DDTs污染土壤质粒强化修复方法	浙江大学	虞云龙
431	2013	LZ13D020001	基于多尺度直剪试验的岩体结构面抗剪强度应力效应机理研究	绍兴文理学院	杜时贵
432	2013	LZ13E030001	基于长效抗生物吸附材料的环境友好船舶防污漆研究	浙江大学	陈圣福
433	2013	LZ13E030002	基于高分子—单晶复合物的光电功能材料	浙江大学	李寒莹
434	2013	LZ13E050001	超大规模集成电路(VSLI)高速、多参量超声显微立体视觉检测技术研究	浙江大学	居冰峰
435	2013	LZ13E050002	2D电液比例换向(节流)阀关键技术的基础研究	浙江工业大学	李胜
436	2013	LZ13E050003	基于BEMD的导轨磨床早期磨削颤振在线检测方法与抑制技术研究	浙江理工大学	陈换过
437	2013	LZ13E060001	新型纳米结构表面微尺度强化换热基础研究	浙江大学	李蔚

续表

序号	年份	项目批号	题目	承担单位	负责人
438	2013	LZ13E070001	kWh/百kW级混合磁悬浮高速飞轮储能系统基础科学及关键技术研究	浙江大学	祝长生
439	2013	LZ13E070002	电动汽车用永磁同步电动机高效运行及其关键性技术的研究	杭州电子科技大学	刘栋良
440	2013	LZ13E080001	循环荷载-环境耦合作用下钢筋混凝土耐久性能与寿命预测	浙江大学	王海龙
441	2013	LZ13E080002	杭州湾地区人工冻土力学性能与工程可靠性研究	浙江大学城市学院	虞兴福
442	2013	LZ13F010001	低串扰、带宽可调谐的光分插复用器（OADM）集成光学芯片研制	浙江工业大学	乐孜纯
443	2013	LZ13F020001	基于智能技术的视力残疾人网页内容无障碍访问研究	浙江大学	王灿
444	2013	LZ13F020002	基于双极偏好占优的高维目标进化算法研究	浙江工业大学	邱飞岳
445	2013	LZ13F020003	基于蛋白质介导的DNA自组装计算模型的研究	温州职业技术学院	王向红
446	2013	LZ13F020004	面向智能交通大数据应用的云计算复合虚拟化技术研究	杭州师范大学	刘允才
447	2013	LZ13F030001	非线性采样控制系统的分析与综合	杭州电子科技大学	姜偕富
448	2013	LZ13F030002	新型因果关系法理论体系构建及其在认知中的应用研究	杭州电子科技大学	胡三清
449	2013	LZ13F040001	基于深亚微米CMOS工艺、低噪声、低功耗带像素级放大与模数转换功能的X射线与γ射线有源辐射探测器的研发	杭州电子科技大学	胡永才
450	2013	LZ13F050001	基于纳米磁流体填充微结构光纤的磁控可调谐滤波器研究	中国计量学院	董新永
451	2013	LZ13F050002	永久偶极子对有机光电器件性能的影响	浙江工业大学	胡来归
452	2013	LZ13G010001	融入政府干预情境的物流企业移动商务技术采纳模型与机制研究	浙江工商大学	肖亮
453	2013	LZ13G020001	基于宏观经济波动的财务指数预警体系及其应用研究	浙江财经大学	梁飞媛
454	2013	LZ13G030001	浙江省人口结构变迁对能源消费和碳排放的影响机理暨系统仿真	浙江大学	米红
455	2013	LZ13G030002	外部冲击对中国粮食供求的影响研究：基于全球农业市场分析模型	浙江大学	陆文聪
456	2013	LZ13H010001	金黄色葡萄球菌肺部感染与TLR2和NOD2的基础及临床研究	温州医科大学	李昌崇
457	2013	LZ13H020001	动脉粥样硬化及相关疾病的分子遗传学研究	杭州师范大学	王沥

续表

序号	年份	项目批号	题目	承担单位	负责人
458	2013	LZ13H040001	ART小鼠肝脏INSIG-SREBP-SCAP基因表达改变机制研究	浙江大学	金帆
459	2013	LZ13H160001	基于p38分子靶点的自噬调控Dasatinib肝脏毒性的研究	杭州市第一人民医院	马胜林
460	2013	LZ13H160002	H. pylori感染对胃黏膜癌变多阶段演进过程中表观遗传调控的分子机制研究	浙江省肿瘤医院	凌志强
461	2013	LZ13H160003	抗血管新生治疗肺癌的分子机制及疗效预测指标研究	浙江省肿瘤医院	陈明
462	2013	LZ13H160004	癌症靶向双基因—病毒治疗策略的设计及其抗癌效果的实验研究	浙江理工大学	王毅刚
463	2013	LZ13H280001	基于Angiopep-2修饰的氨基改性介孔二氧化硅纳米粒载三氧化二砷脑胶质瘤“靶—控”递药系统的研究	浙江中医药大学	李范珠
464	2013	LZ13H300001	BEL7402肝癌定向输送葡聚糖嫁接物胶束给药系统研究	浙江大学	杜永忠
465	2014	LZ14A010001	无限维李代数、李伪代数与共形代数的研究	湖州师范学院	刘东
466	2014	LZ14A010002	形状设计问题中的高效数值算法研究及并行计算	浙江大学	吴庆标
467	2014	LZ14A010003	结构性的非光滑约束方程组及相关优化问题的算法研究	杭州电子科技大学	凌晨
468	2014	LZ14A020001	智能软材料柔性机器人中的关键力学研究	浙江大学	曲绍兴
469	2014	LZ14B010001	稀土掺杂氧化镧钇透明陶瓷的原位制备及中红外激光性能与机理研究	中国计量大学	王焕平
470	2014	LZ14B060001	双模式晶胶的快速成形机理及其在两相分配生物反应器内的控释传质与分离特性	浙江工业大学	贠军贤
471	2014	LZ14B060002	油脂无溶剂非临氢脱羧过程中非贵金属催化体系的构建	浙江大学	吕秀阳
472	2014	LZ14B060003	以多孔沸石为载体的高效金属硫化物加氢脱硫催化剂的设计、制备与性能研究	温州大学	唐天地
473	2014	LZ14B070001	柱切换离子色谱技术检测水和废水中营养盐离子的应用研究	浙江树人大学	陈梅兰
474	2014	LZ14C020001	水稻花期高温热害响应转录因子DST的功能解析	中国计量大学	朱诚
475	2014	LZ14C060001	NMNAT1基因突变导致先天性黑矇症分子机理细胞生物学和果蝇动物模型的研究	浙江大学	祁鸣

续表

序号	年份	项目批号	题目	承担单位	负责人
476	2014	LZ14C130001	水稻类病变SPL5/OsSF3b3基因功能与抗病机理	浙江师范大学	马伯军
477	2014	LZ14C130002	亚精胺参与调控高温胁迫下水稻籽粒灌浆的分子机理研究	浙江大学	胡晋
478	2014	LZ14C130003	水稻重组与联会基因的分离及功能研究	中国水稻研究所	王克剑
479	2014	LZ14C140001	水稻抗白叶枯病基因的克隆和功能验证	浙江省农业科学院	严成其
480	2014	LZ14C150001	硫苷介导的十字花科蔬菜害虫防御分子机制研究	浙江农林大学	朱祝军
481	2014	LZ14C160001	功能化竹质基纤维素气凝胶的形成机理及性能研究	浙江农林大学	金春德
482	2014	LZ14C160002	载药互穿聚合物网络体系在竹材中的原位构建及其防霉防裂机理研究	浙江农林大学	孙芳利
483	2014	LZ14C170001	家蚕BmNPV病毒消化道原发感染蛋白受体的分子鉴定	浙江大学	吴小锋
484	2014	LZ14C200001	桑葚花色苷通过下调氧化应激介导的自噬水平以达到其肥胖干预作用的机制研究	浙江大学	郑晓冬
485	2014	LZ14C200002	压力-温度协同杀菌效应及其二维杀菌动力学研究	浙江大学	朱松明
486	2014	LZ14D060001	浙江近海台风物理过程的地震学研究及在海洋灾害监测中的潜在应用	浙江海洋大学	林建民
487	2014	LZ14E020001	基于个体定制需求的可降解型高生物活性多孔玻璃陶瓷人工骨研究	浙江大学	苟中入
488	2014	LZ14E050001	气液固三相磨粒流超光滑表面抛光方法及其微气泡与气流驱动加工机理研究	浙江工业大学	计时鸣
489	2014	LZ14E050002	磁控EHD高分辨率打印技术研究	嘉兴学院	左春柽
490	2014	LZ14E050003	基于激光场可控的中厚钢板形貌在线检测理论与方法研究	浙江理工大学	胡旭晓
491	2014	LZ14E050004	纤维在高速气流场中运动、形变特性研究	浙江理工大学	金玉珍
492	2014	LZ14E050005	RPR类并联机构构型综合与尺度设计方法研究	浙江理工大学	李秦川
493	2014	LZ14E060001	深低温条件下的固液相变传热机理及流动特性研究	浙江大学	金滔
494	2014	LZ14E070001	基于电力变压器可载性分析的智能电网状态调度方法研究	浙江科技学院	张金江

续表

序号	年份	项目批号	题目	承担单位	负责人
495	2014	LZ14E080001	恶劣天气环境下大跨空间结构失效机理研究	浙江大学	袁行飞
496	2014	LZ14F010001	舰船平台上天线阵辐射耦合效应的高效电磁数值计算方法研究	浙江大学	尹文言
497	2014	LZ14F010002	基于离散时间系统平衡实现的自适应滤波结构研究	温州大学	戴大蒙
498	2014	LZ14F010003	基于稀疏概率图模型的近空协同信号传输理论研究	杭州电子科技大学	包建荣
499	2014	LZ14F020001	空间大数据信息智能处理关键技术研究	浙江工业大学	王卫红
500	2014	LZ14F020002	自由飞行状态下蜜蜂机器人行为控制方法研究	浙江大学	郑能干
501	2014	LZ14F020003	三维多模骨伤影像配准和融合的关键因素研究	杭州电子科技大学	周文晖
502	2014	LZ14F030001	面向非特定产品质量检测的一般性目标识别方法研究	浙江工业大学	姚明海
503	2014	LZ14F030002	基于统一模型的非线性系统有限时间控制理论与应用研究	浙江大学	刘妹琴
504	2014	LZ14F030003	海洋监测无线传感器网络关键技术及应用研究	浙江大学	张森林
505	2014	LZ14F030004	海量高光谱遥感数据的快速光谱解混技术研究	浙江大学	厉小润
506	2014	LZ14F040001	基于硅通孔的三维集成电路的建模与仿真	杭州电子科技大学	王高峰
507	2014	LZ14F050001	稀土掺杂硅酸盐荧光粉晶体结构设计及发光机理研究	浙江科技学院	马红萍
508	2014	LZ14G010001	基于复杂网络的双边平台系统建模、参数估计和调控策略研究	浙江师范大学	段文奇
509	2014	LZ14G020001	基于碳排放的供应链协同优化若干关键问题研究	浙江工商大学	傅培华
510	2014	LZ14G020002	技术获取型海外并购整合与目标方自主性研究：基于资源相似性与互补性的视角	浙江大学	陈菲琼
511	2014	LZ14G030001	浙江省近海水产养殖标准化规模演进及其面源污染治理政策设计研究	浙江大学	韩洪云
512	2014	LZ14H120001	运用超组学研究豚鼠形觉剥夺性近视的发病机制	温州医科大学	周翔天
513	2014	LZ14H160001	细胞自噬在调控卵巢癌对紫杉醇敏感性中的作用与机制	浙江大学	程晓东

续表

序号	年份	项目批号	题目	承担单位	负责人
514	2014	LZ14H160002	DDB1特异性缺失诱导肝癌的机制研究	浙江大学	林辉
515	2014	LZ14H160003	RSPO2基因影响肠癌形成和转移的分子机制研究	温州医科大学	鲁新成
516	2014	LZ14H180001	老年人脑白质高信号与脑结构功能网络退变的关系及其对神经精神疾病发展影响的磁共振影像学研究	浙江大学	张敏鸣
517	2014	LZ14H200001	幽门螺杆菌动力异质性和胃肠黏膜定植性的关系	宁波大学	谷海瀛
518	2014	LZ14H260001	B[a]P/BPDE致肺癌发生新机制——抑制PHLPP2表达的发现与分子机制研	温州医科大学	高基民
519	2014	LZ14H270001	基于诱生IFN-α/β的TLRs/MyD88信号通路研究银花平感颗粒抗A型流感病毒免疫机制	浙江中医药大学	万海同
520	2014	LZ14H280001	桑叶中抗BmNPV活性的DIes-Alder加合物的诱导及其生物合成机制研究	浙江大学	田景奎
521	2014	LZ14H300001	基于细胞表面修饰与外泌体的脑部疾病靶向治疗研究	浙江大学	高建青
522	2015	LZ15A050001	高次非线性超短光孤子的传播及其特性	浙江师范大学	林机
523	2015	LZ15B050001	基于石墨烯传感阵列的气体指纹识别系统及疾病诊断应用	浙江大学	邬建敏
524	2015	LZ15B070001	典型化工园区大气超细颗粒物复合污染特征及健康风险效应	浙江工业大学	陈金媛
525	2015	LZ15C010001	工业链霉菌中纳他霉素高效转运的分子机制研究	浙江大学	管文军
526	2015	LZ15C020001	ZFP5-LIKE1和ZFP5-LIKE2基因调控拟南芥根毛形成的分子机制的研究	浙江大学	甘银波
527	2015	LZ15C090001	Kir4.1通道在少突胶质细胞分化和髓鞘发育中的作用	浙江大学	沈颖
528	2015	LZ15C130001	OsPDI沉默和超表达对水稻高温花粉育性调控的分子生态机制	浙江大学	程方民
529	2015	LZ15C140001	水稻条纹病毒来源的siRNA功能研究	浙江省农业科学院	燕飞
530	2015	LZ15C150001	BR调控番茄果实类胡萝卜素代谢和品质的机理研究	浙江大学	汪俏梅
531	2015	LZ15C160001	浙江省特色经济林水土流失形成机理及适宜性研究	浙江农林大学	陆灯盛
532	2015	LZ15C160002	木材趋磁性的仿生形成机制研究	浙江农林大学	孙庆丰
533	2015	LZ15C160003	蝴蝶兰成花过程中GA调控机理研究	浙江农林大学	崔永一
534	2015	LZ15C170001	猪肠道微生物与体脂沉积的关联机制研究	浙江省农业科学院	杨华

续表

序号	年份	项目批号	题目	承担单位	负责人
535	2015	LZ15C200001	大黄鱼贮藏过程中特定腐败菌 Shewanella baltica 致腐能力差异机制解析	浙江工商大学	王彦波
536	2015	LZ15D010001	生物质炭对 PAEs-重金属复合污染土壤的原位修复及其机理研究	浙江农林大学	王海龙
537	2015	LZ15D030001	生物质炭改良稻田土壤与削减温室气体甲烷排放机理研究	浙江大学	吴伟祥
538	2015	LZ15E020001	有序微孔材料设计、合成及甲烷存储性能研究	浙江大学	钱国栋
539	2015	LZ15E020002	基于过渡金属/非金属原位共掺杂多级孔碳材料的高效酸性燃料电池氧还原催化剂的设计、合成及性能研究	温州大学	王继昌
540	2015	LZ15E030001	面向污水处理的功能型有机—无机复合微孔膜	浙江大学	徐志康
541	2015	LZ15E050001	风电齿轮箱多参数并联分析及动态解耦技术研究	浙江大学	童水光
542	2015	LZ15E050002	低速干气密封表面织构仿生设计理论、方法及应用研究	浙江工业大学	彭旭东
543	2015	LZ15E050003	面向复杂信息系统的产品碳足迹语义建模及信息服务平台构建	浙江农林大学	倪益华
544	2015	LZ15E050004	基于声悬浮的坯料内部结构直接加工理论和方法研究	杭州电子科技大学	吴立群
545	2015	LZ15E070001	城市片区微网混合集成供能系统协同调控机制与算法研究	浙江大学	杨强
546	2015	LZ15E080001	生物电极脱氮及其机理研究	浙江大学	郑平
547	2015	LZ15E090001	深水钢悬链线立管与浮式平台整体分析方法与试验研究	浙江海洋大学	谢永和
548	2015	LZ15E090002	基于能量梯度方法的离心泵内部不稳定机理研究	浙江理工大学	李昳
549	2015	LZ15F010001	基于影像信息的个体化近期乳腺癌风险评估方法研究	杭州电子科技大学	厉力华
550	2015	LZ15F020001	社会层协同法规调控的市场化云制造模式、架构和关键技术研究	浙江树人大学	吕何新
551	2015	LZ15F020002	数字音频盲取证关键技术研究	宁波大学	王让定
552	2015	LZ15F020003	基于闪存的数据恢复与取证技术研究	杭州电子科技大学	郑宁
553	2015	LZ15F020004	基于形-迹对偶性与轨迹 3D 稀疏逼近的体训信息识别研究	浙江理工大学	汪亚明
554	2015	LZ15F030001	基于开关量和电气量融合的电力系统故障诊断技术研究	浙江大学	包哲静

续表

序号	年份	项目批号	题目	承担单位	负责人
555	2015	LZ15F030002	基于图像复原和运动估计的公路交通视频去雾算法研究	温州大学	胡众义
556	2015	LZ15F030003	网络化移动工业机器人控制方法研究	浙江工业大学	俞立
557	2015	LZ15F030004	基于在线阻抗谱技术的燃料电池车辆电堆健康状态估计与管理	浙江大学宁波理工学院	马龙华
558	2015	LZ15F030005	长行程高精度多级定位执行器建模与控制方法研究	浙江理工大学	潘海鹏
559	2015	LZ15F050001	腔外波前再现实现多级激光放大器中的光束质量管理	浙江大学	刘崇
560	2015	LZ15F050002	不同年龄人眼调节时睫状肌和晶状体联动机理的实时动态研究	浙江大学	杜持新
561	2015	LZ15G020001	社会创新三元主体的利益相关者网络治理:以浙江省为例	浙江工商大学	盛亚
562	2015	LZ15G030001	知识/研究者多样性、双模网络结构与战略性新兴技术突破——中美生物医药企业比较实证研究	浙江工商大学	俞荣建
563	2015	LZ15H010001	S1pr1-Endoglin旁路维护肺血管内皮完整性及对急性肺损伤的保护作用	温州医科大学	陈成水
564	2015	LZ15H040001	辅助生殖技术子代认知相关印记基因改变及其遗传效应的研究	浙江大学	朱依敏
565	2015	LZ15H060001	椎间盘、关节突关节及椎旁肌在退变性脊柱侧弯发生、发展中的力学机制研究	中国人民解放军第一一七医院	杨永宏
566	2015	LZ15H060002	碳酸酐酶12在腰椎软骨终板退变中的作用及其调控机制	浙江大学	方向前
567	2015	LZ15H120001	Crb基因突变引起人类视网膜退行性疾病的分子细胞机制研究	浙江大学	邹键
568	2015	LZ15H160001	钙库操纵的钙内流在肠炎相关结直肠肿瘤的发生发展中的作用及机制研究	浙江大学	潘宏铭
569	2015	LZ15H160002	胃癌中靶向ERBB3抑癌效应及分子机制研究	浙江大学	闵军霞
570	2015	LZ15H180001	基于脑成像的吸烟复发预测研究	杭州师范大学	王泽
571	2015	LZ15H220001	基于单细胞外显子测序技术的食管癌放疗抵抗SNV进化分析	杭州市第一人民医院	吴式琇
572	2015	LZ15H270001	基于经典Wnt、BMP-2双信号通路益骨汤促成骨细胞分化防治骨质疏松症的机制研究	浙江中医药大学	姚新苗
573	2015	LZ15H300001	新型口服的环氧酮肽类蛋白酶体抑制剂的设计、合成及抗肿瘤活性研究	浙江大学	刘滔

续表

序号	年份	项目批号	题目	承担单位	负责人
574	2015	LZ15H310001	c-Abl在氟维司群获得性耐药中的作用及其分子机制研究	浙江中医药大学	赵华军
575	2016	LZ16B020001	氮宾的捕获及其应用	浙江大学	陈万芝
576	2016	LZ16B020002	分子项链的模板导向合成及其应用研究	杭州师范大学	李世军
577	2016	LZ16B050001	树状大分子离子色谱固定相和吸附剂的制备及应用	浙江大学	朱岩
578	2016	LZ16C020001	GLRs调控酸雨危害天目山柳杉的分子机理	杭州师范大学	裘真明
579	2016	LZ16C050001	清道夫受体SR-B1在胆固醇转运过程中作用机制的研究	浙江大学	Dante Neculai
580	2016	LZ16C130001	衰减全反射太赫兹波谱技术快速检测抗生素残留的机理及方法研究	浙江大学	应义斌
581	2016	LZ16C130002	基于二代基因组测序的水稻HPIL基因的克隆及其在水稻抗病中的功能研究	浙江省农业科学院	杨勇
582	2016	LZ16C150001	水稻PHO_2的氧化还原调控机制及其在磷稳态平衡中的功能	浙江大学	寿惠霞
583	2016	LZ16C160001	超韧性三聚氰胺装饰纸可控制备及薄层复合机理/界面特性研究	浙江农林大学	傅深渊
584	2016	LZ16C160002	浙江典型森林植被土壤固碳功能菌群落特征及其固碳潜力研究	浙江农林大学	徐秋芳
585	2016	LZ16D060001	用熔体包裹体观察冲绳海槽弧后盆地岩浆作用对热液硫化物的成矿效应	国家海洋局第二海洋研究所	刘吉强
586	2016	LZ16D060002	海洋凝集素基因在肿瘤基因治疗中的应用及作用机制研究	浙江理工大学	李恭楚
587	2016	LZ16E020001	面向机器人应用的活性碳纤维基多元复合人工肌肉智能材料与器件的构筑及其驱动特性研究	中国地质大学（武汉）浙江研究院	芦露华
588	2016	LZ16E020002	高柔性染料敏化太阳电池纳米纤维膜对电极的构筑与性能研究	浙江理工大学	熊杰
589	2016	LZ16E030001	利用噬菌体展示技术调控骨髓基质干细胞向成骨细胞分化的研究	浙江大学	毛传斌
590	2016	LZ16E050001	基于球面电容传感器的机器人精密球关节多维运动位移检测研究	杭州电子科技大学	王文
591	2016	LZ16E050002	面向新一代RTG的高效能机电系统创新设计研究	温州大学	戴瑜兴
592	2016	LZ16E050003	二次不等幅非圆齿轮传动行星轮系取苗机构的工作机理和设计方法研究	浙江理工大学	叶秉良
593	2016	LZ16E080001	组合结构桥梁抗剪连接区疲劳劣化的机理分析及试验研究	浙江大学	汪劲丰

续表

序号	年份	项目批号	题目	承担单位	负责人
594	2016	LZ16E080002	机制砂混凝土构件长期力学性能多尺度耦合机理研究	浙江大学	夏晋
595	2016	LZ16E090001	贮压式空气罐在海底输水管线中的水锤防护机理及性能优化研究	浙江大学	万五一
596	2016	LZ16E090002	对虾养殖池集污水动力学特性研究	浙江海洋大学	桂福坤
597	2016	LZ16F010001	GaN宽带高效率连续F类功率放大器关键技术研究	杭州电子科技大学	程知群
598	2016	LZ16F020001	基于物理-社会网络的社会群体收益模型及其应用优化算法研究	浙江工商大学	谢满德
599	2016	LZ16F020002	海量跨对象多模态脑影像数据的正则化可视分析方法与应用	浙江工商大学	华璟
600	2016	LZ16F020003	GPU加速的高质量布料仿真算法研究	浙江大学	唐敏
601	2016	LZ16F030001	基于内蕴特征的三维形变目标聚类分析	宁波大学	赵杰煜
602	2016	LZ16F030002	面向低小慢非合作目标跟踪检测的信息融合方法	杭州电子科技大学	文成林
603	2016	LZ16G030001	“互联网＋”战略下浙江省产业升级效率测算及路径模拟	浙江大学	肖文
604	2016	LZ16G030002	激励众包创新的知识产权政策研究	浙江财经大学	叶伟巍
605	2016	LZ16H020001	巨噬细胞与心房肌细胞交互作用在房颤发生和维持中的机制研究	浙江大学	郑良荣
606	2016	LZ16H020002	FTase β亚基(FNTB)在心肌重塑中的作用及其分子机制研究	浙江大学	胡申江
607	2016	LZ16H020003	miR-122在心脏发育中调控心肌细胞凋亡的角色研究	杭州师范大学	杨德业
608	2016	LZ16H140001	多尺度微纳复合结构钛表面形貌依赖性抑菌、促进成骨作用的机制研究	浙江大学	李晓东
609	2016	LZ16H160001	重组痘苗病毒载体表达存活素-端粒酶融合蛋白作为胃癌治疗性活疫苗	浙江大学	滕理送
610	2016	LZ16H160002	新的卵泡刺激素受体克隆鉴定及其在绝经后乳腺癌发生发展机理中的初步研究	浙江大学	陈益定
611	2016	LZ16H160003	α7烟碱类乙酰胆碱受体肿瘤相关巨噬细胞/炎症/结直肠肿瘤转移轴研究	浙江大学	陈文斌
612	2016	LZ16H160004	miR-122在乙肝表面抗原大蛋白诱导肝炎及肝癌发生发展过程中的作用	温州医科大学	唐开福
613	2016	LZ16H180001	MRI和PET-CT双模态功能整合素αvβ3分子探针的制备及其在系膜增殖性肾小球肾炎中显像的探索	浙江大学	肖文波

续表

序号	年份	项目批号	题目	承担单位	负责人
614	2016	LZ16H180002	基于光场可控的无创眼底光特性及动力学定量照影的理论和方法研究	温州医科大学	徐敏
615	2016	LZ16H280001	bHLH类转录因子调控丹参酚酸类成分合成的分子机制研究	浙江理工大学	梁宗锁
616	2016	LZ16H310001	基于Ube3a/E6AP信号调控的血管性痴呆药物靶标研究	浙江大学	韩峰
617	2017	LZ17A020001	铁性材料多卡效应的应变调控	浙江大学	王杰
618	2017	LZ17A040001	复杂结构光场的产生及其在微纳结构材料的动态调控研究	浙江理工大学	陈瑞品
619	2017	LZ17B030001	高分辨偏正拉曼光谱非重合效应及应用于分子间弱相互作用的研究	浙江理工大学	王惠钢
620	2017	LZ17B050001	多功能纳米颗粒的微流控制备及其在肿瘤诊疗中的应用	浙江大学	王敏
621	2017	LZ17B060001	光响应型功能化离子液体的结构设计及其调控碳捕集行为的研究	浙江大学	王从敏
622	2017	LZ17C010001	细菌细胞色素c成熟的机制研究	浙江大学	高海春
623	2017	LZ17C020001	水稻根构型相关基因的功能分析	浙江大学	毛传澡
624	2017	LZ17C030001	基因流存在条件下棘胸蛙物种形成的基因组学研究	浙江师范大学	郑荣泉
625	2017	LZ17C060001	DNA双链断裂修复因子ATM在CRISPR基因编辑调节中的作用机制研究	浙江大学	谢安勇
626	2017	LZ17C130001	稻田稗草与水稻化感互作分子机制研究	浙江大学	樊龙江
627	2017	LZ17C150001	MrMYB1d对杨梅果实花青苷合成的调控及其机制研究	浙江大学	徐昌杰
628	2017	LZ17C150002	高温诱导番茄小孢子细胞程序性死亡及其分子机制研究	浙江大学	卢钢
629	2017	LZ17C160001	基于重组竹阻燃抑烟的纳米层状双氢氧化物的制备机理与调控机制研究	浙江农林大学	杜春贵
630	2017	LZ17C170001	m6A结合蛋白YTHDF1调控猪间充质干细胞定向发育为脂肪细胞的作用及机制研究	浙江大学	王新霞
631	2017	LZ17C170002	利用噬菌体展示技术介导骨形态发生蛋白功能序列诱导丝素膜的成骨功能	浙江大学	杨明英
632	2017	LZ17D060001	基于赤潮防治的藻类化学生态学作用及其机理研究	宁波大学	徐年军
633	2017	LZ17E010001	石墨烯纳米存储器的电沉积制备及其在防护涂层中的应用	浙江大学	胡吉明
634	2017	LZ17E020001	高效稀土掺杂氟化物上转换单晶体及其在光伏中的应用	宁波大学	夏海平

续表

序号	年份	项目批号	题目	承担单位	负责人
635	2017	LZ17E020002	基于杂原子掺杂多孔碳的独特性质设计构建功能性过渡金属催化剂实现非均相有机合成的高效催化	温州大学	王舜
636	2017	LZ17E020003	核壳结构高储能密度复合电介质陶瓷的性能调控及内在机理研究	浙江大学	吴勇军
637	2017	LZ17E030001	噻吩类微孔聚合物的可控制备及其电致变色机理研究	浙江工业大学	张诚
638	2017	LZ17E050001	航空发动机不等壁厚钣金机匣旋压精确成形关键技术研究	宁波大学	束学道
639	2017	LZ17E050002	复杂工况减温减压系统噪音发生机理和降噪技术研究	浙江大学	金志江
640	2017	LZ17E050003	低弹性模量衬底的低损伤超光滑表面研抛创成机理	浙江工业大学	文东辉
641	2017	LZ17E050004	碳基固-液复合润滑膜及空间环境适应性协同润滑机制	中国科学院宁波材料技术与工程研究所	蒲吉斌
642	2017	LZ17E070001	高载重量无绳垂直提升系统永磁直线同步电机关键技术研究	浙江大学	卢琴芬
643	2017	LZ17E080001	介质阻挡放电协同光-热双驱动催化氧化氯苯类废气的研究	浙江工业大学	陈建孟
644	2017	LZ17E080002	城市软土地下空间增层开挖支挡结构工作特性与设计理论	浙江理工大学	俞峰
645	2017	LZ17F010001	面向生物细胞检测的CMOS毫米波电阻抗传感芯片的研究	杭州电子科技大学	高海军
646	2017	LZ17F020001	异构三维人体运动数据融合重用理论研究与应用	浙江大学	肖俊
647	2017	LZ17F020002	基于互联网与多模态生物特征识别技术的信息安全关键技术	杭州电子科技大学	游林
648	2017	LZ17F030001	基于EEG动态源成像和脑连接的癫痫灶自动定位研究	浙江大学	王跃明
649	2017	LZ17F030002	随机多智能体系统的分布式事件触发一致性控制研究	浙江理工大学	王惠姣
650	2017	LZ17F040001	锗/硅量子点-石墨烯红外单光子倍增高速光电探测器的研究	浙江大学	徐杨
651	2017	LZ17F050001	面向血脑屏障机制研究的扰动补偿纳米分辨显微方法	浙江大学	斯科
652	2017	LZ17G030001	兽用抗生素滥用的激励性管制政策研究:基于生猪保险与技术培训的田野实验经济学分析	浙江大学	张跃华
653	2017	LZ17G030002	大学学科评价的理论与方法研究	浙江外国语学院	宣勇

续表

序号	年份	项目批号	题目	承担单位	负责人
654	2017	LZ17H050001	HO-1调控自噬在糖尿病肾病足细胞间充质转分化中的作用及机制	杭州医学院	何强
655	2017	LZ17H100001	去泛素化酶USP19在天然免疫应答中的调控作用及分子机制研究	浙江大学	陈玮琳
656	2017	LZ17H110001	miR24调控小鼠胚胎上皮祖细胞向毛囊/表皮定向分化的机制研究	浙江大学	吕中法
657	2017	LZ17H160001	脂筏介导的青蒿多糖抗弥漫性大B细胞淋巴瘤作用及机制研究	台州市立医院	刘池波
658	2017	LZ17H160002	单胺氧化酶A在乳腺癌中的作用和机制研究	浙江大学	董辰方
659	2017	LZ17H160003	Wnt/β-catenin通过HSF1调控谷氨酰胺代谢的机制及其在结直肠癌中的作用	浙江大学	金洪传
660	2017	LZ17H160004	人新型肿瘤浸润调节性γδT细胞与大肠癌细胞的交互作用及其机制	浙江大学	邱福铭
661	2017	LZ17H250001	线粒体长链非编码RNA AgencmtRNA-1与内皮细胞衰老及血管老化的研究	温州医科大学	张春祥
662	2017	LZ17H270001	基于PK-PD关联的丹参与红花组分抗脑缺血性损伤的作用机制研究	浙江中医药大学	杨洁红
663	2017	LZ17H280001	天然miRNAs类药效物质的发现及其治疗非酒精性脂肪肝作用机制	浙江省医学科学院	余陈欢
664	2017	LZ17H300001	OCTN2介导的新型非典型抗精神病药物脂代谢异常新机制研究	浙江大学	蒋惠娣
665	2017	LZ17H300002	二芳基杂环类HIF-1α/ARNT异源二聚抑制剂的设计、合成与抗肿瘤迁移活性研究	浙江大学	盛荣

附录2-3　基地(平台)类

附表2-3-1　浙江省国家级、省部级重点实验室一览

序号	名称	依托单位	批准部门	批准时间
国家级、部级重点实验室				
1	硅材料科学国家重点实验室	浙江大学	科技部	1985年
2	化学工程联合国家重点实验室	浙江大学	科技部	1987年
3	计算机辅助设计与图形学国家重点实验室	浙江大学	科技部	1989年
4	流体传动及机电系统国家重点实验室	浙江大学	科技部	1989年
5	工业控制技术国家重点实验室	浙江大学	科技部	1989年
6	现代光学仪器国家重点实验室	浙江大学	科技部	1989年
7	植物生理学与生物化学国家重点实验室	浙江大学、中国农业大学	科技部	2002年
8	水稻生物学国家重点实验室	中国水稻研究所、浙江大学	科技部	2003年
9	卫星海洋学与海洋环境动力过程国家重点实验室	国家海洋局第二海洋研究所	科技部	2005年
10	能源清洁利用国家重点实验室	浙江大学	科技部	2005年
11	传染病诊治国家重点实验室	浙江大学医学院附属第一医院	科技部	2007年
12	风力发电技术国家重点实验室	浙江运达风电股份有限公司	科技部	2009年
13	含氟温室气体替代及控制处理国家重点实验室	浙江省化工研究院有限公司	科技部	2015年
14	浙江省绿色化学合成技术重点实验室-省部共建国家重点实验室培育基地	浙江工业大学	科技部	2003年
15	宁波市新颖功能材料及制备科学重点实验室-省部共建国家重点实验室培育基地	宁波大学	科技部	2005年
16	浙江省眼视光学和视觉科学重点实验室-省部共建国家重点实验室培育基地	温州医科大学	科技部	2008年
17	宁波市先进材料制造与应用重点实验室-省部共建国家重点实验室培育基地	中国科学院宁波材料技术与工程研究所	科技部	2009年
18	浙江省亚热带森林培育重点实验室-省部共建国家重点实验室培育基地	浙江农林大学	科技部	2010年
19	浙江省植物有害生物防控重点实验室-省部共建国家重点实验室培育基地	浙江省农业科学院	科技部	2010年
20	检验医学省部共建教育部重点实验室	温州医科大学	教育部	2009年
21	先进纺织材料与制备技术省部共建教育部重点实验室	浙江理工大学	教育部	2003年
22	有机硅化学及材料技术省部共建教育部重点实验室	杭州师范学大学	教育部	2005年

续表

序号	名称	依托单位	批准部门	批准时间
23	应用海洋生物技术省部共建教育部重点实验室	宁波大学	教育部	2005年
24	特种装备制造与先进加工技术省部共建教育部重点实验室	浙江工业大学	教育部	2005年
25	射频电路与系统省部共建教育部重点实验室	杭州电子科技大学	教育部	2007年
26	制药工程省部共建教育部重点实验室	浙江工业大学	教育部	2007年
27	竹业科学与技术省部共建教育部重点实验室	浙江农林大学	教育部	2008年
28	先进催化材料省部共建教育部重点实验室	浙江师范大学	教育部	2008年
29	冲击与安全工程省部共建教育部重点实验室	宁波大学	教育部	2010年
30	动植物病毒学重点开放实验室	浙江省农业科学院	农业部	1990年
31	茶叶化学工程重点开放实验室	中国农业科学院茶叶研究所	农业部	1992年
32	农业部核农学重点开放实验室	浙江大学	农业部	1993年
33	农业部华东动物营养与饲料重点开放实验室	浙江大学	农业部	1996年
34	农业部设施农业装备与信息化重点实验室	浙江大学	农业部	1996年
35	农业部园艺作物生长发育重点实验室	浙江大学	农业部	2002年
36	农业部动物病毒学重点实验室	浙江大学	农业部	2008年
37	农业部农业昆虫学重点实验室	浙江大学	农业部	2008年
38	农业部茶树生物学与资源利用重点实验室	中国农业科学院茶叶研究所	农业部	2011年
39	农业部植保生物技术重点实验室	浙江省农业科学院	农业部	2011年
40	农业部农药残留检测重点实验室	浙江省农业科学院	农业部	2011年
41	农业部水稻生物学与遗传育种重点实验室	中国水稻研究所	农业部	2011年
42	海底科学重点实验室	国家海洋局第二海洋研究所	国家海洋局	1997年
43	膜与膜过程重点实验室	国家海洋局杭州水处理技术研究开发中心	国家海洋局	2001年
44	国家海洋局海洋生态与生物地球化学重点实验室	国家海洋局第二海洋研究所	国家海洋局	2005年
45	亚热带林木培育重点实验室	中国林业科学研究院亚热带林业研究所	国家林业局	1995年
46	国家体育总局水上运动科学实验室	浙江省体育职业技术学院、浙江省体育科学研究所	国家体育总局	2008年
47	国家药品监督管理局新药研究管理中心浙江呼吸药物研究实验室	浙江大学	国家药品监督管理局	1997年
48	生物医学工程教育部重点实验室	浙江大学	教育部	2000年
49	濒危野生动物保护生物学教育部重点实验室	浙江大学	教育部	2000年
50	动物分子营养学教育部重点实验室	浙江大学	教育部	2000年
51	污染环境修复与生态健康教育部重点实验室	浙江大学	教育部	2003年
52	高分子合成与功能构造教育部重点实验室	浙江大学	教育部	2005年
53	视觉感知教育部-微软重点实验室	浙江大学	教育部	2005年

续表

序号	名称	依托单位	批准部门	批准时间
54	软弱土与环境土工程教育部重点实验室	浙江大学	教育部	2007年
55	恶性肿瘤预警与干预教育部重点实验室	浙江大学	教育部	2007年
56	生殖遗传教育部重点实验室	浙江大学	教育部	2010年
57	生物质化工教育部重点实验室	浙江大学	教育部	2011年
58	卫生部传染病重点实验室	浙江大学	卫生部	1996年
59	卫生部多器官联合移植研究重点实验室	浙江大学	卫生部	2000年
60	卫生部血液安全研究重点实验室	浙江省血液中心	卫生部	2005年
61	卫生部医学神经生物学重点实验室	浙江大学	卫生部	2007年
62	信息产业部系统集成电路(SoC)设计实验室	杭州电子科技大学	信息产业部	2000年
63	信息产业部特种加工实验室	杭州电子科技大学	信息产业部	2000年
64	信息产业部计算机应用技术实验室	杭州电子科技大学	信息产业部	2000年
65	信息产业部信号与信息处理实验室	杭州电子科技大学	信息产业部	2000年
66	信息产业部电子材料与器件实验室	杭州电子科技大学	信息产业部	2000年
67	信息产业部电子商务与会计电算化实验室	杭州电子科技大学	信息产业部	2002年
68	射频电路与系统重点实验室	杭州电子科技大学	信息产业部	2008年
69	国家中医药管理局免疫实验室	浙江中医药大学	中医药管理局	2003年
70	国家中医药管理局脂代谢实验室	浙江中医药大学	中医药管理局	2003年
71	国家中医药管理局血液细胞分子生物学实验室	浙江中医药大学	中医药管理局	2003年
72	国家中医药管理局中药药理实验室(三级)	浙江大学	中医药管理局	2009年
73	国家中医药管理局计算机辅助中药分析实验室(三级)	浙江大学	中医药管理局	2009年
74	国家中医药管理局中药药理与毒理实验室(三级)	浙江大学	中医药管理局	2009年
75	国家中医药管理局免疫(肾病)实验室(三级)	浙江大学	中医药管理局	2009年
76	国家中医药管理局中药药理(心血管)实验室(三级)	浙江大学	中医药管理局	2009年
77	国家中医药管理局病理生理(胃肠病)实验室(三级)	浙江大学	中医药管理局	2009年
78	国家中医药管理局中药分析与代谢实验室(三级)	浙江大学	中医药管理局	2009年
79	国家中医药管理局中药药理(血液病)实验室(三级)	浙江大学	中医药管理局	2009年

续表

序号	名称	依托单位	批准部门	批准时间
80	国家中医药管理局骨重建技术实验室	浙江中医药大学	中医药管理局	2009年
81	国家中医药管理局临床病理实验室	浙江中医药大学	中医药管理局	2009年
82	国家中医药管理局中药药理实验室	浙江中医药大学	中医药管理局	2009年
83	国家中医药管理局实验动物实验室	浙江中医药大学	中医药管理局	2009年
84	国家中医药管理局中药炮制实验室	浙江中医药大学	中医药管理局	2009年
85	国家中医药管理局中药制剂实验室	浙江中医药大学	中医药管理局	2009年
86	国家中医药管理局神经生物学(针灸)实验室	浙江中医药大学	中医药管理局	2009年
浙江省省级重点实验室				
1	浙江省医学分子生物学重点实验室	浙江大学医学院附属第二医院	省科技厅	1991年
2	浙江省水稻育种工程技术研究中心	嘉兴市农科院	省科技厅	1991年
3	浙江省农药试验基地	浙江省化工研究院	省科技厅	1991年
4	浙江省饲料与动物营养重点实验室	浙江大学	省科技厅	1992年
5	浙江省工业自动化工程技术研究中心	杭州自动化技术研究院	省科技厅	1992年
6	浙江省造纸化学品工程技术研究中心	杭州市化工研究院	省科技厅	1992年
7	浙江省畜禽遗传育种工程技术研究中心	浙江省农业科学院	省科技厅	1992年
8	浙江省海水增养殖试验基地	浙江省海洋水产研究所	省科技厅	1992年
9	浙江省资源与环境信息系统重点实验室	浙江大学	省科技厅	1993年
10	浙江省核农学重点实验室	浙江大学	省科技厅	1993年
11	浙江省传染病疫苗与预防控制研究重点实验室	浙江省疾病预防控制中心	省科技厅	1994年
12	浙江省应用化学重点实验室	浙江大学	省科技厅	1994年
13	浙江省纤维材料和加工技术研究重点实验室	浙江理工大学	省科技厅	1994年
14	浙江省农业遥感与信息技术重点实验室	浙江大学	省科技厅	1994年
15	浙江省非金属矿工程技术研究中心	浙江省地质矿产研究所	省科技厅	1994年
16	浙江省细胞与基因工程重点实验室	浙江大学	省科技厅	1995年
17	浙江省实验动物与安全性研究重点实验室	浙江省医学科学院	省科技厅	1995年
18	浙江省植保生物技术重点实验室	浙江省农业科学院	省科技厅	1995年
19	浙江省眼视光学研究重点实验室	温州医科大学	省科技厅	1995年
20	浙江省大规模集成电路设计重点实验室	杭州电子科技大学	省科技厅	1995年
21	浙江省鱼类健康与营养重点实验室	浙江省淡水水产研究所	省科技厅	1995年

续表

序号	名称	依托单位	批准部门	批准时间
22	浙江省染料及中间体中试基地	温州市工业科学研究院	省科技厅	1995年
23	浙江省齿轮传动与摩擦材料研究重点实验室	杭州前进齿轮箱集团股份有限公司、杭州粉末冶金研究所	省科技厅	1996年
24	浙江省河口海岸重点实验室	浙江省水利河口研究院	省科技厅	1996年
25	浙江省浙南作物育种重点实验室	温州市农业科学研究院	省科技厅	1996年
26	浙江省设施园艺工程技术研究中心	浙江省农业科学院	省科技厅	1996年
27	浙江省食用菌工程技术研究中心	庆元食用菌科学技术科研中心	省科技厅	1996年
28	浙江省亚热带土壤与植物营养重点开放实验室	浙江大学	省科技厅	1997年
29	浙江省农业资源与环境重点实验室	浙江大学	省科技厅	1997年
30	浙江省电磁及复合暴露健康危害重点实验室	浙江大学	省科技厅	1997年
31	浙江省心脑血管检测技术与药效评价重点实验室	浙江大学玉泉校区，湖滨校区、省中医药研究院	省科技厅	1997年
32	浙江省日化工业表面活性剂试验基地	浙江省轻工研究所	省科技厅	1997年
33	浙江省表面活性剂重点实验室	浙江赞宇科技股份有限公司	省科技厅	1997年
34	浙江省信息处理与通信网络重点实验室	浙江大学	省科技厅	1997年
35	浙江省竹类研究重点实验室	浙江省林业科学研究院	省科技厅	1997年
36	浙江省音视频工程技术研究中心	西湖电子集团	省科技厅	1997年
37	浙江省高压电器工程技术研究中心	浙江开关厂有限公司	省科技厅	1997年
38	浙江省聚氯乙烯、聚醚工程技术研究中心	杭州电化集团有限公司	省科技厅	1997年
39	浙江省器官移植重点实验室	浙江大学附属第一医院	省科技厅	1999年
40	浙江省钎焊材料与技术重点实验室	浙江省冶金研究院有限公司	省科技厅	1999年
41	浙江省通信网技术应用研究重点实验室	浙江工业大学	省科技厅	1999年
42	浙江省先进制造技术重点实验室	浙江大学	省科技厅	1999年
43	浙江省冲击与安全工程重点实验室	宁波大学	省科技厅	1999年
44	浙江省海洋生物工程重点实验室	宁波大学	省科技厅	2000年
45	浙江省戒毒研究重点实验室	宁波市微循环与莨菪类药研究所	省科技厅	2000年
46	浙江省环境污染控制技术研究重点实验室	浙江省环境科学研究院	省科技厅	2000年
47	宁波表面工程研究中心	中国兵器科学研究院宁波分院	省科技厅	2000年
48	浙江省制药工程重点实验室	浙江工业大学	省科技厅	2002年
49	浙江省食品安全联合重点实验室	浙江工商大学等	省科技厅	2002年
50	浙江省绿色化学合成重点实验室	浙江工业大学	省科技厅	2003年
51	浙江省现代森林培育技术重点实验室	浙江农林大学	省科技厅	2003年
52	浙江省汽车零部件工程技术研究中心	万向集团	省科技厅	2003年

续表

序号	名称	依托单位	批准部门	批准时间
53	浙江省动物预防医学重点实验室	浙江大学	省科技厅	2004年
54	浙江省食品安全重点实验室	浙江工商大学、浙江出入境检验检疫局、浙江省疾病预防控制中心、浙江省农业科学院、浙江方圆检测集团股份有限公司、浙江省食品质量监督检验站	省科技厅	2004年
55	浙江省胃肠病学重点实验室	浙江省人民医院	省科技厅	2004年
56	浙江省医学遗传学重点实验室	温州医科大学	省科技厅	2004年
57	浙江省公共卫生应急检测关键技术重点实验室	浙江省疾病预防控制中心	省科技厅	2004年
58	浙江省固体表面反应化学重点实验室	浙江师范大学	省科技厅	2004年
59	浙江省现代纺织装备技术重点实验室	浙江理工大学	省科技厅	2004年
60	浙江省磁性材料重点实验室	中国计量学院、横店集团东磁股份有限公司	省科技厅	2004年
61	浙江省作物分子育种工程技术研究中心	浙江省农业科学院	省科技厅	2004年
62	浙江省女性生殖健康研究重点实验室	浙江大学医学院附属妇产科医院	省科技厅	2005年
63	浙江省皮革工程重点实验室	温州大学	省科技厅	2005年
64	浙江省有机硅材料技术重点实验室	杭州师范大学	省科技厅	2005年
65	浙江省生物治疗重点实验室	浙江大学邵逸夫医院	省科技厅	2006年
66	浙江省医学分子影像重点实验室	浙江大学医学院附属第二医院	省科技厅	2006年
67	浙江省传染病重点实验室	浙江大学医学院附属第一医院	省科技厅	2006年
68	浙江省现代计量测试技术与仪器重点实验室	中国计量学院	省科技厅	2006年
69	浙江省家蚕生物反应器和生物医药重点实验室	浙江理工大学	省科技厅	2007年
70	浙江省生物技术制药工程重点实验室	温州医科大学	省科技厅	2007年
71	浙江省抗真菌药物研究重点实验室	海正药业股份有限公司	省科技厅	2007年
72	浙江省蓄能与建筑节能技术重点实验室	国电机械设计研究院（华电电力科学研究院）	省科技厅	2007年
73	浙江省嵌入式系统联合重点实验室	浙江工业大学、宁波大学、杭州电子科技大学	省科技厅	2007年
74	浙江省水体污染控制与环境安全技术重点实验室	浙江大学	省科技厅	2007年
75	浙江省农产品化学与生物加工技术重点实验室	浙江科技学院	省科技厅	2007年
76	浙江省医学生物工程疫苗研发重点实验室	浙江省医学科学院	省科技厅	2008年
77	浙江省森林资源生物与化学利用重点实验室	浙江省林业科学研究院	省科技厅	2008年
78	浙江省新生儿疾病（诊治）重点实验室	浙江大学附属儿童医院	省科技厅	2008年

续表

序号	名称	依托单位	批准部门	批准时间
79	浙江省血液肿瘤(诊治)重点实验室	浙江大学医学院附属第一医院	省科技厅	2008年
80	浙江省中药新药研发重点实验室	浙江省中医药研究院	省科技厅	2008年
81	浙江省医疗器械安全性评价研究重点实验室	浙江省医疗器械检验所	省科技厅	2008年
82	浙江省化工新材料重点实验室	浙江省化工研究院有限公司	省科技厅	2008年
83	浙江省磁性材料及其应用技术重点实验室	中国科学院宁波材料技术与工程研究所	省科技厅	2008年
84	浙江省新型纺织品研发重点实验室	浙江纺织服装科技有限公司(省服装中心)	省科技厅	2008年
85	浙江省信息安全重点实验室	浙江省电子产品检验所	省科技厅	2008年
86	浙江省能源与环境保护计量检测重点实验室	浙江省计量科学研究院	省科技厅	2008年
87	浙江省服务机器人重点实验室	浙江大学	省科技厅	2008年
88	浙江省太阳能利用及节能技术重点实验室	浙江省能源研究所	省科技厅	2008年
89	浙江省工业汽轮机转子动力学研究重点实验室	杭州汽轮机股份有限公司	省科技厅	2008年
90	浙江省泵及电机重点实验室	浙江省机电设计研究院有限公司	省科技厅	2008年
91	浙江省安全工程与技术研究重点实验室	浙江省劳动保护科学研究所	省科技厅	2008年
92	浙江省近岸水域生物资源开发与保护重点实验室	浙江省海洋水产养殖研究所	省科技厅	2008年
93	浙江省水利防灾减灾重点实验室	浙江省水利河口研究院	省科技厅	2008年
94	浙江省环境与安全检测技术重点实验室	聚光科技(杭州)有限公司	省科技厅	2008年
95	浙江省黄酒技术与装备重点实验室	浙江省古越龙山绍兴有限公司	省科技厅	2009年
96	浙江省微生物生化与代谢工程省级重点实验室	浙江大学生物化学研究所	省科技厅	2009年
97	浙江省食品生物工程重点实验室	杭州娃哈哈集团有限公司	省科技厅	2009年
98	浙江省模式生物技术与应用重点实验室	温州医科大学	省科技厅	2009年
99	浙江省生物计量及检验检疫技术重点实验室	中国计量学院	省科技厅	2009年
100	浙江省应用酶学重点实验室	浙江清华长三角研究院	省科技厅	2009年
101	浙江省心血管病诊治重点实验室	浙江大学医学院附属第二医院	省科技厅	2009年
102	浙江省老年医学重点实验室	浙江医院	省科技厅	2009年
103	浙江省医学神经生物学重点实验室	浙江大学	省科技厅	2009年
104	浙江省中药制药技术重点实验室	康恩贝制药股份公司	省科技厅	2009年
105	浙江省疾病蛋白质组学重点实验室	浙江大学	省科技厅	2009年
106	浙江省玻璃纤维研究重点实验室	巨石集团有限公司	省科技厅	2009年
107	浙江省低压电器工程技术研究中心	温州大学	省科技厅	2009年

续表

序号	名称	依托单位	批准部门	批准时间
108	浙江省薄膜发电技术重点实验室	浙江正泰太阳能科技有限公司	省科技厅	2009年
109	浙江省网络技术及信息安全重点实验室	浙江省天正信息科技有限公司	省科技厅	2009年
110	浙江省流程工业自动化与系统重点实验室	中控科技集团有限公司	省科技厅	2009年
111	浙江省特种装备制造与先进加工技术重点实验室	浙江工业大学	省科技厅	2009年
112	浙江省风力发电技术重点实验室	浙江运达风电股份有限公司	省科技厅	2009年
113	浙江省汽车安全技术研究重点实验室	浙江吉利汽车研究院有限公司	省科技厅	2009年
114	浙江省海洋养殖装备与工程技术重点实验室	浙江海洋学院	省科技厅	2009年
115	浙江省辐射环境安全监测重点实验室	浙江省辐射环境监测站	省科技厅	2009年
116	浙江省茶叶加工工程重点实验室	中国农科院茶叶研究所	省科技厅	2009年
117	浙江省森林生态系统碳循环与固碳减排重点实验室	浙江农林大学	省科技厅	2009年
118	浙江省有机污染过程与控制重点实验室	浙江大学、浙江华特新材料公司	省科技厅	2009年
119	浙江省工业锅炉炉窑烟气控制工程技术研究中心	浙江天蓝脱硫除尘有限公司	省科技厅	2009年
120	浙江省光纤制备技术工程技术研究中心（试验基地）	富通集团公司	省科技厅	2009年
121	浙江省有线数字电视网络技术重点实验室	浙江省广播电视科学研究所	省科技厅	2009年
122	浙江省生物燃料利用技术研究重点实验室	浙江工业大学、杭州能源环境工程公司	省科技厅	2010年
123	浙江省人用物品安全性评价技术研究重点实验室	浙江省医学科学院	省科技厅	2010年
124	浙江省中医风湿免疫病重点实验室	浙江中医药大学	省科技厅	2010年
125	浙江省腔镜技术研究重点实验室	浙江大学邵逸夫医院	省科技厅	2010年
126	浙江省先进钢铁材料工程技术研究中心	杭州钢铁集团公司	省科技厅	2010年
127	浙江省光电磁传感技术研究重点实验室	浙江大学	省科技厅	2010年
128	浙江省移动网络应用技术重点实验室	宁波大学、浙江大学、宁波新然电子信息科技发展有限公司	省科技厅	2010年
129	浙江省农业微生物开发利用重点实验室	浙江大学	省科技厅	2010年
130	浙江省在线检测装备校准技术研究重点实验室	中国计量学院	省科技厅	2010年
131	浙江省分布式电源和微网技术研究重点实验室	国网浙江省电力公司电力科学研究院	省科技厅	2010年
132	浙江省船港机械装备技术研究重点实验室	杭州电子科技大学	省科技厅	2010年

续表

序号	名称	依托单位	批准部门	批准时间
133	浙江省空间结构重点实验室	浙江大学	省科技厅	2010年
134	浙江省城市湿地与区域变化研究重点实验室	杭州师范大学	省科技厅	2010年
135	浙江省建筑节能应用技术重点实验室	浙江省建筑科学研究院	省科技厅	2010年
136	浙江省监控图像处理工程技术研究中心	杭州海康威视数字技术股份有限公司	省科技厅	2010年
137	浙江省抽水蓄能工程技术研究中心	中国水电顾问集团华东勘察设计研究院	省科技厅	2010年
138	浙江省麻醉学重点实验室	温州医科大学附属第一医院	省科技厅	2011年
139	浙江省胸部肿瘤(肺、食管)诊治技术研究重点实验室	浙江省肿瘤医院	省科技厅	2011年
140	浙江省组织工程与再生医学技术重点实验室	浙江大学	省科技厅	2011年
141	浙江省重要致盲眼病防治技术研究重点实验室	浙江大学医学院附属第二医院	省科技厅	2011年
142	浙江省肾脏疾病防治技术研究重点实验室	浙江大学医学院附属第一医院、杭州中医院	省科技厅	2011年
143	浙江省药用植物种质改良与质量控制技术重点实验室	杭州师范大学、浙江省中药研究所有限公司	省科技厅	2011年
144	浙江省塑料改性与加工技术研究重点实验室	浙江工业大学、浙江俊尔新材料有限公司	省科技厅	2011年
145	浙江省网络多媒体技术研究重点实验室	浙江大学	省科技厅	2011年
146	浙江省可视媒体智能处理技术研究重点实验室	浙江工业大学	省科技厅	2011年
147	浙江省电子商务与物流信息技术研究重点实验室	浙江工商大学、浙江省标准化研究院	省科技厅	2011年
148	浙江省光信息检测与显示技术研究重点实验室	浙江师范大学	省科技厅	2011年
149	浙江省新型信息材料技术研究重点实验室	天通控股股份有限公司、浙江大学	省科技厅	2011年
150	浙江省机电产品可靠性技术研究重点实验室	浙江理工大学	省科技厅	2011年
151	浙江省工量刃具检测与深加工技术研究重点实验室	台州学院、温岭市天工工量刃具科技服务中心	省科技厅	2011年
152	浙江省流体传输技术研究重点实验室	浙江理工大学	省科技厅	2011年
153	浙江省水质科学与技术重点实验室	浙江清华长三角研究院	省科技厅	2011年
154	浙江省固体废物处理与资源化重点实验室	浙江工商大学	省科技厅	2011年
155	浙江省特色经济植物生物技术研究重点实验室	浙江师范大学	省科技厅	2011年
156	浙江省水产品加工技术研究联合重点实验室	浙江工商大学、浙江万里学院、浙江海洋学院	省科技厅	2011年
157	浙江省作物种质资源重点实验室	浙江大学	省科技厅	2011年
158	浙江省半导体照明测试系统工程技术研究中心	杭州远方光电信息股份有限公司	省科技厅	2011年

续表

序号	名称	依托单位	批准部门	批准时间
159	浙江省微特电机节能降耗工程技术研究中心	杭州富生电器股份有限公司（杭州富生电器有限公司）	省科技厅	2011年
160	浙江省缝制设备机电一体化工程技术研究中心	新杰克缝纫机股份有限公司	省科技厅	2011年
161	浙江省智能交通工程技术研究中心	银江股份有限公司	省科技厅	2011年
162	浙江省列车智能化工程技术研究中心	浙江网新技术有限公司	省科技厅	2011年
163	浙江省小模数齿轮减速机构工程技术研究中心	横店集团联宜电机有限公司	省科技厅	2011年
164	浙江省工业车辆工程技术研究中心	杭叉集团股份有限公司	省科技厅	2011年
165	浙江省服装工程技术研究中心	浙江理工大学	省科技厅	2011年
166	浙江省低碳建筑能源环境工程技术研究中心	杭州国电能源环境设计研究有限公司	省科技厅	2011年
167	浙江省海洋生物医用制品工程技术研究中心	浙江海洋学院	省科技厅	2011年
168	浙江省有机胺工程技术研究中心	浙江江山化工股份有限公司	省科技厅	2011年
169	浙江省抗病毒药物工程技术研究中心	浙江车头制药有限公司	省科技厅	2011年
170	浙江省生物可降解医用材料工程技术研究中心	浙江微度医疗器械有限公司（浙江普洛医药科技有限公司）	省科技厅	2011年
171	浙江省调味食品制造工程技术研究中心	浙江正味食品有限公司	省科技厅	2011年
172	浙江省太阳能硅片工程技术研究中心	浙江昱辉阳光能源有限公司	省科技厅	2011年
173	浙江省海洋渔业资源可持续利用技术研究重点实验室	浙江省海洋水产研究所	省科技厅	2011年
174	浙江省食品微生物技术研究重点实验室	浙江工商大学	省科技厅	2012年
175	浙江省中药治疗高血压及相关疾病药理研究重点实验室	浙江中医药大学	省科技厅	2012年
176	浙江省神经老化与疾病研究重点实验室	温州医科大学附属第一医院	省科技厅	2012年
177	浙江省病理生理学技术研究重点实验室	宁波大学	省科技厅	2012年
178	浙江省认知障碍评估技术研究重点实验室	杭州师范大学	省科技厅	2012年
179	浙江省刑事科学技术应用研究重点实验室	浙江省公安物证鉴定中心	省科技厅	2012年
180	浙江省碳材料技术研究重点实验室	温州大学	省科技厅	2012年
181	浙江省零件轧制成形技术研究重点实验室	宁波大学、浙江大学宁波理工学院	省科技厅	2012年
182	浙江省精细化学品传统工艺替代技术研究重点实验室	绍兴文理学院	省科技厅	2012年
183	浙江省电池新材料与应用技术研究重点实验室	浙江大学	省科技厅	2012年
184	浙江省石油化工产品质量与安全检测技术研究重点实验室	宁波出入境检验检疫局检验检疫技术中心	省科技厅	2012年
185	浙江省农药残留检测与控制研究重点实验室	浙江省农业科学院	省科技厅	2012年
186	浙江省数据存储传输及应用技术研究重点实验室	杭州电子科技大学	省科技厅	2012年

续表

序号	名称	依托单位	批准部门	批准时间
187	浙江省产业用纺织材料制备技术研究重点实验室	浙江理工大学	省科技厅	2012年
188	浙江省海水淡化技术研究重点实验室	杭州水处理技术研究开发中心有限公司	省科技厅	2012年
189	浙江省农产品品质改良技术研究重点实验室	浙江农林大学	省科技厅	2012年
190	浙江省软弱土地基与海涂围垦工程技术重点实验室	温州大学	省科技厅	2012年
191	浙江省水产种质资源高效利用技术研究重点实验室	浙江万里学院、宁波市海洋与渔业研究院	省科技厅	2012年
192	浙江省海洋可再生能源电气装备与系统技术研究重点实验室	浙江大学	省科技厅	2012年
193	浙江省水环境与海洋生物资源保护重点实验室	温州大学	省科技厅	2012年
194	浙江省农产品加工技术研究重点实验室	浙江大学	省科技厅	2012年
195	浙江省木材科学与技术重点实验室	浙江农林大学	省科技厅	2012年
196	浙江省工程数字化工程技术研究中心	中国水电顾问集团华东勘察设计研究院	省科技厅	2012年
197	浙江省滑动轴承工程技术研究中心	申发集团有限公司	省科技厅	2012年
198	浙江省网络媒体云处理与分析工程技术研究中心	浙江元亨通信技术有限公司　浙江大学、杭州电子科技大学	省科技厅	2012年
199	浙江省金融信息工程技术研究中心	浙江核新同花顺网络信息股份有限公司	省科技厅	2012年
200	浙江省教育装备工程技术研究中心	浙江亚龙教育装备股份有限公司	省科技厅	2012年
201	浙江省反光材料工程技术研究中心	道明光学股份有限公司	省科技厅	2012年
202	浙江省现代服务业电子服务工程技术研究中心	浙江大学	省科技厅	2012年
203	浙江省低碳脂肪胺工程技术研究中心	浙江建业化工股份有限公司	省科技厅	2012年
204	浙江省中高压催化加氢工程技术研究中心	浙江台州清泉医药化工有限公司	省科技厅	2012年
205	浙江省珍稀植物药工程技术研究中心	浙江寿仙谷医药份有限公司（浙江寿仙谷生物科技有限公司）	省科技厅	2012年
206	浙江省肉品加工与质量控制工程技术研究中心	浙江青莲食品股份有限公司	省科技厅	2012年
207	浙江省生物炭工程技术研究中心	浙江省农业科学院、国家林业局竹子研究开发中心	省科技厅	2012年
208	浙江省淡水珍珠深加工工程技术研究中心	浙江欧诗漫集团有限公司	省科技厅	2012年
209	浙江省观赏花卉工程技术研究中心	浙江森禾种业股份有限公司	省科技厅	2012年
210	浙江省设施水产养殖工程技术研究中心	杭州萧山东海养殖公司	省科技厅	2012年

续表

序号	名称	依托单位	批准部门	批准时间
211	浙江省工程结构与防灾减灾技术研究重点实验室	浙江工业大学	省科技厅	2013年
212	浙江省果蔬保鲜与加工技术研究重点实验室	浙江省农业科学院、浙江工商大学、浙江万里学院	省科技厅	2013年
213	浙江省骨科学重点实验室	温州医科大学附属第二医院	省科技厅	2013年
214	浙江省抗肿瘤药物临床前研究重点实验室	浙江大学	省科技厅	2013年
215	浙江省海洋材料与防护技术重点实验室	中国科学院宁波材料技术与工程研究所	省科技厅	2013年
216	浙江省绿色农药清洁生产技术研究重点实验室	浙江工业大学、浙江新农化工股份有限公司、上虞颖泰精细化工有限公司	省科技厅	2013年
217	浙江省纱线材料成形与复合加工技术研究重点实验室	嘉兴市学院	省科技厅	2013年
218	浙江省流量计量技术研究重点实验室	中国计量学院	省科技厅	2013年
219	浙江省饮用水安全与输配技术重点实验室	浙江大学	省科技厅	2013年
220	浙江省器官发育与再生技术研究重点实验室	杭州师范大学	省科技厅	2013年
221	浙江省消化道疾病病理生理研究重点实验室	浙江省中医院	省科技厅	2013年
222	浙江省新型网络标准及应用技术重点实验室	浙江工商大学	省科技厅	2013年
223	浙江省种植装备技术重点实验室	浙江理工大学	省科技厅	2013年
224	浙江省水生生物资源养护与开发技术研究重点实验室	湖州师范学院	省科技厅	2013年
225	浙江省林业智能监测与信息技术研究重点实验室	浙江农林大学	省科技厅	2013年
226	浙江省清洁染整技术研究重点实验室	绍兴文理学院、浙江省现代纺织工业研究院	省科技厅	2013年
227	浙江省微量有毒化学物健康风险评估技术研究重点实验室	宁波市疾病预防控制中心、浙江大学	省科技厅	2013年
228	浙江省放射肿瘤学重点实验室	浙江省肿瘤医院	省科技厅	2013年
229	浙江省食品物流装备技术研究重点实验室	浙江科技学院	省科技厅	2013年
230	浙江省植物进化生态学与保护重点实验室	台州学院	省科技厅	2013年
231	浙江省超级稻研究重点实验室	中国水稻研究所	省科技厅	2013年
232	浙江省固态光电器件重点实验室	浙江师范大学	省科技厅	2013年
233	浙江省林业生物质化学利用重点实验室	浙江农林大学	省科技厅	2013年
234	浙江省骨关节疾病中医药干预技术研究重点实验室	浙江中医药大学	省科技厅	2013年
235	浙江省物联感知与信息融合技术重点实验室	杭州电子科技大学	省科技厅	2013年
236	浙江省海洋渔业装备技术研究重点实验室	浙江海洋学院	省科技厅	2013年

续表

序号	名称	依托单位	批准部门	批准时间
237	浙江省茶资源跨界应用技术重点实验室	中华全国供销合作总社杭州茶叶研究所	省科技厅	2013年
238	浙江省光伏封装材料工程技术研究中心	杭州福斯特光伏材料股份有限公司	省科技厅	2013年
239	浙江省真菌药物工程技术研究中心	浙江佐力药业股份有限公司	省科技厅	2013年
240	浙江省微生物发酵和合成制药工程技术研究中心	浙江震元制药有限公司	省科技厅	2013年
241	浙江省电动汽车动力总成工程技术研究中心	浙江尤奈特电机有限公司	省科技厅	2013年
242	浙江省智能一体化家具工程技术研究中心	浙江圣奥家具制造有限公司、浙江农林大学	省科技厅	2013年
243	浙江省碳化硅陶瓷密封材料工程技术研究中心	台州东新密封有限公司	省科技厅	2013年
244	浙江省生物源香料工程技术研究中心	格林生物科技股份有限公司	省科技厅	2013年
245	浙江省环保油墨工程技术研究中心	新东方油墨有限公司	省科技厅	2013年
246	浙江省芳烃磺酸工程技术研究中心	浙江嘉化能源化工股份有限公司、嘉兴学院	省科技厅	2013年
247	浙江省创意农业工程技术研究中心	浙江省农业科学院	省科技厅	2013年
248	浙江省近海海洋工程技术重点实验室	浙江海洋学院	省科技厅	2014年
249	浙江省海产品健康危害因素关键技术研究重点实验室	舟山市疾病预防控制中心、浙江海洋学院	省科技厅	2014年
250	浙江省三维打印工艺与装备重点实验室	浙江大学	省科技厅	2014年
251	浙江省海洋食品品质及危害物控制技术重点实验室	中国计量学院	省科技厅	2014年
252	浙江省林木育种技术研究重点实验室	中国林业科学院亚热带林业研究所	省科技厅	2014年
253	浙江省药品接触材料质量控制研究重点实验室	浙江省食品药品检验研究院	省科技厅	2014年
254	浙江省精神障碍诊疗和防治技术重点实验室	浙江大学医学院附属第一医院	省科技厅	2014年
255	浙江省动物蛋白食品精深加工技术重点实验室	宁波大学	省科技厅	2014年
256	浙江省金属材料表面改性和强化技术研究重点实验室	机械科学研究院浙江分院有限公司	省科技厅	2014年
257	浙江省高处作业防护技术重点实验室	浙江省华电器材检测研究所	省科技厅	2014年
258	浙江省竹子高效加工重点实验室	国家林业局竹子研究开发中心	省科技厅	2014年
259	浙江省淡水水产遗传育种重点实验室	浙江省淡水水产研究所	省科技厅	2014年
260	浙江省细胞药物与应用技术研究重点实验室	浙江省易文赛细胞药物和制品研究院	省科技厅	2014年
261	浙江省健康智慧厨房系统集成重点实验室	宁波方太厨具有限公司、中国美术学院	省科技厅	2014年

续表

序号	名称	依托单位	批准部门	批准时间
262	浙江省室内环境品质构建技术与装备重点实验室	浙江盾安人工环境股份有限公司	省科技厅	2014年
263	浙江省燃煤烟气净化装备研究重点实验室	浙江菲达环保科技股份有限公司	省科技厅	2014年
264	浙江省电机及控制技术研究重点实验室	卧龙电气集团股份有限公司	省科技厅	2014年
265	浙江省装配式钢结构建筑工程技术研究中心	浙江东南网架股份有限公司、浙江大学建筑工程学院	省科技厅	2014年
266	浙江省能源与新型管道工程技术研究中心（浙江省金洲管道工程技术研究中心）	浙江金洲管道科技股份有限公司	省科技厅	2014年
267	浙江省化学储能电源工程技术研究中心	超威电源有限公司	省科技厅	2014年
268	浙江省动力电池与材料工程技术研究中心	天能电池集团有限公司	省科技厅	2014年
269	浙江省高分子材料工程技术研究中心	浙江尤夫高新纤维股份有限公司	省科技厅	2014年
270	浙江省精细化工超临界反应工程技术研究中心	浙江新和成股份有限公司	省科技厅	2014年
271	浙江省特种界面活性剂工程技术研究中心	浙江皇马化工集团有限公司	省科技厅	2014年
272	浙江省创伤修复材料工程技术研究中心	绍兴振德医用敷料有限公司、绍兴中纺院江南分院有限公司	省科技厅	2014年
273	浙江省钢结构装配式集成建筑工程技术研究中心	浙江精工钢结构集团有限公司、浙江绿筑建筑系统集成有限公司	省科技厅	2014年
274	浙江省高性能锦纶工程技术研究中心	义乌华鼎锦纶股份有限公司	省科技厅	2014年
275	浙江省甾体药物工程技术研究中心	浙江仙琚制药股份有限公司	省科技厅	2014年
276	浙江省中枢神经系统药物工程技术研究中心	浙江华海药业股份有限公司	省科技厅	2014年
277	浙江省小分子催化工程技术研究中心	联化科技股份有限公司	省科技厅	2014年
278	浙江省园艺植物整合生物学研究与应用重点实验室	浙江大学	省科技厅	2015年
279	浙江省大数据智能计算重点实验室	浙江大学	省科技厅	2015年
280	浙江省固态硬盘和数据安全技术重点实验室	杭州华澜微科技有限公司、杭州电子科技大学	省科技厅	2015年
281	浙江省制冷与低温技术重点实验室	浙江大学	省科技厅	2015年
282	浙江省激光加工机器人重点实验室	温州大学	省科技厅	2015年
283	浙江省增材制造材料技术重点实验室	中国科学院宁波材料技术与工程研究所	省科技厅	2015年
284	浙江省流域水环境与健康风险研究重点实验室	温州医科大学	省科技厅	2015年
285	浙江省土壤污染生物修复重点实验室	浙江农林大学	省科技厅	2015年
286	浙江省野生动物生物技术与保护利用重点实验室	浙江师范大学	省科技厅	2015年

续表

序号	名称	依托单位	批准部门	批准时间
287	浙江省家具检测技术研究重点实验室	浙江省家具与五金研究所 中国计量学院	省科技厅	2015年
288	浙江省机器人与智能制造装备技术重点实验室	中国科学院宁波材料技术与工程研究所	省科技厅	2015年
289	浙江省植物次生代谢调控重点实验室	浙江理工大学	省科技厅	2015年
290	浙江省医学信息与生物三维打印重点实验室	杭州电子科技大学	省科技厅	2015年
291	浙江省海洋大数据挖掘与应用重点实验室	浙江海洋学院	省科技厅	2015年
292	浙江省小分子靶向药物研发重点实验室	贝达药业股份有限公司	省科技厅	2015年
293	浙江省住宅产业化与建设工程技术研究中心	宝业集团股份有限公司	省科技厅	2015年
294	浙江省新型吸附分离材料与应用技术重点实验室	浙江大学、浙江中烟工业有限责任公司	省科技厅	2015年
295	浙江省生物有机合成技术研究重点实验室	浙江工业大学	省科技厅	2015年
296	浙江省肿瘤分子诊断与个体化治疗研究重点实验室	浙江省人民医院	省科技厅	2015年
297	浙江省光电探测材料及器件重点实验室	宁波大学	省科技厅	2015年
298	浙江省废弃生物质循环利用与生态处理技术重点实验室	浙江科技学院	省科技厅	2015年
299	浙江省软体机器人与智能器件研究重点实验室	浙江大学	省科技厅	2015年
300	浙江省特色文创产品数字化设计与智能制造重点实验室	丽水学院、龙泉市金宏瓷业有限公司	省科技厅	2015年
301	浙江省临床体外诊断技术研究重点实验室	浙江大学医学院附属第一医院	省科技厅	2015年
302	浙江省血液安全研究重点实验室	浙江省血液中心	省科技厅	2015年
303	浙江省海洋岩土工程与材料重点实验室	浙江大学海洋学院、浙江大学舟山海洋研究中心	省科技厅	2015年
304	浙江省智慧医疗工程技术研究中心	温州医科大学附属第一医院	省科技厅	2015年
305	浙江省化工高效制造技术重点实验室	浙江大学	省科技厅	2016年
306	浙江省先进微纳电子器件智能系统及应用重点实验室	浙江大学	省科技厅	2016年
307	浙江省肝胆胰肿瘤精准诊治研究重点实验室	浙江大学医学院附属第一医院	省科技厅	2016年
308	浙江省胰腺病研究重点实验室	浙江人学医学院附属第二医院	省科技厅	2016年
309	浙江省口腔生物医学研究重点实验室	浙江大学医学院附属口腔医院	省科技厅	2016年
310	浙江省海洋观测—成像试验区重点实验室	浙江大学(海洋学院)、浙江大学舟山海洋研究中心	省科技厅	2016年
311	浙江省工业污染微生物控制技术重点实验室	浙江工业大学	省科技厅	2016年

续表

序号	名称	依托单位	批准部门	批准时间
312	浙江省石墨烯应用研究重点实验室	中国科学院宁波材料技术与工程研究所	省科技厅	2016年
313	浙江省水利水电装备表面工程技术研究重点实验室	水利部杭州机械设计研究所、杭州江河水电科技有限公司、杭州江河机电装备工程有限公司	省科技厅	2016年
314	浙江省微生物技术与生物信息研究重点实验室	浙江天科高新技术发展有限公司、浙江大学医学院附属邵逸夫医院	省科技厅	2016年
315	浙江省认知医疗工程技术研究中心	浙江大学医学院附属邵逸夫医院卫宁健康科技集团股份有限公司杭州研发中心	省科技厅	2016年
316	浙江省糖尿病药物工程技术研究中心	杭州中美华东制药有限公司、杭州华东医药集团新药研究院有限公司	省科技厅	2016年
317	浙江省数据中心基础架构工程技术研究中心	新华三技术有限公司	省科技厅	2016年
318	浙江省生物基高分子材料技术与应用重点实验室	中国科学院宁波材料技术与工程研究所	省科技厅	2017年
319	浙江省榄香烯类抗癌中药研究重点实验室	杭州师范大学	省科技厅	2017年
320	浙江省毒品防控技术研究重点实验室	浙江警察学院、浙江诺迦生物科技有限公司	省科技厅	2017年
321	浙江省火力发电高效节能与污染物控制技术研究重点实验室	浙江浙能技术研究院有限公司	省科技厅	2017年
322	浙江省特种设备安全检测技术研究重点实验室	浙江省特种设备检验研究院	省科技厅	2017年
323	浙江省呼吸疾病诊治及研究重点实验室	浙江大学	省科技厅	2017年
324	浙江省影像诊断与介入微创研究重点实验室	丽水市中心医院	省科技厅	2017年
325	浙江省胰腺肝脏危重性疾病诊治新技术研究重点实验室	温州医科大学附属第一医院	省科技厅	2017年
326	浙江省头颈肿瘤转化医学研究重点实验室	浙江省肿瘤医院	省科技厅	2017年
327	浙江省生殖障碍诊治研究重点实验室	浙江大学医学院附属邵逸夫医院	省科技厅	2017年
328	浙江省空气动力装备技术重点实验室	衢州学院、开山集团	省科技厅	2017年
329	浙江省增强现实与智能交互工程技术研究中心	网易(杭州)网络有限公司	省科技厅	2017年
330	浙江省城市地下空间开发工程技术研究中心	浙江大学	省科技厅	2017年
331	浙江省临床功能材料与诊疗器件工程技术研究中心	温州生物材料与工程研究所、温州医科大学	省科技厅	2017年
332	浙江省装配式混凝土工业化建筑工程技术研究中心	浙江理工大学、浙江工业大学工程设计集团有限公司	省科技厅	2017年

续表

序号	名称	依托单位	批准部门	批准时间
333	浙江省核电用高性能管材成形工程技术研究中心	浙江久立特材科技股份有限公司	省科技厅	2017年
334	浙江省微波目标特性测量与遥感重点实验室	中科卫星应用德清研究院、中国科学院遥感与数字地球研究所	省科技厅	2017年

资料来源：浙江省科技厅网站。

附表2-3-2 浙江省国家级工程(技术)研究中心(基地)

序号	名称	依托单位	归属部门	批复时间
1	国家液体分离膜工程技术研究中心	杭州水处理技术研究开发中心有限公司	科技部	1991年
2	国家光学仪器工程技术研究中心	浙江大学	科技部	1994年
3	国家消耗臭氧层物质替代品工程技术研究中心	浙江省化工研究院	科技部	1999年
4	国家电液控制工程技术研究中心	浙江大学机械电子控制工程研究所和流体传动及控制国家重点实验室	科技部	2000年
5	国家氟材料工程技术研究中心	巨化集团公司	科技部	2002年
6	国家木质资源综合利用工程技术研究中心	浙江农林大学	科技部	2008年
7	国家造纸化学品工程技术研究中心	杭州市化工研究所有限公司	科技部	2009年
8	国家数码喷印工程技术研究中心	杭州宏华数码科技股份有限公司	科技部	2008年
9	国家列车智能化工程技术研究中心	浙江大学、浙大网新	科技部	2011年
10	国家茶产业工程技术研究中心	中国农业科学研究院茶叶研究所	科技部	2007年
11	国家海洋设施养殖工程技术研究中心	浙江海洋学院	科技部	2011年
12	国家黄酒工程技术研究中心	中国绍兴黄酒集团有限公司	科技部	2011年
13	国家眼视光工程技术研究中心	温州医科大学	科技部	2013年
14	国家化学原料药合成工程技术研究中心	浙江工业大学	科技部	2013年

资料来源：浙江省科技厅网站。

附录2-4 学科类

附表2-4-1 一流学科名单(A类)

序号	院校	学科名称
1	杭州电子科技大学	数学
2	杭州电子科技大学	控制科学与工程
3	杭州电子科技大学	计算机科学与技术
4	杭州电子科技大学	电子科学与技术
5	杭州师范大学	中国语言文学
6	杭州师范大学	艺术学理论
7	杭州师范大学	心理学
8	杭州师范大学	外国语言文学
9	杭州师范大学	数学
10	杭州师范大学	生物学
11	杭州师范大学	化学
12	杭州师范大学	公共管理
13	宁波大学	应用经济学
14	宁波大学	信息通信与工程
15	宁波大学	物理学
16	宁波大学	水产
17	宁波大学	力学
18	宁波大学	法学
19	宁波大学	电子科学与技术
20	温州大学	中国语言文学
21	温州大学	化学
22	温州医科大学	医学技术
23	温州医科大学	药学
24	温州医科大学	临床医学
25	浙江财经大学	应用经济学
26	浙江财经大学	统计学
27	浙江传媒学院	戏剧与影视学
28	浙江大学	作物学
29	浙江大学	植物保护
30	浙江大学	园艺学
31	浙江大学	土木工程

续表

序号	院校	学科名称
32	浙江大学	生态学
33	浙江大学	软件工程
34	浙江大学	农业资源与环境
35	浙江大学	农业工程
36	浙江大学	农林经济管理
37	浙江大学	临床医学
38	浙江大学	控制科学与工程
39	浙江大学	计算机科学与技术
40	浙江大学	机械工程
41	浙江大学	化学工程与技术
42	浙江大学	光学工程
43	浙江大学	管理科学与工程
44	浙江大学	动力工程及工程热物理
45	浙江大学	电气工程
46	浙江大学	畜牧学
47	浙江大学	材料科学与工程
48	浙江工商大学	应用经济学
49	浙江工商大学	外国语言文学
50	浙江工商大学	统计学
51	浙江工商大学	食品科学与工程
52	浙江工商大学	管理科学与工程
53	浙江工商大学	工商管理
54	浙江工业大学	应用经济学
55	浙江工业大学	药学
56	浙江工业大学	生物工程
57	浙江工业大学	控制科学与工程
58	浙江工业大学	计算机科学与技术
59	浙江工业大学	机械工程
60	浙江工业大学	环境科学与工程
61	浙江工业大学	化学工程与技术
62	浙江工业大学	工商管理
63	浙江工业大学	动力工程及工程热物理
64	浙江工业大学	材料科学与工程
65	浙江海洋学院	水产
66	浙江海洋学院	海洋科学
67	浙江理工大学	数学

续表

序号	院校	学科名称
68	浙江理工大学	设计学
69	浙江理工大学	机械工程
70	浙江理工大学	化学
71	浙江理工大学	纺织科学与工程
72	浙江理工大学	材料科学与工程
73	浙江农林大学	生态学
74	浙江农林大学	林业工程
75	浙江农林大学	林学
76	浙江师范大学	中国语言文学
77	浙江师范大学	中国史
78	浙江师范大学	政治学
79	浙江师范大学	心理学
80	浙江师范大学	物理学
81	浙江师范大学	数学
82	浙江师范大学	生物学
83	浙江师范大学	软件工程
84	浙江师范大学	马克思主义理论
85	浙江师范大学	教育学
86	浙江师范大学	化学
87	浙江万里学院	生物工程
88	浙江音乐学院	音乐与舞蹈学
89	浙江中医药大学	中医学
90	浙江中医药大学	中药学
91	浙江中医药大学	中西医结合
92	中共浙江省委党校	马克思主义理论
93	中国计量学院	仪器科学与技术
94	中国计量学院	控制科学与工程
95	中国计量学院	管理科学与工程
96	中国美术学院	艺术学理论
97	中国美术学院	设计学
98	中国美术学院	美术学

附表2-4-2 一流学科名单(B类)

序号	院校	学科名称
1	公安海警学院	信息与通信工程
2	公安海警学院	军事后勤学
3	杭州电子科技大学	应用经济学
4	杭州电子科技大学	仪器科学与技术
5	杭州电子科技大学	信息与通信工程
6	杭州电子科技大学	机械工程
7	杭州电子科技大学	管理科学与工程
8	杭州电子科技大学	工商管理
9	杭州电子科技大学	材料科学与工程
10	杭州电子科技大学信息工程学院	机械工程
11	杭州电子科技大学信息工程学院	电子科学与技术
12	杭州师范大学	中国史
13	杭州师范大学	生态学
14	杭州师范大学	美术学
15	杭州师范大学	教育学
16	杭州师范大学	护理学
17	杭州师范大学	法学
18	杭州师范大学钱江学院	化学
19	杭州师范大学钱江学院	护理学
20	浙江医学高等专科学校(杭州医学院)	药学
21	浙江医学高等专科学校(杭州医学院)	临床医学
22	浙江医学高等专科学校(杭州医学院)	基础医学
23	浙江医学高等专科学校(杭州医学院)	公共卫生与预防医学
24	湖州师范学院	中国语言文学
25	湖州师范学院	物理学
26	湖州师范学院	水产
27	湖州师范学院	数学
28	湖州师范学院	计算机科学与技术
29	湖州师范学院	护理学
30	湖州师范学院求真学院	药学
31	湖州师范学院求真学院	机械工程
32	嘉兴学院	应用经济学
33	嘉兴学院	数学
34	嘉兴学院	临床医学
35	嘉兴学院	机械工程

续表

序号	院校	学科名称
36	嘉兴学院	化学
37	嘉兴学院	纺织科学与工程
38	丽水学院	数学
39	丽水学院	生态学
40	丽水学院	民族学
41	丽水学院	口腔医学
42	丽水学院	机械工程
43	宁波大红鹰学院	应用经济学
44	宁波大红鹰学院	计算机科学与技术
45	宁波大红鹰学院	机械工程
46	宁波大红鹰学院	工商管理
47	宁波大学	外国语言文学
48	宁波大学	土木工程
49	宁波大学	体育学
50	宁波大学	食品科学与工程
51	宁波大学	临床医学
52	宁波大学	教育学
53	宁波工程学院	土木工程
54	宁波工程学院	交通运输工程
55	宁波工程学院	机械工程
56	宁波工程学院	化学工程与技术
57	宁波工程学院	电子科学与技术
58	宁波工程学院	材料科学与工程
59	宁波诺丁汉大学	化学工程与技术
60	宁波诺丁汉大学	材料科学与工程
61	衢州学院	土木工程
62	衢州学院	控制科学与工程
63	衢州学院	机械工程
64	衢州学院	化学工程与技术
65	绍兴文理学院	中国语言文学
66	绍兴文理学院	物理学
67	绍兴文理学院	土木工程
68	绍兴文理学院	教育学
69	绍兴文理学院	化学
70	绍兴文理学院	纺织科学与工程
71	台州学院	生态学

续表

序号	院校	学科名称
72	台州学院	控制科学与工程
73	台州学院	化学工程与技术
74	台州学院	材料科学与工程
75	同济大学浙江学院	土木工程
76	同济大学浙江学院	交通运输工程
77	温州大学	应用经济学
78	温州大学	土木工程
79	温州大学	生态学
80	温州大学	马克思主义理论
81	温州大学	机械工程
82	温州大学	法学
83	温州大学	电气工程
84	温州肯恩大学	应用经济学
85	温州医科大学	中西医结合
86	温州医科大学	生物医学与工程
87	温州医科大学	生物学
88	温州医科大学	口腔医学
89	温州医科大学	基础医学
90	温州医科大学	护理学
91	温州医科大学	公共卫生与预防医学
92	浙江财经大学	中国语言文学
93	浙江财经大学	理论经济学
94	浙江财经大学	公共管理
95	浙江财经大学	工商管理
96	浙江传媒学院	信息通信与工程
97	浙江传媒学院	新闻传播学
98	浙江大学	中国语言文学
99	浙江大学	中国史
100	浙江大学	哲学
101	浙江大学	药学
102	浙江大学	信息与通信工程
103	浙江大学	新闻传播学
104	浙江大学	心理学
105	浙江大学	物理学
106	浙江大学	外国语言文学
107	浙江大学	数学

续表

序号	院校	学科名称
108	浙江大学	世界史
109	浙江大学	食品科学与工程
110	浙江大学	生物医学工程
111	浙江大学	生物学
112	浙江大学	设计学
113	浙江大学	马克思主义理论
114	浙江大学	力学
115	浙江大学	理论经济学
116	浙江大学	口腔医学
117	浙江大学	考古学
118	浙江大学	教育学
119	浙江大学	建筑学
120	浙江大学	基础医学
121	浙江大学	环境科学与工程
122	浙江大学	化学
123	浙江大学	航空宇航科学与技术
124	浙江大学	公共管理
125	浙江大学	法学
126	浙江大学	地质学
127	浙江大学	船舶与海洋工程
128	浙江大学城市学院	药学
129	浙江大学城市学院	土木工程
130	浙江大学城市学院	工商管理
131	浙江大学宁波理工学院	土木工程
132	浙江大学宁波理工学院	机械学科
133	浙江大学宁波理工学院	化学工程与技术
134	浙江工商大学	信息与通信工程
135	浙江工商大学	设计学
136	浙江工商大学	马克思主义理论
137	浙江工商大学	理论经济学
138	浙江工商大学	计算机科学与技术
139	浙江工商大学	环境科学与工程
140	浙江工商大学	法学
141	浙江工业大学	物理学
142	浙江工业大学	土木工程
143	浙江工业大学	软件工程

续表

序号	院校	学科名称
144	浙江工业大学	设计学
145	浙江工业大学	中国语言文学
146	浙江工业大学	教育学
147	浙江工业大学	管理科学与工程
148	浙江工业大学之江学院	计算机科学与技术
149	浙江海洋学院	中国史
150	浙江海洋学院	数学
151	浙江海洋学院	食品科学与工程
152	浙江海洋学院	石油与天然气工程
153	浙江海洋学院	交通运输工程
154	浙江海洋学院	船舶与海洋工程
155	浙江海洋学院东海科学技术学院	机械工程
156	浙江警察学院	网络空间安全
157	浙江警察学院	公共管理
158	浙江警察学院	公安学
159	浙江警察学院	公安技术
160	浙江警察学院	安全科学与工程
161	浙江科技学院	土木工程
162	浙江科技学院	数学
163	浙江科技学院	软件工程
164	浙江科技学院	控制科学与工程
165	浙江科技学院	机械工程
166	浙江科技学院	生物工程
167	浙江理工大学	应用经济学
168	浙江理工大学	艺术学理论
169	浙江理工大学	土木工程
170	浙江理工大学	生物学
171	浙江理工大学	软件工程
172	浙江理工大学	控制科学与工程
173	浙江理工大学	法学
174	浙江理工大学科技与艺术学院	设计学
175	浙江理工大学科技与艺术学院	计算机科学与技术
176	浙江农林大学	作物学
177	浙江农林大学	园艺学
178	浙江农林大学	农业资源与环境
179	浙江农林大学	农林经济管理

续表

序号	院校	学科名称
180	浙江农林大学	计算机科学与技术
181	浙江农林大学	风景园林学
182	浙江农林大学	畜牧学
183	浙江农林大学暨阳学院	农业工程
184	浙江农林大学暨阳学院	风景园林学
185	浙江师范大学	应用经济学
186	浙江师范大学	音乐与舞蹈学
187	浙江师范大学	外国语言文学
188	浙江师范大学	体育学
189	浙江师范大学	社会学
190	浙江师范大学	美术学
191	浙江师范大学	地理学
192	浙江师范大学行知学院	网络空间安全
193	浙江师范大学行知学院	生态学
194	浙江树人学院	应用经济学
195	浙江树人学院	信息与通信工程
196	浙江树人学院	土木工程
197	浙江树人学院	计算机科学与技术
198	浙江树人学院	环境科学与工程
199	浙江水利水电学院	土木工程
200	浙江水利水电学院	水利工程
201	浙江水利水电学院	软件工程
202	浙江水利水电学院	机械工程
203	浙江水利水电学院	电气工程
204	浙江水利水电学院	测绘科学与技术
205	浙江外国语学院	中国语言文学
206	浙江外国语学院	应用经济学
207	浙江外国语学院	外国语言文学
208	浙江外国语学院	化学
209	浙江外国语学院	工商管理
210	浙江万里学院	应用经济学
211	浙江万里学院	信息与通信工程
212	浙江万里学院	计算机科学与技术
213	浙江万里学院	管理科学与工程
214	浙江音乐学院	艺术学理论
215	浙江音乐学院	戏剧与影视学

续表

序号	院校	学科名称
216	浙江越秀外国语学院	外国语言文学
217	浙江中医药大学	医学技术
218	浙江中医药大学	药学
219	浙江中医药大学	生物学
220	浙江中医药大学	临床医学
221	浙江中医药大学	护理学
222	浙江中医药大学	公共卫生与预防医学
223	中共浙江省委党校	政治学
224	中共浙江省委党校	理论经济学
225	中国计量学院	信息与通信工程
226	中国计量学院	数学
227	中国计量学院	生物学
228	中国计量学院	光学工程
229	中国计量学院	材料科学与工程
230	中国计量学院	安全科学与工程
231	中国计量学院现代科技学院	机械工程
232	中国美术学院	建筑学

附录2-5　其他类

附表2-5-1　历年来浙江省自然科学基金委员会及其办公室制(修)订的管理规定一览

序号	颁布日期	实施日期	管理规定名称
1	1989年9月1日	1989年9月1日	《浙江省自然科学基金委员会章程》
2	1990年3月10日	1990年3月10日	《浙江省自然科学基金管理暂行办法》
3	1990年3月10日	1990年3月10日	《浙江省自然科学基金申请项目评审工作暂行办法》
4	1990年6月30日	1990年6月30日	《浙江省自然科学基金资助项目研究成果管理试行办法》
5	1990年6月30日	1990年6月30日	《浙江省自然科学基金委员会机动基金的管理暂行办法》
6	1990年3月1日	1990年6月30日	《浙江省自然科学基金资助项目财务管理暂行办法》
8	1993年3月1日	1993年3月1日	《浙江省自然科学基金资助项目财务管理办法》
9	1995年4月1日	1995年4月1日	《浙江省自然科学基金资助项目管理办法(试行)》
10	1996年8月20日	1996年8月20日	《浙江省自然科学基金青年科技人才培养专项资金管理办法》
11	2004年1月1日	2004年1月1日	《浙江省自然科学基金重点项目和重大项目管理实施细则(试行)》
12	2004年1月1日	2004年1月1日	《浙江省自然科学基金青年科技人才培养项目管理实施细则》
13	2004年1月1日	2004年1月1日	《浙江省自然科学基金一般项目管理规定》
14	2004年10月1日	2004年10月1日	《浙江省自然科学基金委员会联合资助工作管理办法(试行)》
15	2004年6月30日	2004年7月1日	《浙江省自然科学基金委员会章程》
16	2007年1月1日	2007年1月1日	《浙江省自然科学基金管理规定》
17	2007年3月1日	2007年3月1日	《浙江省自然科学基金杰出青年团队项目管理实施细则》
18	2007年3月1日	2007年3月1日	《浙江省自然科学基金重点项目和重大项目管理实施细则》
19	2007年3月1日	2007年3月1日	《浙江省自然科学基金一般项目管理实施细则》
20	2007年3月1日	2007年3月1日	《浙江省自然科学基金项目管理补充规定》
24	2009年12月31日	2009年12月31日	《浙江省自然科学基金依托单位及管理员管理暂行办法》
23	2010年3月2日	2010年3月2日	《浙江省杰出青年科学基金项目管理实施细则》
25	2010年5月5日	2010年5月5日	《浙江省自然科学基金学术交流项目管理实施细则》
26	2011年7月26日	2011年7月26日	《浙江省自然科学基金青年科学基金项目管理实施细则》
27	2013年12月10日	2013年12月10日	《浙江省自然科学基金宣传工作考核与奖励办法(试行)》
28	2014年1月23日	2014年3月1日	《浙江省自然科学基金管理办法》
29	2014年4月21日	2014年7月1日	《浙江省自然科学基金人才类项目管理实施细则》
30	2014年6月30日	2014年8月1日	《浙江省自然科学基金研究类项目管理实施细则》

资料来源：浙江省自然科学基金委员会网站。

附表2-5-2 历届浙江省自然科学基金委员会人员组成名单

序号	职务	人员	单位	备注
第一届(1988年12月—1993年10月)				
1	主任委员	周文	浙江省科委	1988年12月—1992年4月
2	主任委员	马洵	浙江省科委	1992年4月—1993年10月
3	副主任委员	阙端麟	浙江大学	
4	副主任委员	季道藩	浙江农业大学	
5	委员	谢庭藩	杭州大学	
6	委员	孙漱源	浙江省农业科学院	
7	委员	余应年	浙江医科大学	
8	委员	苏纪兰	国家海洋局第二海洋研究所	
9	委员	徐崇嗣	浙江工业大学	
10	委员	朱明权	浙江省科委	兼秘书长
第二届(1993年11月—1996年12月)				
1	主任委员	马洵	浙江省科委	
2	副主任委员	阙端麟	浙江大学	
3	副主任委员	苏纪兰	国家海洋局第二海洋研究所	
4	副主任委员	季道藩	浙江农业大学	
5	副主任委员	李兆强	浙江省科委	
6	委员	谢庭藩	中国计量学院	
7	委员	孙漱源	浙江省农业科学院	
8	委员	余应年	浙江医科大学	
9	委员	郑小明	杭州大学	
10	委员	吴心平	宁波大学	
11	委员	桑卫国	浙江省医学科学院	
12	委员	熊振民	中国水稻研究所	
13	委员	何发昌	杭州电子科技大学	
14	委员	徐崇嗣	浙江工业大学	
15	委员	朱明权	浙江省科委	兼秘书长
第三届(1997年1月—2001年3月)				
1	主任委员	马洵	浙江省科委	1997年1月—1998年8月
2	主任委员	严晓浪	浙江省科委	1998年8月—2000年4月
3	副主任委员	阙端麟	浙江大学	
4	副主任委员	苏纪兰	国家海洋局第二海洋研究所	
5	副主任委员	李兆强	浙江省科委	1997年1月—1997年12月
6	副主任委员	陈永光	浙江省科委	兼秘书长，1997年12月—2001年12月
7	委员	郑小明	杭州大学	
8	委员	吴添祖	浙江工业大学	

续表

序号	职务	人员	单位	备注
9	委员	吴心平	宁波大学	
10	委员	严晓浪	杭州电子科技大学	1997年1月—1998年8月
11	委员	朱军	浙江农业大学	
12	委员	桑卫国	浙江省医学科学院	
13	委员	谢庭藩	中国计量学院	
14	委员	陈剑平	浙江省农业科学院	
15	委员	余应年	浙江医科大学	
16	委员	孙宗修	中国水稻研究所	
17	委员	孙优贤	浙江大学	
18	委员	高从堦	杭州水处理技术研究开发中心有限公司	
19	委员	陈荣光	浙江省科委	兼副秘书长
第四届(2001年4月—2004年9月)				
1	主任委员	毛光烈	浙江省科技厅	2000年4月—2002年3月
2	主任委员	蒋泰维	浙江省科技厅	2002年3月—2004年9月
3	副主任委员	阙端麟	浙江大学	
4	副主任委员	苏纪兰	国家海洋局第二海洋研究所	
5	副主任委员	毛江森	浙江省医学科学院	
6	副主任委员	孙优贤	浙江大学	
7	副主任委员	高从堦	杭州水处理技术研究开发中心有限公司	
8	委员	吴添祖	浙江工业大学	
9	委员	郑小明	浙江大学	
10	委员	严晓浪	浙江大学	
11	委员	朱军	浙江大学	
12	委员	孙宗修	中国水稻研究所	
13	委员	陈剑平	浙江省农业科学院	
14	委员	徐振元	浙江工业大学	
15	委员	徐辉	浙江师范大学	
16	委员	肖鲁伟	浙江中医学院	
17	委员	叶明	杭州电子科技大学	
18	委员	赵匀	浙江理工大学	
19	委员	王光明	浙江工商大学	
20	委员	竺树声	浙江科技学院	
21	委员	叶飞帆	宁波大学	
22	委员	瞿佳	温州医科大学	
23	委员	朱智勇	浙江省疾病控制中心	
24	委员	郑树森	浙江大学医学院附属第一医院	

续表

序号	职务	人员	单位	备注
25	委员	楼芳彪	浙江省化工研究院	
26	委员	陈荣光	浙江省自然科学基金办公室	兼秘书长，2001年4月—2003年5月
第五届(2004年10月—2009年12月)				
1	主任委员	蒋泰维	浙江省科技厅	
2	副主任委员	毛江森	浙江省医学科学院	院士按姓氏笔画为序
3	副主任委员	孙优贤	浙江大学	
4	副主任委员	苏纪兰	国家海洋局第二海洋研究所	
5	副主任委员	郑树森	浙江大学	
6	副主任委员	高从堦	杭州水处理技术研究开发中心有限公司	
7	副主任委员	阙端麟	浙江大学	
8	副主任委员	罗卫红	浙江省科技厅	
9	委员	方伟	浙江农林大学	学校和科研机构委员按姓氏笔画为序
10	委员	王光明	浙江工商大学	
11	委员	叶飞帆	宁波大学	
12	委员	吕进	浙江科技学院	
13	委员	张立彬	浙江工业大学	
14	委员	陈剑平	浙江省农业科学院	
15	委员	严晓浪	浙江大学	
16	委员	肖鲁伟	浙江中医药大学	
17	委员	周海梦	浙江清华长三角研究院	
18	委员	徐辉	浙江师范大学	
19	委员	崔平	中科院宁波材料技术与工程研究所	
20	委员	程式华	中国水稻研究所	
21	委员	裘松良	浙江理工大学	
22	委员	薛安克	杭州电子科技大学	
23	委员	瞿佳	温州医科大学	
24	委员	边颉	浙江省教育厅高校科研师资处	
25	委员	宣晓冬	浙江省自然科学基金委员会办公室	兼秘书长，2003年5月—2007年12月
26	委员	华尔天	浙江省自然科学基金委员会办公室	兼秘书长，2007年12月—2009年8月
27	委员	鲁文革	浙江省自然科学基金委员会办公室	兼秘书长，2009年8月—2009年12月
第六届(2009年12月—2011年4月)				
1	主任委员	蒋泰维	浙江省科学技术厅	

续表

序号	职务	人员	单位	备注
2	副主任委员	毛江森	浙江省医学科学院	院士按姓氏笔画排序
3	副主任委员	孙优贤	浙江大学	
4	副主任委员	苏纪兰	国家海洋局第二海洋研究所	
5	副主任委员	郑树森	浙江大学	
6	副主任委员	高从堦	杭州水处理技术研究开发中心有限公司	
7	副主任委员	阙端麟	浙江大学	
8	副主任委员	王宏理	浙江省科学技术厅	
9	委员	叶高翔	杭州师范大学	学校和科研机构委员按姓氏笔画排序
10	委员	吴锋民	浙江师范大学	
11	委员	张立彬	浙江工业大学	
12	委员	陈剑平	浙江省农业科学院	
13	委员	林建忠	中国计量学院	
14	委员	范永升	浙江中医药大学	
15	委员	周国模	浙江农林大学	
16	委员	周海梦	浙江清华长三角研究院	
17	委员	胡建森	浙江工商大学	
18	委员	聂秋华	宁波大学	
19	委员	崔平	中科院宁波材料技术与工程研究所	
20	委员	程式华	中国水稻研究所	
21	委员	裘松良	浙江理工大学	
22	委员	薛安克	杭州电子科技大学	
23	委员	瞿佳	温州医科大学	
24	委员	鲁文革	浙江省自然科学基金委员会办公室	兼秘书长
25	委员	林思达	浙江省自然科学基金委员会办公室	兼副秘书长
第六届(2011年4月—2013年11月)				
1	名誉主任委员	蒋泰维	浙江省科学技术厅	
2	主任委员	王宏理	浙江省科学技术厅	
3	副主任委员	毛江森	浙江省医学科学院	院士按姓氏笔画排序
4	副主任委员	孙优贤	浙江大学	
5	副主任委员	苏纪兰	国家海洋局第二海洋研究所	
6	副主任委员	郑树森	浙江大学	
7	副主任委员	高从堦	杭州水处理技术研究开发中心有限公司	
8	副主任委员	阙端麟	浙江大学	
9	副主任委员	蔡秀军	浙江省科学技术厅	
10	委员	叶高翔	杭州师范大学	学校和科研机构委员按姓氏笔画排序

续表

序号	职务	人员	单位	备注
11	委员	吴锋民	浙江师范大学	
12	委员	张立彬	浙江工业大学	
13	委员	陈剑平	浙江省农业科学院	
14	委员	林建忠	中国计量学院	
15	委员	范永升	浙江中医药大学	
16	委员	周国模	浙江农林大学	
17	委员	周海梦	浙江清华长三角研究院	
18	委员	张仁寿	浙江工商大学	
19	委员	聂秋华	宁波大学	
20	委员	崔平	中科院宁波材料技术与工程研究所	
21	委员	程式华	中国水稻研究所	
22	委员	裘松良	浙江理工大学	
23	委员	薛安克	杭州电子科技大学	
24	委员	瞿佳	温州医科大学	
25	委员	鲁文革	浙江省自然科学基金委员会办公室	兼秘书长
26	委员	林思达	浙江省自然科学基金委员会办公室	兼副秘书长
第六届(2013年12月—2015年12月)				
1	名誉主任委员	周国辉	浙江省科学技术厅	
2	主任委员	王宏理	浙江省科学技术厅	
3	副主任委员	毛江森	浙江省医学科学院	院士按姓氏笔画为序
4	副主任委员	孙优贤	浙江大学	
5	副主任委员	苏纪兰	国家海洋局第二海洋研究所	
6	副主任委员	陈剑平	浙江省农业科学院	
7	副主任委员	杨华勇	浙江大学	
8	副主任委员	郑树森	浙江大学	
9	副主任委员	高从堦	杭州水处理技术研究开发中心有限公司	
10	委员	杜卫	杭州师范大学	学校和科研机构委员按姓氏笔画为序
11	委员	张仁寿	浙江工商大学	
12	委员	张立彬	浙江工业大学	
13	委员	吴锋民	浙江师范大学	
14	委员	范永升	浙江中医药大学	
15	委员	林建忠	中国计量学院	
16	委员	周国模	浙江农林大学	
17	委员	周海梦	浙江清华长三角研究院	
18	委员	聂秋华	宁波大学	

续表

序号	职务	人员	单位	备注
19	委员	崔平	中科院宁波材料技术与工程研究所	
20	委员	程式华	中国水稻研究所	
21	委员	裘松良	浙江理工大学	
22	委员	蔡袁强	温州大学	
23	委员	薛安克	杭州电子科技大学	
24	委员	瞿佳	温州医科大学	
25	委员	鲁文革	浙江省自然科学基金委员会办公室	兼秘书长
26	委员	林思达	浙江省自然科学基金委员会办公室	兼副秘书长
第七届(2016年1月—)				
1	主任委员	周国辉	浙江省科学技术厅	
2	副主任委员	李家彪	国家海洋局第二海洋研究所	按姓氏笔画为序
3	副主任委员	杨小牛	中国电子科技集团公司第三十六研究所	
4	副主任委员	杨华勇	浙江大学	
5	副主任委员	陈剑平	浙江省农业科学院	
6	副主任委员	周益民	浙江省科学技术厅	
7	委员	丁列明	贝达药业股份有限公司	学校和科研机构委员按姓氏笔画为序
8	委员	方剑乔	浙江中医药大学	
9	委员	杜卫	杭州师范大学	
10	委员	李校堃	温州大学	
11	委员	沈满洪	宁波大学	
12	委员	张幸	浙江省医学科学院	
13	委员	陈强	浙江清华长三角研究院	
14	委员	陈寿灿	浙江工商大学	
15	委员	林建忠	中国计量学院	
16	委员	周国模	浙江农林大学	
17	委员	崔平	中科院宁波材料技术与工程研究所	
18	委员	蒋国俊	浙江师范大学	
19	委员	程式华	中国水稻研究所	
20	委员	裘松良	浙江理工大学	
21	委员	蔡袁强	浙江工业大学	
22	委员	薛安克	杭州电子科技大学	
23	委员	瞿佳	温州医科大学	
24	委员	吴正光	浙江省自然科学基金委员会办公室	兼秘书长
25	委员	林思达	浙江省自然科学基金委员会办公室	兼副秘书长

资料来源：浙江省自然科学基金委员会网站。

后　　记

浙江省自然科学基金作为我国支持基础研究的主渠道之一，在省委、省政府的关注和领导下，努力营造鼓励创新、支持创新、保护创新的宽松环境，充分发挥科学家的想象力和创造力，把握科学前沿，紧密结合经济社会发展的战略需求，加强前瞻性部署，推动学科交叉，强化研究集成，把科学基金建设成为培育原始创新的沃土、支撑科技自主创新的平台。30年来，浙江省自然科学基金的发展见证了浙江省基础研究工作从起步到壮大的发展历程。编撰组围绕浙江省自然科学基金成立30年发展历程、政策、成果、重要人物、重要事件等进行了系统梳理，编写了《浙江省自然科学基金三十年》，以期总结过去、展望未来，使科学基金更好地服务基础研究和应用基础研究，进而更好地服务于我省经济、社会和科技的发展。

本书由浙江省政协副主席周国辉同志担任主编，浙江省科技厅党组书记何杏仁同志、厅长高鹰忠同志担任执行主编，由浙江省自然科学基金委员会办公室组织编写，并委托浙江省科技信息研究院负责具体编撰工作。各部分编写任务具体承担情况如下：统筹、参与绪论"浙江省自然科学基金三十年回顾与展望"编写，葛慧丽；第一部分"发展历程与管理改革"，张培锋；第二部分"自然科学基金与浙江发展"，张玮；第三部分"我与科学基金"，葛慧丽；第四部分"国内外科学基金与浙江展望"，张培锋；第五部分"附录"，吕琼芳；徐锦英、都康飞、张慧对原始资料的收集整理作出了重要贡献。作家郑晓林对第三部分"我与科学基金"给予了帮助，并进行了文字润色。

在编写过程中，编撰组得到了浙江省自然科学基金委员会办公室主任吴正光、副主任林思达以及钱昊等同志在写作思路、写作要求、基础数据和素材的提供、各依托单位基础研究情况等材料的组织、文稿和图片的审核把关等方面的直接指导和帮助。浙江省自然科学基金委员会办公室全体人员具体负责了本书的核稿修订出版工作，具体分工如下：吴正光组织编审、出版的总体工作，兼第二部分第七章的审校；林思达协助组织编审、出版的总体工作，兼第二部分第三章的审校；钱昊具体负责编审工作日常事务和出版任务，兼图片页的征集和编撰，以及第二部分第六章、后记的审校；宣晓东负责"浙江省自然科学基金三十年回顾与展望"的组织编写和第四部分的审校；徐敏负责第二部分第四章、第五章的审校；缪静负责第三部分的审校；胡军勇（现由徐达文负责）负责第一部分的审校；徐达文负责第五部分的审校。

由于时间紧迫及编者水平有限，疏漏之处在所难免，敬请各位领导和相关领域专家给予指正。